森棟公夫
照井伸彦
中川　満
西埜晴久
黒住英司

NewLiberalArtsSelection

改訂版
統計学

Statistics:
Data Science
for Social
Studies
2nd ed.

YUHIKAKU

有斐閣

改訂版へのはしがき

　NLAS シリーズの『統計学』が上梓されて早くも 7 年に近い年月がたち，本書も時代にそぐわない面が出てきました。今回は，
　(1)　第 2 章を，最新の動向を踏まえた内容にする
　(2)　Excel を使った解説は，Excel 2013 に対応する
　(3)　第 7 章で，積率母関数の利用法を追加する
といった改訂のほか，各章の記述の見直しならびに可能な限りのデータのアップデートを行いました。また，第 2 章の扉も新しくしました。故大内兵衛東京大学名誉教授，法政大学総長は，政府において統計委員会の初代会長なども務め，第二次世界大戦後の政府統計の改革を推進されました。諸経済統計を説明する章の扉として，ふさわしいと考えます。もう 1 つ，第 3 章の扉は，7 年前にはなかったタブレットで Excel を操作する写真です。

　初版の執筆を進めていた折に金融危機が勃発しましたが，当時はあの金融危機にリーマンショックという名も付いていませんでした。また，円高は 2012 年冬には 1 ドル 78 円まで進み，日本経済は輸出不況に苦しんできたのですが，その円ドル為替も 2012 年末の衆議院解散をきっかけとして円安に転じ，今日ではほぼ 125 円まで下がっています。日経平均株価は，2008 年 10 月 28 日にバブル後の最安値（6994.9 円）を更新しました。初版第 6 章の扉には当時の東証株価ボードの写真を使いました。しかし，日経平均株価も円安の進行と共に上昇し，不安要因は残るものの，一時は 2 万円を超えるまでになりました。第 6 章の扉は最近の様子を示す写真に差し換えました。7 年とは，われわれの住む社会がこれほど変化する期間なのです。統計学に関しても，メディアでビッグデータという言葉が使われるようになりました。おおよそ，ビッグデータとはネット上の大量情報をいうようですが，次は，ビッグデータをいかに統計的に分析していくかが問題になるでしょう。統計学の重要性はますます高まっています。

　2015 年 8 月

　　　　　　　　　　　　　　　　　　　著者を代表して　森棟　公夫

初版はしがき STATISTICS

　未曾有の金融危機のなかで，この序文を書いています。ダウ平均は2008年10月10日の今朝（アメリカは9日夜）679ドル下げて，8579ドル，9月29日にも778ドル下げており，8月29日は1万1500ドルほどであった指数が1月半で3000ドル下がりました。日経平均も10日は881円下げ，8276円。8月29日は1万3007円ですから，4700円の下げです。他方で，為替は円だけが他国通貨に対して高くなっています。ドルは8月末109円くらいだったのですが，今日はほぼ100円，ユーロは162円から135円，ポンドは200円が171円，韓国100ウォンは10円から7.6円など，主要通貨に対して一律に円が上がっています。なぜ世界の株式が下がるのに円が上昇するでしょう。世界的に見て金利が非常に低かった日本から海外に逃げ，海外の資産投資に使われていた円キャリーと呼ばれる資金が，日本に戻ってきているという説明があるようです。株価は下がっていますから，戻ってきた資金は株に行かず，現金で保持されているようですが，利回りが望めないタンス預金をいつまでも放っておくはずはありません。サブプライムと呼ばれるアメリカの不動産バブルから始まった危機の一部にすぎませんが，日本の株式，円為替の行方から目を離せない毎日です。

　一昔前と違ってインターネットを通してデータが取りやすくなった今日，株式や為替の変動に日頃注意を払い，系列をグラフにしたりして市場を理解しようと努める人が多くなっています。このような誰でも使うデータ処理についても，統計学の基礎知識があれば，単なる系列のグラフだけではなく変化率を見たり，一層深い分析ができるはずです。また，通貨間の相関はどのように変化しているのか，通貨間の変化に統計的な差異はあるのか，予測はどうなるのかなど，データの観察に科学的な見方が加わってくるでしょう。

　有斐閣の要望は，わかりやすい教科書を書いてほしいということでした。また，大学4年間で必要とされる内容はすべて含み，繰り返し読んで理解を深めていく本であることという要望もありました。わかりやすい本ということなら，やさしい内容だけを含めばよいが，大学4年間を通して使えるとなると，

新しいトピックも入れることになります．さらに，Excelは大学生の間に使い慣れることが社会に出る訓練として欠かせない，といった昨今の状況もあります．このような目的を併せもつ本はどのような構成にしたらよいのか．5人で議論を重ねました．

東京2人，仙台1人，京都2人という筆者間の距離は，仙台の照井さんが東京に出張する必要がありましたが，東京と京都のインターネット会議で克服しました．京都の2人にとっては，有斐閣の支店が近いので移動時間がほぼ0で済み，遠隔会議という文明の利器に感謝しています．将来は，個人のPCから容易に動画像と音声がつながる時代になり，各人の部屋からインターネット会議ができるようになるのでしょう．研究室から遠隔編集会議ができる時代になれば，地方在住者は楽になります．

本書の構成は次のようになります．

第1章：データの基本的な整理法が説明されている．データ整理の根幹は，数多い観測値を少数の代表値や簡潔なグラフに縮約することにある．

第2章：新聞でよく扱われる物価指数などの統計指標を解説する．さらに，第1章の延長線上にある複数の変数間の関係を分析する手法を導入する．

第3章：Excelの使い方を1から始め，第1章および第2章で説明したデータの整理をExcelで繰り返す．

第4章：2変数xとyの関係において，変数xが変数yに及ぼす影響を，線形回帰法の観点から眺める．

第5章：統計学は確実な出来事を分析するのではなく，不確実な出来事を分析の対象とする．この章では，確率変数と確率の基礎を学ぶ．

第6章：確率変数の情報を集約する分布関数を説明し，分布関数の特性として確率変数が生じる値の平均や分散を説明する．

第7章：代表的な分布関数を紹介する．

第8章：統計学では，データを縮約する値として，標本平均や標本分散などの標本統計量を使うが，この標本統計量の分布を求める．

第9章：データの背後にある分析対象，母数（パラメータ）といわれる母集団の特性値の値をみつける方法を紹介する．

第10章：母集団に関して持っていた事前の知識とデータが整合的であるか否かを科学的に判断とする方法としての検定を学ぶ．

第 11 章：第 9 章と第 10 章の推定と検定の観点から線形回帰を見直し，推定結果の善し悪しを理論的に判断する．

第 12 章：時系列データは，たとえば今期の値は前期値に依存していることが多く，通常とは異なった分析法が必要となる．その基本を概説する．

第 13 章：最近の経済・経営分析では，多変数についてのデータを同時に分析し，全体としての特性を導く．代表的な手法をこの章で解説する．

各章で使われるデータは，有斐閣書籍編集第 2 部ホームページ，http://yuhikaku-nibu.txt-nifty.com/blog/2008/10/post-1d7f.html から取れるようにしました．また，各章の章末問題には，かなり詳細な解答を巻末につけています．学び方については，1 年生半年 2 単位科目では，まず第 1 章から第 4 章を読み，第 5 章から第 8 章を飛ばして，第 9 章と第 10 章でしょうか．標本平均の分布は言葉で説明するとしても，このようなカリキュラムでは，標本統計量やその分布が説明できないので，いわゆる Cook book として推定と検定を紹介します．内容には金平糖のようにトゲがありますから，トゲを飛ばして使っていただきたいと希望します．3 年生 2 単位科目で第 1 章から第 4 章を知識として前提できるのなら，第 5 章から第 10 章をカバーすることができるでしょう．第 5 章の確率から始まり，第 8 章の標本分布にいたる理論的なフレームワークが統計学の難しいところです．学部のアドバンス科目なら，第 5 章から第 8 章は軽く復習して，第 9 章と第 10 章を正確に学び，第 11 章以降のおもしろいトピックに進めます．大学院の人たちも，第 9 章以降の内容は，基礎知識として身につけてもらいたいものです．

有斐閣の尾崎大輔さんには，編集の準備に始まり，最後の写真探しまで大変なご苦労をかけました．京都支店の秋山講二郎さんにも編集会議の度にお世話になりました．私はいままで数冊の本を書いてきましたが，この本のようにコストがかかった編集は初めてでした．読者の方々に，教科書だけどおもしろい内容もあると言ってもらえないかと期待しています．

2008 年 10 月

著者を代表して

森棟　公夫

著者紹介

森棟 公夫（もりむね きみお）　〔第 5・6・7・12 章担当〕

1946 年生まれ。

1969 年，京都大学経済学部卒業。1976 年，スタンフォード大学 Ph.D., 1985 年，京都大学経済学博士，京都大学大学院経済学研究科教授，椙山女学園理事長を経て，

現　在，京都大学名誉教授，椙山女学園大学名誉教授。2012 年 4 月紫綬褒章受章。

著作に，『経済モデルの推定と検定』（共立出版，1985 年：日経・経済図書文化賞受賞），『統計学入門』（新世社，初版 1990 年，第 2 版 2000 年），『計量経済学』（東洋経済新報社，1999 年），『基礎コース 計量経済学』（新世社，2005 年），『教養 統計学』（新世社，2012 年）。

照井 伸彦（てるい のぶひこ）　〔第 4・11・13 章担当〕

1958 年生まれ。

1983 年，東北大学経済学部卒業。1990 年，東北大学博士（経済学）。山形大学人文学部講師，同助教授，東北大学経済学部助教授，同教授，東北大学大学院経済学研究科教授を経て，

現　在，東京理科大学経営学部教授。2013 年 6 月日本統計学会賞受賞。

著作に，『計量ファイナンス分析の基礎』（共著，朝倉書店，2001 年），『ベイズモデリングによるマーケティング分析』（東京電機大学出版局，2008 年），『R によるベイズ統計分析』（朝倉書店，2010 年），『ビッグデータ統計解析入門——経済学部／経営学部で学ばない統計学』（日本評論社，2018 年），『経済経営のデータサイエンス』（共著，共立出版，2022 年），『現代マーケティング・リサーチ——市場を読み解くデータ分析〔新版〕』（共著，有斐閣，2022 年）。

中川　満（なかがわ みつる）　〔第 3・8 章担当〕

1963 年生まれ。

1987 年，京都大学経済学部卒業。1987 年から 1993 年まで日立製作所ソフトウエア開発本部（当時）勤務。1999 年，京都大学大学院経済学研究科博士課程単位取得退学。大阪市立大学経済学部専任講師，同大学院経済学研究科助教授，同准教授を経て，

現　在，大阪公立大学大学院経済学研究科准教授。

著作に，"The discontinuous Trend Unit Root Test When the Break Point is Misspecified,"（共著）*Mathematics and Computers in Simulation*, 48 (4),

Elsevier, 1999; "Power Comparisons of Discontinuous Trend Unit Root Tests," (共著) in C. Hsiao, K. Morimune, and J. L. Powell (eds.), *Nonlinear Statistical Modeling: Essays in Honor of Takeshi Amemiya*, Cambridge University Press, 2001; "Discontinuous Trend Unit Root Test with a Break Interval," (共著) *The Kyoto Economic Review*, 73 (1), 2004.

西埜 晴久 (にしの　はるひさ)　〔第 9・10 章，COLUMN 2-1 担当〕

1969 年生まれ。

1992 年，東京大学経済学部卒業。1997 年，東京大学大学院経済学研究科博士課程単位取得退学，東京都立大学経済学部助手，千葉大学法経学部講師，助教授，准教授，広島大学大学院人間社会科学研究科教授を経て，

現　在，青山学院大学経済学部教授，東京大学博士（経済学）。

著作に，"Bayesian and Decomposition Analyses for Health Inequality in Japan," *Applied Economics Letters*, 29 (7), 2022; "A Random Walk Stochastic Volatility Model for Income Inequality," (共著) *Japan and the World Economy*, 36, 2015; "Grouped Data Estimation and Testing of Gini Coefficient Using Lognormal Distributions," (共著) *Sankhya*, Ser. B, 73 (2), 2011.

黒住 英司 (くろずみ　えいじ)　〔第 1・2 章，COLUMN 12-1 担当〕

1969 年生まれ。

1992 年，一橋大学経済学部卒業。2000 年，一橋大学博士（経済学）。一橋大学大学院経済学研究科講師，同助教授，同准教授を経て，

現　在，一橋大学大学院経済学研究科教授。

著作に，『サピエンティア計量経済学』東洋経済新報社，2016 年; "Asymptotic Behavior of Delay Times of Bubble Monitoring Tests," *Journal of Time Series Analysis*, 42 (3), 2021; "Time-transformed Test for Bubbles under Non-stationary Volatility," (共著) *Journal of Financial Econometrics*, 21 (4), 2023; "Stochastic Local and Moderate Departures from a Unit Root and Its Application to Unit Root Testing," (共著) *Journal of Time Series Analysis*, 45 (1), 2024.

目次

改訂版へのはしがき　i

初版はしがき　ii

著者紹介　v

ギリシャ文字の読み方　xiv

本書について　xv

第1章　記述統計 I　　　　　　　　　　　　　　　　　　　　1

1 データの中心　2
　母集団と標本(2)　平均(3)　Σ記号(4)　メジアン（中位数）(5)
　モード（最頻値）(5)　3つの代表値の関係(6)

2 データの広がり　8
　分散(8)　標準偏差(9)　四分位範囲(12)

3 データの偏り　13
　歪度(13)　尖度(14)

4 さまざまな平均値　15
　刈り込み平均(15)　加重平均(16)　データの標準化(18)　幾何平均(19)

5 度数分布表とヒストグラム　24
　度数分布表(24)　度数分布表のつくり方(24)　平均と分散の近似値(26)
　ヒストグラム(27)　累積相対度数分布の図(29)

6 ローレンツ曲線とジニ係数　30
　ローレンツ曲線(30)　ローレンツ曲線の解釈(31)　ローレンツ曲線の例(33)　ジニ係数(35)　ジニ係数の計算(35)

第2章　記述統計 II　　　　　　　　　　　　　　　　　　　　39

1 物価指数　40
　消費者物価指数(40)　国内企業物価指数(42)　GDPデフレータ(43)

2 数量指数　46
　鉱工業生産・出荷・在庫指数(46)　貿易指数(49)

3 ラスパイレス・パーシェ指数　50
　ラスパイレス指数(50)　パーシェ指数(51)　指数の相違点(51)

4 経済指標　52

ディフュージョン・インデックス(52)　コンポジット・インデックス(54)
株価指標(55)　第3次産業活動指数(55)　購買力平価(57)
5　2変数データの整理　59
散布図(59)　標本共分散・相関係数(60)　標本相関係数の特性(63)
標本自己相関係数(64)　順位相関(65)　分割表(67)

第3章　Excelによるグラフ作成　73

1　Excelの基本　74
　ブックの作成と保存(75)　数式バーとセル(77)　入力の取り消し(78)
2　分析ツールによる計算　78
　分析ツールのインストール(78)　代表値の計算(79)　平均成長率の計算(80)
3　Excelでつくる度数分布表　82
　Excel操作(84)　度数分布表の改良(86)　ヒストグラムの整形(87)
　平均と分散(88)　オープンエンド階級(89)
4　2変数関係　91
　散布図(91)　順位相関係数(93)　ローレンツ曲線(95)　ジニ係数(97)
5　Tips　98
　ヘルプファイル(98)　グラフの編集(98)　互換性関数について(99)

第4章　相関と回帰　105

1　散布図と相関係数　106
　シミュレーション・データ(106)　百貨店，スーパー，小売店データ(107)
2　単回帰　108
　単回帰とは(108)　残差平方和(110)　最小2乗法(112)　最小2乗推定値の導出(113)　最小2乗回帰式に関する性質(114)　回帰と偏相関係数(115)
3　回帰の適合度　118
　標本分散の分解(118)　決定係数(119)　決定係数と重相関係数(119)
4　回帰の諸問題　120
　回帰による予測(120)　非線形関係(123)　対数線形式と弾力性(123)
　係数推定(125)
5　Excelによる単回帰分析　126
　相関係数の計算：店舗データ(126)　単回帰式の推定(128)

第5章 確　　率　　　　　　　　　　　　　　　　　　135

1 標本空間と確率 136
確率(136)　根元事象と標本空間(136)　事象(137)　確率の公理(137)　確率の性質(138)

2 等確率の世界 140
根元事象の数(141)　順列(141)　組合せ(143)　連続な標本空間(145)

3 条件つき確率と独立性 146
条件つき標本空間(146)　独立な事象(149)

4 ベイズの公式 152
一般の場合(155)　事前と事後確率(155)

補論：二項展開とパスカルの三角形　158

第6章 分布と期待値　　　　　　　　　　　　　　　　　161

1 離散確率変数と確率関数 162
確率変数(162)　確率関数(162)　累積確率分布関数(164)

2 同時確率関数 167
一般の場合(170)　従属している場合(171)

3 連続確率変数と密度関数 172
分布関数(172)　密度関数(174)　分布関数の性質(177)

4 分布の代表値 177
平均(178)　分散と標準偏差(179)　期待値計算(180)　分散式の分解(182)　確率分布のパーセント点(183)

5 同時確率関数の代表値 186
共分散(187)　和の性質(190)　条件つき確率関数(193)

第7章 基本的な分布　　　　　　　　　　　　　　　　　197

1 離散分布 198
ベルヌーイ分布(198)　二項分布(199)　二項確率分布表(202)　Excelによる二項確率の計算(203)　ポアソン分布(205)　Excelによるポアソン確率の計算(210)　二項確率のポアソン近似：小数の法則(210)

2 連続分布 212
一様分布(212)　パレート分布(212)　指数分布(214)

3 正規分布 216
標準正規分布表の使い方(218)　補間法(220)　Excelによる標準正規確率の計算(221)　正規確率変数の標準化(221)　乱数の発生(224)　正規

目　次　ix

　　　　　乱数の発生（224）
　　4　関連する分布　227
　　　　　対数正規分布（227）　　コーシー分布（230）　　2変数正規分布（231）　　同時
　　　　　正規密度関数の分解（232）　　条件つき正規密度関数（232）
　　補論A：積率母関数　234
　　　　　和の分布に関する再生性（237）　　積率の計算（239）
　　補論B：ネイピア数 e と自然対数　241

第8章　標 本 分 布　　　　　　　　　　　　　　　　　　　　　　　　　245

　　1　標　　　本　246
　　　　　標本統計量（246）　　無作為標本（247）
　　2　標 本 平 均　250
　　　　　期待値と分散（250）　　母分布が既知の場合（253）
　　3　標本平均と母平均の差　258
　　　　　チェビシェフの不等式（258）　　大数の法則（259）
　　4　標本平均の分布　260
　　　　　中心極限定理（260）　　正規分布による近似（261）
　　5　他の標本分布　263
　　　　　標本分散（263）　　標本平均と標本標準偏差の比（268）　　分散比（272）
　　補論A：Excelで求める標本平均の分布　276
　　　　　正規母集団（図8-1）（276）　　ベルヌーイ母集団（図8-2）（277）　　ポアソ
　　　　　ン母集団（278）
　　補論B：Excelでみる中心極限定理（図8-3）　278
　　　　　作図（279）　　連続性補正（280）

第9章　推　　　定　　　　　　　　　　　　　　　　　　　　　　　　　　283

　　1　推 定 と は　284
　　　　　推定量（284）　　推定の実際：母平均と母分散の推定（285）
　　2　区 間 推 定　286
　　　　　正規母集団の平均の区間推定（287）　　正規母集団の分散の区間推定（291）
　　　　　成功確率の推定（292）
　　3　点推定の規範　294
　　　　　不偏性（294）　　一致性（296）　　効率性（297）　　平均2乗誤差（MSE）（299）
　　4　推 定 法　301
　　　　　モーメント法（301）　　最尤推定法（302）　　尤度関数（304）

補論：ベイズ推定法　307
　　　ベイズ法(308)

第10章　仮説検定　313

1　検定とは　314
帰無仮説と対立仮説(314)　　検定統計量と棄却域(315)　　有意水準(316)　　検定の手順(319)　　P値(319)

2　1母集団に関する検定　320
平均についての検定(320)　　ケース1：σ^2が既知で，両側検定(320)　　ケース2：σ^2が既知で，片側検定(321)　　ケース3：σ^2が未知で，両側検定(322)　　ケース4：σ^2が未知で，片側検定(323)　　成功確率pに関する検定(325)　　分散についての検定(327)

3　2母集団に関する検定　328
平均の差の検定(328)　　ケース1：母分散が既知の場合(329)　　ケース2：母分散が未知で$\sigma_x^2 = \sigma_y^2$の場合(330)　　ケース3：母分散が未知で$\sigma_x^2 \neq \sigma_y^2$の場合(330)　　分散比の検定(331)　　2つの母比率の差の検定(331)

4　相関をもつ2変数の検定　333
平均の差の検定(333)　　相関係数の検定(334)　　分割表における独立性検定(335)

5　検出力　337
第一種の過誤と第二種の過誤(337)　　検出力関数(338)

補論：尤度比検定と赤池情報量規準　342
　　　尤度比検定(342)　　赤池情報量規準（AIC）(344)

第11章　回帰分析の統計理論　347

1　回帰モデルと誤差項　348
回帰直線(348)　　回帰の誤差項(348)　　最小2乗推定量(349)　　線形回帰モデルの標準的仮定(349)　　誤差項の正規性(350)

2　最小2乗推定量の分布と性質　352
標本分布(352)　　性質(352)　　σ^2の不偏推定量(353)　　回帰係数推定量の分散推定量(354)

3　信頼区間と仮説検定　354
信頼区間(354)　　仮説検定(355)　　P値(356)

4　重回帰モデル　357
自由度修正済決定係数$\bar{R}^2$(357)　　回帰式の適合度検定(358)　　店舗デー

タの重回帰分析(359)
5 **重回帰の諸問題** 361
多重共線性(361) 説明変数のベータ係数(362) ダミー変数(363) 標準仮定の不成立(367)
6 **Excel による重回帰分析** 368
回帰統計(370) 分散分析表(370) t 値，P 値，信頼区間(370) 残差出力(371)

補論：数学付録 372
最小化の 1 次条件と正規方程式(372) 最小化の 2 次条件(373) 最小 2 乗推定量の分布(375) 最良線形不偏推定量（BLUE）(377)

第12章 時系列分析の基礎　　379

1 **時系列プロット** 380
原系列(380) 対数系列(381) 階差系列(381) 成長率(382)
2 **自己相関** 383
標本自己相関係数(383) 母自己相関係数(385) 標本自己相関係数の分散(385)
3 **自己回帰（AR）法** 386
1 次の自己回帰式(387) AR 過程のノイズによる表現(388) 高次の自己回帰式(390) 推定例と次数の選択(391) 標本偏自己相関（PAC）係数(392) PAC の計算法(394)
4 **自己回帰推定の診断** 396
残差のプロット(396) 残差の標本 AC 関数(397) ふろしき検定(397)
5 **移動平均（MA）法** 399
MA 過程の AR 表現(400) 推定例(401) 移動平均過程の診断(403)
6 **自己回帰移動平均（ARMA）法** 404
推定例と診断(406) 次数の選択(408) 和分過程と ARIMA 過程(409) 対数 GDP の推定(412)

補論：データ 415

第13章 多変量解析の基礎　　417

1 **多変量解析とは** 418
多変量データ(418) 解析手法の分類(418)
2 **重回帰モデルと判別分析** 419
判別分析(419) 企業倒産予測モデル：アルトマンの Z スコア(420)

3 因子分析 421
　　因子モデルの考え方(421)　　1因子モデルの定式化(423)　　2因子モデル(427)　　因子分析の適用例(430)

4 クラスター分析 435
　　距離行列の構成(435)　　クラスターの併合とデンドログラム(436)　　サブ・マーケットと市場構造(438)

補論：行列の固有値と固有ベクトル 443
　　数値例(444)　　対称行列のスペクトル分解(445)

付　表

1　乱数表（0から9が均等な確率で出る）　447
2　二項確率分布①（$n = 5, 10, 15$）　448
　　二項確率分布②（$n = 20, 25$）　449
3　ポアソン分布　450
4　標準正規分布　451
5　カイ2乗（χ^2）分布　452
6　t分布　453
7　F分布　454

練習問題の解答　456

索　引　480

◆ COLUMN

1-1　統計学とは　21
1-2　ジニ係数と橘木・大竹論争　36
2-1　消費者物価指数（CPI）とコア指数　46
3-1　スプレッドシート三国志　100
4-1　「ビール」と「紙おむつ」の併買行動：データマイニング　124
5-1　シートベルト着用率と事故死　150
6-1　期待収益率とリスク　188
7-1　カーネル法でつくる滑らかな棒グラフ　228
8-1　「JISマーク付き」標本抽出法　249
8-2　誤差と向き合う　257
9-1　ボラティリティとブラック＝ショールズの公式　288
10-1　AICと赤池弘次博士　345
11-1　確率を予測する：ロジット・モデル　366
12-1　時系列分析でノーベル経済学賞　387
12-2　金融商品価格の分析：ARCHモデル　410
13-1　新製品の採用時間と消費者セグメンテーション　440

ギリシャ文字の読み方

STATISTICS

大文字	小文字	読み	大文字	小文字	読み
A	α	アルファ	N	ν	ニュー
B	β	ベータ	Ξ	ξ	クサイ
Γ	γ	ガンマ	O	o	オミクロン
Δ	δ	デルタ	Π	π	パイ
E	ε	イプシロン	P	ρ	ロー
Z	ζ	ゼータ	Σ	σ	シグマ
H	η	イータ	T	τ	タウ
Θ	θ	シータ	Υ	υ	ウプシロン
I	ι	イオタ	Φ	ϕ	ファイ
K	κ	カッパ	X	χ	カイ
Λ	λ	ラムダ	Ψ	ψ	プサイ
M	μ	ミュー	Ω	ω	オメガ

本書について　　STATISTICS

- **本書の構成**　本書は，13 の章（CHAPTER）で構成されている。
- **各章の構成**　それぞれの章は，導入文と複数の節（SECTION）で構成され，各章末に文献案内と練習問題を置いた。また，より進んだ話題，数学的な解説のための補論（APPENDIX）も必要に応じて配置した。
- **INTRODUCTION**　その章の事柄に関連する導入文を，各章の扉の下部に置いた。
- **KEYWORD**　それぞれの章に登場する特に重要な用語（キーワード）を，各章第 1 節の前に一覧にして掲げた。本文中ではキーワードおよび基本的な用語を，最もよく説明している個所で青字 + ゴシック体にして示した。
- **FIGURE**　本文内容の理解に役立つ図を，適宜挿入した。
- **TABLE**　本文内容の理解に役立つ表・データを，適宜挿入した。
- **COLUMN**　本文の内容と関係のある事例や研究例，応用例などを取り上げる 16 のコラムを，関連する個所に挿入した。
- **EXAMPLE**　各章の中に，読み進めながら，身近な事例を考え実際に問題を解いてみることで，本文の理解を確認できる例題を設けた。例題のすぐ下にその解答も用意した。
- **BOOK GUIDE**　それぞれの章の内容についてさらに読み進みたい人のために，各章末に文献案内を設けた。
- **EXERCISE**　それぞれの章の内容についての理解度を確かめ，計算の練習を行うことでしっかりと定着させられるように，各章の BOOK GUIDE の後に練習問題を設けた。また一部，発展的な問題や補論に関する問題も含めた。
- **付表**　統計学の学習に必要な，①乱数表，②二項確率分布，③ポアソン分布，④標準正規分布，⑤カイ 2 乗分布，⑥t 分布，⑦F 分布，を巻末に収録した。
- **練習問題の解答**　独習を十分に考慮して，各章の練習問題の詳細な解答を巻末に掲載した。
- **索引**　重要な用語や人物が検索できるよう，巻末に索引を設けた。
- **学習サポート web ページ**　本文に掲載したデータ，例題や練習問題で利用するデータ，学習をサポートする補足情報のファイルを，有斐閣書籍編集第 2 部ホームページ（http://yuhikaku-nibu.txt-nifty.com/blog/2015/06/post-be85.html）にアップロードした。また，本書は Excel 2013 の操作を基本としているが，Excel 2007 を用いた操作についても web ページで解説している。

本書のコピー, スキャン, デジタル化等の無断複製は著作権法上での例外を除き禁じられています。本書を代行業者等の第三者に依頼してスキャンやデジタル化することは, たとえ個人や家庭内での利用でも著作権法違反です。

第 1 章 記述統計 I

ウィリアム・ペティ卿（1623-1687）は，『政治算術』（*Political Arithmetick*）の中で，「自分のいわんとするところを数（Number）・重量（Weight）・または尺度（Measure）のみを用いて表現し」（大内兵衛・松川七郎訳，岩波文庫，1955 年）と述べた。
（写真右：京都大学経済学部図書室所蔵）

CHAPTER 1

- KEYWORD
- FIGURE
- TABLE
- COLUMN
- EXAMPLE
- BOOK GUIDE
- EXERCISE

INTRODUCTION

データを手に入れても，ただ単にデータを眺めているだけではその本質は見えてこない。しかしながら，データを上手に加工すれば，さまざまな特徴や興味深い性質を見出すことも可能である。第 1 章では，膨大なデータからその本質を見出すためのさまざまな手法を解説する。ここで学ぶ手法は，データの分析を行う際に頻繁に使用されるので，この章を読んだ後は自分の興味のあるデータを手に入れて実際に加工し，その本質を探ってほしい。また，本章で解説する手法は，第 3 章で解説する Excel を用いるとより効果的である。なお，平均や分散など高校卒業までにすでに学んだ内容も含んでいるので，すでに知っている項目は復習のつもりで読んでもらいたい。

> **KEYWORD**
>
> 母集団　全標本　標本　平均（標本平均，算術平均）　メジアン（中位数，中央値）　モード（最頻値）　分散　全標本標準偏差　標本標準偏差　標準偏差　チェビシェフの不等式　四分位範囲　範囲（レンジ）　歪度　尖度　異常値　刈り込み平均　ウェイト（重み）　加重平均　移動平均　四半期移動平均　12期移動平均　標準化（基準化）　幾何平均　度数分布表　階級　度数　オープンエンド階級　累積度数　相対度数　累積相対度数　スタージェスの公式　ヒストグラム　累積相対度数分布の図　ローレンツ曲線　所得分配線　完全平等線（均等分配線）　完全不平等線　ジニ係数

データの中心

母集団と標本

　統計学では，ある観測対象から得られたデータをもとに，その観測対象の特性を明らかにするために，そのデータをさまざまな形に加工していく。このとき，その観測対象を**母集団**（population）といい，母集団全体の観測値を**全標本**という（図1-1）。一方，母集団の一部分だけに関する観測値を**標本**（sample）と呼ぶ。たとえば，ある大学の1年生の統計学の成績を調べたいとする。この場合，その大学の1年生全員が母集団，1年生全員の成績が全標本となる。一方，男子学生だけの成績，女子学生だけの成績，学生番号が奇数番の学生の成績などは，すべて標本と呼ばれる。

　なぜ，全標本と標本を区別するのか。それは，母集団全体の調査には時間と経費がかかり，全標本を得ることが困難であるからである。このような場合，実際には母集団の一部から標本を得て，得られた標本から母集団全体の特性を推測する。これを統計的推測という。たとえば，国勢調査では，日本の全世帯が母集団であるから，得られたデータは全標本である。ただし，国勢調査には大きな経費と時間がかかるので，調査は5年に一度しか行われない。一方，消費者物価は，全国から選ばれた一部の世帯を調査して物価指数を作成しており，標本にもとづく指数となる。この場合，調査は一部の世帯のみに対して行

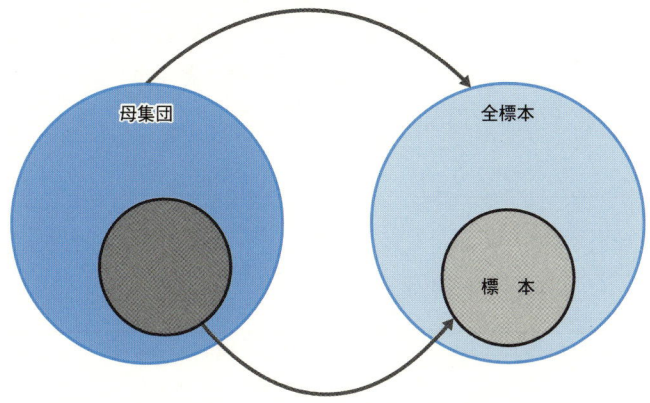

図 1-1 母集団・全標本・標本

母集団すべてを観測したものが全標本，母集団の一部を観測したものが標本。

われるから，時間も経費も少なくて済み，消費者物価指数は毎月公表されている。

平均　「平均」という言葉は，「平均点」「平均気温」「平均降水量」など，日常使われているなじみ深い統計用語である。数学的には次のように定義できる。いま，n 個の観測値からなる標本 $\{x_1, x_2, \cdots, x_n\}$ が得られたとする。このときの平均 (mean：または標本平均，算術平均) は，

$$\bar{x} = \frac{x_1 + x_2 + \cdots + x_n}{n} \tag{1.1}$$

と表現できる。なお，上で $\bar{x}$ と記述したように，統計学では平均を表現するのに「¯」(バー) を付けることが多い。

例 1.1　ある家計の 1 月から 3 月の支出が 12 万円，10 万円，11 万円であったとすれば，3 ヵ月間の家計支出の平均は，

$$\frac{12 + 10 + 11}{3} = 11 \text{ (万円)} \tag{1.2}$$

1　データの中心　3

となる。

Σ 記 号

(1.1)式の分子は，$\sum$記号（シグマ記号）を用いると，より簡潔に表現できる。$\sum$記号とは，一般的な n 個の値の和を簡潔に表現する記号で，x_1 から x_n までの和は，

$$\sum_{i=1}^{n} x_i = x_1 + x_2 + \cdots + x_n \tag{1.3}$$

となる。統計学では$\sum$記号を多用するので，ここでその性質を確認しておく。まず，各 x_i を c 倍して和をとると，

$$\sum_{i=1}^{n} c x_i = c \sum_{i=1}^{n} x_i \tag{1.4}$$

という関係が成り立つ。また，添え字がついていない定数 c に対して，

$$\sum_{i=1}^{n} c = cn \tag{1.5}$$

が成り立つ。さらに，2組の観測値 $\{x_1, x_2, \cdots, x_n\}$ と $\{y_1, y_2, \cdots, y_n\}$ に対して，

$$\sum_{i=1}^{n} (x_i + y_i) = \sum_{i=1}^{n} x_i + \sum_{i=1}^{n} y_i \tag{1.6}$$

となる。これらの関係式を用いれば，たとえば，

$$\sum_{i=1}^{n} (x_i + c)^2 = \sum_{i=1}^{n} x_i^2 + 2c \sum_{i=1}^{n} x_i + c^2 n \tag{1.7}$$

という関係が成り立つことも理解できよう。

例 1.2 いま，x_i をサイコロを投げて出た目の数とし，実際に5回投げたときに，$\{x_1, x_2, x_3, x_4, x_5\} = \{3, 2, 6, 6, 5\}$ であったとすると，$c = 2$ のとき，

$$(1.4)\text{式左辺} = \sum_{i=1}^{5} 2x_i = 2 \times 3 + 2 \times 2 + 2 \times 6 + 2 \times 6 + 2 \times 5$$
$$= 6 + 4 + 12 + 12 + 10 = 44 \tag{1.8}$$

$$(1.4)\ 式右辺 = 2\sum_{i=1}^{5} x_i = 2 \times (3 + 2 + 6 + 6 + 5)$$
$$= 2 \times 22 = 44 \qquad (1.9)$$

同様に，(1.5) 式，(1.6) 式の関係も具体的な数値で確認できる。

メジアン（中位数）

観測値を大小順に並べ，真ん中に位置する値をメジアン（median：または中位数，中央値）という。ただし，観測値の数（観測個数）が偶数の場合，ちょうど真ん中になる数はないので，真ん中前後の2つの観測値の平均をメジアンとする。標本A=$\{x_1, x_2, \cdots, x_{2n+1}\}$（奇数個），標本B=$\{y_1, y_2, \cdots, y_{2n}\}$（偶数個）を小さい値から順に並べ替えたものを

$$\{x_{(1)}, x_{(2)}, \cdots, x_{(2n+1)}\}, \quad \{y_{(1)}, y_{(2)}, \cdots, y_{(2n)}\}$$

とする。すなわち，

$$x_{(1)} \leq x_{(2)} \leq \cdots \leq x_{(2n+1)}, \quad y_{(1)} \leq y_{(2)} \leq \cdots \leq y_{(2n)}$$

という順序関係があるとする。このとき，メジアンは次のように定義される。

$$標本Aのメジアン = x_{(n+1)}, \quad 標本Bのメジアン = \frac{y_{(n)} + y_{(n+1)}}{2} \qquad (1.10)$$

例 1.3

先ほどと同様に，$\{x_1, x_2, x_3, x_4, x_5\} = \{3, 2, 6, 6, 5\}$ であれば，$\{x_{(1)}, x_{(2)}, x_{(3)}, x_{(4)}, x_{(5)}\} = \{2, 3, 5, 6, 6\}$ となるので，メジアンは5である。一方，観測値の数が偶数で，$\{y_1, y_2, y_3, y_4\} = \{1, 3, 6, 5\}$ ならば $\{y_{(1)}, y_{(2)}, y_{(3)}, y_{(4)}\} = \{1, 3, 5, 6\}$，メジアンは $(3+5) \div 2 = 4$ となる。

モード（最頻値）

サイコロを10回投げて最も多く出た目の数だけコインがもらえるというゲームを考えよう。実際に出た目が $\{2, 1, 2, 6, 3, 4, 2, 5, 1, 2\}$ であれば，2が最も多く（4回）出ているので，もらえるコインの数は2枚である。このように，標本の中で最も

FIGURE 図 1-2 ● 平均・メジアン・モード

(a) 右に歪んだ分布

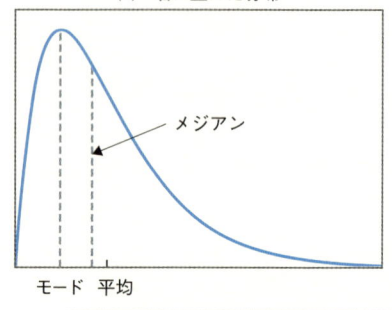

(b) 左に歪んだ分布

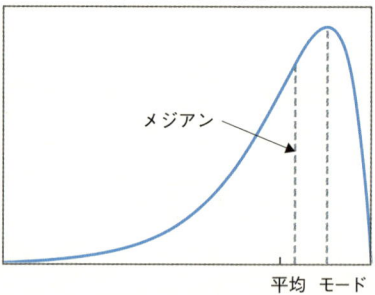

> 観測頻度が最も高い「山」が左側にある場合が右に歪んでいるケース，「山」が右側にある場合が左に歪んでいるケースとなるので，「山」の位置と歪み具合を表す言葉は逆になる。歪み具合を示す言葉は，観測頻度の「裾」の長さと対応させると覚えやすい。

頻繁に現われた値を**モード**（mode：または**最頻値**）という。上の例では，モードは2である。もし同じゲームで，実際に出た目が {6,5,3,4,2,1,4,6,5,6} ならば，6が最も多く（3回）出たので，モードは6である。

モードは1つとは限らない。上のゲームで，出た目が {2,5,3,3,1,3,5,5,6,4} であれば，3と5が最も多く（3回）出たので，モードは3と5である。

3つの代表値の関係

図1-2はある観測値の頻度を図示したものである。図1-2（a）では平均のすぐ左の垂直線がメジアンの位置を示している。メジアンとは観測値を値の大きさの順に並べてちょうど真ん中にある値のことであるから，垂直線を境界に，左側に含まれる観測値の個数と右側に含まれる観測値の個数は等しくなっている。それに対し，この図を天秤に乗せたときにちょうど釣り合いが取れるような点が，平均に対応している。したがって，平均は図の重心とみなすことができる。図1-2（a）では，非常に大きな値を取る観測値が標本に含まれていることがわかる。平均はこの大きな値の影響を受けることから，左側の図では平均がメジアンより大きくなっている。このような図を，**右の裾が厚い**とか**右の裾が長い**とい

い，標本の分布が右に歪んでいるという。一般に，標本の分布がはっきり右に歪んでいる場合は

$$\text{モード} < \text{メジアン} < \text{平均} \qquad (1.11)$$

という関係が成り立っている。

一方，図 1-2（b）では，平均がメジアンより小さな値となっている。これは，非常に小さな値を取る観測値が標本に含まれているため，平均がこの小さな値の影響を受けるからである。右側のような図を，左の裾が厚いとか左の裾が長いといい，標本の分布が左に歪んでいるという。一般に，標本の分布がはっきり左に歪んでいる場合は

$$\text{平均} < \text{メジアン} < \text{モード} \qquad (1.12)$$

という関係が成り立っている。ただし，モードが 2 つ以上ある場合などは，このような関係は必ずしも成り立たない。

例題 1.1 ● データの中心　　　　　　　　　　　　　　　　EXAMPLE

男女 5 人ずつに 1 週間にコンビニエンス・ストアを利用する回数を聞いたところ，男性は 5 回，2 回，3 回，3 回，4 回，女性は 1 回，1 回，5 回，4 回，4 回という回答が得られた。
(1) 男性 5 人の平均，メジアン，モードを求めなさい。
(2) 女性 5 人の平均，メジアン，モードを求めなさい。
(3) 男女 10 人合計の平均，メジアン，モードを求めなさい。

（解答）　(1) 男性の利用回数を小さい値から順に並べると，$\{2, 3, 3, 4, 5\}$ であるから，

$$\text{平均} = \frac{2+3+3+4+5}{5} = 3.4, \quad \text{メジアン} = 3, \quad \text{モード} = 3 \qquad (1.13)$$

(2) 女性の利用回数を並べ替えると，$\{1, 1, 4, 4, 5\}$ であるから，

$$\text{平均} = \frac{1+1+4+4+5}{5} = 3, \quad \text{メジアン} = 4, \quad \text{モード} = 1, 4 \qquad (1.14)$$

(3) 男女合計 10 人の利用回数を並べ替えると，$\{1, 1, 2, 3, 3, 4, 4, 4, 5, 5\}$ で

あるから，

$$平均 = \frac{1+1+\cdots+5+5}{10} = 3.2,$$
$$メジアン = \frac{3+4}{2} = 3.5, \quad モード = 4. \qquad (1.15)$$

なお，最後の解答のうち平均は (1.4) 式と (1.6) 式を用いても計算できる。すなわち，

$$\frac{男女10人の利用回数の合計}{10} = \frac{男性の利用回数の合計}{10} + \frac{女性の利用回数の合計}{10}$$
$$= \frac{17}{10} + \frac{15}{10} = \frac{32}{10} = 3.2$$

 データの広がり

分　散

第1節ではデータの中心を示す代表値を見たが，この節では，データの広がり具合を示す代表値を考える。データの広がり具合の指標としては，**分散** (variance) がよく用いられる。いま，観測値が $\{x_1, x_2, \cdots, x_n\}$ であるとする。この観測値が全標本の場合，

$$全標本分散 : \sigma^2 = \frac{1}{n} \sum_{i=1}^{n} (x_i - \bar{x})^2 \qquad (1.16)$$

と定義される。ただし，$\bar{x}$ は x_i の平均である。一方，観測値が母集団の一部から得られた標本である場合には，

$$標本分散 : S^2 = \frac{1}{n-1} \sum_{i=1}^{n} (x_i - \bar{x})^2 \qquad (1.17)$$

と定義される。定義より明らかなように，全標本分散と標本分散の違いは，n で割るか $n-1$ で割るかの違いである。第8章5節で，観測値が標本である場合には，$n-1$ で割ったほうが統計学的な観点から望ましいことが示される。一般的には，どちらも単に分散と呼ぶことがある。

分散の定義の $\sum$ 記号の部分は，以下のように計算することもできる。

$$\sum_{i=1}^{n}(x_i - \bar{x})^2 = \sum_{i=1}^{n} x_i^2 - 2\bar{x}\sum_{i=1}^{n} x_i + \sum_{i=1}^{n} \bar{x}^2 \qquad (1.18)$$

$$= \sum_{i=1}^{n} x_i^2 - 2\bar{x}(n\bar{x}) + n\bar{x}^2 \qquad (1.19)$$

$$= \sum_{i=1}^{n} x_i^2 - n\bar{x}^2. \qquad (1.20)$$

これを用いれば，

$$\text{全標本分散}: \sigma^2 = \frac{1}{n}\left(\sum_{i=1}^{n} x_i^2 - n\bar{x}^2\right) \qquad (1.21)$$

$$\text{標本分散}: S^2 = \frac{1}{n-1}\left(\sum_{i=1}^{n} x_i^2 - n\bar{x}^2\right) \qquad (1.22)$$

と計算することができる。

例 1.4 例 1.1 と同様，3 ヵ月間の家計支出が 12 万円，10 万円，11 万円であったとしよう。この場合の平均は 11 万円であるから，(1.17) 式を用いれば，

$$\text{標本分散}: S^2 = \frac{(12-11)^2 + (10-11)^2 + (11-11)^2}{3-1} = \frac{2}{2} = 1 \qquad (1.23)$$

となる。一方，(1.22) 式を用いると，

$$\frac{12^2 + 10^2 + 11^2 - 3 \times 11^2}{2} = \frac{144 + 100 + 121 - 3 \times 121}{2} = 1 \qquad (1.24)$$

となり，やはり同じ値となる。

標準偏差 全標本標準偏差は全標本分散の平方根，標本標準偏差は標本分散の平方根として定義される。一般的には単に標準偏差 (standard deviation) と呼ばれることが多い。

$$\text{標準偏差} = \sqrt{\text{分散}} \qquad (1.25)$$

標準偏差を用いると，データのおおよその広がり具合を把握することができ

る。いま，標本平均を $\bar{x}$，標本標準偏差を S とすると，

$$\boxed{観測値のうち，少なくとも 75\% は \bar{x} \pm 2S の区間に含まれる} \tag{1.26}$$

という法則が一番よく使われる。たとえば，統計学の試験の結果，平均点が 70 点，標準偏差が 8 点であったとする。この場合，平均 $\pm 2\times$ 標準偏差の区間は

$$[70 - 2 \times 8,\ 70 + 2 \times 8] = [54, 86] \tag{1.27}$$

となるので，得点が 54 点以上 86 点以下の人数は，少なくとも全体の 75% であることがわかる。標本に関する 2 シグマ区間の性質である。

同じようによく使われる法則として，

$$\boxed{観測値のうち，約 90\% 以上は \bar{x} \pm 3S の区間に含まれる} \tag{1.28}$$

というものがある。上の例に適用すれば，平均 $\pm 3\times$ 標準偏差の区間は

$$[70 - 3 \times 8,\ 70 + 3 \times 8] = [46, 94] \tag{1.29}$$

となるので，少なくともおよそ 90% 以上の人数が，46 点以上 94 点以下の得点をとっていることがわかる。標本に関する 3 シグマ区間の性質である。

これらの法則は，どちらも**チェビシェフの不等式** (Chebyshev's inequality) と呼ばれる不等式より導き出される（図1-3）。いま，標本 $\{x_1, x_2, \cdots, x_n\}$ にもとづく平均値を $\bar{x}$，標本標準偏差を S，k を 1 より大きい任意の数とする。このとき，以下のチェビシェフの不等式が成り立つことが知られている。

$$\frac{区間 [\bar{x} - kS,\ \bar{x} + kS] に含まれない x_i の数}{観測値の数 (n)} < \frac{1}{k^2}. \tag{1.30}$$

したがって，チェビシェフの不等式を用いれば，平均から遠く離れた値を取る観測値の数が多くともどの程度であるかを把握することができる。チェビシェフの不等式は簡単な変形により，次のようにも表現できる。

$$\frac{区間 [\bar{x} - kS,\ \bar{x} + kS] に含まれる x_i の数}{観測値の数 (n)} \geq 1 - \frac{1}{k^2}. \tag{1.31}$$

この項で紹介した最初の法則 (1.26) 式は，(1.31) 式において $k = 2$ としたものである。また，$k = 3$ とすれば，3 シグマ区間に含まれる観測値の割合は

FIGURE 図1-3 ● チェビシェフの不等式

(a) (1.30)式の関係

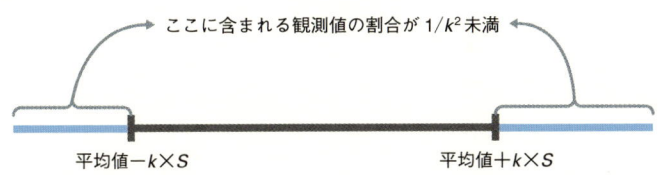

(b) (1.31)式の関係

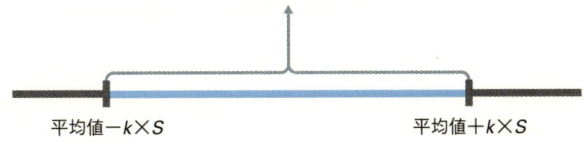

チェビシェフの不等式をもとに，観測値が平均値±k×Sの範囲に**含まれない**割合を示したのが図の(a)，**含まれる**観測値の割合を示したものが図の(b)。

$1 - 1/3^2 = 8/9 = 0.88\cdots$ であるから，法則 (1.28) 式の「約90%」という表現は，厳密には 88.8…% ということになる。

例1.5　毎朝バス停に7時半に着き，実際にバスがくるまでの待ち時間を，30日間調査した結果を分析する。このときの平均待ち時間が 7.13 分，標本標準偏差が 2.69 であったとする。いま，$k = 1.1$ とすれば，平均待ち時間が

$$[7.13 - 1.1 \times 2.69, \ 7.13 + 1.1 \times 2.69] \fallingdotseq [4.17, 10.09] \qquad (1.32)$$

に入らないケースは，全体で $1/1.1^2 \fallingdotseq 0.83$ 未満の割合となる。言い換えれば，17% 以上の割合で，バスの待ち時間は約4分以上10分以内となる。

FIGURE 図 1-4 ● 範囲と四分位範囲

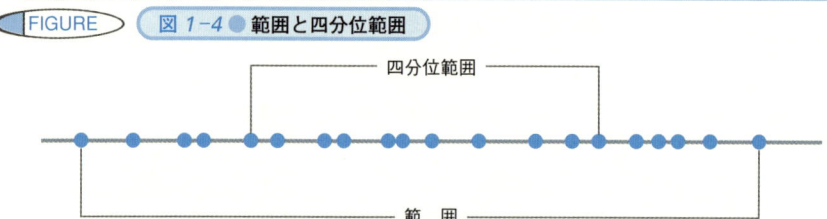

この図では観測値が 20 個あるので，範囲は観測値の最大値と最小値の差，四分位範囲は第 3 四分位点である 15 番目の観測値と第 1 四分位点である 5 番目の観測値との差となる。

四分位範囲　観測値を小さい値から順に並べ替えて，100 分の α 番目の値を α% 点という。とくに，25% 点，50% 点，75% 点はそれぞれ，第 1 四分位点（数），第 2 四分位点（数）（= メジアン），第 3 四分位点（数）と呼ばれる。ここで，四分位範囲 (inter quartile range) および範囲 (range：またはレンジともいう) を以下のように定義する。

$$\text{四分位範囲} = \text{第 3 四分位点} - \text{第 1 四分位点} \tag{1.33}$$

$$\text{範囲} = \text{観測値の最大値} - \text{観測値の最小値} \tag{1.34}$$

定義から明らかなように，四分位範囲は観測値の 50% が含まれる幅を示しているのに対し，範囲はすべてのデータが含まれる幅を表している。図 1-4 は範囲と四分位範囲の関係を図示したものである。

例題 1.2 ● データの広がり　　　　　　　　　　　　　　EXAMPLE

以下は，20 人からなるクラスでの統計学の試験の得点である。

| 60 | 75 | 100 | 80 | 95 | 40 | 50 | 65 | 70 | 40 |
| 75 | 90 | 100 | 85 | 65 | 60 | 80 | 90 | 65 | 95 |

(1) 試験の得点の平均と標準偏差を求めなさい。
(2) 範囲と四分位範囲を求めなさい。

（解答）　平均は 74 点である。また，この観測値はクラス全員の得点であるから，全標本の標準偏差を求める。計算により，分散は 324，標準偏差は 18 である。また，観測値の最小値は 40，最大値は 100 であるから，範囲は 60 である。一方，25% 点，75% 点はそれぞれ 60, 90 であるから，四分位範囲は 30 である。

なお，本書では，n 個の観測値がある場合，α 番目の大きさのものを $100 \times (\alpha/n)\%$ 点として各四分位点を求めているが，観測値の四分位点に関しては，これとは異なる求め方もある（詳細は省略する）。

3 データの偏り

歪度

第1節で説明したとおり，平均，モード，メジアンの関係は，標本の分布が右に歪んでいるか左に歪んでいるかによって変わってくる。観測値の分布の左右への歪み具合を表す指標として，**歪度**（skewness）が用いられる。いま，観測値を $\{x_1, x_2, \cdots, x_n\}$ とすると，観測値が全標本の場合と標本の場合でそれぞれ

$$\text{歪度} = \frac{1}{n}\sum_{i=1}^{n}\left(\frac{x_i - \bar{x}}{\sigma}\right)^3, \quad \text{歪度} = \frac{1}{n-1}\sum_{i=1}^{n}\left(\frac{x_i - \bar{x}}{S}\right)^3 \quad (1.35)$$

と定義される。ただし，$\bar{x}$, σ, S は，2節のはじめに定義されたとおりである。歪度が正の値のとき，標本の分布は右に歪んでいるといい，負の値のときは左に歪んでいるという。歪度が 0 の場合は歪みがないという。前掲の図 1-2 が観測値の分布が左右に歪んでいる例だが，モードが 2 つ以上ある場合などでも，(1.35) 式にもとづいて，分布の歪みとその度合いを計測することができる。

例題 1.2 の統計学の試験の結果の歪度を求めると，

$$\text{歪度} = \frac{1}{20}\sum_{i=1}^{n}\left(\frac{x_i - 74}{18}\right)^3 \fallingdotseq -0.31 \quad (1.36)$$

であるから，試験結果の分布は若干，左に歪んでいることになる。

FIGURE 　図 1-5 ● 観測値の分布の尖り具合

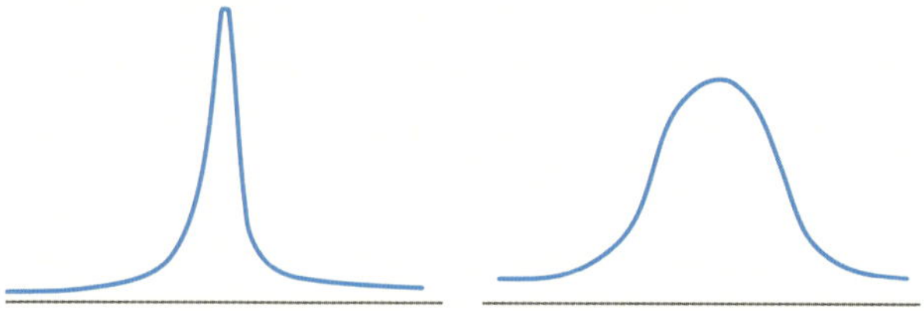

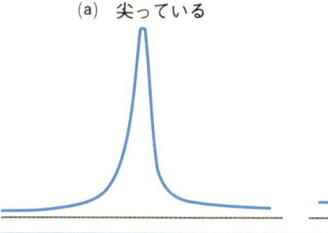

尖　度　　観測値の分布の形状を特徴づけるものとして，左右への「歪み」と同時に，「尖り具合」の測度も重要である。「尖り具合」の考え方だが，直感的には図 1-5 (a) のほうが (b) より「尖っている」と解釈すれば，わかりやすい。図からわかるように，観測値の分布が尖っている場合は，より多くの観測値が，ある特定の値の周辺に集中している。

この尖り具合を示す指標として，尖度 (kurtosis) がしばしば用いられる。歪度の定義と同様の表記を用いると，全標本の場合と標本の場合で，それぞれ

$$\text{尖度} = \frac{1}{n}\sum_{i=1}^{n}\left(\frac{x_i - \bar{x}}{\sigma}\right)^4, \quad \text{尖度} = \frac{1}{n-1}\sum_{i=1}^{n}\left(\frac{x_i - \bar{x}}{S}\right)^4 \tag{1.37}$$

と定義される。

「尖り具合」の目安として，「3」が用いられることが多い。すなわち，尖度が 3 より大きな値ならば，観測値の分布は比較的尖っており，3 より小さければ，あまり尖っていないと判断される。これは，第 7 章で説明される「正規分布」の尖度が「3」であり，「正規分布」は統計学の世界では 1 つの基準として扱われているためである。

例 1.7　　例題 1.2 の統計学の試験の結果の尖度を求めると，

$$\text{尖度} = \frac{1}{20}\sum_{i=1}^{n}\left(\frac{x_i - 74}{18}\right)^4 \fallingdotseq 2.17 \tag{1.38}$$

であるから，試験結果の分布はあまり尖っていない。

4 さまざまな平均値

刈り込み平均

観測値の中に，異常な値をもつものがいくつかあると，平均はその**異常値**（outlier：または特異値）の値に大きく影響を受けてしまい，平均そのものが観測値の中心を表す代表値として適切ではなくなることがある。このようなときは，異常値を取り除き，残りの観測値の平均（**刈り込み平均**：trimmed mean）が，データの中心を示す代表値として使われる。よくある例では，観測値が小さい値から順に $\{y_1, y_2, \cdots, y_n\}$ と並んでいるとき，観測値の最大値 y_n と最小値 y_1 を取り除いた刈り込み平均

$$\frac{y_2 + y_3 + \cdots + y_{n-1}}{n-2} \tag{1.39}$$

が，データの中心を表す代表値として用いられる。最大の観測値の影響のみを取り除きたい場合は，刈り込み平均は

$$\frac{y_1 + y_2 + \cdots + y_{n-1}}{n-1} \tag{1.40}$$

となる。このように，刈り込み平均を求める場合に，どの観測値を取り除くかは，分析者の判断に委ねられる。

総務省統計局『家計調査年報』より，2013年の勤労者世帯の年間所得を5つの階層に分類すると，各所得階層の平均年間収入は，258, 423, 562, 734, 1136万円となる。したがって，5つの階層の平均所得は622.6万円となるが，最低所得階層と最高所得階層を除いた場合は，(423 + 562 + 734)/3 = 573万円となる。

なお，刈り込み平均と同様の「刈り込む」考え方は，さまざまな計算に応用されている。たとえば，内閣府発表の『機械受注統計』では，民間全体の受注額を示す「民需」と，「船舶及び電力を除く民需」を分けて公表している。これは，船舶や電力業界からの受注額は大きく変動することがあり，民

間全体の受注額の趨勢を把握したい場合には，かえって邪魔になってしまうからである．実際，2013年の4～6月，7～9月，10～12月の民需の前期比成長率は，5.8%，5.1%，2.0% であるのに対して，船舶及び電力を除く民需では，6.4%，4.8%，1.9% であり，違いがあることがうかがえる．

加重平均

算術平均はすべての観測値を足し合わせ，観測個数で割って求めた．各観測値に**ウェイト** (weight：または**重み**ともいう) を掛けて求める平均を，**加重平均** (weighted average) という．具体的には，以下のように定義される．観測値 $\{x_1, x_2, \cdots, x_n\}$ に対して，ウェイトを $\{w_1, w_2, \cdots, w_n\}$ とする．ただし，ウェイトは $\sum_{i=1}^{n} w_i = 1$ を満たすとする．このとき，

$$\text{加重平均} = w_1 x_1 + w_2 x_2 + \cdots + w_n x_n = \sum_{i=1}^{n} w_i x_i \tag{1.41}$$

となる．

加重平均はさまざまな場面で応用されているが，その代表的なものとして，データの季節的な変動がならされる例を紹介する．図1-6のブルーの実線は，2003～2012年までの日本国内の民間消費支出のグラフである．データは四半期ごとに観測されているが，第4四半期（10-12月期）の消費支出が他の期に比べて多いことがわかる．これは明らかに，クリスマスや年末出費の影響を示している．

このように，観測値が季節的な変動を伴う場合には，その変動が大きいために，全体の趨勢を把握することが困難である．このような場合，観測値の**移動平均** (moving average) を取ることによって，消費支出の趨勢を把握することができる．たとえば，2010年第1四半期から2011年第1四半期までの観測値を $\{z_{10.1}, z_{10.2}, z_{10.3}, z_{10.4}, z_{11.1}\}$ とすると，2010年第3四半期の移動平均は，

$$\frac{0.5 \times z_{10.1} + z_{10.2} + z_{10.3} + z_{10.4} + 0.5 \times z_{11.1}}{4} \tag{1.42}$$

と定義される．直感的には，季節性を取り除いてデータの趨勢を見るためには，2010年第3四半期の前後1年分のデータの平均を取ればよい．しかし，前後1年分とするために，2010年第1四半期の値を入れるか，2011年第1四半期の値を入れるかは，議論の分かれるところである．そこで，両者を折衷

FIGURE 図 1-6 ● 民間消費支出

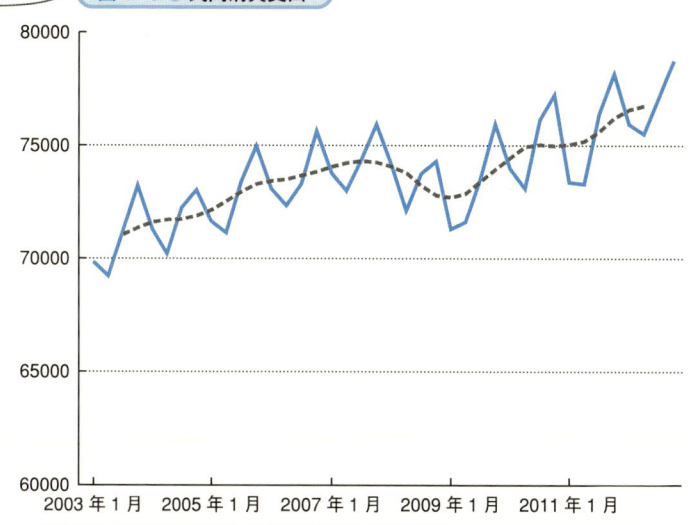

> ブルーの実線は四半期ごとの観測値であり，ジグザグとしていて趨勢がわかりにくいが，四半期移動平均であるグレーの点線を見ると，民間消費支出の趨勢を容易に把握することができる。

して，2010 年第 1 四半期，2011 年第 1 四半期の値のそれぞれ半分を足すことによって，移動平均を取る。4 で割るのは，分子の 4 四半期分（= 1 年分）のデータの和を，1 四半期分の平均に直すためである。

一般的には，四半期ごとの観測値が $\{x_1, x_2, \cdots, x_n\}$ であれば，第 t 期の**四半期移動平均**は，

$$\text{四半期移動平均} = \frac{0.5 \times x_{t-2} + x_{t-1} + x_t + x_{t+1} + 0.5 \times x_{t+2}}{4} \quad (1.43)$$

で与えられる。もし，観測値が月次データであれば，**12 期移動平均**を考えて，

$$12\text{ 期移動平均} = \frac{0.5 \times x_{t-6} + x_{t-5} + \cdots + x_t + \cdots + x_{t+5} + 0.5 \times x_{t+6}}{12} \quad (1.44)$$

とすればよい。この場合も，分子が 12 カ月分のデータの和であるから，1 カ月分の平均を求めるために，分母は 12 となる。また，定義から明らかなよう

4 さまざまな平均値 17

に，四半期データでは観測値の最初と最後の2期，12期移動平均では最初と最後の6期の移動平均は計算できない。

図1-6のグレーの点線は，先ほどの消費支出の四半期移動平均である。ブルーの実線と比べると，点線のほうが，消費支出の趨勢を簡潔に示している。

注目すべき点は，移動平均は，各期ごとに加重平均を取っているものと解釈できることである。t期の四半期移動平均の場合は，観測値 $\{x_{t-2}, x_{t-1}, x_t, x_{t+1}, x_{t+2}\}$ に対して，ウェイトを $\{1/8, 1/4, 1/4, 1/4, 1/8\}$ として，加重平均を取っていることになる。ウェイトの和が1になっていることは容易に確認できる。12期移動平均も，同様に，加重平均の一種である。なお，他の加重平均の例は第2章1節で多数紹介しているので，そちらも参照するとよい。

> **データの標準化**

観測値の中心や広がり具合の指標として，平均や分散などを説明したが，これらの指標は，観測する単位によって値が異なってしまう。たとえば，内閣府発表の『国民経済計算年報』では設備投資額を10億円単位で公表しているが，『民間企業資本ストック年報』では100万円が基準単位なので，平均や分散を計算しても，単位を統一しない限り比較はできない。そこで，データを変換して観測単位に依存しないようにする，標準化（normalization，または基準化：standardizationともいう）が行われる。いま，観測値 $\{x_1, x_2, \cdots, x_n\}$ の平均，分散が μ, σ^2（または $\bar{x}, S^2$）のとき，

$$\text{標準化された値} = \frac{x_i - \mu}{\sigma}, \quad \left(\text{または，} \frac{x_i - \bar{x}}{S}\right) \quad i = 1, 2, \cdots, n \quad (1.45)$$

となる。

> **例 1.9** 20人からなるクラスの統計学の平均点が70点，分散が25であるとしよう。このとき，80点の標準化された値は $(80 - 70) \div \sqrt{25} = 2$ となる。

入学試験でよく耳にする偏差値は，

$$\text{偏差値} = 50 + 10 \times \text{標準化された値} \quad (1.46)$$

で定義される．したがって，偏差値 50 というのは，平均点を意味する．

幾何平均

銀行に 100 万円預け，1 年後に 105 万円受け取った場合の金利は，どのように求めるのだろうか．これは簡単で，

$$預金金利 = \frac{105 - 100}{100} = 1.05 - 1 = 0.05 \tag{1.47}$$

であるから，金利は 5% である．では，金利 5% の場合に，100 万円を 3 年間預けた場合，3 年後にはいくら受け取ることができるだろうか．1 年後には 100 万円が 105 万円となるが，2 年目にはこの 105 万円が元手となって，金利 5% 分が追加される．そして 3 年目にはさらに増えた元手に対して金利 5% 分が追加されるので，3 年後の受け取る額は以下のように計算できる．

$$\left.\begin{array}{l}
1 \text{ 年後} \longrightarrow 100 + 100 \times 0.05 \quad = \quad 100 \times (1 + 0.05) \\
\phantom{1 \text{ 年後} \longrightarrow 100 + 100 \times 0.05} \quad = \quad 100 \times 1.05 = 105 \\
2 \text{ 年後} \longrightarrow 105 + 105 \times 0.05 \quad = \quad 105 \times (1 + 0.05) \\
\phantom{2 \text{ 年後} \longrightarrow 105 + 105 \times 0.05} \quad = \quad 100 \times 1.05^2 = 110.25 \\
3 \text{ 年後} \longrightarrow 110.25 + 110.25 \times 0.05 \quad = \quad 110.25 \times (1 + 0.05) \\
\phantom{3 \text{ 年後} \longrightarrow 110.25 + 110.25 \times 0.05} \quad = \quad 100 \times 1.05^3 = 115.7625
\end{array}\right\} \tag{1.48}$$

これより，3 年後には 115 万 7625 円を受け取ることになる．このように，3 年間一定の金利が続いた場合，3 年後の受取額は

$$100 \times (1.05)^3 = 115.7625 \tag{1.49}$$

という計算式で求められる．また，3 年間一定の金利が適用されているから，平均金利は 5% となる．

100 万円を預け，3 年後に 120 万円を受け取った場合の平均金利は何% であろうか．平均金利とは，毎年同じ金利が適用されて 3 年後に 120 万円受け取れるような金利のことを指す．いま，平均金利を $r\%$ として (1.49) 式と同様に考えると，3 年後には

$$100 \times \left(1 + \frac{r}{100}\right)^3 \text{ 万円} \tag{1.50}$$

受け取ることになる．この金額が 120 万円なのだから，

4 さまざまな平均値

$$100 \times \left(1 + \frac{r}{100}\right)^3 = 120 \tag{1.51}$$

を満たす r を求めればよい．両辺を 100 で割ってから 3 分の 1 乗すると

$$1 + \frac{r}{100} = 1.2^{\frac{1}{3}} \fallingdotseq 1.063 \tag{1.52}$$

となるので，これを解けば，$r \fallingdotseq 6.3\%$ という解を得る．

　1 年目の金利が 5%，2 年目が 6%，3 年目が 5% の場合の平均金利はどうであろうか．この場合，3 年後に受け取る額を計算すると，

$$100 \times 1.05 \times 1.06 \times 1.05 = 116.865 \text{ 万円} \tag{1.53}$$

となる．したがって，平均金利を $r\%$ とすれば，上と同じようにして，

$$100 \times \left(1 + \frac{r}{100}\right)^3 = 116.865 \tag{1.54}$$

を満たす r を求めればよいので，$r \fallingdotseq 5.3\%$ となる．

　経済の成長率の場合には，どのようにして平均成長率を求めるのだろうか．前年度の生産高を x_{t-1}，今年度の生産高を x_t，今年度の経済成長率を $k\%$ とすると，経済成長率は

$$k = \frac{x_t - x_{t-1}}{x_{t-1}} \times 100 \ (\%) \tag{1.55}$$

と定義される．別の見方をすると，経済成長率が $k\%$ のとき，今年度の生産量は

$$x_{t-1} \times \left(1 + \frac{k}{100}\right) = x_t \tag{1.56}$$

と求められる．これは，金利の例の受取額の計算とまったく同じである．したがって，経済の平均成長率も，金利と同様の計算で求めることができる．

　このように，預金の平均金利や経済の平均成長率を求める場合，これまで用いてきた平均（算術平均）は，適切な代表値ではない．「率」を表すデータの場合は，幾何平均 (geometric mean) を用いてデータの中心を表すことになる．一般に，「率」を表す観測値（%表示＝百分率）が $\{r_1, r_2, \cdots, r_n\}$ で，平均的な伸び率（利子率や成長率）を $\bar{r}$ とすると，次の関係が成り立つ．

> **COLUMN** *1-1 統計学とは*

　統計学は，もともとは国家の為政者が，政治のために必要とした基礎資料を提供するための方法を考案することから始まった。人口，所得，耕地面積等の資料を収集し，一国の国力を測ることを始め，国勢に関して集められた資料を整理することが当初の目的だった。本章の扉に示されているペティの政治算術は，その例である。一方，このような資料の特性を見出すための，さまざまな工夫もなされてきた。とくに，平均，分散，標準偏差，分位点，相関係数などの分布の状態を示す指標は，このような資料整理から生まれてきた。

　国勢に関する基礎資料の整理を行うから，統計の作成は行政の一部として欠かせない位置を占めてきた。現在も各国政府は統計業務を行っており，日本でも総務省統計局は正確さにおいて世界に誇る統計を作成している。総務省統計局をはじめとして，経済産業省や財務省などでもさまざまな統計を作成している。一般に，政府が作成する統計を政府統計と呼ぶ。それに対し，政府以外の民間機関が作成する統計を民間統計と呼ぶ。

　政府統計にしろ民間統計にしろ，統計を作成する側は基礎資料を収集するが，統計を採られる側からすると，基礎資料を提出しなければならない。たとえば，5年に一度行われている「国勢調査」では，全国の各世帯に調査表が配られ，われわれはその調査表に記入し，その記入表をもとに国勢調査の結果が発表される。ここで心配なのは，はたしてどの世帯も間違いなくきちんと調査表に記入を行っているのだろうか，という点である。現実的に考えれば，面倒だからといっていい加減な数値を記入したり，そもそも記入漏れを起こすことも実際にはあるだろう。このような場合，たとえ母集団すべてを調べる全数調査が行われたとしても，真の母集団とは異なる，誤差を伴った推定を行う可能性がある。実は，統計学を用いれば，このような「観測誤差」を考慮に入れて，真の母集団を「推測」することができるのである。

$$\left(1+\frac{\bar{r}}{100}\right)^n = \left(1+\frac{r_1}{100}\right) \times \left(1+\frac{r_2}{100}\right) \times \cdots \times \left(1+\frac{r_n}{100}\right) \quad (1.57)$$

この両辺を $1/n$ 乗したのが，幾何平均である。

$$幾何平均: 1+\frac{\bar{r}}{100} = \left\{\left(1+\frac{r_1}{100}\right) \times \left(1+\frac{r_2}{100}\right) \times \cdots \times \left(1+\frac{r_n}{100}\right)\right\}^{\frac{1}{n}} \quad (1.58)$$

4　さまざまな平均値

したがって，平均伸び率 $\bar{r}$ は，次のように求められる．

$$\bar{r} = 100 \times \left[\left\{ \left(1 + \frac{r_1}{100}\right) \times \left(1 + \frac{r_2}{100}\right) \times \cdots \times \left(1 + \frac{r_n}{100}\right) \right\}^{\frac{1}{n}} - 1 \right] \quad (1.59)$$

すなわち，各観測値を％表示から小数を用いた表示に直して 1 を加え，それぞれを掛け合わせて $1/n$ 乗し，1 を引いて 100 倍するのである．

例 1.10 5 年間の経済成長率が 3％，3％，4％，4％，5％ であれば，5 年間の平均成長率は，

$$\{(1+0.03) \times (1+0.03) \times (1+0.04)$$
$$\times (1+0.04) \times (1+0.05)\}^{\frac{1}{5}} - 1 \fallingdotseq 0.03797 \quad (1.60)$$

である．したがって，％表示に直すと，平均成長率は 3.797％ となる．一方，5 年間の成長率の算術平均は 3.8％ となるので，幾何平均のほうが，算術平均より若干小さくなる．

例題 1.3 ● さまざまな平均 EXAMPLE

以下，小数点以下第 2 位を四捨五入して求めなさい．

(1) 観測値が 23，6，5，7，1 であるときの，最大値と最小値を取り除いた刈り込み平均を求めなさい．

(2) 以下は，経済産業省発表の 2012 年から 2013 年の鉱工業生産指数（四半期）である．四半期移動平均を計算し，原数値と四半期移動平均の値をグラフに描きなさい．

年	I	II	III	IV
2012	101.5	97.2	97.3	95.2
2013	93.6	94.3	99.5	100.7

(3) 例題 1.2 のデータの偏差値を計算しなさい．

(4) ある 5 年間の売上高の伸び率が 5.4％，6.5％，−1.2％，0.9％，2.5％ であったとする．5 年間の平均伸び率を求めなさい．

（解答） (1) 刈り込み平均 $= (6+5+7) \div 3 = 6$．

(2) 四半期移動平均は，2012 年第 III 四半期より，96.8，95.5，95.4，96.3

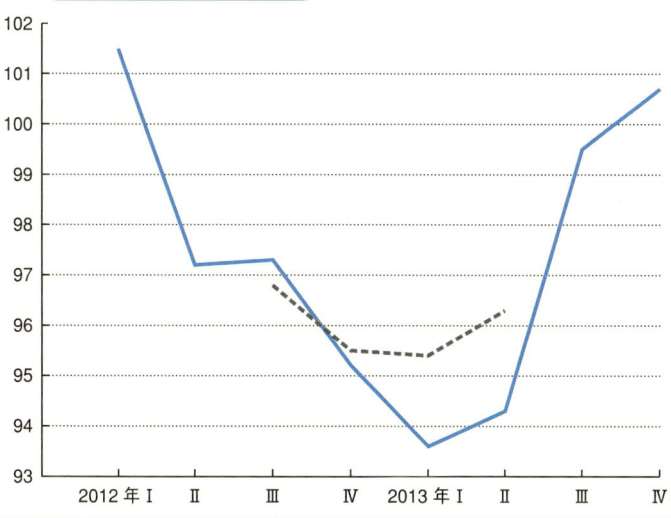

FIGURE 図 1-7 ● 鉱工業生産指数

である。グラフは図 1-7 のとおり（ブルーの実線が原数値，グレーの点線が四半期移動平均）。

(3) 例題 1.2 のデータの平均は 74，標準偏差は 18 であったので，各点数の偏差値は以下のとおり。

42.2	50.6	64.4	53.3	61.7	31.1	36.7	45.0	47.8	31.1
50.6	58.9	64.4	56.1	45.0	42.2	53.3	58.9	45.0	61.7

(4) 5年間の売上高の平均伸び率は，

$$(1.054 \times 1.065 \times 0.988 \times 1.009 \times 1.025)^{\frac{1}{5}} - 1 \fallingdotseq 0.028 \tag{1.61}$$

となるので，平均 2.8% の伸び率となる。

4 さまざまな平均値　23

SECTION 5 度数分布表とヒストグラム

度数分布表

これまで説明してきたさまざまな代表値により，データの中心や広がり具合を知ることができるが，観測値をいくつかのグループに分類して分析をすると，データの全体的な傾向をより詳しく把握することができる。**度数分布表** (frequency distribution table) とは，観測値をその値に応じていくつかのグループ（**階級**）に分類し，各階級に入る観測値の数（**度数**）を数えて表にしたものである。具体的な例を見ることにする。

例 1.11 表 1-1 は厚生労働省『人口動態統計』にもとづく 2013 年の都道府県別出生数のデータ（小さい値から順に並べ替えたもの）であり，表 1-1 にもとづいて作成された度数分布表が表 1-2 である。表 1-2 では，出生数が 0 人以上 1 万人未満，1 万人以上 2 万人未満，というように，1 万人ごとの**階級** (class) に分類されている。最後のグループは，「5 万人以上」というように，上端に制限がない**オープンエンド階級**となっている。たとえば，「20-30」の階級に対応する**度数** (frequency) は 3 であるから，1 年間の出生数が 2 万人以上 3 万人未満であった自治体の数は，3 であったことがわかる。度数の次の列の**累積度数** (cumulative frequency) とは，対応する階級以下のすべての階級に含まれる観測値の数を示している。この表より，出生数が 3 万人未満であった自治体の総数は，37 である。また，**相対度数** (relative frequency)，**累積相対度数** (cumulative relative frequency) はそれぞれ，観測値の総数に対する度数の割合，観測値の総数に対する累積度数の割合を示している。したがって，出生数が 2 万人以上 3 万人未満の自治体の割合は 0.06（6%），また，出生数が 3 万人未満であった自治体の割合は 0.79（79%）であったことがわかる。

度数分布表のつくり方

度数分布表の作成方法を表 1-1，表 1-2 を例に説明する。度数分布表で使われる用語は表 1-3

| TABLE | 表 1-1 ● 都道府県別出生数 |

(単位：千人)

4, 5, 5, 5, 6, 6, 6, 7, 7, 7, 8,
8, 9, 9, 9, 9, 9, 10, 10, 10, 11, 13,
14, 14, 14, 14, 15, 15, 16, 16, 16, 17, 17,
18, 20, 22, 24, 30, 38, 45, 45, 48, 57, 66,
72, 74, 109

| TABLE | 表 1-2 ● 出生数の度数分布表 |

以上，未満	階級値	度数	累積度数	相対度数	累積相対度数
0-10	5	17	17	0.36	0.36
10-20	15	17	34	0.36	0.72
20-30	25	3	37	0.06	0.79
30-40	35	2	39	0.04	0.83
40-50	45	3	42	0.06	0.89
50-	76	5	47	0.11	1.00
		47		1.00	

にまとめた．

(1) **範囲（レンジ）を求める**　表 1-1 より，範囲は $109 - 4 = 105$ である．

(2) **階級数，階級幅，階級を決める**　上で求めた範囲をすべてカバーするように，階級数，階級の幅，階級を決めていく．階級数は，一般的には 5 から 15 程度の間で適宜決めるが，以下の**スタージェスの公式**（Starjes' formula）が 1 つの目安となろう．

$$階級数 = 1 + 3.3 \times \log_{10}(観測値の数). \tag{1.62}$$

表 1-1 の場合にスタージェスの公式を当てはめると，$1 + 3.3 \times \log_{10} 47 \fallingdotseq 6.5$ となるので，ここでは階級数は 6 とする．

階級と階級幅であるが，階級は切りのよい数値で区切り，階級幅は原則としてすべて等間隔とすると，表が見やすくなる．ただし，例外としては，最下位階級または最上位階級を，オープンエンド階級としたほうがよい場合がある．今回は範囲が 105，階級数が 6 であるから，階級幅を 10

5　度数分布表とヒストグラム　　25

表 1-3 ● 度数分布表で使われる用語

階級	観測値を分類するグループ。「a 以上 b 未満」のように定義することが多い。
階級値	階級を「代表」する値。階級の中点を階級値とすることが多いが，階級に所属する観測値の平均を階級値とすることもある。また，以下に説明のある「オープンエンド階級」の場合には，階級に所属する観測値の平均を階級値とする。
オープンエンド階級	階級の上端または下端がない階級。
度数	各階級に所属する観測値の数。
相対度数	(度数)÷(観測値の総数)。すなわち，観測値の総数に対する各階級に所属する観測値の割合。
累積度数	各階級以下のすべての階級に所属する観測値の数。
累積相対度数	(累積度数)÷(観測値の総数)。すなわち，観測値の総数に対する，各階級以下に所属する観測値の数の割合。

として最上位階級をオープンエンド階級とするか，階級幅を 20 としてすべての階級を等間隔にする方法が候補に挙げられる。ここでは前者の方法で，階級と階級幅を決める。

(3) 階級値を決める　　最上位階級はオープンエンド階級なので，階級値は所属する観測値の平均である 76 とし，残りの階級の階級値は階級の中点とする。

(4) 度数を数える

(5) 相対度数など必要な情報を計算する

平均と分散の近似値　　度数分布表から，もとの観測値全体の平均と分散の近似値を求めることができる。各階級に所属する観測値はすべて，階級値と同じ値であるとみなして，近似値を得るのである。したがって，

$$平均 = \frac{\{(階級値) \times (度数)\} の総和}{度数の総和} \tag{1.63}$$

$$分散 = \frac{\{(階級値)^2 \times (度数)\} の総和 - (度数の総和) \times (平均)^2}{度数の総和} \tag{1.64}$$

と近似値を計算する。なお，(1.64) 式は，公式 (1.21) にもとづいている。

TABLE 表 1-4 ● 表 1-1 の平均と分散の近似値の求め方

以上，未満	階級値	度数	階級値×度数	階級値^2×度数
0-10	5	17	85	425
10-20	15	17	255	3825
20-30	25	3	75	1875
30-40	35	2	70	2450
40-50	45	3	135	6075
50-	76	5	380	28880
		47	1000	43530

この表のように，「階級値×度数」や「階級値^2×度数」も表にまとめておくと，計算しやすくなる。なお，この表のように，分散の計算では桁数の大きな数値を扱うことがあるので，実際には第 3 章で解説するように Excel などの表計算ソフトを利用すると便利である。

例 1.12 表 1-2 にもとづいて計算すると，表 1-4 のような結果になる。これより，

$$\text{平均} = 1000 \div 47 \fallingdotseq 21.3$$

$$\text{分散} = \frac{43530 - 47 \times (1000 \div 47)^2}{47} \fallingdotseq 473.5$$

という近似値が得られる。これは観測値の平均 21.5，分散 489.7 に近い値となっている。

ヒストグラム 度数分布表を，視覚的に理解しやすいように図としてまとめたものが，ヒストグラム (histogram) と累積相対度数分布の図である。最初に，ヒストグラムを説明する。

ヒストグラムとは棒グラフの一種で，各棒の面積が，度数もしくは相対度数と比例するように作成されたものである。したがって，度数分布表の階級値を棒の中点，階級幅を棒の幅とし，高さを度数もしくは相対度数とすれば，ヒストグラムを描くことができる。ただし，オープンエンド階級に関しては，階級値を棒の中点とする。棒の幅は隣の階級の端からオープンエンド階級の階級値までの距離の 2 倍としたうえで，棒の面積が度数もしくは相対度数と等しく

> **FIGURE** 　**図 1-8** ● ヒストグラムと累積相対度数分布の図
>
> (a) ヒストグラム　　　　　　　　(b) 累積相対度数分布の図
>
> ヒストグラムはあくまでも観測値の度数分布を示すものであり，単なる棒グラフとは異なる点に注意が必要である。

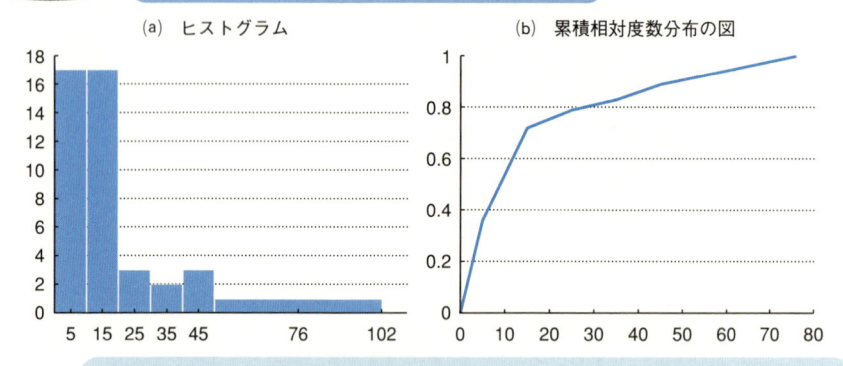

なるように高さを調節する。したがって，ヒストグラムは単なる棒グラフと見られがちであるが，棒の面積が度数もしくは相対度数に比例していることに注意してほしい。

例 1.13　表 1-2 の度数分布表からヒストグラムを実際に作成すると，図 1-8 (a) のようになる。階級「0-10」から「40-50」に対しては，各階級値を棒の中点とし，棒の幅はすべて 10 となっている。高さは度数としている。ただし，階級「50-」はオープンエンド階級となっているため，注意が必要である。階級値は 76 であるから，この階級の中点は 76 とし，隣の階級「40-50」の上限が 50 であるから，この階級の棒の幅は $2 \times (76 - 50) = 52$ となる。この階級以外では幅 10，高さ 1（面積 = 10）が度数 1 に対応しているから，階級「50-」の棒の面積は $10 \times 5 = 50$ となるように高さを決めればよい。したがって，棒の幅は 52 としたから，高さは $50 \div 52 \fallingdotseq 0.96$ となる。実際，図の各棒の面積を計算すれば，それらが度数に比例していることが確認できよう。

累積相対度数分布の図

ヒストグラムが，度数，もしくは相対度数をグラフ化したものであったのに対して，累積相対度数をグラフ化したものが，累積相対度数分布の図である。累積相対度数分布の図は，横軸を階級値，縦軸を累積相対度数として，$(x, y) =$（階級値，累積相対度数）をプロットして，線で結んだものである。図1-8（b）が，表1-2の度数分布表より作成した累積相対度数分布の図である。図1-8（b）を用いれば，近似的な $\alpha\%$ 点を，容易に読み取ることができる。

例題 1.4 ● 度数分布表とヒストグラム　　　　　　　　**EXAMPLE**

表1-5は50人からなるクラスの統計学の試験の結果である。この観測値をもとに，度数分布表を作成しなさい（度数，累積度数，相対度数，累積相対度数を求めること）。作成した度数分布表から平均と分散を計算し，観測値全体の平均と分散と比較しなさい。また，ヒストグラムと累積相対度数分布の図を作成しなさい。

（解答）　表1-5より，範囲は88である。また，スタージェスの公式を用いた階級数は6.6となるが，100点満点の試験結果の場合は，10点もしくは20点刻みで度数分布表を作成したほうが見やすくなるので，階級数10，階級幅を10とする。以上，未満の方式で各階級を定めるが，最上位階級は90点以上100点以下とする。また，階級値は最上位階級も含めて階級幅の中点とする。以上の様式で作成した度数分布表が表1-6である。度数分布表から求めた平均は $3240/50 = 64.8$，分散は $(236050 - 50 \times 64.8^2)/50 = 521.96$ である。もとの観測値の平均は64.74，分散は527.27であるから，度数分布表をもとにした値に非常に近いことがわかる。ヒストグラムと累積相対度数分布は図1-9のようになる。

TABLE　表 1-5 ● 試 験 結 果

12, 15, 18, 25, 26, 34, 36, 38, 40, 42, 44, 45, 48, 53, 53, 57, 58,
59, 60, 62, 62, 65, 65, 67, 69, 71, 71, 72, 72, 73, 74, 76, 78, 78,
79, 79, 81, 83, 85, 86, 86, 88, 88, 90, 93, 93, 93, 95, 100, 100

表 1-6 ● 度数分布表

以上, 未満	階級値	度数	累積度数	相対度数	累積相対度数
0–10	5	0	0	0.00	0.00
10–20	15	3	3	0.06	0.06
20–30	25	2	5	0.04	0.10
30–40	35	3	8	0.06	0.16
40–50	45	5	13	0.10	0.26
50–60	55	5	18	0.10	0.36
60–70	65	7	25	0.14	0.50
70–80	75	11	36	0.22	0.72
80–90	85	7	43	0.14	0.86
90–100	95	7	50	0.14	1.00
		50		1.00	

図 1-9 ● ヒストグラムと累積相対度数分布の図（例題 1.4）

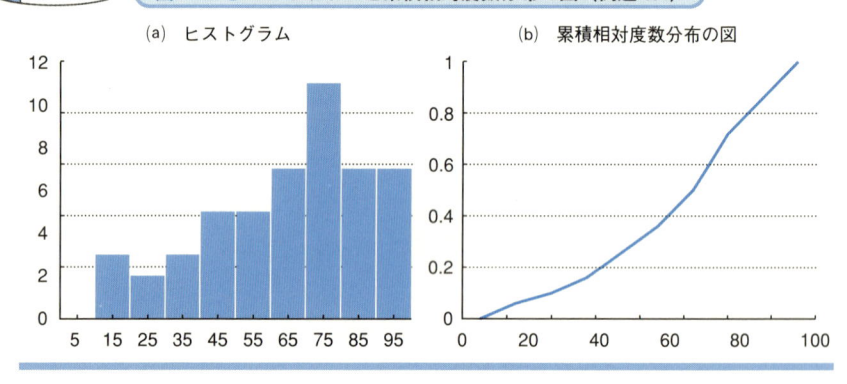

(a) ヒストグラム　　(b) 累積相対度数分布の図

6 ローレンツ曲線とジニ係数

ローレンツ曲線　度数分布表を活用すれば，所得分配の不平等度や人口集中の程度などを視覚的に捉える図，ローレンツ曲線（Lorenz curve）を描くことができる。ローレンツ曲線とは，所得，人口，販売高などの，一定のグループへの集中の度合いを観察できる曲

表 1-7 ● 所得分布の例

階級	階級値	度数	相対度数 (p)	累積相対度数 (q)	所得 (階級値×度数)	相対所得 (r)	累積所得	累積相対所得
I	15	5	0.10	0.10	75	0.04	75	0.04
II	25	15	0.30	0.40	375	0.22	450	0.26
III	35	15	0.30	0.70	525	0.31	975	0.57
IV	45	10	0.20	0.90	450	0.26	1425	0.83
V	60	5	0.10	1.00	300	0.17	1725	1.00
		50	1.00		1725			

線のことである。所得分配に関するローレンツ曲線の描き方を説明しよう。

表 1-7 は，50 人からなる会社の 1 カ月の給与に関する度数分布表で，50 人の月間平均給与を低い順に並べて，5 つの階級に分類した。「所得」の列は，各階級ごとに，その階級に所属する社員が受け取る給与の総額を示している。したがって，この列の値は，(階級値) × (度数) で求められる。この列の総和は，すべての社員に支払われた給与総額になる。「累積所得」とは「所得」の累積額，そして，「累積相対所得」は，所得の総和（総所得）に対する累積所得の比率を示している。

表 1-7 をもとにして，横軸に累積相対度数，縦軸に累積相対所得を取り，各点をプロットして直線で結んだものがローレンツ曲線である（図 1-10 のブルーの実線）。所得に関するローレンツ曲線はとくに，**所得分配線**とも呼ばれる。

ローレンツ曲線の解釈 ローレンツ曲線が原点と $(1,1)$ 点を結ぶ 45 度線に近いほど所得分配は平等であり，逆に，45 度線から離れるほど所得分配は不平等である。ここではその理由を考えてみる。まず，「所得分配が完全に平等」とは，すべての社員がまったく同一の給与を支払われている場合である。この場合，総所得に対する各個人の所得の割合はすべて一定となり，

$$\frac{\text{A さんの所得}}{\text{総所得}} = \frac{\text{B さんの所得}}{\text{総所得}} = \cdots = \frac{1}{\text{社員の総数}} \tag{1.65}$$

という関係が成り立つ。この場合，表 1-7 を作成すると，ローレンツ曲線は 45 度線となる。このことから，45 度線は**完全平等線**（もしくは**均等分配線**）と

FIGURE 図 1-10 ● ローレンツ曲線(1)

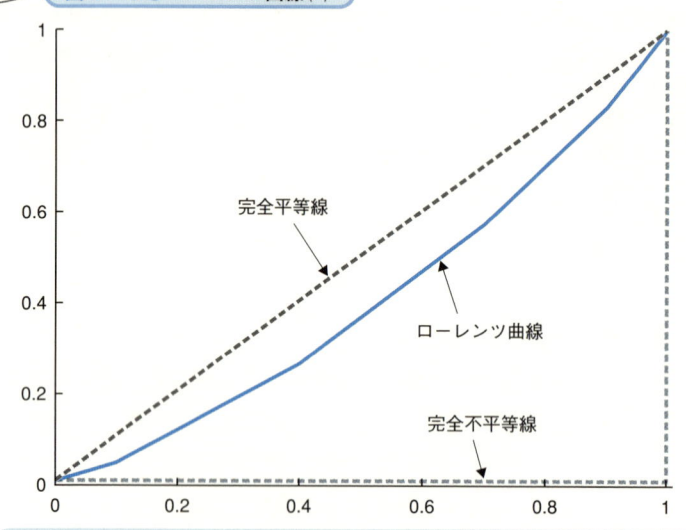

完全平等線

ローレンツ曲線

完全不平等線

グレーの点線で示された対角線が完全平等線，ブルーの実線がローレンツ曲線である。

呼ばれる。

一方，「所得分配が完全に不平等」とは，（非現実的ではあるが）1人を除いたすべての社員は給与を支払われず，1人だけが給与を支払われる場合である。この場合，

$$\frac{A さんの所得}{総所得} = \frac{B さんの所得}{総所得} = \cdots = 0 \tag{1.66}$$

$$\frac{唯一給与をもらった人の所得}{総所得} = 1 \tag{1.67}$$

という関係が成り立つ。この場合，ローレンツ曲線は原点から $(1,0)$ までの横軸と，$(1,0)$ と $(1,1)$ 点を結んだ直線，すなわち，アルファベットの「L」を裏返したような曲線となる。この曲線のことを，完全不平等線と呼ぶ。

ローレンツ曲線は，観測する対象の性質や観測方法により形状が変わるの

表 1-8 年間収入十分位階級別の度数分布表

階級	2000年 累積相対度数	2000年 累積相対所得	2013年 累積相対度数	2013年 累積相対所得
I	0.10	0.04	0.10	0.04
II	0.20	0.10	0.20	0.10
III	0.30	0.16	0.30	0.16
IV	0.40	0.24	0.40	0.24
V	0.50	0.33	0.50	0.33
VI	0.60	0.42	0.60	0.42
VII	0.70	0.53	0.70	0.53
VIII	0.80	0.66	0.80	0.65
IX	0.90	0.80	0.90	0.80
X	1.00	1.00	1.00	1.00

で，1本のローレンツ曲線から，所得分配の不平等度や一定のグループへの集中の度合いを決めることはできない。むしろ，複数のローレンツ曲線を同時に描き，どの曲線がより45度線に近いかを議論するためのものであると理解すべきである。

ローレンツ曲線の例

以下，例を2つ挙げる。

例 1.14 最初の例は，所得分配に関するものである。表1-8は総務省統計局『家計調査年報』にもとづいて作成された，2000年および2013年の勤労者世帯（2人以上世帯）の所得分布である。この度数分布表は，年間収入の低い値から順番に観測値を並べ替え，世帯数を10等分してグループ化し，第I階級，第II階級，…と分類したものである。この表1-8をもとにして作成したローレンツ曲線が，図1-11（a）である。図1-11（a）より，2000年と2013年のローレンツ曲線はほぼ同じに見えるが，厳密には交差している。表1-8だけでは読み取れないが，厳密に計算すると累積相対度数が0.4までは2013年のローレンツ曲線のほうがわずかに完全平等線に近いが，累積相対度数が高いところでは，2000年のローレンツ曲線のほうがわずかに内側に位置している。

6　ローレンツ曲線とジニ係数

FIGURE 図 1-11 ● ローレンツ曲線(2)

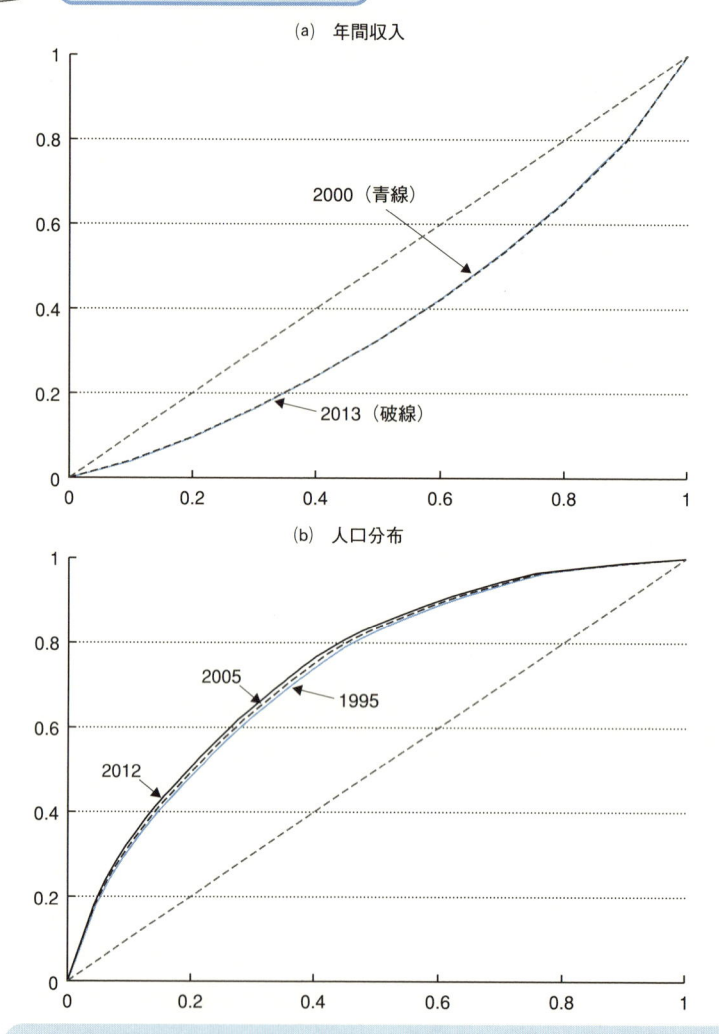

(a) 年間収入

2000（青線）
2013（破線）

(b) 人口分布

2005
1995
2012

年間収入の例では，2つのローレンツ曲線は交差している。一方，人口分布では，1995年のローレンツ曲線よりも，2005年，2012年のローレンツ曲線が外側（左上）に位置していることから，人口の一極集中が進んでいることがうかがえる。

例 1.15　2 番目の例は，人口集中に関するものである．図 1-11 (b) は，総務省統計局の『社会生活統計指標』にもとづいて作成された，1995 年，2005 年および 2012 年の都道府県別に見た人口分布である（度数分布表は省略する）．この図は，まず，各都道府県ごとの相対人口（日本全国の人口に対する各都道府県の人口の割合）と相対可住地面積（日本全国の可住地面積に対する各都道府県の可住地面積の割合）を算出し，次に，それを人口密度の低い順に並べ替え，横軸に累積相対人口，縦軸に累積相対可住地面積を取って作成した．この図のように，ローレンツ曲線は 45 度線の下側ばかりでなく，軸の選び方により上側に位置することもある．このような場合も以前と同様に，曲線が 45 度線に近いほど平等で，逆に 45 度線から離れるほど不平等であると解釈される．図より，2005 年のローレンツ曲線は 1995 年のものより外側に，2012 年のものは 2005 年のものより外側に位置していることから，1995 年から 2012 年にかけて，人口がある特定の都道府県へより集中していったことが読み取れる．

ジニ係数　ローレンツ曲線を描くことは，不平等度や集中の度合いを視覚的に捉える有用な手法であるが，それを数値化した指標がジニ係数 (Gini coefficient) である．ジニ係数の定義は，

$$\text{ジニ係数} = 2 \times (\text{完全平等線とローレンツ曲線とに囲まれた面積}) \qquad (1.68)$$

で与えられる．定義より，

$$0 \leq \text{ジニ係数} \leq 1 \qquad (1.69)$$

であることは明らかである．また，ローレンツ曲線が完全平等線に近いほど，ジニ係数は 0 に近くなり，逆に，完全平等線から離れるほど 1 に近くなる．だから，ジニ係数は 0 に近いほど平等（集中度が低い），1 に近いほど不平等（集中度が高い）である．なお，ローレンツ曲線が 1 本だけでは集中の度合いが測れないのと同様に，ジニ係数も，複数の値を比較することが重要である．

ジニ係数の計算　表 1-7 に合わせて，ジニ係数の計算式を定義しよう．階級数が n，第 i 階級の横軸に使われ

> COLUMN　*1−2　ジニ係数と橘木・大竹論争*

　所得に関する統計データから日本のジニ係数を計測すると，ジニ係数は80年代以降，おおむね上昇してきており，所得格差が拡大してきているのが数値ではっきりと表れている。このことから，日本が「格差社会」に突入したという意見が多く聞かれる。では，なぜ所得格差は拡大してきているのか。しばしば指摘されている所得格差の主因は，高齢化が進んでいることである。すなわち，もともと昔から高齢者間では所得の格差が存在していたのだが，高齢者の割合が年々増えてきたために，所得格差も数値としてはっきりと表れてきた，というものである。また，単身者が増えたことも，ジニ係数上昇の一因として指摘されている。

　このような指摘は，事実としておおすじ認められていることである。しかしながら，所得格差が深刻であるかどうかについては賛否両論がある。ジニ係数で見た日本の所得格差が深刻であると考える学説がある一方，実は格差は見せかけであるという学説が，2000年半ばごろから唱えられている。両者の対立は，しばしば「橘木・大竹論争」としてマスコミでも話題になった。深刻であると主張する説として，現在同志社大学の橘木俊詔教授は，高齢単身者という貧困層の増加に注目し，所得格差の拡大を大きく問題視した。また，橘木教授は，規制緩和が勝者と敗者を生みだし，所得格差拡大の一因になったと主張した。それに対し，大阪大学の大竹文雄教授は，所得格差の拡大は，世帯構造の変化が主因であり，見かけ上格差が広がっただけで，本来の同世代間の所得構造が大きく変わったものではないと主張した。また，規制緩和は必ずしも所得格差の拡大をもたらすものではなく，むしろ，格差を小さくする側面がある点に注目した。一般的には，橘木説は格差が深刻であると解釈され，大竹説は格差が見せかけであるという結論から，両学説の対立が2000年半ばから注目を集めてきた。では，どちらが正しいのだろうか。正直，どちらの主張も一理あり，どちらが一方的に正しいという判断を下すことは難しい。ただ，多かれ少なかれ，所得格差がじわじわと広がってきていることは，間違いないようだ。

　（参考文献）　橘木俊詔［2006］『格差社会——何が問題なのか』岩波新書。大竹文雄［2005］『日本の不平等——格差社会の幻想と未来』日本経済新聞社。前市岡楽正［2006］「経済格差——橘木・大竹両教授の論点」関西経済研究所リサーチペーパー。

た項目の相対比（相対度数）を p_i，横軸に使われた項目の累積相対比（累積相対度数）を q_i，縦軸に使われた項目の相対比（相対所得）を r_i とすると，ジニ係数は以下の公式で計算できる．

$$\text{ジニ係数} = \left| 2\sum_{i=1}^{n} q_i r_i - \sum_{i=1}^{n} p_i r_i - 1 \right|. \tag{1.70}$$

ジニ係数の定義である (1.68) 式は，

$$2 \times |\text{ローレンツ曲線より上の面積} - 45\text{度線より上の面積}|$$

に等しいから，この事実を利用して計算することもできる．実際の計算は第3章4節で説明している．

例 1.16 上の公式を使って表 1-8 から計算すると，2000 年のジニ係数は 0.24，2013 年では 0.25 となるので，この数値からも所得分配の不平等度が広がったことがわかる．同様に，人口分布のデータから計算すると，1995 年のジニ係数は 0.46，2005 年では 0.47，2012 年では 0.49 であるので，若干ではあるが人口集中度が高まったことがわかる．

例題 1.5 ● ジニ係数　　　　　　　　　　　　　　　　　　　　EXAMPLE

表 1-7 より，ジニ係数を計算しなさい．

（解答）　表 1-7 の累積相対所得より相対所得 (r) を求めると，0.04（第 I 階級），0.22（第 II 階級），0.31（第 III 階級），0.26（第 IV 階級），0.17（第 V 階級）となる．相対度数を p_i，累積相対度数を q_i，相対所得を r_i としてジニ係数の計算公式 (1.70) に当てはめると，ジニ係数は 0.194 となる．

BOOK GUIDE ● 文献案内

第 1 章で扱った記述統計については，さまざまな統計学のテキストで説明されている．以下のテキストも参考にしながら本書を読み進めると，より一層，理解が深まるだろう．

①森棟公夫 [2000]『統計学入門（第 2 版）』新世社．
②田中勝人 [2010]『基礎コース 統計学（第 2 版）』新世社．

③宮川公男［2015］『基本統計学（第4版）』有斐閣．
④佐和隆光［1985］『初等統計解析（改訂版）』新曜社．
⑤刈屋武昭・勝浦正樹［2008］『統計学（第2版）』東洋経済新報社．
⑥藪友良［2012］『入門 実践する統計学』東洋経済新報社．

EXERCISE　●練習問題

1-1 以下は，あるサッカーチームの1試合当たりの得失点の合計である（これが大きいほど，エキサイティングな試合が多いといえるだろう）．観測値は全標本であるとして以下の問いに答えなさい．

```
4 2 4 5 7 4 3 7 6 5 2 6 2 3 3 2 4
6 3 4 6 4 9 4 3 6 1 2 3 3 4 1 9 2
```

(1) 平均，メジアン，モードを求めなさい．
(2) 分散，標準偏差，範囲を求めなさい．また，チェビシェフの不等式を利用して，全得点の少なくとも75%が含まれる範囲を求めなさい．
(3) 歪度，尖度を求めなさい．

1-2 ある事業所における2005年の四半期ごとの売上額が500万円，700万円，850万円，600万円であったとする．2006年の第1四半期の売上額がいくらならば，2005年第3四半期の四半期移動平均売上額が675万円になるか，求めなさい．

1-3 ある国の預金金利が4年連続上昇を続け，8%, 10%, 12%, 15%であった．4年間の平均金利を求めなさい．

1-4 表1-1（25頁）をもとに，階級が0-20, 20-40, 40-60, 60-80, 80-100, 100-120からなる度数分布表を作成しなさい．ただし，階級値はすべて階級の中点とする．また，作成した度数分布表をもとに，平均と分散の近似値を計算し，ヒストグラムを描きなさい．

1-5 表1-8（33頁）の階級を，(Ⅰ, Ⅱ), (Ⅲ, Ⅳ), (Ⅴ, Ⅵ), (Ⅶ, Ⅷ), (Ⅸ, Ⅹ)とそれぞれ1つの階級につくり直し，年間収入五分位階級別の度数分布表につくり変えなさい．また，ローレンツ曲線を描き，ジニ係数を計算しなさい．

第 2 章 記述統計 II

大内兵衛は，マルクス経済学の研究を進める中で治安維持法違反に問われるが，戦後は東京大学に戻り，統計制度や社会保障制度に大きな貢献をした。大内賞は統計実務家に与えられる最高の栄誉である。

左：毎日新聞社提供，右：総務省統計局ホームページ
(http://www.stat.go.jp/library/shiryo/guide/hanashi2.htm)

- KEYWORD
- FIGURE
- TABLE
- COLUMN
- EXAMPLE
- BOOK GUIDE
- EXERCISE

CHAPTER 2

INTRODUCTION

本章では，第1章に引き続いて記述統計について説明する。章の前半ではさまざまな経済指標を紹介する。ここで紹介する経済指標は，第1章で学んだ加重平均の一種だから，本章を読む前に第1章の加重平均の解説を読み直すことをすすめる。章の後半では，2変数データの整理の仕方を説明する。第1章に引き続き，本章後半で説明する2変数データを整理する手法は実際に頻繁に使用されるので，各自，自分の興味あるデータを探して，本章で学んだ手法を実際に応用してもらいたい。また，第1章と同様，本章の後半のデータの整理法は，第3章で解説するExcelを用いると簡単に応用できるので，ぜひ試してもらいたい。

> **KEYWORD**
>
> 消費者物価指数（CPI）　国内企業物価指数（PPI）　GDP（国内総生産）　付加価値　名目 GDP　実質 GDP　GDP デフレータ　基準年　比較年　鉱工業生産指数（IIP）　鉱工業出荷指数　鉱工業在庫指数　貿易指数　貿易金額指数　貿易価格指数　貿易数量指数　ラスパイレス価格指数　ラスパイレス数量指数　パーシェ価格指数　パーシェ数量指数　ディフュージョン・インデックス（DI）　景気動向指数（DI）　先行指数　一致指数　遅行指数　コンポジット・インデックス（CI）　日経平均株価　東証株価指数（TOPIX）　第 3 次産業活動指数　購買力平価（PPP）　一物一価の法則　購買力平価説　散布図　標本共分散　標本相関係数　正の相関　負の相関　無相関　標本自己相関係数　スピアマンの順位相関係数　分割表

SECTION 1　物　価　指　数

消費者物価指数

　新聞やテレビで「物価が上がった」「物価が下がった」などという言葉を耳にするが，物価とは字のごとく「物の価格」である。では，その「物」とは何を指すのだろうか。この「物」が指す内容によって物価の意味は変わってくる。われわれが一番身近に使う物価の指標として，消費者物価指数（consumer price index：CPI）が挙げられる。消費者物価指数とは，日本の平均的な家庭が購入する品物の値段の趨勢，値段が上がったか，下がったか，をわかりやすく指標にしたものである。

　消費者物価指数では，ある基準年の物価を 100 として，比較時点の価格を指数表示している。たとえば，今月の消費者物価指数が 110 であるとすると，物価は基準年よりも 10% 上昇しているし，1 年後の同じ月の消費者物価指数が 95 である場合には，物価は基準年よりも 5% 下落したことになる。

例 2.1

　消費者物価指数がどのように作成されているか理解するために，単純な例を示そう。ある家庭では，米と肉しか購入しな

表 2-1 ● 物価指数の計算例

品目	基準年（2010 年）			比較年（2011 年）	
	単価（円/kg）	購入量（kg）	支出額	単価（円/kg）	支出額
米	300	5	1500	270	1350
肉	1200	7	8400	1250	8750
計			9900		10100

いものとする。また，基準年を 2010 年，比較年を 2011 年とする。この家庭では 2010 年に月平均で米 5 kg，肉 7 kg を購入していたとする。この年の米の価格は 300 円/kg，肉の価格は 1200 円/kg であったとすると，一月当たりの支出総額は，

$$300 \times 5 + 1200 \times 7 = 9900 \,（円）\tag{2.1}$$

となる。一方，比較年である 2011 年には米の価格が 270 円/kg，肉の価格が 1250 円/kg になったとする。比較年である 2011 年に，基準年に購入したものと同量の米・肉を購入したら支出総額はいくらになるだろうか。この場合は，米 5 kg を 270 円/kg，肉 7 kg を 1250 円/kg で購入するので，一月当たりの支出総額は，

$$270 \times 5 + 1250 \times 7 = 10100 \,（円）\tag{2.2}$$

となる。基準年の支出総額を 100 とすると，比較年の支出総額は

$$\frac{10100}{9900} \times 100 \fallingdotseq 102.0 \tag{2.3}$$

となる。これが消費者物価指数である。この例では，2011 年の物価は，2010 年の物価と比較して 2.0% 上昇したということになる。

上の例では説明を単純にするために米と肉の 2 品目しか取り上げなかったが，実際の消費者物価指数（2010 年基準）の計算では 588 品目が考慮されている。さらに，平均的な家庭がこれらの品目をどの程度消費しているかによって物価指数を計算する場合のウェイトが決められている。消費者物価指数は，総務省統計局より毎月公表されている。

1　物価指数

国内企業物価指数

消費者物価指数は一般家庭が消費する商品の価格の動向を調査したものであるが，これに対して，国内企業間で取引される商品の価格動向を表したものが**国内企業物価指数**（producer price index：**PPI**）であり，日本銀行より毎月公表されている。国内企業物価指数は，消費者物価指数の算出方法と同様の方法で算出されている。まず，基準年における代表的な商品（2010年基準では822品目）の取引量と商品価格を調査し，基準年の総取引金額を算出する。次に，比較年における同じ商品の価格を調査し，基準年と同量の商品取引があった場合の総取引金額を算出する。そして，基準年の総取引金額を100として，比較年の総取引金額を指数化する。

国内企業物価指数は，企業間で取引される商品の価格動向を捉えたものだから，われわれが商店やスーパーなどで購入する商品の価格動向とは必ずしも一致しない。たとえば，砂糖の価格が高騰した場合，企業間で売買される砂糖の価格も一般家庭がスーパーで購入する砂糖の価格も同様に高騰するだろうから，砂糖価格の高騰は消費者物価指数にも国内企業物価指数にも同等の影響を与えるように見える。しかしながら，家庭における砂糖の相対的な消費量と，国内企業全体における砂糖の相対的な取引量は一般的に異なるため，各指数が計算されるときの砂糖にかかるウェイトも異なることになる。その結果，砂糖価格の高騰が指数に与える影響が，消費者物価指数と国内企業物価指数では，必ずしも同一ではない。さらに，砂糖を主原料とするお菓子メーカーがそのお菓子の価格を引き上げた場合には，消費者物価指数にさらなる影響を与えるが，そのお菓子が企業間で取引されていないのならば，お菓子価格の変化が国内企業物価指数に影響を与えることはない。このように，各品目のウェイトの違いと品目そのものの違いにより，消費者物価指数と国内企業物価指数の動向は同一ではない。

図2-1は1990年1月から2014年8月までの月次の消費者物価指数（2010年基準）と国内企業物価指数（2010年基準）をプロットしたものである。図からわかるように，同じ物価指数でも対象とする商品の違いや計測方法の違いなどから，両者の動きには大きな差があることが読み取れる。1997年と2014年に両物価指数が大きくジャンプしているのは，消費税が増税された影響を示す。

FIGURE 図 2-1 ● 消費者物価指数と国内企業物価指数

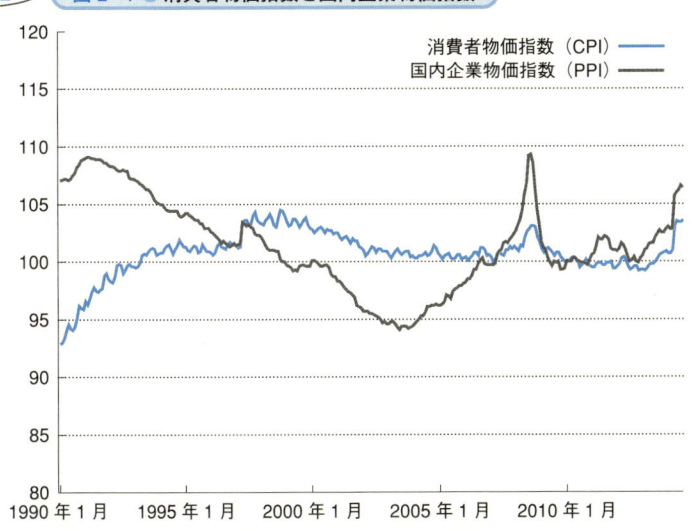

両物価指数が1997年と2014年に大きくジャンプしているが，これは消費税が引き上げられた結果である。消費税の引き上げにより小売価格が上昇したために，両物価指数もそれに準じて上昇したものである。

なお，以前は国内企業物価指数のことを国内卸売物価指数（WPI）と呼んでいたが，指数の基準年を2000年に変更した際に，取引の実情を考慮して指数名が国内企業物価指数へと変更された。また，国内企業物価指数の英語表記は当初はDCGPIであったが，基準年を2010年に改定した際，PPIへと変更された。

GDPデフレータ

GDP（gross domestic product：国内総生産）とは，日本国内で生産された付加価値の総額のことをいう。ここで付加価値とは，生産活動によって新たに生み出された価値をいう。たとえば，ある商品の1個当たりの価格が100円だとしても，原材料費や人件費などの費用が80円かかっていた場合，この商品1個当たりの付加価値額は20円となる。このような付加価値額をすべて足し合わせた合計額がGDPなのである。

1 物価指数   43

GDP には，**名目 GDP** と**実質 GDP** がある。両者の違いは，消費者物価指数で考えた基準年と比較年の考え方と似ている。たとえば，名目 GDP はその年の生産物をその年の価格（比較年の価格）で評価したものであるのに対し，実質 GDP はその年の生産物を基準年の価格で評価したものである。いま，n 種類の生産物があるとすると，

$$名目\,\mathrm{GDP} = \sum_{i=1}^{n} 生産物\,i\,の比較年の価格 \times 生産物\,i\,の比較年の生産量$$

$$実質\,\mathrm{GDP} = \sum_{i=1}^{n} 生産物\,i\,の基準年の価格 \times 生産物\,i\,の比較年の生産量$$

と定義される。実質 GDP ではなぜ，比較年の生産量を基準年の価格で評価するのだろうか。それは，物価の変動が生産物の見かけ上の価値を変えてしまうからである。たとえば，基準年と比較年のどちらでも米を 1 トン生産したとする。ここで，比較年の米の価格が基準年より 10% 上昇した場合，どちらの年でも米は 1 トンしか生産していないのに，米の生産額そのものは見かけ上 10% 増加したことになってしまう。このように，物価の上昇・下落は見かけ上（名目上）の物の価値を変えてしまう。一方，物価の上昇に影響を受けない，実質的な付加価値額を算出したものが実質 GDP である。したがって，国内で生産された実質的な付加価値額の比較を行いたい場合は，名目 GDP ではなく，実質 GDP を用いる必要がある。

名目 GDP と実質 GDP を用いれば，新たな物価指数を作成することができる。それが **GDP デフレータ**である。GDP デフレータは，名目 GDP を実質 GDP で割ることにより得られる。

$$\mathrm{GDP}\,デフレータ = \frac{名目\,\mathrm{GDP}}{実質\,\mathrm{GDP}} \times 100 \tag{2.4}$$

となる。注意すべきは，消費者物価指数や国内企業物価指数では**基準年**の消費量や取引量をウェイトとして指数を計算しているが，GDP デフレータでは**比較年**の生産量をウェイトとしている点である。指数のつくり方がもたらす影響については本章 3 節で述べることにする。

消費者物価指数では家計で消費される商品，国内企業物価指数では企業間で取引される商品の価格動向を調査するため，調査対象品目が限定的である。しかし，GDP デフレータはすべての経済活動に伴う新たな生産物の価格動向を

FIGURE 図 2-2 ● 3つの物価指数の推移

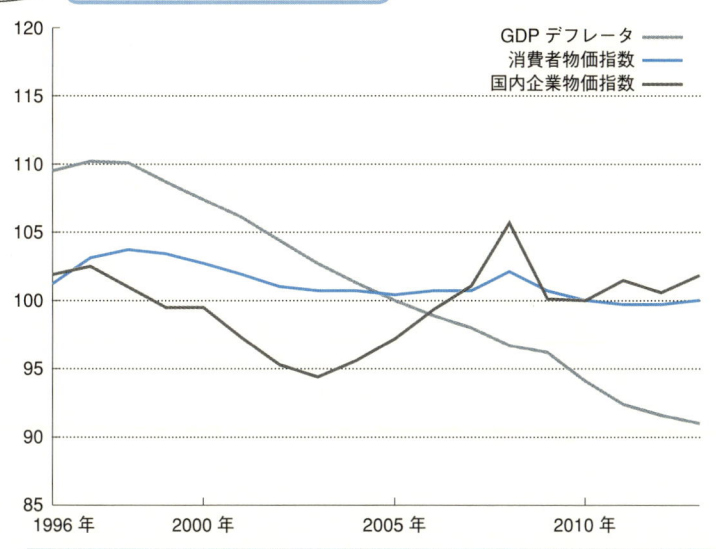

この図のように「物価指数」といっても，対象となる物価とその計測方法により，趨勢が異なる点に注意が必要である。

表す指標と考えられるので，GDP デフレータは日本国内の総合的な価格動向を表している。GDP デフレータは内閣府経済社会総合研究所より四半期ごとに公表されている。

図 2-2 は年平均の GDP デフレータ，消費者物価指数，国内企業物価指数を示している。図 2-1 と同様に，3つの物価指数の動向はそれぞれ異なることがわかる。とくに興味深い点は，2000 年代後半で，GDP デフレータは下落，消費者物価指数は横ばい，国内企業物価指数は上昇しており，3つの物価指数の趨勢が異なる点である。このように，物価動向について分析する場合は，どのような商品・生産物を調査した物価指数であるかに注意をする必要がある。

1 物価指数

> **COLUMN** *2−1 消費者物価指数（CPI）とコア指数*

　本文でも説明したように物価指数には大きく分けて，消費者物価指数（総務省統計局），国内企業物価指数（旧国内卸売物価指数，日本銀行），GDP デフレータ（内閣府）と作成部局の異なる3つの指数があるが，日本銀行の金融政策決定に際し，重要な物価指数と考えているのは，消費者物価指数である。それは，消費者物価指数が一般の人々の生活の物価水準をよく表していると考えられているためであろう。

　たとえば，1998年の金融危機のあと，日本銀行は1999年2月には，無担保コール翌日物金利を史上最低の0.15％に誘導するといういわゆるゼロ金利政策をとっていた。さらにその後，日本銀行は2001年3月から2006年3月まで，調節目標を無担保コール翌日物金利から日銀当座預金残高へと変更し，量的緩和政策というさらなる金融緩和へと踏み出すことになった。そして，量的緩和政策はデフレ懸念が払拭されるまで，具体的には，消費者物価指数の前年比上昇率が安定的にゼロ％以上となるまで続けるとしていたのである。

　また，消費者物価指数の中で物価の全体を表す指数には，「総合」と「生鮮食品を除く総合」「食料（酒類を除く）及びエネルギーを除く総合」の3種類があるが，その中でよく取り上げられるのは，「生鮮食品を除く総合」である。つまり，野菜などの生鮮食品は天候の影響により変動するため，物価の動きを捉えるには除いて見たほうがよいという考えである。これを「コア指数」と呼ぶ。アメリカの連邦準備理事会（FRB）の金融政策決定に際し，重要と考えて

SECTION 2　数量指数

鉱工業生産・出荷・在庫指数

　物価指数は物の価格の動向を表す指標であったが，それに対し，物の生産量の動向を示す指標を数量指数という。数量指数の代表的なものとしては鉱工業生産指数（indices of industrial production : IIP）が挙げられる。鉱工業生産指数は，国内の鉱工業製品の生産量を示す指標で，基準年に生産された相対的な付加価値額をウェイトとして算出される。

いる物価指数は PCE（personal consumption expenditure price index）であるが，これはエネルギーと食料を除く指数をコア指数としている。つまり，食料だけでなく，エネルギーの価格も，政治や季節変動の影響を受けて乱高下するために，除いて考えようというのである。

FIGURE 図●消費者物価指数（前年同月比）

（参考文献）　日本銀行「『物価の安定』についての考え方」（2006 年 3 月）

例 2.2　鉱工業生産指数の作成方法を理解するために，例を示す。ある地域で，エアコンと冷蔵庫の生産のみを行っていたとする。この地域で 2010 年（基準年）にエアコンを 20 台，冷蔵庫を 10 台生産し，この年のエアコン 1 台当たりの付加価値額は 1 万円，冷蔵庫 1 台当たりの付加価値額は 2 万円であったとする。2010 年にこの地域で生産された鉱工業製品の総付加価値額を求めると，

$$1 \times 20 + 2 \times 10 = 40 \text{（万円）} \tag{2.5}$$

となる。一方，2011 年（比較年）にはエアコンを 15 台，冷蔵庫を 15 台生産したとする。基準年である 2010 年の 1 台当たりの付加価値額を用いて

2　数量指数　47

表 2-2 数量指数の計算例

品目	基準年 (2010 年) 付加価値 (万円/台)	基準年 生産台数 (台)	基準年 総付加価値 (万円)	比較年 (2011 年) 生産台数 (台)	比較年 総付加価値 (万円)
エアコン	1	20	20	15	15
冷蔵庫	2	10	20	15	30
計			40		45

図 2-3 鉱工業生産・出荷・在庫指数（季節調整済み）

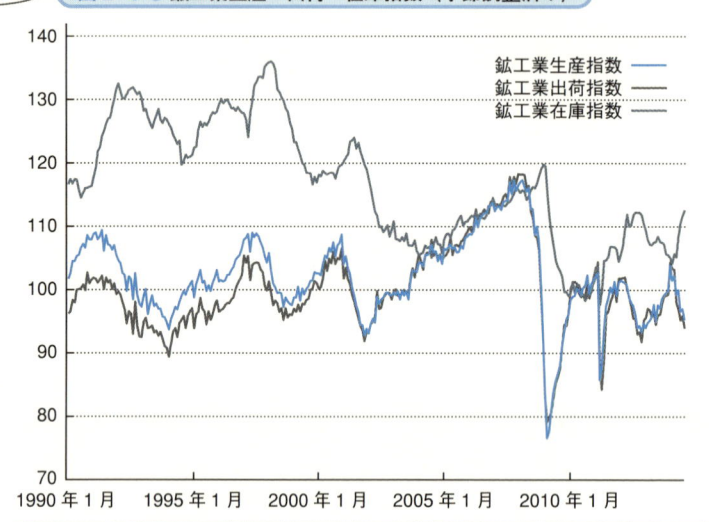

鉱工業指数は景気動向を反映しやすく，図のように上昇と下落を繰り返す傾向がある。

2011 年に生産された鉱工業製品の総付加価値額を求めると，

$$1 \times 15 + 2 \times 15 = 45 \text{（万円）} \tag{2.6}$$

となる。基準年に生産された総付加価値額を 100 とすると，比較年に生産された総付加価値額は，

$$\frac{45}{40} \times 100 = 112.5 \tag{2.7}$$

となる。これが鉱工業生産指数である。この例の場合では，2011年に生産された鉱工業製品は，基準年と比較して12.5%増加したことになる。

実際の鉱工業生産指数（2010年基準）の計算では鉱工業製品を生産財と最終需要財などに細かく分類して487品目の生産量が調査されて，経済産業省より毎月公表されている。

鉱工業生産指数と密接に関連した指数としては，鉱工業出荷指数，鉱工業在庫指数が挙げられる（図2-3）。名前のとおり，鉱工業出荷指数は鉱工業製品の出荷量の動向を捉えた指標であり，鉱工業在庫指数は鉱工業製品の在庫量の増減を示す指標である。どちらの指標も鉱工業生産指数と同様の方法で算出され，経済産業省より公表されている。

貿易指数

日本の貿易動向を示す指標として貿易指数が財務省から毎月公表されている。貿易指数には，貿易金額指数，貿易価格指数，貿易数量指数の3種類があり，輸出入別に指数が作成されている。貿易金額指数は，比較年の貿易金額を，基準年の貿易金額で割って求める。貿易価格指数は名前のとおり，貿易価格に関する物価指数である。これに対し，貿易数量指数は以下のように定義されている。

$$貿易数量指数 = \frac{貿易金額指数}{貿易価格指数} = \frac{比較年の貿易金額}{基準年の貿易金額 \times 貿易価格指数} \tag{2.8}$$

分母では，基準年の貿易金額に貿易価格指数を掛けているが，これは基準年の貿易量を，比較年の貿易価格で評価していると解釈できる。したがって，貿易数量指数は，比較年の貿易価格をウェイトとした場合の，貿易数量の動向を捉えた指標ということになる。鉱工業指数は，基準年の価格（付加価値額）をウェイトとしていた点で，大きく異なる。物価指数の場合でもそうだが，指数の算出にあたり，基準年をウェイトとするか比較年をウェイトとするかで，指数の値が異なってくる点に注意しよう。

図2-4は輸出・輸入の貿易数量指数のグラフである。図より輸出，輸入数量ともに，リーマンショックで大きく落ち込んだことがわかる。とくに，輸出数量は2014年になってもリーマンショック以前の水準まで戻っておらず，

図 2-4 貿易数量指数

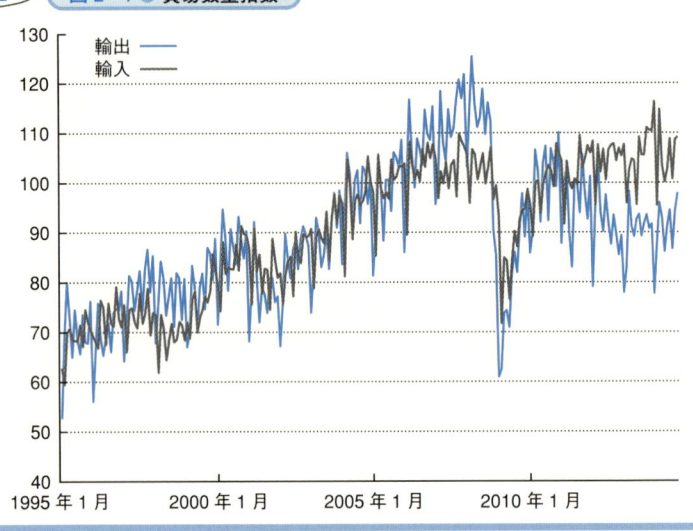

2010年代前半の日本の輸出数量の低さが明らかである。

3 ラスパイレス・パーシェ指数

ラスパイレス指数

　これまで説明した価格指数や数量指数は，そのウェイトの取り方によって，大きく2通りに分類できる。消費者物価指数や国内企業物価指数のように，基準年の購入量や取引量をウェイトとして算出された価格指数を，一般に**ラスパイレス価格指数**という。また，鉱工業生産指数のように，基準年の価格をウェイトとして算出された数量指数を，一般に**ラスパイレス数量指数**という。これらの指数は，以下のように定義される。

p_{0i}：基準年の価格　　q_{0i}：基準年の数量
p_{ti}：比較年の価格　　q_{ti}：比較年の数量
$i = 1, 2, \cdots, n$：（品目数）

$$\text{ラスパイレス価格指数} = \frac{\sum_{i=1}^{n} p_{ti} q_{0i}}{\sum_{i=1}^{n} p_{0i} q_{0i}} \times 100 \tag{2.9}$$

$$\text{ラスパイレス数量指数} = \frac{\sum_{i=1}^{n} p_{0i} q_{ti}}{\sum_{i=1}^{n} p_{0i} q_{0i}} \times 100 \tag{2.10}$$

ラスパイレス価格指数の場合は価格の動向を見るので，ウェイトとしての数量を基準年で固定し，ラスパイレス数量指数の場合は数量の動向を見るので，ウェイトとしての価格を基準年で固定する。

パーシェ指数

ウェイトを基準年の購入量としていた消費者物価指数や国内企業物価指数とは対照的に，GDP デフレータは比較年の生産量をウェイトとして指数を算出している。このように，比較年の生産量や取引量をウェイトとして算出された価格指数を，一般にパーシェ価格指数という。また，貿易数量指数のように，比較年の価格をウェイトとした数量指数を，一般にパーシェ数量指数という。これらの指数は，以下のように定義される。

p_{0i}：基準年の価格　　q_{0i}：基準年の数量
p_{ti}：比較年の価格　　q_{ti}：比較年の数量
$i = 1, 2, \cdots, n$：（品目数）

$$\text{パーシェ価格指数} = \frac{\sum_{i=1}^{n} p_{ti} q_{ti}}{\sum_{i=1}^{n} p_{0i} q_{ti}} \times 100 \tag{2.11}$$

$$\text{パーシェ数量指数} = \frac{\sum_{i=1}^{n} p_{ti} q_{ti}}{\sum_{i=1}^{n} p_{ti} q_{0i}} \times 100 \tag{2.12}$$

パーシェ価格指数の場合は価格の動向を見るので，ウェイトとしての数量を比較年で固定し，パーシェ数量指数の場合は数量の動向を見るので，ウェイトとしての価格を比較年で固定する。

指数の相違点

ラスパイレス・パーシェ指数の定義を数式として眺めると，一見両指数は似ているように見えるが，ラスパイレス指数は，ウェイトを基準年で固定しているのに対し，パーシェ指数では，ウェイトを比較年で固定している点が大きな違いである。このため，ラスパイレス価格指数だと，一度基準年を決めれば，あとは比較年の価格のみを調査すれば指数を作成することができる。それに対して，パーシェ価

格指数だと，ウェイトを比較年とするため，比較年の価格と数量の両方を調査しなければ指数は作成できない。したがって，パーシェ指数の作成のためには多くの調査が必要となり，費用も時間も余分にかかってしまう。速報性の高い指数は，ラスパイレス型である。

例題 2.1 ● 物価上昇の計算　　　　　　　　　　　　　EXAMPLE

以下は，『家計調査年報』をもとにつくられた，米，パン，めん類の1世帯当たりの年間購入量および平均価格（全世帯）である。

年	米 量	米 価格	パン 量	パン 価格	めん類 量	めん類 価格
基準年	1.30	5.00	3.90	6.70	3.30	0.60
比較年	1.00	4.10	3.80	7.10	3.50	0.50

この表より，ラスパイレス価格指数およびパーシェ価格指数を計算せよ。主食（米・パン・めん類）について，物価は上昇したか下落したかを述べよ。

（解答） 表より，$\sum p_{0i}q_{0i} = 34.61$, $\sum p_{0i}q_{ti} = 32.56$, $\sum p_{ti}q_{0i} = 34.67$, $\sum p_{ti}q_{ti} = 32.83$ なので，

$$\text{ラスパイレス価格指数} = \frac{34.67}{34.61} \times 100 \fallingdotseq 100.2$$

$$\text{パーシェ価格指数} = \frac{32.83}{32.56} \times 100 \fallingdotseq 100.8$$

となる。どちらの指数を用いても，主食については，物価は上昇している。

SECTION 4 経済指標

ディフュージョン・インデックス　　景気が良いか悪いか，企業が設備投資に積極的か消極的かなどは，本来は数値として捉えにくい。そこで，次のような指標を作成する。

例 2.3 ある業種の企業 200 社に，前年度に比べて今年度は景気が良くなったかどうか，アンケート調査を行ったところ，100 社が良くなった，20 社が変わらない，80 社が悪くなったと答えたとする。そこで「良い」と答えた企業は 1 点，「変わらない」と答えた企業は 0.5 点，「悪い」と答えた企業は 0 点として，全体の点数をアンケートをとった企業数で割り，100 を掛けると，

$$\frac{100 \times 1 + 20 \times 0.5 + 80 \times 0}{200} \times 100 = 55 \tag{2.13}$$

となる。この場合，55% の企業が景気が良くなった，もしくは横ばいと答えていると理解できるから，全体的には景気は良好であると判断できる。もしこの値が 50% を割る場合は，逆に，全体的に景気は悪いほうへ向かっていると判断できる。

この例のように，全体の調査数に対する「良い」と答えたアンケート結果の割合を，ディフュージョン・インデックス (DI) という。ただし「変わらない」という回答も考慮する。

$$DI = \frac{\text{「良い」という回答の数} + 0.5 \times \text{「変わらない」という回答の数}}{\text{調査対象全体の数}} \times 100$$
$$\tag{2.14}$$

最後に 100 を掛けているのは % 表示にするためであるが，100 を掛けずに小数で表示することもある。

DI の例としては，内閣府が作成する景気動向指数 (DI) が挙げられる。景気動向指数にはさらに先行指数，一致指数，遅行指数がある。たとえば一致指数の場合は，景気の現状を示すと考えられる経済指標をあらかじめ指定し，各指標が前月と比べて，プラスか，変わらないか，マイナスかによって DI を作成し，一致指数が 50% を超えれば景気の現状は拡大傾向，逆に 50% を下回れば景気は後退傾向にあると判断する。同じように，景気を先取りしていると考えられる経済指標をもとにつくられた DI が先行指数，ある程度時間が経ってから景気の状況を表すと考えられる DI が遅行指数である。

FIGURE　図 2-5 ● 景気動向指数

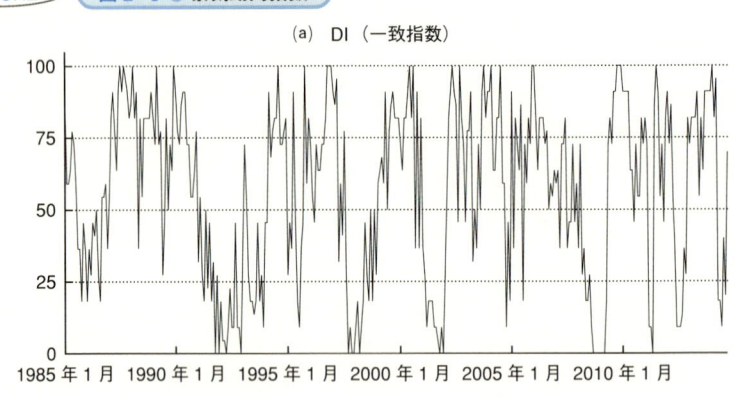

(a) DI（一致指数）

(b) CI（一致指数）

コンポジット・インデックス

景気動向指数 DI は作成が非常に簡単であり，景気の方向性を判断するのには適切な指標である。しかし，DI が 50% を超えていても，どの程度景気が良いのか，景気の拡大のスピードは早いのかどうか，などを判断するのは困難である。そこで，そのような欠点を補うため，選ばれた経済指標の量的な動き（変化率）を合成し，景気変動の相対的大きさやテンポ（量感）を測定する指標として，コンポジット・インデックス（CI）が作成されている。作成方法は複雑なのでここでは説明しないが，海外では景気指標として DI ではなく CI を用いる国もある。日本でも 2008 年 4 月以降，CI の動向を重視する

ようになっている。

株価指標

個別の会社の株価はさまざまな要因で変動するが，株価の全体的な動向は，多かれ少なかれ，景気の動向と連動していると考えられる。そこで，株価の総合的な動向を表す指標が，景気の動向の目安とみなされることがある。日本の場合，株価の総合的な動向を示す指標としては，日経平均株価と東証株価指数（TOPIX）が代表的である。日経平均株価は，東京証券取引所第 1 部上場銘柄のうち代表的な 225 銘柄を選び，「ダウ式平均」，つまり単純平均で算出されている指数である。日経平均株価では各銘柄の発行株式数などは考慮されておらず，株価の単純平均として算出されるため，1 株当たりの株価が高い銘柄の価格変動に左右されやすい。

一方，東証株価指数は，1968 年 1 月 4 日の終値を基準時点とし，この日の終値で評価した東京証券取引所第 1 部上場株式全銘柄の時価総額を 100 として，その後の株式の時価総額を指数化したものである。言い換えれば，東証株価指数は，各銘柄の株価を発行株式数に応じて加重平均したものであるとみなすことができる。その結果，東証株価指数は，1 株当たりの株価が高い銘柄の価格変動には必ずしも大きな影響は受けないが，時価総額が大きい銘柄の価格変動の影響を大きく受ける。

$$\begin{aligned} 日経平均株価 &= 単純平均 \\ 東証株価指数 &= 加重平均 \end{aligned} \quad (2.15)$$

図 2-6（a）は日経平均株価と東証株価指数の水準の推移を示したものである。ただし，両指数は異なる尺度で計測されているため，両者を同じ図に同時に描くために東証株価指数は 10 倍したものを描いている。図に見られるように，日経平均株価も東証株価指数もその水準は非常に似た動きをしている。しかしながら，図 2-6（b）で前期比変化率で比較すると，両者の違いが見えてくる。前期比変化率が −5% 以上の大きな下落率の場合には，日経平均株価のほうがより大きな下落率となる傾向がある。このように，水準の動向が似たように見えるものでも，変化率で比較すると異なる動きをしている場合がある。

第 3 次産業活動指数

鉱工業生産指数はその名のとおり，鉱工業，広くは製造業の生産活動の状況を捉えた指標であ

4 経済指標　55

FIGURE 図2-6 ● 日経平均株価と東証株価指数

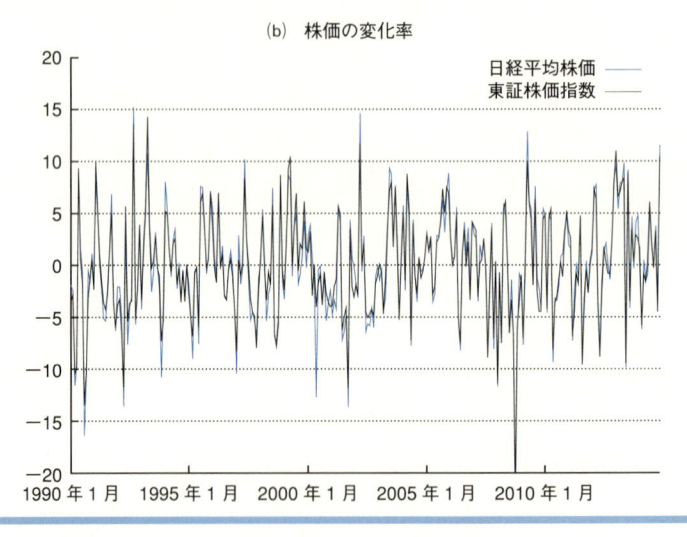

(a) 株価の水準

(b) 株価の変化率

　るが，それに対して，サービス業（第3次産業）の景況を示す指標として，**第3次産業活動指数**が経済産業省より毎月公表されている。

　図2-7は，第3次産業活動指数と鉱工業生産指数を描いたものである。鉱

FIGURE　図 2-7 ● 第 3 次産業活動指数と鉱工業生産指数

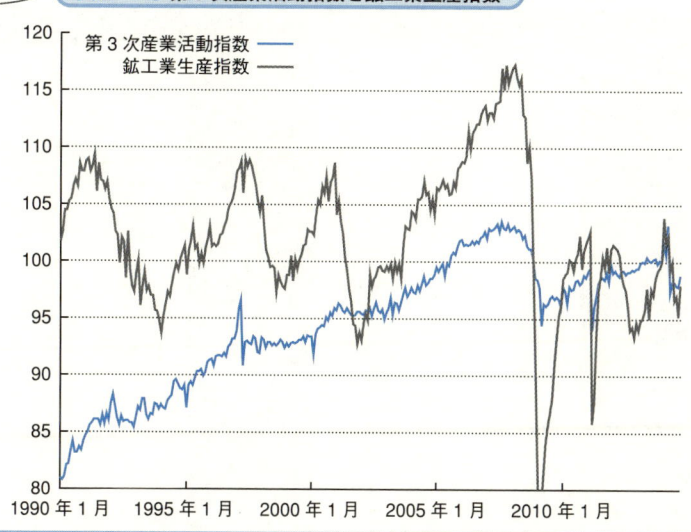

　工業生産の動向には景気循環のような周期的な変動が見られるが，第 3 次産業活動指数には，そのようなはっきりとした周期的な動きはない。この図より，第 2 次産業の経済活動のほうが，第 3 次産業に比べて景気変動に大きな影響を与えていることがうかがえる。また，第 3 次産業の活動は，長期的に上昇傾向にあることも大きな特徴である。

購買力平価　　日本で販売されている 12 万円のコンピュータが，アメリカでは 600 ドルで売られていたとしよう。この場合，このコンピュータの購入に限れば，12 万円と 600 ドルは同一の価値をもっていることになる。言い換えれば，12 万円と 600 ドルは，同一の購買力をもっているのである。このように，物やサービスの価格はその通貨の購買力を表していると解釈され，同一の商品やサービスの国内・外の価格の比率を，**購買力平価**（purchasing power parity : PPP）と呼ぶ。この例では，12 万円/600 ドル＝ 200 円/ドルが，このコンピュータに関するドルに対する円の購買力平価となる。

　当然のことながら，商品やサービスの価格は各国でさまざまであるから，考

4　経済指標　57

表 2-3 ● OECD 発表の購買力平価

	2012年	2013年	2014年		2012年	2013年	2014年
オーストラリア	1.52	1.52	1.54	日本	105	104	105
オーストリア	0.84	0.84	0.84	韓国	860	860	857
ベルギー	0.84	0.85	0.84	ルクセンブルク	0.90	0.92	0.90
カナダ	1.25	1.25	1.26	メキシコ	7.93	8.04	8.02
チリ	350	355	371	オランダ	0.83	0.83	0.83
チェコ	13.4	13.4	13.3	ニュージーランド	1.48	1.47	1.47
デンマーク	7.66	7.67	7.59	ノルウェー	8.90	9.20	9.45
エストニア	0.54	0.55	0.56	ポーランド	1.83	1.82	1.83
フィンランド	0.92	0.93	0.94	ポルトガル	0.59	0.59	0.59
フランス	0.85	0.85	0.83	スロバキア	0.52	0.51	0.50
ドイツ	0.79	0.79	0.79	スロベニア	0.62	0.61	0.60
ギリシャ	0.69	0.65	0.63	スペイン	0.69	0.68	0.68
ハンガリー	128	129	132	スウェーデン	8.82	8.81	8.95
アイスランド	137	138	140	スイス	1.40	1.38	1.37
アイルランド	0.83	0.83	0.84	トルコ	1.05	1.11	1.20
イスラエル	3.96	4.01	4.01	イギリス	0.70	0.70	0.71
イタリア	0.76	0.76	0.76	ユーロ圏(18カ国)	0.78	0.78	0.77

える商品やサービスによって購買力平価も変わってくる。そこで，ある一定の生活水準を設定して，その生活水準を維持するために必要な金額の比率を，購買力平価と呼ぶこともある。これは，さまざまな商品やサービスの購買力平価の加重平均を意味すると解釈できる。

　理論的に考えると，商品やサービスの取引が自由に行われる市場では，同一の商品やサービスの価格は1つに決まると考えられる。これを一物一価の法則という。一物一価の法則が成り立つときは，国内でも国外でも同じ商品の価格は各国内で1つの価格に決まるのだから，その商品の2国間の取引レートも均衡して1つとなる。この均衡価格を購買力平価と呼ぶ。なお，経済学では，為替レートの主要な決定要因は購買力平価であるという考え方がある。これを購買力平価説と呼ぶ。

　このように，購買力平価は，商品・サービスにより異なり，本来は理論的な価格でもあるので，算定方法もさまざまである。一般的には，どのような商品・サービスをどの程度購入するかをあらかじめ決めておき（商品バスケット），それにもとづいて購買力平価が計算される。購買力平価はOECD，世界

銀行，スイス銀行，内閣府などが独自に計算して発表を行っている。

表2-3は，OECD発表の米ドル・ベースでの購買力平価である。この表によると，円の対米ドル購買力平価は2012年から2014年にかけて105円/ドル，104円/ドル，105円/ドルと変化しており，円の価値が変動していることがわかる。

SECTION 5　2変数データの整理

散布図　　第1章で学んだ平均や分散などの代表値は，1つの変数に関するデータの代表値であった。しかしながら，社会科学の分析では，複数の変数に関するデータを1つのセットとみなし，その相互関係の分析を行う。

例2.4　　表2-4は，ある年のJリーグ18チームの勝数，得点，失点をまとめたものである。得点が多いほど，また，失点が少ないほど勝数は多くなると考えられるが，表ではわかりづらいので，わかりやすくプロットしたものが図2-8 (a)～(c) である。このように，勝数，得点，失点の組合せによってさまざまな図が描けるが，予想どおり，得点が高いほど勝数は多く，失点が多いほど勝数は少ないという傾向が見て取れる。図2-8 (c) からは，得点が高いほど失点が少ない傾向も読み取ることができる。

観測値 $\{(x_1, y_1), (x_2, y_2), \cdots, (x_n, y_n)\}$ が得られたとき，それらをプロットしたものを散布図 (scatter plot) という。散布図は2変数のデータの関係を視覚的に捉えるための有用な手段である。

さらに，3変数の観測値 $\{(x_1, y_1, z_1), (x_2, y_2, z_2), \cdots, (x_n, y_n, z_n)\}$ が得られた場合には，3次元の散布図を描くことも可能である。実際，Jリーグの例で勝数，得点，失点を x, y, z 軸にとってプロットしたものが図2-8 (d) である。ただし，3次元の場合は立体的な図となるので，図を描く角度により，3変数間の関係がわかりづらくなることもある。

TABLE　表2-4 ● Jリーグの試合結果

勝数	22	20	20	18	17	18	13	13	13
得点	67	84	80	60	68	62	51	47	49
失点	28	55	48	41	51	53	49	45	43
勝数	13	13	13	13	12	12	5	6	4
得点	50	57	43	56	46	42	32	44	38
失点	56	58	55	65	65	64	56	70	74

FIGURE　図2-8 ● 散布図

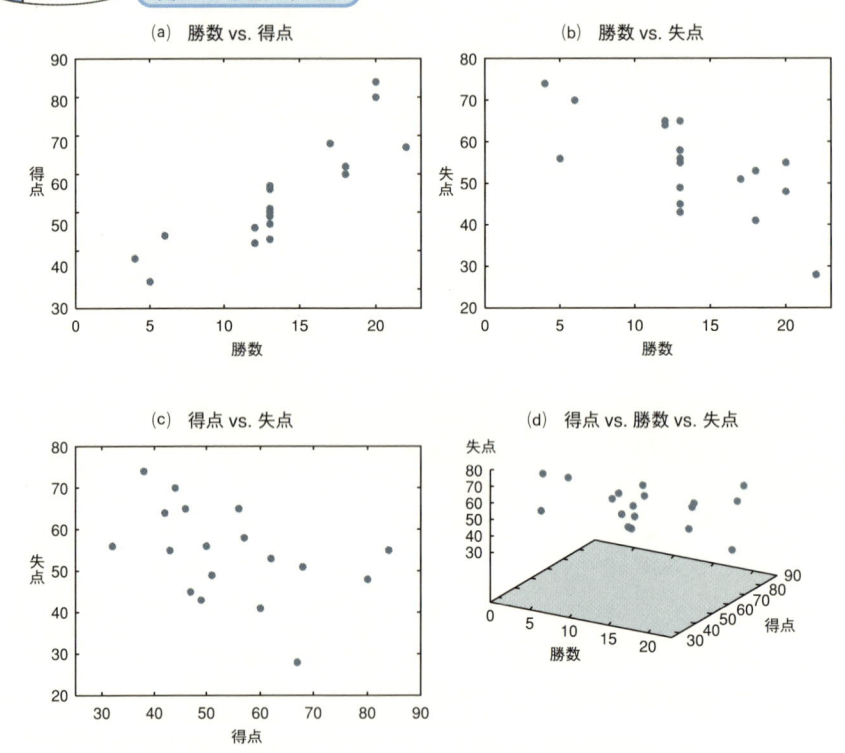

(a) 勝数 vs. 得点　(b) 勝数 vs. 失点
(c) 得点 vs. 失点　(d) 得点 vs. 勝数 vs. 失点

標本共分散・相関係数

1変数の場合，データの広がりを示す代表値として分散があることを学んだが，この考え方を2変数に拡張したものが**標本共分散**（sample covariance）である．いま，観測

値を $\{(x_1, y_1), (x_2, y_2), \cdots, (x_n, y_n)\}$ として，x，y の標本平均をそれぞれ $\bar{x}$，$\bar{y}$ とすると，標本共分散 S_{xy} は次のように定義される．

$$標本共分散：S_{xy} = \frac{1}{n-1} \sum_{i=1}^{n} (x_i - \bar{x})(y_i - \bar{y}) \qquad (2.16)$$

標本共分散は，2変数間の散らばり具合を表す代表値と考えることができる．2変数間の散らばり具合とは，散布図を描いた場合に直線的な関係（線形関係，1次の関係）があるかどうかということになる．散布図にプロットされた点が，1つの直線の近くに点在していれば，2変数間の散らばり具合は小さく，逆に直線的な関係が見出されなければ，散らばり具合が大きいと解釈できる．したがって，標本共分散は2変数間の線形関係の強さを示す代表値と考えられるのだが，標本共分散は，観測値を測定する観測単位によってその値が変わるという問題がある．たとえば，所得と消費の観測単位を10億円とするか1億円とするかで，標本共分散の値は100倍変わってしまう．そこで，観測単位に依存しないような2変数間の線形関係を表す代表値が必要となってくるが，それが標本相関係数（sample correlation coefficient）である．いま，x，y の標本分散を

$$S_{xx} = \frac{1}{n-1} \sum_{i=1}^{n} (x_i - \bar{x})^2, \quad S_{yy} = \frac{1}{n-1} \sum_{i=1}^{n} (y_i - \bar{y})^2 \qquad (2.17)$$

とすると，標本相関係数 r_{xy} は以下のように定義される．

$$r_{xy} = \frac{S_{xy}}{\sqrt{S_{xx} S_{yy}}} = \frac{\sum_{i=1}^{n} (x_i - \bar{x})(y_i - \bar{y})}{\sqrt{\sum_{i=1}^{n} (x_i - \bar{x})^2} \sqrt{\sum_{i=1}^{n} (y_i - \bar{y})^2}} \qquad (2.18)$$

Excelを用いて実際に計算する場合は，第3章，第4章を参照してほしい．

図2-9（a）に示すように，2変数間に右上がりの関係が存在するなら，標本相関係数は正の値，逆に図2-9（b）のように右下がりの関係なら，負の値を取る．このとき，2変数間には，それぞれ正の相関，負の相関が存在するという．相関係数が0の場合を無相関という．標本相関係数は，−1以上1以下の値を取り，1に近いほど正の相関が強く，−1に近いほど負の相関が強い．

標本共分散や標本相関係数のことを，単に共分散，相関係数と呼ぶこともある．第4章でも改めて説明する重要な概念なので，よく理解してほしい．

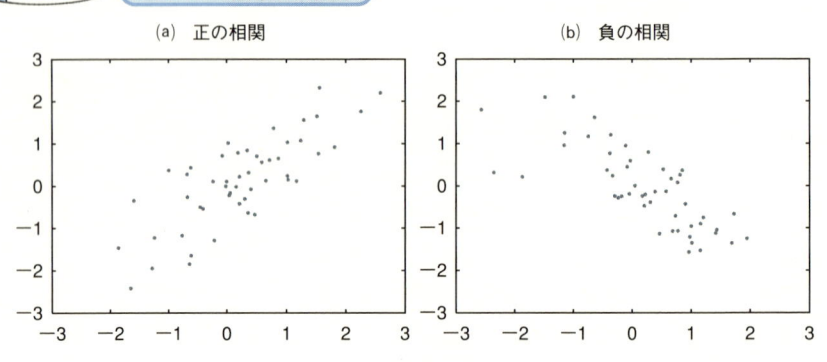

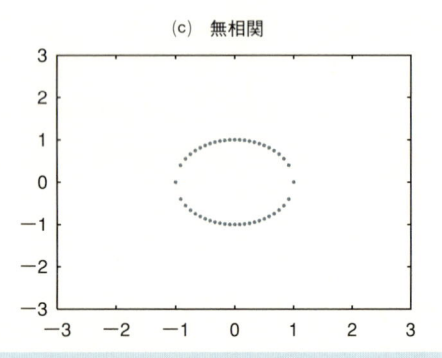

FIGURE　図 2-9 ● 散布図と相関

(a) 正の相関

(b) 負の相関

(c) 無相関

散布図は，2つの変数の相関関係を視覚的に捉えることができるのと同時に，非線形関係の有無を調べるのにも役に立つ．

例 2.5

表 2-4 のデータより標本共分散および標本相関係数を計算すると，勝数・得点間では 61.33 と 0.87，勝数と失点間では -40.14 と -0.71，得点と失点間では -69.23 と -0.44 となる．したがって，勝数と得点間，および勝数と失点間の標本相関係数は，1 および -1 に比較的近いことから，それぞれの変数間に強い線形関係が存在していることがわかる．一方で，得点と失点間の標本相関係数は -0.44 であるから，両者の間に負の相関が存在するものの，線形性の強さは，勝点と得点・失点間の関係と比較すると，弱いことがわかる．

標本相関係数の特性

標本相関係数は 2 変数間の線形関係の強さを示すものであるから，標本相関係数が 0 に近い場合には 2 変数間の線形関係は弱い．しかし，標本相関係数が 0 に近くても，2 変数間には何らかの強い関係が存在しうる．実際，図 2-9（c）のような関係にある x と y の相関係数は 0 であるが，図より明らかなように，2 変数間には円に乗るという規則的な関係が存在する．標本相関係数はあくまでも 2 変数間の線形関係の強さを表す尺度であり，非線形関係の存在の有無については，何ら参考にならない．

標本相関係数が -1 以上 1 以下の値を取ることは，以下のように示すことができる．まず，任意の実数 a に対して，

$$\{a(x_i - \bar{x}) + (y_i - \bar{y})\}^2$$
$$= a^2(x_i - \bar{x})^2 + 2a(x_i - \bar{x})(y_i - \bar{y}) + (y_i - \bar{y})^2 \geq 0 \quad (2.19)$$

であるから，左辺の値を $i=1$ から n まで加えると，

$$a^2 \sum_{i=1}^{n}(x_i - \bar{x})^2 + 2a \sum_{i=1}^{n}(x_i - \bar{x})(y_i - \bar{y}) + \sum_{i=1}^{n}(y_i - \bar{y})^2 \geq 0 \quad (2.20)$$

もまた成り立つ．この両辺を $n-1$ で割れば，標本分散・標本共分散の定義より，

$$a^2 S_{xx} + 2a S_{xy} + S_{yy} \geq 0 \quad (2.21)$$

と表現できる．(2.21) 式を a に関する 2 次関数の不等式とみなせば，不等式 (2.21) が任意の a に対して成り立つための判別式の条件より，

$$S_{xy}^2 - S_{xx} S_{yy} \leq 0 \quad (2.22)$$

となるので，式を変形すれば，

$$\frac{S_{xy}^2}{S_{xx} S_{yy}} = r_{xy}^2 \leq 1 \quad (2.23)$$

が得られる．また，標本相関係数の定義より，すべての i について，$x_i = y_i$ のときに $r_{xy} = 1$，$x_i = -y_i$ のときに $r_{xy} = -1$ となる．

例題 2.2 ● 共分散・相関係数　　EXAMPLE

表は，ある海の家での 10 日間におけるビールの売上数とその日の最高気温を示したものである。

気温	32	35	29	32	36	28	26	29	30	33
ビール	170	210	180	200	200	170	140	180	190	180

ビールの売上数と気温の標本共分散と標本相関係数を求めなさい。

(解答) 標本共分散は，$\sum (x_i - \bar{x})(y_i - \bar{y})/9 = 50$。また，気温の標本分散 $= 10$，売上数の標本分散 $\fallingdotseq 395.56$ であるから，標本相関係数 $\fallingdotseq 0.79$。

標本自己相関係数

時間に従って観測値を集めたデータを時系列データと呼ぶ。1 変量時系列データの観測値が $\{y_1, y_2, \cdots, y_T\}$ であったとする。このような時系列データの場合，過去の観測値が，将来の観測値に影響を与えることがしばしばある。y が所得の場合，t 時点で定期昇給があり y_t が上昇すれば，t 時点以降の所得 y_{t+j}, $(j \geq 1)$ は，それ以前に比べ増加することが見込まれる。すなわち，ある時点での y の増加は，将来の y の増加と関係している。

このように，時系列データの時間構造を分析するとき，重要な指標となるのが**標本自己相関係数** (sample autocorrelation coefficient) である。標本自己相関係数とは，観測値の時間をずらして考えたときの，過去の観測値と将来の観測値の間の，線形関係を表す指標である。1 期間の時間差を考えると，y_{t-1} と y_t の間の線形関係の強さを示したものが，1 次の標本自己相関係数であり，以下のように定義される。

$$1 \text{ 次の標本自己相関係数}: \rho_1 = \frac{\sum_{t=2}^{T}(y_t - \bar{y})(y_{t-1} - \bar{y})}{\sum_{t=1}^{T}(y_t - \bar{y})^2} \quad (2.24)$$

定義から明らかなように，1 変量の観測値を，時間差のある 2 種類の観測値 $\{y_1, y_2, \cdots, y_{T-1}\}$ と $\{y_2, y_3, \cdots, y_T\}$ があるものとみなし，この 2 つの変数から求めた標本相関係数が，1 次の標本自己相関係数である。

一般的に，h 期間の時間差にもとづく自己相関係数を，h 次の標本自己相関係数といい，以下のように定義する。

h 次の標本自己相関係数：$\rho_h = \dfrac{\sum_{t=h+1}^{T}(y_t - \bar{y})(y_{t-h} - \bar{y})}{\sum_{t=1}^{T}(y_t - \bar{y})^2}$ (2.25)

標本相関係数のときと同様に，標本自己相関係数も時間差に関係する線形関係を計る尺度であり，標本自己相関係数が0に近いからといって，過去の観測値が将来の観測値にまったく影響を与えないということを意味するものではない．標本自己相関係数は，第12章「時系列分析の基礎」でも使われている重要な指標の1つである．

例題 2.3 ● 標本自己相関係数 EXAMPLE

表は，2013年の月平均の円／ドル為替レートである（小数点以下を四捨五入している）．この表にもとづき，2013年の円／ドル為替レートの1次の標本自己相関係数を求めよ．

| 89 | 93 | 95 | 98 | 101 | 97 | 100 | 98 | 99 | 98 | 100 | 103 |

（解答） 表より，$\sum(y_t - \bar{y})^2 \fallingdotseq 156.92$，$\sum(y_t - \bar{y})(y_{t-1} - \bar{y}) \fallingdotseq 64.41$ より，1次の標本自己相関係数 $\fallingdotseq 0.41$．

順位相関

10人の学生の統計学と数学の試験結果より，2つの科目の成績に相関があるかどうか調べることにする．統計学と数学では平均点や標準偏差が異なることや，成績の良し悪しは得点よりも，相対的な順位で決められることから，このような例では，得点ではなく，成績の順位にもとづいて相関係数が計算されることがある．順位にもとづいて求められた相関係数は，スピアマンの順位相関係数（Spearman's rank correlation coefficient）と呼ばれる．

2変数の観測値 $\{(x_1, y_1), (x_2, y_2), \cdots, (x_n, y_n)\}$ は，2種類の特性に関する順位を表しているものとする．すなわち，$x_1, x_2, \cdots, x_n$ は1からn までのいずれかの順位を表しており，$y_1, y_2, \cdots, y_n$ も同様である．このとき，$\{x_1, \cdots, x_n\}$ と $\{y_1, \cdots, y_n\}$ の標本相関係数を，スピアマンの順位相関係数という．標本相関係数の定義は(2.18)式で与えられているので，Excelなどの表計算ソフトが使えるのならば，標本相関係数(2.18)式を直接計算すれば

> **TABLE** 表2-5 ● 10人の学生の統計学と数学の得点順位

統計学	1	2	3	4	5	6	7	8	9	10
数　学	1	4	2	3	7	5	6	10	8	9

よい。また，以下の計算公式を使っても求めることができる。

$$\text{スピアマンの順位相関係数} = 1 - \frac{6}{n(n^2-1)}\sum_{i=1}^{n}(x_i - y_i)^2 \quad (2.26)$$

電卓などしか利用できない場合は，上の公式も便利である。

例 2.6　10人の学生の統計学と数学の得点の順位データが，表2-5のようであったとする。このとき，

$$\text{スピアマンの順位相関係数} = 1 - \frac{6}{10(10^2-1)} \times 18 \fallingdotseq 0.89 \quad (2.27)$$

となる。

例題 2.4 ● 順位相関係数　　　　　　　　　　　　　　　　**EXAMPLE**

表は，ある年のプロ野球セ・リーグの勝率，打率，防御率を示したものである。勝率と打率の順位相関係数，および勝率と防御率の順位相関係数を求めよ（勝率と打率の順位は降順，防御率の順位は昇順とする）。

	勝率	打率	防御率
中　日	.617	.270	3.10
阪　神	.592	.267	3.13
ヤクルト	.490	.269	3.91
巨　人	.451	.251	3.65
広　島	.440	.266	3.96
横　浜	.408	.257	4.25

（解答）　勝率，打率，防御率をそれぞれ順位で表すと次頁の表のようになる。スピアマンの順位相関係数の計算式にこのデータを当てはめると，勝率と打率の順位相関係数 $\fallingdotseq 0.77$，勝率と防御率の順位相関係数 $\fallingdotseq 0.94$。

	勝率	打率	防御率
中　日	1	1	1
阪　神	2	3	2
ヤクルト	3	2	4
巨　人	4	6	3
広　島	5	4	5
横　浜	6	5	6

分　割　表

合計20人の男女にタバコの喫煙の有無を調査したところ，表2-6のような結果が得られたとする．観測値は，性別，喫煙の有無からなるので，(男, 喫煙)，(男, 非喫煙)，(女, 喫煙)，(女, 非喫煙)の4種類の観測値が考えられる．このような場合は，各観測値の頻度を，2×2の表にまとめると結果がわかりやすい．そのような表を，**分割表**（contingency table）と呼ぶ．表2-6を分割表にまと

TABLE　表 2-6 ● 男女の喫煙調査

性別	女	男	男	男	女	女	男	男
喫煙	○	×	○	○	×	×	×	○
性別	女	女	男	女	男	女	女	女
喫煙	×	×	○	○	×	○	×	×

TABLE　表 2-7 ● 2×2 分割表

(a) 分割表

	喫煙	非喫煙	計
男	3	5	8
女	4	8	12
計	7	13	20

(b) 総和に対する相対頻度

	喫煙	非喫煙	計
男	0.15	0.25	0.40
女	0.20	0.40	0.60
計	0.35	0.65	1.00

(c) 行和に対する相対頻度

	喫煙	非喫煙	計
男	0.38	0.63	1.00
女	0.33	0.67	1.00
計	0.35	0.65	1.00

(d) 列和に対する相対頻度

	喫煙	非喫煙	計
男	0.43	0.38	0.40
女	0.57	0.62	0.60
計	1.00	1.00	1.00

めると，表2-7（a）のようになる。また，分割表を相対頻度で表示したほうが，分析には便利なことも多い。ただし，相対頻度に関しては，総和に対する相対頻度，列和に対する相対頻度，行和に対する相対頻度の3種類の作成が可能であり，どの相対頻度を用いるかは分析の目的に依存する。

例2.7 ある資格試験の合否と受験者の血液型の関係について調べたとする。血液型はA，B，O，AB型の4種類，試験の結果は合格か不合格の2種類である。したがって，この場合は表2-8（a）のような2×4分割表（総和に対する相対頻度）ができる。行と列を入れ替えて4×2分割表を作成することもできる。

表2-8 さまざまな分割表

(a) 2×4 分割表（総和に対する相対頻度）

	A	B	O	AB	計
合格	0.24	0.16	0.10	0.05	0.55
不合格	0.20	0.12	0.10	0.03	0.45
計	0.44	0.28	0.20	0.08	1.00

(b) 2×3 分割表（総和に対する相対頻度）

	改善	変わらない	悪化	計
投与した	0.32	0.14	0.04	0.50
投与しない	0.10	0.20	0.20	0.50
計	0.42	0.34	0.24	1.00

(c) $m \times n$ 分割表

	y_1	$\cdots$	y_j	$\cdots$	y_n	計
x_1	a_{11}	$\cdots$	a_{1j}	$\cdots$	a_{1n}	$\sum_{l=1}^{n} a_{1l}$
$\vdots$	$\vdots$		$\vdots$		$\vdots$	$\vdots$
x_i	a_{i1}	$\cdots$	a_{ij}	$\cdots$	a_{in}	$\sum_{l=1}^{n} a_{il}$
$\vdots$	$\vdots$		$\vdots$		$\vdots$	$\vdots$
x_m	a_{m1}	$\cdots$	a_{mj}	$\cdots$	a_{mn}	$\sum_{l=1}^{n} a_{ml}$
計	$\sum_{k=1}^{m} a_{k1}$	$\cdots$	$\sum_{k=1}^{m} a_{kj}$	$\cdots$	$\sum_{k=1}^{m} a_{kn}$	$\sum_{k=1}^{m} \sum_{l=1}^{n} a_{kl}$

例 2.8 ある薬品の投与が1週間後の病状の改善に効果があるかどうか調べた結果については，どのような分割表ができるだろうか。薬品の投与は行ったか行っていないかの2種類だが，病状については改善した，変わらない，悪化した，の3種類が観測されたとする。この場合は，表2-8（b）のような2×3の分割表（総和に対する相対頻度）を作成することができる。この場合も，行と列を入れ替えて，3×2分割表にすることも可能である。

一般的には，(x, y) という2つの特性を調べたとき，xについてはm種類の分類 $(x_1, x_2, \cdots, x_m)$，yについてはn種類の分類 $(y_1, y_2, \cdots, y_n)$ がある場合，(x_i, y_j) の観測個数を a_{ij} とすると，表2-8（c）のような $m \times n$ 分割表ができる。

例題 2.5 ● 分　割　表　　　EXAMPLE

以下は，男女それぞれ10人に運転免許証の有無を調べた結果である。この表をもとに，2×2分割表を作成しなさい。

男	男	男	女	女	男	女	男	男	女
有	有	無	有	無	無	無	有	無	有

女	男	女	男	男	女	女	女	女	男
有	有	無	有	有	無	有	無	無	無

（解答） 表より，男性の免許取得者は6人，もっていないものは4人，女性の免許取得者は5人，もっていないものは5人なので，以下のような分割表ができる。

	有	無	計
男	6	4	10
女	5	5	10
計	11	9	20

BOOK GUIDE ●文献案内

第2章の前半で扱った代表的な経済指標のほとんどは，インターネットを通じて入手することができる．具体的な入手例は以下のとおり．なお，インターネット・エクスプローラー以外のブラウザには対応していないサイトもあるので，注意が必要である．

1. 消費者物価指数：以下のURLより，調べたい年月の月報もしくは年報－統計表をクリックすれば，Excel形式のファイルが入手できる．
    http://www.stat.go.jp/data/cpi/1.htm
2. 企業物価指数：以下のURLより，PDF形式で入手できる．
    https://www.boj.or.jp/statistics/pi/cgpi_release/index.htm/
3. GDPデフレータ：以下のURLより，調べたい年次のデータがExcel形式で入手できる．
    http://www.esri.cao.go.jp/jp/sna/data/data_list/kakuhou/files/files_kakuhou.html
4. 鉱工業指数：以下のURLより，ExcelおよびCSV形式の統計表が入手できる．
    http://www.meti.go.jp/statistics/tyo/iip/b2010_result-2.html
5. 貿易指数：以下のURLの「貿易指数表」より，年別のデータがPDF形式で入手できる．
    http://www.customs.go.jp/toukei/info/tsdl.htm
6. DI, CI：以下のURLの「長期系列」より，Excel形式で入手できる．
    http://www.esri.cao.go.jp/jp/stat/di/di.html
7. 日経平均株価：以下のURLより，年次・月次・日次を選択してデータを得ることができる．また，株価やTOPIXに関しては，無償のダウンロードサイトがあるので，検索エンジンで探してみるとよい．
    http://www3.nikkei.co.jp/nkave/data/index.cfm
8. 第3次産業活動指数：以下のURLより，Excel形式およびCSV形式のデータが入手できる．
    http://www.meti.go.jp/statistics/tyo/sanzi/result-2.html
9. 購買力平価：以下のURLより，Excel形式などで入手できる．
    http://stats.oecd.org/Index.aspx?DataSetCode=PPPGDP

ただし，上記の入手法では，最新のものが入手できないこともある．また，URLも変更されることがある．そのような場合は，以下のURLより必要な統計を探してみるとよい．とくに，2番目の「政府統計公表・提供状況」では，府省別の公表データが整理されているので，目当ての政府統計の入手法を探すのに便利である．また，下記以外のサイトからもインターネットを通じて

さまざまな統計データが入手できるので，一度は検索して自分で探してみるとよい。なお，第2章後半の記述統計については，引き続き第1章の参考文献を参照してほしい。

- 総務省統計局
  http://www.stat.go.jp/
- 総務省統計局 (政府統計公表・提供状況)
  http://www.stat.go.jp/data/guide/5.htm
- 経済産業省
  http://www.meti.go.jp/statistics/index.html
- 日本銀行
  http://www.boj.or.jp/statistics/index.htm/
- 財務省
  http://www.mof.go.jp/statistics/index.html
- OECD
  https://data.oecd.org

EXERCISE ●練習問題

2-1 以下は，あるメーカーが販売したパソコンとプリンターの価格（万円）と数量（万台）とする。この表にもとづき，ラスパイレス・パーシェ価格指数および数量指数をそれぞれ求めなさい。

	基準年 価格	基準年 数量	比較年 価格	比較年 数量
パソコン	15	100	18	90
プリンター	4	60	5	80

2-2 以下は，1981年から2000年までの全国市街地価格指数である。この指数の1次から3次までの標本自己相関係数を求めなさい。

年	1981	1982	1983	1984	1985	1986	1987
指数	82.3	86.2	89.0	91.5	94.1	99.2	109.1

年	1988	1989	1990	1991	1992	1993	1994
指数	117.4	133.9	147.8	145.2	137.2	130.9	126.1

年	1995	1996	1997	1998	1999	2000
指数	120.5	115.6	111.5	106.1	100.0	93.7

2-3 以下は，ある年のプロ野球パ・リーグの勝率，打率，防御率を示したものである。勝率と打率の順位相関係数および勝率と防御率の順位相関係数

を求めなさい（勝率と打率の順位は降順，防御率の順位は昇順とする）。

	勝率	打率	防御率
日本ハム	.603	.269	3.05
西　武	.597	.275	3.64
ソフトバンク	.573	.259	3.13
ロッテ	.481	.252	3.78
オリックス	.391	.253	3.84
楽　天	.356	.258	4.30

2-4　以下は，20代，30代，各10人に朝食として主に和食を食べるか，洋食を食べるか，何も食べないか，アンケートをとった結果である。この表を 2×3 分割表にまとめ，さらに，行和に対する相対頻度，列和に対する相対頻度，総和に対する相対頻度でそれぞれまとめなさい。

20	20	20	20	20	20	20	20	20	20
和	無	洋	和	無	無	洋	洋	無	洋

30	30	30	30	30	30	30	30	30	30
洋	無	洋	和	和	洋	無	和	和	洋

2-5　2変数の観測値 $\{(x_1, y_1), (x_2, y_2), \cdots, (x_n, y_n)\}$ がそれぞれ $1, 2, \cdots, n$ の順位を表すとする。このとき，この順位を標本相関係数の式 (2.18) に代入することで，スピアマンの順位相関係数の計算公式 (2.26) が得られることを実際に確かめなさい。

[ヒント] まず，(2.18) 式の分子が

$$\sum_{i=1}^{n}(x_i - \bar{x})(y_i - \bar{y}) = \sum_{i=1}^{n} x_i y_i - n\bar{x}\bar{y}$$

と式変形できることを確認しなさい。

次に，$x_1, x_2, \cdots, x_n$ は順位なので $1, 2, \cdots, n$ のどれかの値をとっていることから，

$$\sum_{i=1}^{n} x_i = \sum_{i=1}^{n} y_i = 1 + 2 + \cdots + n = \sum_{k=1}^{n} k = \frac{1}{2}n(n+1)$$

および

$$\sum_{i=1}^{n} x_i^2 = \sum_{i=1}^{n} y_i^2 = 1^2 + 2^2 + \cdots + n^2 = \sum_{k=1}^{n} k^2 = \frac{1}{6}n(n+1)(2n+1)$$

を用いることで示すことができる。

第3章 Excelによるグラフ作成

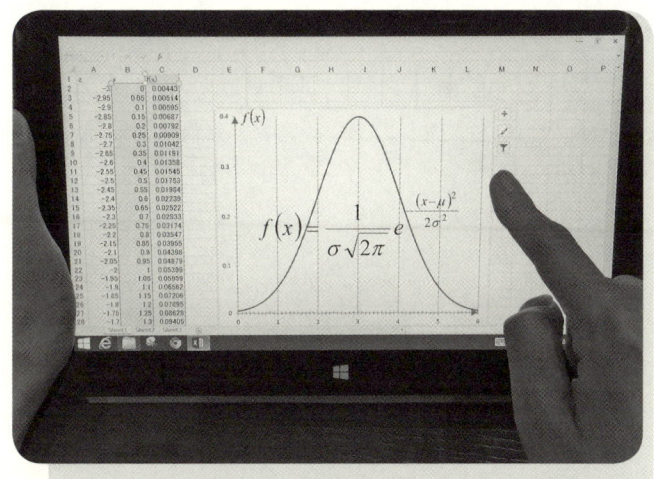

タブレットでExcelアプリを操作して描いた正規分布の密度関数グラフ（第7章扉写真参照）。インターネットを通じでさまざまなデータも入手できるようになり，いまや統計学は必須のツールに。

KEYWORD
FIGURE
TABLE
COLUMN
EXAMPLE
BOOK GUIDE
EXERCISE

CHAPTER 3

INTRODUCTION

　昔は，読み，書き，そろばんが，大人になるまでに修得すべき重要な技能だった。現代では，「そろばん」を「表計算ソフト」に入れ替える必要がある。統計学においても，表計算ソフトは，さまざまな統計指標を計算し，グラフや表を作成するために不可欠になっている。さらに，統計学の諸概念も，表計算ソフトをフル活用することによって，実感をもって修得できるようになった。表計算ソフトは，現代の高度な計算用紙であると言えよう。

　本章では，表計算ソフトの代表である Microsoft Excel（以下 Excel）を取り上げ，統計学における Excel の基本的な操作を説明する。とくに，第1章，第2章で取り上げられた諸指標，表，グラフを作成しながら，Excel によるデータ処理法を学ぶ。

> **KEYWORD**
> セル　数式バー　分析ツール　フィルハンドル　オートフィル　度
> 数分布表　ヒストグラム　絶対参照　相対参照　複合参照　基本統
> 計量の近似値　ソート　散布図　ローレンツ曲線　ジニ係数

SECTION 1　Excel の基本

　Excel に慣れていない読者のために，統計処理を Excel で実行するための，準備や基本動作を説明しよう。Excel に慣れている読者は，本章 2 節の「分析ツールのインストール」の項（78 頁）まで飛ばしてもよい。なお，以下の説明に関しては，次の点に注意すること。

(1) MS-Windows 上の Excel に対応した記述になっている。MacOS 上の Excel を使用している場合は，「左クリック → クリック」「右クリック → ［Ctrl］（コントロール）キーを押しながらクリック」と読み替える。なお，MS-Windows 上の左クリックは，簡単にクリックと記述する。

(2) キーボードのキー操作では，［X-Y］は，［X］を押しながら［Y］を押す。保存は［Ctrl-S］で，［Ctrl］キーを押しながら，［S］キーを押す。［Ctrl-C］はコピー，［Ctrl-V］はペースト，［Ctrl-X］は切り取り（カット）を意味する。

(3) キーボードから入力する文字列は，「=AVERAGE(A2:A11)」のように「」で挟み，かつ，入力文字の書体を変えて表す。他方，画面上に表示された文字列については，混乱が生じそうな場合は，「保存」のように「」で挟み，書体を変えずに表す。混乱が予想されない場合は，「」で挟まない。

(4) 以下の説明は，Excel 2013 の操作を基本にしている。Excel 2010，2007 でも基本的には同じであるが，もし作動しない場合は，Microsoft Office Online (http://office.microsoft.com) を参照し，検討してほしい。また，Excel 2007 上の操作に関しては有斐閣書籍編集第 2 部ホームページ上の付録 (http://yuhikaku-nibu.txt-nifty.com/blog/2015/06/post-be85.html) に概説した。参照してほしい。

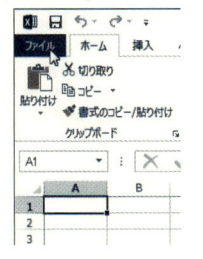

> FIGURE　図 3-1　新規ブックの作成
>
> (a)「ファイル」タブをクリック　(b)「空白のブック」をクリック 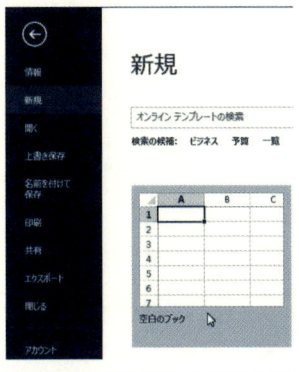
>
> Excel 2013 では (a),(b) の操作で新しいブックを作成する。

(5) 関数に関しては，順位相関の係数の部分を除き，Excel 2000 から 2013 上で動作することを確認している関数を使用している。このなかには，Excel 2010 以降で同一の計算に関して新しい関数が用意されているものがあり，Microsoft は「互換性関数」と呼んでいる。互換性関数に関する注意点については，本章 99 頁の「互換性関数について」を参照してほしい。これらの関数に関しては，本文中では（★，102 頁）と付記している。

ブックの作成と保存　Excel で新しいブックを作成する方法は 2 つある。Excel 2013 では，ファイルを指定せず起動し，「空白のブック」をクリックする方法である（Excel 2010 以前ではファイルを指定せず起動すれば空白のブックが現れ新規作成できる）。すでに他のファイルを操作している時の方法は，図 3-1 (a) のように，「ファイル」タブをクリックする。その後，図 3-1 (b) のウィンドウの左の「新規」をクリックし，表示された「空白のブック」をクリックする。

■ シート　ブック内に複数のシートを作ることができる。これはワークシートとも呼ばれ，一連の計算を行うための，計算用紙に対応するものである。

■ ブックの保存　ブックは，保存されるまでディスク等に格納されること

1　Excel の基本　75

はない．保存しないと，Excel を終了した後に，ブックを再利用することができない．保存の方法には 2 種類ある．1 つは，新規ブックを格納するために使用する，「名前を付けて保存」であり，もう 1 つは，既存のブックを保存するために使用する「上書き保存」である．

■ **名前を付けて保存** 「名前を付けて保存」するための手順は次のようになる．

(1) Excel ウィンドウ上部の「ファイル」タブをクリックして，「名前を付けて保存」の上にカーソルを移動させ，クリックする．

(2) Excel 2013 の場合「コンピュータ」をクリックし，右にあらわれる「マイドキュメント」をクリックする．Excel 2010 ではここは何もしない．

(3) ダイアログボックスが表示されるが，「ファイル名」の入力ボックスには，「Book1」という文字列が，黒地に白抜きで反転表示されている．この入力ボックスをクリックした後，ブックに付ける名前をキーボードから入力する．ここでは，「NEWBOOK」である．入力後，［保存］を押す．

保存されたブックは，表示されたダイアログボックスの上方にある，「保存先」を示す表示ボックスに示されたフォルダにある．このフォルダを探し，作業中のファイルを示すアイコンをみつけよう．みつかれば，Excel ウィンドウ右上隅の ✕ 印をクリックし，いったん Excel を終了させる．そして，今のブックを示すアイコンをダブルクリックすると，作業していたファイルが再び開く．

重要なのは，新規のブックを作成したら，まず名前を付けて保存することである．

■ **上書き保存** 「名前を付けて保存」したブックに，新たな操作を行った後で再度保存する場合は，「上書き保存」を用いる．Windows では，［Ctrl］を押しながら［S］を押す．Mac では，［command］(コマンド) キーを押しながら［S］を押す．

まだ「名前を付けて保存」していないブックを上書き保存すると，「名前を付けて保存」する場合と同様の操作に誘導される．

実際の作業を行う際には，頻繁にブックを「上書き保存」すること．とくにパソコン (PC) がフリーズすると，作業内容はすべて失われて入力の苦労が

76 　第 **3** 章　Excel によるグラフ作成

FIGURE 図 3-2 ● 数式バーとセルの関係

(a) セルへの入力と数式バーの表示　　(b) 入力終了後のセルと数式バーの関係

Excel には (a) 入力モードと (b) 完了モードがある。それぞれのモードで入力の取消し法が異なる。

水の泡になるが，保存していれば，データを回復できる。

数式バーとセル

新しいシートに，図 3-2 (a) のようなデータを入力し，このデータの平均を計算してみよう。入力の手順は，以下のようになる。

(1) マウスカーソルを A 列と 2 行の交差するマス目（A2 セル : cell）でクリックし，数字をキーボードから入力し，Enter を押す。

(2) マウスカーソルが次の行に移るので，前の手順を 11 行まで繰り返す。

(3) C3 セルにカーソルを動かし，クリックする。「=AVERAGE(A2:A11)」とキーボードから入力し，Enter を押す。

(3) の「=AVERAGE(A2:A11)」は，A2 セルから A11 セルまでのすべてのセルの平均を計算し，結果を C3 セルに示す，という命令である。「=」がないと，セルに入力されたものは文字であり，数式とみなされないので，注意しよう。コロン「:」は，この場合，A2 から A11 までという意味である。

セルの中身と，表の上にあるスペース，数式バーの内容に注目してみよう。図 3-2 (a) のように，数式を入力している間は，数式バーと入力しているセルの内容は一致している。ここまでを入力モードという。

入力が終わって，Enter を押すと，図 3-2 (b) のようになり，セルには計算結果が表示される。この状態を完了モードという。

完了モードから入力モードに戻るには，セルに式が表示されていれば，マウスカーソルをセルにもっていき，クリックする。セルに数式が表示されていない場合は，数式バーの中で，マウスカーソルをクリックする。

このブックに，「BarAndCell」という名前を付けて，保存しておこう。

入力の取り消し 　入力が思いもかけない結果を引き起こし，すぐに，直前の入力を取り消したいことがしばしば起こる。そのような場合は，［ESC］（エスケープ）と UNDO（アンドゥ）で対処しよう。

入力モードでは，入力された数値や数式は未計算の状態に置かれているので，［ESC］を押すことで，その入力を取り消すことができる。

入力モードになっている場合，マウスによって，メニューバーから選択した動作が実行できないことがある。この状態に遭遇したら，［ESC］を押すか，［Enter］を押して完了モードに戻り，やり直しをする。

完了モードでは，［Ctrl］を押しながら［Z］を押すと，それまでの入力や計算結果を，再現できることが多い。困ったときには試してみよう。この操作を，UNDO と呼ぶ。

SECTION 2　分析ツールによる計算

分析ツールのインストール 　統計処理でよく利用されるプログラムが，Excel の分析ツールに数多く含まれている。分析ツールは頻繁に用いられるので，まず分析ツールを Excel にインストールしよう。

この節では，Office 2013/2010，Excel 2013/2010 における，インストール手順を説明する。Office 2007，Excel 2007 での手順は，Microsoft の Web および本書のサポートページを参照のこと。

(1) Microsoft Office または Excel のインストールディスクを用意する。
(2) ウィンドウ内上部の「ファイル」タブをクリックし，出てきたウィンドウ内左側にある「オプション」をクリックする。ポップアップしたウィンドウ内左側にある「アドイン」をクリックする。出てきたウィンド

ウ内下部の「管理」の右のボックス内の文字が「Excel アドイン」になっていることを確認して，その右の「設定」ボタンをクリックする．もし，「Excel アドイン」になっていなければ，下三角，すなわち，▼をクリックしてプルダウンメニューを表示し，「Excel アドイン」をクリックした後，「設定」ボタンをクリックする．

(3) 「分析ツール」の左のチェックボックスをクリックして，チェックを入れ，OK をクリックする．

(4) もし，Office または Excel のディスクを挿入するように求めるウィンドウが出たら，それに従い，OK をクリックする．

後は，インストールが終了するまで待てばよい．場合によっては，Excel の再起動が必要なこともある．

代表値の計算

第 1 章の第 1 節から第 4 節までで説明したさまざまな代表値を，分析ツールを使って実際に計算しよう．図 3-2（a）のようにデータ数値を入力し，数式を入力する．1 つの数値を入力した後，あるいは，数式を入力し終わった後に，Enter を押し完了モードにすることを忘れないようにしよう．

セルに「=」を入力したあと，表 3-1 のリストから必要なコマンドを選んで入力する．データは，A 列 2 行目のセルから A 列 11 行目のセルにあるから，たとえば全標本分散なら，「=VARP(A2:A11)」（★，102 頁）と入力し，Enter で完了する．

表 3-1 では，関数名，関数コマンドが記述されている．関数の意味は第 1 章で説明しているので，参照してほしい．また，スペースの節約のため，「A2:A11」を same と記す．コマンドの入力に際しては，大文字，小文字を区別する必要はない．たとえば「=AVERAGE(A2:A11)」の代わりに「=Average(A2:a11)」でもよい．

■ **範囲指定** 先の例では，データ値は同一列に格納されているが，同一行や，連続した行や列に格納されていてもよい．たとえば，「=STDEV(A2:B11)」（★，102 頁）と指定すれば，A 列と B 列の 2 行目から 11 行目の，矩形の範囲内にある，合計 20 個の値の標本標準偏差が計算できる．

不連続なエリアに格納されている場合でも，四分位点，四分位範囲と刈り込み平均以外では，たとえば「=VARP(A2:A11,D2:D11)」（★，102 頁）のよう

表 3-1 ● エクセルの関数コマンド

代表値名	関数の書き方
平　均	AVERAGE(same)
メジアン	MEDIAN(same)
モード[1]	MODE(same)［★］
全標本分散	VARP(same)［★］
標本分散	VAR(same)［★］
全標本標準偏差	STDEVP(same)［★］
標本標準偏差	STDEV(same)［★］
第3四分位点	QUARTILE(same, 3)［★］
四分位範囲[2]	QUARTILE(same, 3)－QUARTILE(same, 1)［★］
範囲[3]	MAX(same)－MIN(same)
刈り込み平均[4]	TRIMMEAN(same, 2/COUNT(same))
幾何平均[5]	GEOMEAN(same)
標本歪度	SKEW(same)
標本尖度[6]	KURT(same)＋3

　　same は，データの区間 A2：A11 等を意味する．なお，★は 102 頁で説明している互換性関数を示す．
1) モードが複数ある場合は，表中で最も左上にある値が示される．
2) データ範囲の次に示される数値は，第1四分位点なら1，第2四分位点なら2，第3四分位点なら3となる．
3) 最大値から最小値を引く．
4) 値の大きい方と小さい方を，同数取り除く場合に，除く値の数を除外数として指定する．この例では，最大値と最小値の2個を除く．分母は，観測値の個数を計算している．
5) データ値は正の値でなければならない．本章2節「平均成長率の計算」の項が参考になる．
6) KURT (same) の値を「調整された標本尖度」，「標本超過尖度」，あるいは単に「標本尖度」と呼ぶことがある．

に，カンマで区切って，複数エリア（30個まで）の指定ができる．

平均成長率の計算

第1章4節「幾何平均」の項の (1.59) 式では，各期の伸び率をもとにして，平均的な伸び率（利子率や成長率）の計算を説明した．例 1.10（22頁）の計算を Excel で行ってみよう．

方針は，A列に各期の成長率，B列に (1＋成長率) を入力し，D2 に幾何平均の数式を指定する．詳細手順を述べよう．

(1) 新規ブック作成　　新規ブックを作成しよう。Excel が終了している場合は，新たに起動する。Excel が起動している場合は，本章1節「ブックの作成と保存」の項を参照のこと。そして，ブックに「GEOMEAN」と名前をつけて保存する。

(2) データの入力　　A 列に成長率を入力する。数値は，例 1.10（22頁）のデータ，

$$3\%, 3\%, 4\%, 4\%, 5\%$$

を利用する。入力は，半角 % を付け，% 表示であることを示す。

(3) 比率への換算　　入力した成長率を，比率に換算するために，すべての値に1を足す。そのため，B2 に「=A2+1」を入力し，このセルをコピーし，B3 から B6 にペーストする。この結果，たとえば B3 の内容は，「=A3+1」に自動的に変わる。B4 は「=A4+1」である。

(4) 幾何平均の計算　　D2 に「=GEOMEAN(B2:B6)-1」と入力し，Enter を押す。GEOMEAN 関数で幾何平均を計算し，それを平均成長率に直すために，1を引く。最後に，ブックを上書き保存しよう。

■ TIPS：オートフィル　　(3) と同じ結果を得るために，B2 の右下角にマウスカーソルを持ってくる。そうすると，マウスカーソルが十字［+］に変わる。これをフィルハンドルと呼ぶ。次に，マウスの左ボタンを押し，そのままマウスを手前に B6 まで引っ張る。ドラッグという。以上の操作により，たとえば B6 には「=A6+1」という式が自動的に入り，求める計算ができる。これをオートフィルという。B2 の右下角に太十字［+］が表示されないなら，Excel ウィンドウ右上隅の「？」マークをクリックし，表示されたウィンドウの入力エリアに「フィルハンドルを表示」と入力し，Enter を押して，詳細オプションの部分の指示に従う。

例題 3.1 ● 基本統計量の計算　　　　　　　　　　EXAMPLE

　　Excel を用いて，第1章の例題 1.2（12頁）のデータに関して，平均，メジアン，全標本分散，標本分散，全標本標準偏差，標本標準偏差，四分位範囲，範囲を求めよ。また，最大値，最小値を取り除き，刈り込み平均を求めよ。

（解答）　　新規のブックを作成し，図 3-3（a）のように，A 列に得点を入力

FIGURE 図 3-3 ● 例題 3.1 の解説

(a) 例題 3.1 を解くための各セルへの入力

	A	C	D
1	得点		
2	60	平均	=AVERAGE(A2:A21)
3	75	メジアン	=MEDIAN(A2:A21)
4	100	全標本分散	=VARP(A2:A21)
5	80	標本分散	=VAR(A2:A21)
6	95	全標本標準偏差	=STDEVP(A2:A21)
7	40	標本標準偏差	=STDEV(A2:A21)
8	50	四分位範囲	=QUARTILE(A2:A21,3)-QUARTILE(A2:A21,1)
9	65	範囲	=MAX(A2:A21)-MIN(A2:A21)
10	70	刈り込み平均	=TRIMMEAN(A2:A21,2/COUNT(A2:A21))

(b) 例題 3.1 の解答

C	D
平均	74.00
メジアン	75.00
全標本分散	324.00
標本分散	341.05
全標本標準偏差	18.00
標本標準偏差	18.47
四分位範囲	26.25
範囲	60.00
刈り込み平均	74.44

(a)は，入力する式を示している。読者はこれを入力する。

する。次に，D列に関数コマンドを入力していく。なお，処理の内容がわかるよう，式の意味を，図3-3 (a)のC列のように入力しておくとよい。いずれのセルについても，式や数値の入力が終わったなら，Enterを押す。解答は，図3-3 (b)である。これは，小数点以下3桁を四捨五入しているので，読者のパソコンで求まる表示とは異なろうが，小数点以下3桁を四捨五入すれば一致する。

Excelは補間法を使って四分位点を計算するので，第1章例題1.2の簡便法による四分位点の計算結果と，多少異なる結果となる。四分位範囲も異なってくる。

最後に，このブックに「REIDAI3-1」と名前を付け，保存しよう。

SECTION 3　Excelでつくる度数分布表

第1章5節で説明されたように，観測値をグループに分け，グループに入る観測値の割合をまとめた表を**度数分布表**という。また，度数分布表の棒グラフを**ヒストグラム**と呼ぶ。観測値のグループを，階級という。

度数分布表を見れば，観測された値がどの階級に多く属しているか，どの値は取らないかなど，分布のおおまかな状況を理解することができる。また，

FIGURE 図 3-4 ● 分析ツールによるヒストグラムの作成

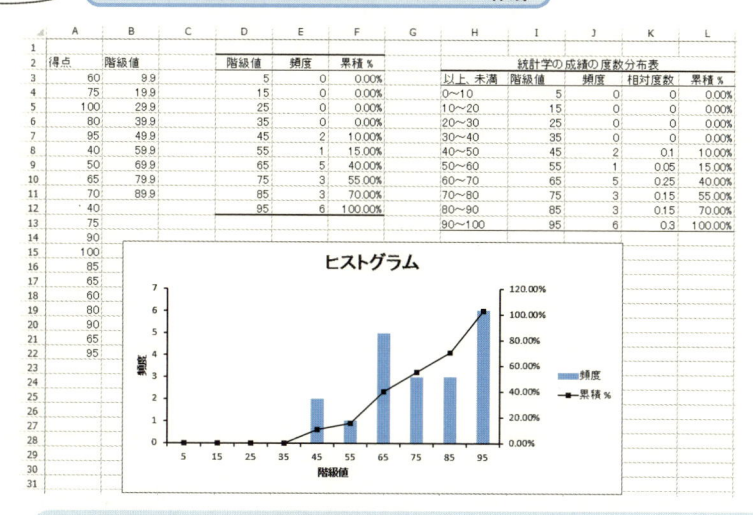

	A	B	C	D	E	F	G	H	I	J	K	L
1												
2	得点	階級値		階級値	頻度	累積 %		統計学の成績の度数分布表				
3	60	9.9		5	0	0.00%		以上, 未満	階級値	頻度	相対度数	累積 %
4	75	19.9		15	0	0.00%		0〜10	5	0	0	0.00%
5	100	29.9		25	0	0.00%		10〜20	15	0	0	0.00%
6	80	39.9		35	0	0.00%		20〜30	25	0	0	0.00%
7	95	49.9		45	2	10.00%		30〜40	35	0	0	0.00%
8	40	59.9		55	1	15.00%		40〜50	45	2	0.1	10.00%
9	50	69.9		65	5	40.00%		50〜60	55	1	0.05	15.00%
10	65	79.9		75	3	55.00%		60〜70	65	5	0.25	40.00%
11	70	89.9		85	3	70.00%		70〜80	75	3	0.15	55.00%
12	40			95	6	100.00%		80〜90	85	3	0.15	70.00%
13	75							90〜100	95	6	0.3	100.00%

A列にデータ，B列に階級上限を入力する。D〜F列は分析ツールの出力。H〜L列はそれをもとに整形した。

データの平均や分散もおおまかに計算することができる。第1章2節で使われた例題1.2の試験データをもとに，度数分布表とヒストグラムのExcelによる作成方法を説明する。

図3-4の右上が，度数分布表の例である。表の内容を，項目に挙げて説明しよう。

(1) **階級（以上，未満）**　データを振り分けるグループのこと。1列目に，階級の下限と上限が与えられる。通常，下限以上，上限未満の観測値が階級にカウントされる。観測値は，度数分布表のどこかの階級に，一度しかカウントされないことが重要である。階級の上限を以下と定義すると，上限に一致した値は，次の階級の下限にも一致し，2重計算が生じる。ただし，最上階級の上限は，100点未満でなく，以下になる。以下にしないと，この例では，100点がカウントされなくなってしまう。

(2) **階級値**　階級の代表値で，2列目に示されている。この例では，階級

値は階級の中点になっている。
- (3) 度数　　各階級に入る観測値の数で，3列目に示されている。頻度ともいわれる。この例では，40点台が2人，50点台が1人，などとなる。90点台は，2人の100点も含んで，6人である。
- (4) 相対度数　　階級度数を総観測個数の20で割って求める。
- (5) 累積相対度数　　相対度数の累積和。累積%。

Excel 操作　　第1章2節，例題1.2のデータなら総観測個数は20しかないので，度数分布表は手計算で作成できる。しかし，Excelを使えば，データの大きさにかかわらず同じ操作で度数分布表ができるので，Excelによる作成法を説明しよう。Excelでは，原データと階級上限値だけを入力すれば，分析ツールに入っているヒストグラムにより，階級上限値にもとづいて，原データが各階級に振り分けられ，ヒストグラムならびに度数分布表が一気に作成される。

以下では，階級幅が同じ場合について説明しているが，階級幅が異なっている場合についても，手続きは変わらない。

- (1) 作成準備　　新規ブックを作成し，「FREQUENCY」と名前を付けて保存する。
- (2) 得点の入力　　セルA2に文字列「得点」を，A3からA22に得点のデータを入力する。例題3.1で使用したデータなので，そこで作成したExcelブック，「REIDAI3-1」からコピー・ペーストすればよい。
- (3) 階級上限の入力　　B2に「階級値」と入力する。実際に入力するのは，階級の上限値だが，グラフ作成のためには，この表示のほうが都合がよい。B3に「9.9」（最初の階級上限），B4に「=B3+10」と入力する。階級幅が均等で10であるので，10を加えている。後は，オートフィルを利用して，フィルハンドルをB11までドラッグする。この列には階級上限値を入力するが，分析ツールのヒストグラムでは階級上限値の扱いが以下なので，上限未満の値だけカウントするように，［整数値 − 0.1］の数値を入力した。観測値はすべて整数値であることから，0.1を引いた。もし，階級幅が階級により異なる場合は，上限を個別に入力する。
- (4) 次の級　　90点以上の最大階級の上限は入力する必要がない。指定する最後の階級上限は89.9とするが，Excelは自動的に89.9を超える値を

数え，「次の級」の度数とする。この値が，90点以上の階級の度数となる。

(5) 分析ツール　　分析ツールの中のヒストグラムを起動する（「データ」タブ→「データ分析」→「データ分析」ウィンドウ→「ヒストグラム」）。

(6) 指定の仕方　　ウィンドウが表示されるが，「入力範囲」に「A2:A22」，「データ区間」に階級上限を示す「B2:B11」を入力し，Enterを押す。B2の名前を利用するため，「ラベル」のチェックボックスにチェックを入れる。「出力オプション」の「出力先」のボタンをクリックし，出力先としてD2と入力し，Enterを押す。さらに，「グラフ作成」と「累積度数分布の表示」のチェックボックスにチェックを入れる。

(7) 完成　　OKをクリックする。度数分布表のもとになるデータと，ヒストグラムの原型（図3-4中央）が作成される。ヒストグラムの左軸は度数目盛りになっているが，右軸はパーセントで，累積相対度数の目盛りである。

(8) 上書き警告　　出力先として指定したD2の右下に何かのデータが存在すると，OKをクリックした後，「出力範囲にデータがあります。上書きする場合はOKを押してください」というメッセージが表示される。一度つくった度数分布表を，作成し直す場合は，OKをクリックする。「出力先」を誤って指定してしまい，データ範囲が上書きされてしまうような場合は，「キャンセル」をクリックする。前のダイアログボックスに戻るので，出力先の指定を訂正する。

■ **TIPS：連続値の場合の上限**　　連続値だと0.1を引いても，0.01を引いても上限に一致する値が生じうる。この場合では，未満を表現するために，［上限値-10^{-14}］とする。入力は，「(上限値)-1E-14」である。「1E-14」は指数形式で，10^{-14}を表す。なお，上限値の最大値が，3桁の整数なら-10^{-13}，4桁の整数なら10^{-12}とする。

■ **TIPS：絶対参照と相対参照**　　範囲を固定する場合は，「\$A\$2:\$A\$22」，とする。絶対参照という。「A2:A22」だと，オートフィルの仕組み（本章2節「平均成長率の計算」の項を参照）で説明したように，数式のコピー・ペーストの際に，貼り付け先の番地に応じて，参照するセルが変更される。これを相対参照と呼ぶ。\$記号は，目的により「A\$25」「\$A25」などのように，行，列，個

別に付けることができる．**複合参照**という．なお，ドラッグして選択した部分の参照形式は，Windows システムの場合，F4 キーを押すことで変更できる．

■ **TIPS：範囲指定**　「入力範囲」のボックスの右にあるアイコンをクリックした後，「A2:A22」をカーソルでなぞれば，範囲が絶対参照「$A$2:$A$22」で指定できる．「データ区間」も同様．出力先も，同様の手順の後，D2 をクリックすればよい．

度数分布表の改良

作成された度数分布表を見やすくするための工夫をしよう．

(1) **複製**　すでに作成されたシートを保存し，この表の複製を作成する．表の範囲をマウスカーソルでなぞり，ハイライトにし，[Ctrl-C] でコピーする．マウスカーソルを I3 でクリックし，[Ctrl-V] でペーストする．

(2) **階級値の入力**　I4 から I13 までの上限値を，階級値に換える．階級値は等間隔になっているので，I4 に最初の階級の階級値である 5 を入力し，I5 に「=I4+10」を入力，後はオートフィルを I13 までドラッグする．次に I4 から I13 までを [Ctrl-C] でコピーし，D3 でクリックした後 [Ctrl-V] でペーストする．

(3) **度数**　J3 の「頻度」を「度数」に書き換える（頻度でも誤りではない）．J4 から J13 までは変更なし．

(4) **階級範囲の入力**　H3 に「以上，未満」，H4 から下方向に，階級の範囲を入力する．

(5) **相対度数**　K 列に新しい列を挿入する．列頭の K を右クリックし，メニューの中から，「挿入」．相対度数は，階級度数を度数和で割って求める．K4 は「=J4/SUM($J$4:$J$13)」．このセルのフィルハンドルを K13 まで引っ張る．

(6) **累積相対度数**　相対度数の和で，分析ツールでは計算済み．ただし，累積 % と表示される．

(7) **罫線の引き直し**　表全体にあたる H3 から L13 を選択する．「ホーム」タブから，「フォント」という文字のすぐ上にある（罫線の操作を行う）アイコンの右の下三角（▼）をクリックし，「下太罫線」をクリックする．この要領で表題の行の上下や，表の一番下に罫線を引く．

(8) **表タイトルの作成**　H2 に，タイトル「統計学の成績の度数分布表」

FIGURE　図3-5 ● 作成するヒストグラム

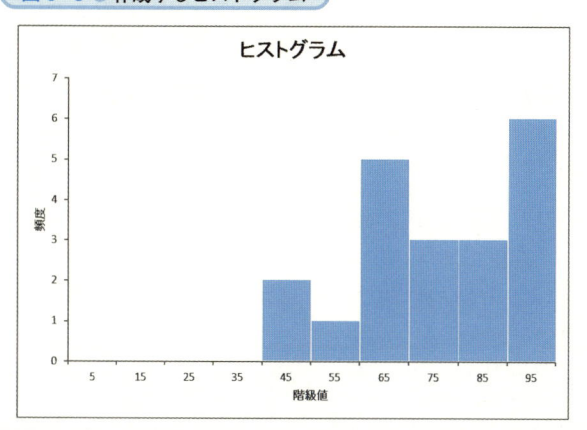

完成したヒストグラム。図3-4の下のグラフから，折れ線を消し，棒の間隔を調整する。

を入力する。H2からL2を範囲選択し，「ホーム」タブをクリックし，「セルを結合して中央揃え」のアイコンをクリックする。

■ **TIPS：列幅の調整**　文字列の入力後，セル幅が小さすぎて，入力文字のすべてが表示されなかったり，計算後に「#####」と表示されてしまった場合は，列幅を広げればよい。そのためには，列の上限で，列と列の境界線付近にカーソルをもっていくと，横線が矢印を持つ十字マークが出るから，右にドラッグする。文字列または数値が正常に表示されれば，マウスボタンを放す。

ヒストグラムの整形　次に，度数を，図3-5のような棒グラフにする。これをヒストグラムという。この図では，階級値と，その階級の度数が対応していることに注意しよう。通常の棒グラフと異なり，ヒストグラムは棒同士が接触しているので，そのための設定を行う。すでに，前の操作でH列は階級値に書き換えられており，これに連動して，ヒストグラム内のx軸の目盛りも書き換えられている。x軸のラベルは，分析ツールを使う前に入力した階級値が表示されている。

以下で説明する手順は，階級幅が一定ではない場合や，オープンエンド階級

が存在する場合には適用できないので注意しよう。

それでは，具体的な手順を説明しよう。適宜上書き保存を行い，操作を記録しよう。

(1) 累積相対度数の削除　グラフ内の累積相対度数の折れ線をクリックし，Delete または Del を押す。

(2) 棒の間隔　相対度数のグラフであれば，棒の面積は，相対度数に対応しているので，棒の間には隙間がないほうがよい。棒同士の間隔が空かないように，変更しよう。ヒストグラム内の棒をダブルクリックする（この操作をクリックから始めてみよう）。表示された領域の中から「要素の間隔」を 0 に設定する。

(3) グラフエリアの拡大　グラフを拡大する。ヒストグラムの書かれている領域の右下コーナーにマウスカーソルをもっていき，マウスの左ボタンを押し続けると，カーソルが斜め両矢印に変わる。さらに，「グラフエリア」というポップヒントが表示される。コーナーを引っ張り，希望の大きさになれば，マウスボタンを放す。大きさの目安は，x 軸の数値が水平になるようにする。

(4) 凡例の除去　棒や折れ線の意味を示す凡例を除去するには，凡例のエリアをクリックして，Delete を押す（右クリックで同じ操作をしてみよう）。

平均と分散

原データが利用できる場合は，原データから平均や分散を計算することが望ましい。また，その計算も容易である。しかし，原データが手に入らず，度数分布表しか使えない場合は，度数分布表を利用して，基本統計量の近似値を計算する。

■ 平均値　平均は，(1.63) 式のように，

$$\frac{\{(階級値) \times (度数)\} の総和}{度数の総和}$$

によって近似できる。引き続きこの表を使って，計算してみよう。

(1) 階級値と度数の積　M 列の対応するセルで計算する。たとえば，M4 に「=I4*J4」と入力する。ここで，「*」は掛け算の記号である。この数式をオートフィルによって，M13 までコピーする。

(2) 合計　M14 セルに「=SUM(M4:M13)/SUM(J4:J13)」と入力し，Enter を押せば，平均が求まる。分母は度数の総和である。平均は 76 となるの

で，上書き保存をする。例題 1.2 では，厳密な平均が 74 点と求まっている。

なお，階級値と度数の積を別の列で計算しない方法として，M14 セルに「=SUMPRODUCT(I4:I13,J4:J13)/SUM(J4:J13)」と入力するやり方もある。

■ **全標本分散**　全標本分散は

$$全標本分散 = (2乗値の平均) - (平均値)^2$$

と分解できる。第 1 項の（2 乗値の平均）は，度数により，

$$(階級値^2 \times 度数)の合計$$

を求め，度数の総和で割って求める。そこで，(階級値^2 × 度数) をそれぞれの階級に関して計算する。

(1) 階級値の 2 乗と相対度数の積　　N4 に「=I4^2*J4」と入力し，フィルハンドルを N13 まで引っ張る。

(2) 全標本分散　　N14 に「=SUM(N4:N13)/SUM(J4:J13)-M14^2」と入力し，Enter を押す。第 1 項は，2 乗値の平均である。「a^b」はべき乗，すなわち，a^b を表している。近似値は，269 となる。厳密な値は 324 である。上書きして保存する。

なお，(1)を行わない方法としては，N14 に「=SUMPRODUCT(I4:I13,I4:I13,J4:J13)/SUM(J4:J13)-M14^2」と入力する方法もある。

(3) 標本分散　　標本分散と全分散の関係は，n を観測個数とすると，

$$標本分散 = \frac{n}{n-1} 全標本分散$$

だから，N15 に「=N14*20/(20-1)」と入力し，完了する。

■ **オープンエンド階級**　端の階級に上限や下限がない場合，この階級をオープンエンド階級と呼ぶ。たとえば，所得が「1000 万円以上」といった階級である。このようなオープンエンド階級が存在する場合について，度数分布表の作成を説明する。

利用する例は，最大階級がオープンエンドの場合で，注意が必要なのは最大階級の階級値の選択だけである。方針としては，オープンエンド階級に含まれ

3　Excel でつくる度数分布表　　89

FIGURE　図3-6 ● オープンエンド階級がある度数分布

	A	B	C	D	E	F	G
1	データ	階級値					
2	4	9.9	階級（以上、未満）	階級値	頻度	相対度数	累積 %
3	5	19.9	0〜10	5	17	0.362	36.17%
4	5	29.9	10〜20	15	17	0.362	72.34%
5	5	39.9	20〜30	25	3	0.064	78.72%
6	6	49.9	30〜40	35	2	0.043	82.98%
7	6		40〜50	45	3	0.064	89.36%
8	6		50〜102	76	5	0.106	100.00%
9	7						

オープンエンド階級の階級値は，A列のデータを並べ替え（ソート），その結果から求める。

る観測値の平均を，階級値とする。最小階級がオープンエンドの場合も，手続きは変わらない。

　第1章の表1-1の度数分布表をExcelで作成すると，図3-6のようになる。A列にはデータ，B列には階級上限，C列には階級の区間，D列には階級値，E列には度数（頻度），F列には相対度数，G列には累積相対度数が記入されている。ただし，B列のラベルは「階級値」としておく。この表と，先に説明したオープンエンド階級がない場合との違いは，最後の階級の区間と，その階級値だけである。度数などは変わらないから，すでに説明した方法で度数分布表を作成し，後で，オープンエンド階級と，その階級値を別途求めて入力する。

　■ **度数分布表**　オープンエンド階級を無視して，度数分布表をつくる。そのために，新規にファイルを作成し，「FREQ2」と名前を付けて保存する。次に，A列に観測値を入力し，B列に階級上限を設定する。この際，オープンエンド階級である最大階級の階級上限は設定しない。分析ツールの起動も同じである。オープンエンド階級の階級値と区間は，次の手続きにより定める。

　■ **オープンエンド階級の階級値**　最大値の階級がオープンエンドであるので，データを大きい順に並べ替える。並べ替えは，ソートという。ソート後，オープンエンド階級に属するデータを目で確認し，その平均を計算すれば，平均が階級値になる。Excelでの具体的手順を説明しよう。

（1）並べ替え　データ範囲として，A2からA48をドラッグする。上部

「データ」タブをクリックし，Excel ウィンドウリボンの「並べ替え」グループの中の「Z→A」のアイコンをクリックする。表示される「並べ替えの前に」のウィンドウの「現在選択されている範囲を並べかえる」のラジオボタンをクリックする。これは大きい順に並べかえている。これを降順と呼ぶ。この順が便利なのは，表の上にオープンエンド階級に属する値がくるからである。「昇順」だと，表の一番下にオープンエンド階級がくる。

(2) オープンエンド階級の範囲　並べ替えたデータから，オープンエンド階級に入る値を見極める。この例では，A2 から A8 である。

(3) オープンエンド階級の平均　D8 に「=AVERAGE(A2:A8)」と平均を求める関数を入力し，Enter を押す。この平均が階級値になる。ブックを上書き保存する。

(4) オープンエンド階級の下限と上限　下限は，前の階級の上限である。上限は，(3)で求めた階級値が中点になるように定める。この例では，102 になる。下限が 50，上限が 102 で，中点は 76 に一致する。実際の最大値は 109 だが，ヒストグラムの区間上限は 102 に設定する。

オープンエンド階級がある場合や，階級幅が一定でない場合は，Excel ではヒストグラムは作成できない。この例では，最大階級は区間が (50, 102)，中点が 76 である。高さは，階級幅 × 高さが相対度数 0.106 になるように決める。というのは，区間幅が他の区間の 5.2 倍だから，Excel がつくった棒の高さの 5.2 分の 1 が正しい高さだからである。

SECTION 4　2 変数関係

散布図

2 変数に関するデータは，たとえば (x, y) といったペアで観測される。A 君の体重と身長，B 君の体重と身長，といった例が挙げられる。このペアを座標点として，平面にプロットした図が散布図である。体重と身長の例では，身長が高くなれば，全体として体重も重くなるという傾向が見られよう。座標点は，右上がりの楕円の形に分布すると予想される。

| FIGURE | 図 3-7 ● 作成する散布図 |

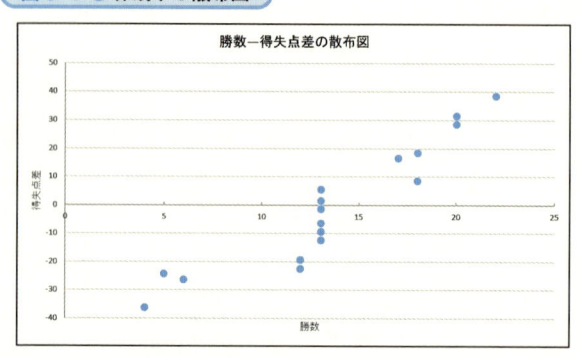

勝数－得失点差の散布図

グラフツールの散布図を指定して描く。

　サッカーＪ１の成績データ（第 2 章 60 頁の表 2-4）をもとに，得失点差（得点 － 失点）を計算し，勝数と得失点差の散布図を作成しよう．結果として，図 3-7 が描かれ，当然ではあるが，勝数が多いチームは，得失点差が大きくなっていることがわかる．手順は以下のようになる．

(1) **データの入力**　　新規ブックを，「SCATTERPLOT」という名前を付けて保存しよう．次に，B1 に勝数，C1 に得点，D1 に失点と入力する．表 2-4 に従って，B2 から B19 に勝数，C2 から C19 に得点，D2 から D19 に失点を入力する．

(2) **得失点差を計算**　　E1 に得失点差，E2 セルに「=C2-D2」を入力し，このセルをオートフィルで，E19 セルまでオートフィルによって，コピーする．

(3) **グラフ作成範囲の指定**　　B 列の最上位にある B を，列指定のためにクリックする．次に，Ctrl を押しながら，E 列の最上位にある E をクリックする．B 列と E 列がハイライト表示され，範囲指定ができる．

(4) **散布図の作成**　　上部のタブから「挿入」をクリックすると「散布図」のタイトルをもつアイコン（Excel 2013 ではアイコン群）が表示される．それをクリックすると，複数のアイコンが展開され，今回は左上隅のアイコンをクリックする．これは点同士を線でつながないからである．

第 **3** 章　Excel によるグラフ作成

(5) **グラフタイトルなどの指定**　Excel 2013 では表示されたグラフの右上にある「+」をクリックする。すると，グラフ要素としてグラフに表示する項目をチェックで選択できるようになる。ここでは，「軸ラベル」にチェックを入れる。グラフタイトルとして「得失点差」が表示されているが，ここをクリックして「勝数 – 得失点差の散布図」と書き換える。X 軸と Y 軸に表示されている「軸ラベル」もそれぞれクリックして，「勝数」，「得失点差」に書き換える。なお，グラフの大きさなどは，「ヒストグラムの整形」(3)（88 頁）で説明したテクニックを使って，美しく見えるように調整しよう。最後に上書き保存を行うこと。

Excel 2010 では，グラフをクリックして，リボンに出るグラフツールのレイアウトから上記の操作ができる。

順位相関係数　第 2 章 5 節で説明したスピアマンの順位相関係数を計算しよう。相関係数は，2 変数間の結びつきを示す指標であるが，計算には 2 つの変数の観測値を用いる。順位相関係数も，2 つの変数の結びつきを示す指標だが，2 変数の観測値ではなく，観測値の順位をもとに指標を計算する。たとえば，変数 X と Y に関する大きさ 3 のデータが，(x, y) のペアについて

$$(3, 12), (1, 33), (8, 19)$$

と与えられているなら，順位は

$$(2, 3), (3, 1), (1, 2)$$

となる。x の 3 個の値をみれば，3 は 2 番目，1 は 3 番目，8 は最大で 1 番目となっていることがわかるから，順位は，2, 3, 1 となっている。y についても同様である。この順位のデータをもとに求めた相関係数が，順位相関係数である。

本節で使用する「`RANK.AVG`」関数は Excel 2010 以降でしか動かない。Excel 2007 以前については，この順位相関係数の解説の最後に関数をどう書き換えればよいかを示すことにする。

(1) **ブックの作成**　ブック「`SCATTERPLOT`」をダブルクリックして開き，「`RANKCORREL`」という名前を付けて保存する。

FIGURE 図 3-8 ● 順位相関係数の計算

	B	E	F	G	H
1	勝数	得失点差	勝数順位	得失点順位	順位相関係数
2	22	39	1	1	0.964251236
3	20	29	2.5	3	
4	20	32	2.5	2	
5	18	19	4.5	4	
6	17	17	6	5	
7	18	9	4.5	6	
8	13	2	10	8.5	
9	13	2	10	8.5	
10	13	6	10	7	
11	13	-6	10	11	
12	13	-1	10	10	
13	13	-12	10	13	
14	13	-9	10	12	
15	12	-19	14.5	14	
16	12	-22	14.5	15	
17	5	-24	17	16	
18	6	-26	16	17	
19	4	-36	18	18	

F2 セル: `=RANK.AVG(B2,B$2:B$19,0)`

順位相関係数は，観測値の順位同士の相関係数である。順位の計算にはrank関数を用いる。

(2) **勝数順位** F1に勝数順位，F2セルに「`=RANK.AVG(B2,B$2:B$19,0)`」と入力し，Enterで確定し，オートフィルでF19までコピーする。B2は最初のデータを表し，「`B$2:B$19`」はデータ範囲を指定しているが，関数の値は，B2からB19の中で，B2が占める順位になる。0は最大が1位，最小が最下位になる順位で，0を1に変えると，逆順になる。

(3) **得失点差順位** H1に得失点差順位，H2セルに「`=RANK.AVG(E2,E$2:E$19,0)`」と入力し，E19までコピーする。

(4) **順位相関係数の計算** 求められた順位同士の相関係数を計算しよう。これは，順位相関係数の近似値であるが，J2セルに「`=CORREL(F2:F19,H2:H19)`」と入力し，Enterを押す。順位相関係数は0.96となる。上書き保存を行う。

(5) **同順位について** 上記の「`RANK.AVG`」関数では，同順位に順位を配

分する．たとえば，2位のチームが2つある場合，2位と3位の平均

$$\frac{1}{2}(2+3) = 2.5$$

が，2位の順位となる．これを調整順位と呼ぶことにする．この例では，7位が7チームあるが，配分した順位は，7位から13位の平均

$$\frac{1}{7}(7+8+9+10+11+12+13) = 10$$

となる．このようにすれば，順位の総和は，同順位がない場合と同じになる．

以上の計算を Excel 2007 以前で行う場合，以下のような数式を用いればよい．

F2 セルに関しては，

 =RANK(B2,B$2:B$19,0)+(COUNT(B$2:B$19)

 +1-RANK(B2,B$2:B$19,0)-RANK(B2,B$2:B$19,1))/2

H1 セルに関しては，

 =RANK(E2,E$2:E$19,0)+(COUNT(E$2:E$19)

 +1-RANK(E2,E$2:E$19,0)-RANK(E2,E$2:E$19,1))/2

とする．

ローレンツ曲線

第1章6節で説明したローレンツ曲線の作成を Excel で行い，ジニ係数を計算してみよう．所得分配の平等度を示すローレンツ曲線とジニ係数の作成に使うデータは，表1-8（33頁）で使われた2013年度の十分位階級所得である．作成されるローレンツ曲線は図3-9である．図は，x軸の累積相対度数と，y軸の累積相対所得の散布図になっているが，原点をデータに追加してある．散布図とは，個々の x 値と y 値のペア (x, y) をプロットして作成するが，点と点を線で結ぶと図のようになる．データ入力は次のようになる．

(1) 新規ブック作成 新規ブックを作成し，「LORENZ」と名前を付けて保存する．

(2) データ入力 A1 に変数名，A2 に 0，A3 から A12 に，十分位階級の

> **FIGURE**　図 3-9 ● ローレンツ曲線の作成

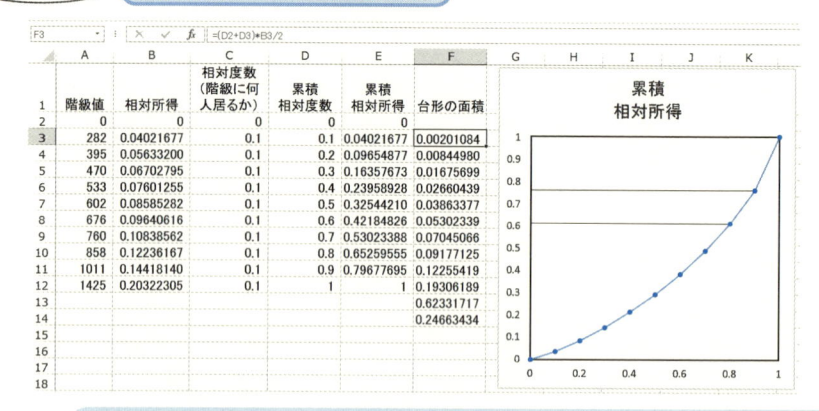

	A	B	C	D	E	F
1	階級値	相対所得	相対度数 （階級に何 人居るか）	累積 相対度数	累積 相対所得	台形の面積
2	0	0	0	0	0	
3	282	0.04021677	0.1	0.1	0.04021677	0.00201084
4	395	0.05633200	0.1	0.2	0.09654877	0.00844980
5	470	0.06702795	0.1	0.3	0.16357673	0.01675699
6	533	0.07601255	0.1	0.4	0.23958928	0.02660439
7	602	0.08585282	0.1	0.5	0.32544210	0.03863377
8	676	0.09640616	0.1	0.6	0.42184826	0.05302339
9	760	0.10838562	0.1	0.7	0.53023388	0.07045066
10	858	0.12236167	0.1	0.8	0.65259555	0.09177125
11	1011	0.14418140	0.1	0.9	0.79677695	0.12255419
12	1425	0.20322305	0.1	1	1	0.19306189
13						0.62331717
14						0.24663434

> D 列に累積相対度数，E 列に累積相対所得を計算し，D 列と E 列のデータをもとに散布図を作る。また，この 2 つの列をもとにジニ係数を算出する。

階級値である 282, 395, 470, 533, 602, 676, 760, 858, 1011, 1425 を入力する。単位は万円である。B 列は相対所得で，各階級の所得が，全体の所得に占める割合になる。B1 に変数名，B2 に「=A2/SUM($A$2:$A$12)」と入力し，Enter を押す。その式を，オートフィルによって，B12 までコピーする。分子の A2 は最初の階級の所得で，オートフィルで変化していく。分母は総所得で，和の始点 $A$2 と終点 $A$12 は，絶対参照により固定する。

(3) 累積相対度数の入力　C 列に相対度数を入れる。相対度数とは，各階級に属する人数の，全体に占める割合である。この例では，各階級に 1 人しか属さないと考えてよい。したがって，相対度数は均等で，0.1 になる。D 列には，ある階級以下に属する人の，全体に占める割合である累積相対度数を入力する。相対度数の累積和に等しいから，D1 に変数名，D2 に 0，D3 に「=D2+C3」を入力し，オートフィルにより D12 までコピーする。

(4) 累積相対所得　E1 に変数名，E2 に 0，E3 に「=B3+E2」と入力し，Enter を押す。その式を，オートフィルによって，E12 までコピーする。

96　第 3 章　Excel によるグラフ作成

相対所得の累積和になる。

■ 散布図の作成

(1) データ範囲の指定　累積相対度数と観測値の累積相対所得の列を列名も含めて範囲指定する。範囲指定をするには，D1でマウスをクリックし，［Shift］を押しながら，E12でマウスを再びクリックする。

(2) 散布図の作成　ウィンドウ上部の「挿入」タブをクリックし，リボンのなかの「グラフ」の上にある散布図作成のためのアイコンをクリックする。プルダウンメニューの散布図の左下隅にある「散布図（直線とマーカー）」のアイコンをクリックする。

(3) x軸，y軸の目盛り調整　x軸の最大値が1.2になっているので，これを1に変えよう。そのために，作成されたグラフのx軸をクリックする。その後，右クリックし，ポップアップメニューから「軸の書式設定」をクリックする。ウィンドウの右側にメニューが現れ，そのなかの最大値のボックスを「1」に書き換え，メニュー右上の×をクリックする。同様にy軸も最大値を1に設定する。これで完成なので，上書き保存する。45度線の入れ方は，本章5節 **Tips** の「系列の追加」(98頁) で説明する。

ジニ係数

第1章6節「ジニ係数の計算」の項の (1.70) 式に，ジニ係数の定義が与えられている。しかし，ジニ係数の定義は，(1.68) 式を一般化して，

$$2 \times | 曲線より上の面積 - 45度線より上の面積 |$$

に等しいので，曲線より上の面積を計算しよう。曲線より上の領域は，台形が重なっていることがわかるから，台形の面積を計算し，和を求めればよい。45度線より上の三角形の面積は，0.5である。

図3-9の中でも，第9階級に横線を入れているが，これは，下底を第9階級の累積相対度数，上底を第10階級の累積相対度数，高さを第9階級の相対所得とする台形である。台形の面積は

$$\frac{1}{2}(下底 + 上底) \times 高さ$$

だから，これを各階級に関して計算して，合計を求めれば曲線より上の面積になる。

(1) 台形の面積　図3-9のF列に，各階級に関する台形の面積計算を示す。F3セルは，第1階級に対応する。ここは台形ではなく三角形だが，三角形の面積計算は，下底を0とすれば，台形の面積公式が使える。F3の式が数式バーからわかるが，「(D2+D3)*B3/2」が台形の面積の計算式となる。Enterを押し，フィルハンドルをF12まで引っ張る。

(2) 合計　F13は，台形面積の合計である。この値から0.5を引き，2倍すれば，ジニ係数は0.25となり，第1章6節「ジニ係数の計算」の項で計算したジニ係数と一致する。これはF14に格納されている。

SECTION 5　Tips

Excelの処理に便利な **Tips**（操作の秘訣）をいくつか紹介しよう。

ヘルプファイル

本章の説明が不十分な場合は，ヘルプファイルを参照してほしい。ここでは，2通りのヘルプファイルの呼び出し方を説明する。

ヘルプはExcelのバージョンによって微妙に異なっている。また，Officeアシスタントを使用しているか否かによっても変わる。ここでは，Excel 2013，のヘルプを説明する。

■ 質問の入力による呼び出し方　Excelのウィンドウの右上部にある「？」マークをクリックする。すると，Excelヘルプというウィンドウがポップアップする。質問を入力する入力ボックスが現れる。たとえば「列幅の変更」と入力し，Enterを押す。

■ 関数のヘルプの呼び出し方　関数の使い方に関しては，上に説明したスペースに関数名を入力する。あるいは，数式の入力されたセルの，関数名の部分をクリックする。このとき，関数の引数の説明がポップヒントの中に表示されるが，表示されたポップヒントの中の関数名をダブルクリックすると，詳細な関数の使い方やヘルプを呼び出すことができる。この手法では，キーボード入力が一切いらない。

グラフの編集

■ 系列の追加　本章4節「ローレンツ曲線」の項において，図3-9のようにローレンツ

曲線を作成した．これに，図 1-11 のように，完全平等線を追加しよう．完全平等線は，x 座標と y 座標が等しい点の散布図であると考えればよい．

(1) ブックを開く　「LORENZ」をダブルクリックして開き，グラフをクリックする．ここで，右クリックするとメニューがポップアップし，その中の「データの選択」をクリックする．

(2) データの追加　「データソースの選択」のウィンドウの「追加」ボタンをクリックする．「系列 X の値」の「範囲」入力ボックスの右端のアイコンをクリックする．ここでは，D2 から D12 のセルをドラッグして指定しよう．次に，「系列 Y の値」も同様にしてその範囲を D2 から D12 のセルをドラッグして指定しよう．つまり，x と y を同じ値にするのである．「OK」を 2 回クリックして完了である．

■ グラフオプションの再指定　例として，「SCATTERPLOT」をダブルクリックして開き，散布図を調整しよう．グラフをクリックして指定し，ウィンドウ上部のリボンに「グラフツール」とまとめられている「デザイン」タブと「書式」タブをクリックすると，グラフオプションを変更するためのリボンが表示される．リボンの中から適当なものをクリックして変更しよう．また，すでにグラフ上に表示されている，例えばグラフタイトルや軸ラベルは，それを直接クリックすることで書き換えることができるようになっている．

■ データ範囲の変更　グラフに描かれるデータ範囲を変えたいときがある．この場合，グラフのプロットエリア（グラフの線などが描かれるエリアで，内側の四角の中）をクリックする．すると，グラフに描かれているデータの格納されているセル範囲が，色付きの枠で囲まれる．この枠の四隅にはフィルハンドルがついている．これをドラッグし，マウスボタンを放すことで変えることができる．

■ 互換性関数について　Excel 2010 以降に統計学関係の関数の多くの関数が新しくなった．新しい関数と同じ機能をもつ旧来の関数は互換性関数と分類され，Microsoft の説明によると，これらの互換性関数は，「より精度が高く，その使用法をより適切に表す名前を持つ，新しい関数に置き換えられました．これらの関数は下位互換性のために引き続き利用可能ですが，Excel の将来のバージョンでは利用できなくなる可能性があるため，今後は新しい関数を使用することを検討してください」とのことで

> COLUMN *3-1* スプレッドシート三国志

PC 上にスプレッドシート誕生

　スプレッドシートとは，元来，マス目が入っている大きな集計用紙のことであった。この用紙には，単価，販売量などの数値が記入され，取引の集計に使われてきた。PC 時代になり，スプレッドシートをコンピュータ上で作成するソフトが開発され，一挙にスプレッドシートの利用範囲が広まった。集計に必要な掛け算や足し算が，自動的にできるのである。その後，計算，作図機能が高度化し，今日の Excel に至る。

　スプレッドシートの先駆けは VisiCalc である。ハーバード大学ビジネススクールの学生であったブルックリン（Bricklin）が，20 行 5 列のマス目しかもたないスプレッドシートを，1978 年の秋に開発した。79 年にはこれを製品化して発売し，総計 100 万本を売り上げた。図からも理解できるように，

$$NO \times UNIT = COST$$

といった計算，SUBTOTAL（和）などが自動化されている。その後，IBM が誇るパソコンである PC-AT の登場とその互換機の普及により，AT 上で作動するソフトを開発していくことが VisiCalc の目標になった。しかし，この対処法について，1983 年に，VisiCalc の開発者たちと販売会社の間に訴訟合戦が発生し，VisiCalc は凋落を始めた。

> FIGURE 図● VisiCalc の画面

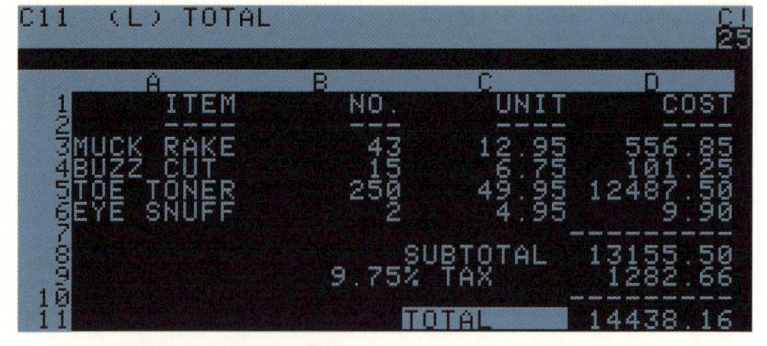

（出所）　Wikipedia Commons より。

Lotus 1-2-3 から Excel

次の覇者は，Lotus 社の Lotus 1-2-3 であった。ケイパー（Kapor）は，開発したソフトを，1 万ドルで VisiCalc の販売会社に売り，その代金と，ベンチャー・キャピタルから得た資金で，1982 年に Lotus 社を設立した。販売された Lotus 1-2-3 は，AT とその互換機で幅広く使われるようになり，標準的なスプレッドシートの座を獲得する。Lotus 社は，1985 年に VisiCalc を買い取り，その販売を中止している。ケイパー自身は，Lotus 設立前，1-2-3 を VisiCalc に売ろうとしたが，機能が限られているという理由で断られたという話も残っている。

今日の覇者 Excel は，1984～85 年にかけて，Apple 社の Mac 用に開発された。当時は IBM の AT 全盛期であり，Microsoft 社の PC-DOS が，AT とその互換機のオペレーティング・システムに採用されていた。しかし，当時の覇者である 1-2-3 に対抗するためには，優れたグラフィック・ユーザー・インターフェース（GUI）が必要であった。Mac は，現在の Windows では当たり前のウィンドウ機能と GUI を備えていたが，AT とその互換機にはそれがなかった。それゆえ，Microsoft 社は，ライバルである Apple 社の Mac 用に，Excel を開発したのである。Microsoft 社の Excel を使うためには，Mac が必要という状況が生じた。

その後，Microsoft 社はウィンドウ機能を備えたオペレーティング・システム，Windows を 1987 年に開発し，Windows で機能する Excel を発売した。Windows は，今日の Windows 8 や 10 の前身である。Windows の改良・普及とともに，Excel は 1-2-3 を凌駕していく。1992 年以降の覇者は，Microsoft 社の Excel となった。

一方，Lotus 社は，IBM に 1995 年に買収され，IBM のオペレーティング・システム，OS/2 における 1-2-3 の開発に力点を置いた。当然ながら，Windows 対策は後手にまわり，凋落していく。OS/2 は，かつて IBM と Microsoft が共同開発したシステムであったという経緯も知られている。

（参考文献）　Bricklin, D. "Software Arts and VisiCalc," World Wide Web (http://www.danbricklin.com/history/intro.htm), 2003/04/04.

Power, D. J. "A Brief History of Spreadsheets," DSSResources.COM, World Wide Web (http://www.dssresources.com/history/sshistory.html), version 3.6, 2004/08/30. Photo added September 24, 2002.

TABLE 表3-2 ●互換性関数と新しい関数

互換性関数	新しい関数	旧使用例	新使用例
BINOMDIST	BINOM.DIST		
CHIDIST	CHISQ.DIST.RT		
CHIINV	CHIAQ.INV.RT		
FDIST	F.DIST.RT		
FINV	F.INV.RT		
MODE	MODE.SNGL		
NORMDIST	NORM.DIST		
NORMINV	NORM.INV		
NORMSDIST	NORM.S.DIST		
NORMSINV	NORM.S.INV		
POISSON	POISSON.DIST		
QUARTILE	QUARTILE.INC		
RANK	RANK.EQ		
STDEV	STDEV.S		
STDEVP	STDEV.P		
TDIST	T.DIST.RT	TDIST(a,k,1)	T.DIST.RT(a,k)
TDIST	T.DIST.2T	TDIST(a,k,2)	T.DIST.2T(a,k)
TINV	T.INV.2T		
VAR	VAR.S		
VARP	VAR.P		

アルファベット順。使用例のない関数の引数は新旧で同じ。RTは右裾，2Tは両側の裾，Sは標本，Pは全標本を表している。

　ある。現在2015年時点で，本文で使用している関数は，順位相関係数のところで使用した「`RANK.AVG`」関数を除き，すべて，Excel 2000からExcel 2013まで使用できるが，このうち互換性関数に関しては，将来のExcelで作動する保証はない。本書では，これらの関数には「★」印で注意を促している。

　Excel 2010以降のバージョンを使用していて，かつ，Excel 2007以前のバージョンとブックを共有しない読者には，表3-2の関数変換表にもとづいて，新しい関数を使用することを，強く推奨する。

BOOK GUIDE ●文献案内

①富士通エフ・オー・エム株式会社［2013］『よくわかるMicrosoft Office Excel 2013 基礎』FOM出版．

②富士通エフ・オー・エム株式会社［2010］『よくわかる Microsoft Office Excel 2010 基礎』FOM 出版。

①は Excel そのものを詳しく解説した本。②は①の Excel 2010 対応版。

③今里健一郎・森田浩［2015］『Excel でここまでできる統計解析（第 2 版）』日本規格協会。

③は Excel 2013/2010/2007 に対応した統計処理の解説書。ノウハウだけではなく，背景となる統計理論も解説した良書。

④縄田和満［2007］『Excel による統計入門（Excel 2007 対応版）』朝倉書店。

④は本書では扱わなかったが，マクロという操作手順を自動化する仕組み（一種のプログラム）を利用することで，統計処理の複雑な手順をマウスの 1 クリックで実行できるようになる。ここでは，マクロを使った統計処理の手順が説明されている。なお，本書の Excel 2007 対応は有斐閣書籍編集第 2 部ホームページ，http://yuhikaku-nibu.txt-nifty.com/blog/2015/06/post-be85.html を参照。

⑤縄田和満［2000］『Excel VBA による統計データ解析入門（CD-ROM 付）』朝倉書店。

統計処理の手順をマクロよりさらに巧妙に自動化するためには VBA（Visual Basic for Applications）の利用が不可欠である。この VBA は Basic というプログラミング言語から派生したもので，単純なマクロに比べて手順をより精密に制御できる。⑤は VBA を使った統計処理を解説した本で Excel 2000 対応。Excel 2003 でも利用化。Excel 2007 対応にはプログラム・コードの変更が必要な場合もある。なお，最近はビジネス・シーンにおいて，Excel VBA を使った事務処理が行われる事例が多いので，VBA の習得は社会に出た後も役に立つだろう。

⑥七條達弘・渡辺健・鍛治優［2013］『やさしくわかる Excel VBA プログラミング（第 5 版）』（Excel 徹底活用シリーズ）ソフトバンククリエイティブ。

⑥は VBA の使い方をわかりやすく図解で説明した本。

第 4 章 相関と回帰

猛暑で，ビールの販売量は急上昇。にぎわいを見せるビアガーデン。ビールの販売量と気温には相関関係。（毎日新聞社提供）

CHAPTER 4

INTRODUCTION

本章では，第2章で学んだ2変数に関する標本の処理法を進め，変数間の関係を分析する代表的な手法である回帰分析を学ぶ。

最初に，相関係数の説明で導入された散布図を見直し，2変数の関係を1次式に定式化して，標本を用い，1次式を推定する方法を学ぶ。これを単回帰法という。そして，1次式を定める未知の母係数（回帰係数）を標本から推定する方法として，最小2乗法が知られているが，その考え方と性質を説明する。さらに，推定された回帰式の適合度（フィット）の評価，将来値の予測法などを解説し，最後に，Excelを用いた単回帰分析の計算手続きを見ていく。

- KEYWORD
- FIGURE
- TABLE
- COLUMN
- EXAMPLE
- BOOK GUIDE
- EXERCISE

KEYWORD

散布図　回帰　説明変数　被説明変数（従属変数）　単回帰　回帰係数　残差平方和（RSS）　最小2乗法　最小2乗推定値　偏相関係数　適合度（フィット）　分散の分解　決定係数　弾力性

SECTION 1　散布図と相関係数

2変数に関する大きさ n の標本

$$\{(x_1, y_1), (x_2, y_2), \cdots, (x_n, y_n)\} \tag{4.1}$$

があるとしよう。この標本から求まる標本相関係数は，

$$\begin{aligned} r_{xy} &= \frac{S_{xy}}{\sqrt{S_{xx}S_{yy}}} \\ &= \frac{\sum_{i=1}^{n}(x_i - \bar{x})(y_i - \bar{y})}{\sqrt{\sum_{i=1}^{n}(x_i - \bar{x})^2 \sum_{i=1}^{n}(y_i - \bar{y})^2}} \end{aligned} \tag{4.2}$$

となる（第2章5節を参照）。散布図と相関係数の値の関係を理解するために，いくつかの例を見てみよう。

シミュレーション・データ　図4-1では，大きさが50のデータを人工的に発生させ，それらの散布図を描いた。各図では，母相関係数 r_{xy} を，各々 (a) 0, (b) 0.3, (c) 0.8, (d) 0.99 と設定している。図4-1 (a) の相関係数が0の場合には，x と y には，取り上げて述べるような関係は見られない。他の図では，x が増えるに連れ y も増えるという，正の相関関係が見られる。さらに，図4-1 (b) 0.3, (c) 0.8, (d) 0.99 と相関係数が大きくなるに連れ，2変数の間の関係が一層明確となる。相関係数が1に近いほど，データは直線に沿って，規則正しく散らばっている様子が観察できる。

FIGURE 図 4-1 ● 散 布 図

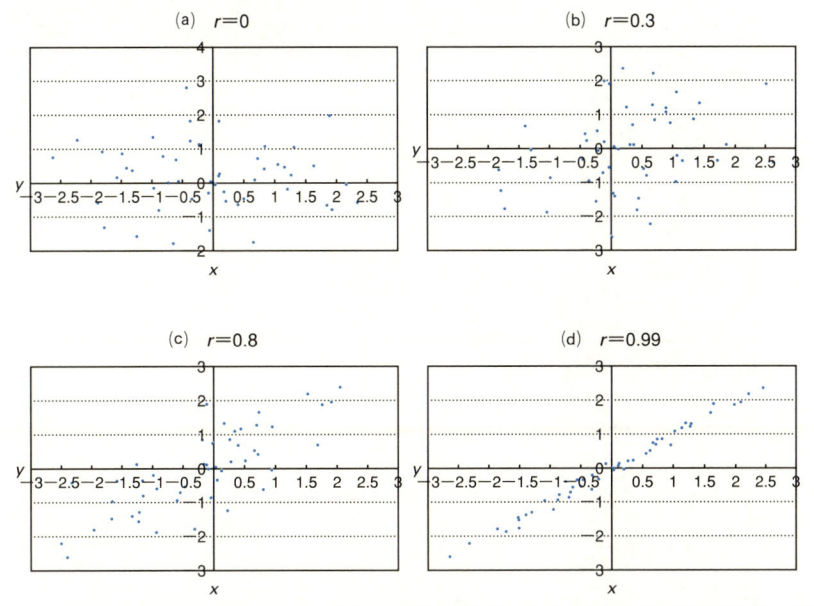

(a) $r=0$
(b) $r=0.3$
(c) $r=0.8$
(d) $r=0.99$

さまざまな相関係数をもつ標本の散布図。

百貨店，スーパー，小売店データ

表 4-1 は，百貨店，スーパー，小売店 20 社，いずれも上場企業の，2007 年度上半期でのデータである。

図 4-2 では，このデータを用いて，売上と他の変数の関係を見るために，(a) 売上と従業員数，(b) 売上と店舗面積，(c) 売上と店舗数の散布図を描いた。これらの散布図から，従業員数，店舗面積，店舗数のいずれも，売上と正の相関を示すことがわかる。つまり，従業員数が多いほど，店舗面積が広いほど，店舗数が多いほど，売上が増加するという現象が見られる。それぞれの標本相関係数を求めると，図 4-2 (a) 0.940，(b) 0.791，(c) 0.529 となった。売上は，従業員数，店舗面積，店舗数の順に相関が高いことがわかる（Excel での計算手続きは，本章 5 節を参照せよ）。

1 散布図と相関係数

表 4-1 百貨店・スーパー・小売店のデータ

企業		番号	売上高 (y)(百万円)	従業員数 (x_1)(人)	店舗面積 (x_2)(万m²)	店舗数 (x_3)
デパート	三越	1	804,120	9,610	54.2	15
	高島屋	2	1,049,405	10,225	44.7	14
	大丸	3	837,032	6,201	29.5	11
	松屋	4	97,402	1,312	5.2	2
	伊勢丹	5	781,798	8,834	26.3	7
	阪急百貨店	6	395,950	4,834	18.0	11
	近鉄百貨店	7	324,564	3,831	22.6	9
スーパー	ユニー	8	1,228,946	11,099	131.5	158
	西友	9	996,130	6,321	109.1	204
	ダイエー	10	1,283,888	11,900	120.0	205
小売業	丸井	11	552,140	8,175	44.7	25
	岩田屋	12	56,414	1,015	6.6	4
	丸栄	13	52,603	627	3.5	1
	丸善	14	99,340	935	3.8	49
	東急ストア	15	306,489	2,991	26.5	101
	イズミ	16	446,820	3,150	64.5	70
	イズミヤ	17	378,892	3,770	60.0	88
	フジ	18	326,944	3,099	64.9	86
	平和堂	19	412,772	5,073	60.8	98
	東武ストア	20	79,624	728	10.2	49

(出所) 『会社四季報』2007年夏号, 東洋経済新報社.

SECTION 2 単回帰

単回帰とは 標本相関係数は，2変数間の比例関係を測定する尺度であるが，これを発展させて，変数間に1次の式

$$y = \alpha + \beta x \tag{4.3}$$

を想定しよう．この式は，y と x の散布図の中に，切片が α，傾きが β の直線を引くことを意味している．また，この式には，左辺の変数 y は右辺の1

> **FIGURE** 図 4-2 ● 百貨店・スーパー・小売店のデータの散布図

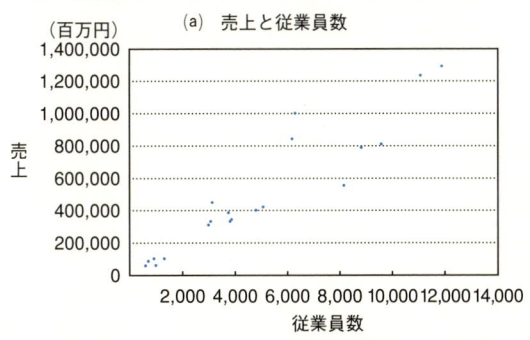

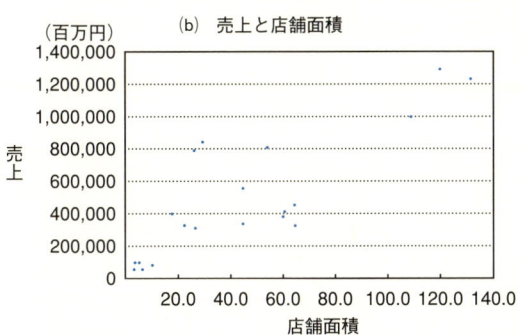

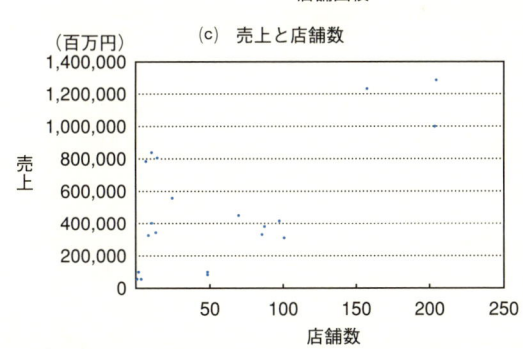

(a) 売上と従業員数

(b) 売上と店舗面積

(c) 売上と店舗数

売上と諸要因の関係の強さ。

2 単回帰 109

次式で決定される，という意味がある。あるいは，(4.3) 式は，x が原因で，y が結果となる因果関係を表現しているとも理解できる。

このように，ある変数を他の変数の 1 次関数で表現することを回帰と呼び，(4.3) 式の場合は，y の x への回帰式と呼ばれる。原因となる変数 x は，他の変数を説明する役割をもつことから，説明変数と呼ばれる。左辺の y は，説明される変数であることから，被説明変数と呼ばれる。文献によっては，y は x の値に依存して決定されるので，従属変数と呼ばれることもある。原因となる変数が x 1 つのみの場合が単回帰である。

x と y に関する大きさ n の標本 (4.1) 式を散布図に描いた場合，図 4-2 から容易にわかるように，直線上に，すべての観測点が乗ることはない。通常は，x と y の間に，おおよそ線形関係（1 次の関係）が存在すると理解して分析を行う。

切片 α は，x が 0 のときの y の値を示す。傾き β は，説明変数 x が 1 単位増加したときに，被説明変数 y が β 単位だけ増加することを意味する係数であり，回帰係数と呼ばれる。これらの母係数はいずれも未知であり，標本 (4.1) 式を用いて，α や β を推定する。その代表的な推定法が，以下で説明する最小 2 乗法である。

残差平方和

図 4-3 では，散布図に，x と y に関する 5 点が取られている。この 5 点に対して，標本の大まかな傾向を表現する直線を引くことは容易である。しかし，引かれる直線は，人によって異なる。その結果，求まる 1 次式の係数値も，異なってくる。応用上これは，不都合である。そこで，誰が引いても同じ直線になるように，合理的な直線の定め方を説明する。散布図上に 1 つの直線を引くことと，α および β の値を決めることは同じである。残差とは，仮定した y と x の関係 $y = \alpha + \beta x$ と，観測点 (x_i, y_i) の差である。変数間に想定した線と，データの差を表している。この差は，いわば理論と現実の乖離である。全体として，この乖離ができるだけ小さくなるように，直線を引くことが望ましい。

各点の残差を単純に合計して全体の乖離とし，これを最小にするように直線を引くことも考えられよう。しかし，図 4-3 で示されるように，各点での残差は，プラスにもマイナスにもなる。単純に残差を合計したのでは，各点で乖離は大きくても，合計値は 0 に近くなる場合もあり，全体の乖離を表す尺度

FIGURE 図 4-3 ● 最小2乗原理

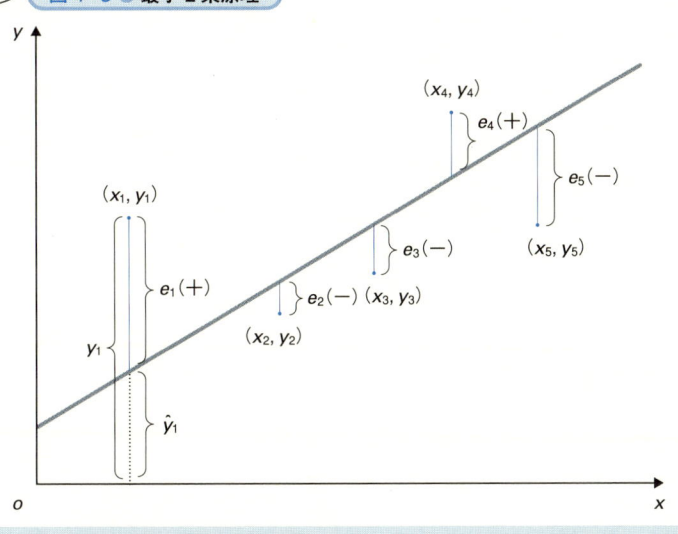

5つの観測点に関する残差と回帰式。

としては適切ではない。

α と β の具体的な数値を a, b とし，これを所与とする。a と b を，後に推定値という。ある説明変数の値 x_i に対応する直線上の y 値を，回帰値 $\widehat{y_i}$ とする。式で表現すれば，

$$\widehat{y_i} = a + bx_i$$

と定義できる。ここで，観測点 (x_i, y_i) と，直線上の点 $(x_i, \widehat{y_i})$ の距離

$$e_i = y_i - \widehat{y_i} = y_i - (a + bx_i) \tag{4.4}$$

を残差と呼ぶ。残差を 2 乗して，各観測点に関して和を取った量

$$\mathrm{RSS} = e_1^2 + e_2^2 + \cdots + e_n^2 = \sum_{i=1}^{n} e_i^2 = \sum_{i=1}^{n} (y_i - a - bx_i)^2 \tag{4.5}$$

を，残差平方和（residual sum of squares：RSS）という。

最小 2 乗法 　　　**最小 2 乗法** (least squares method) は，残差平方和を最小にするように，a と b を決める方法である．最小 2 乗法では，各点での乖離は，y 軸に沿って測った観測点と直線の距離の 2 乗であり，すべてプラスの値を取る．最小 2 乗法のほかにも，残差の絶対値の合計を最小にする方法なども考えられるが，第 11 章で解説するように，最小 2 乗法は統計的に望ましい性質をもつ．

最小 2 乗法により決められた a および b は，**最小 2 乗推定値** (least squares estimate) と呼ばれる．残差平方和の最小化の必要条件から，最小 2 乗推定値は

$$\sum_{i=1}^{n} y_i = na + b \sum_{i=1}^{n} x_i \tag{4.6}$$

$$\sum_{i=1}^{n} x_i y_i = a \sum_{i=1}^{n} x_i + b \sum_{i=1}^{n} x_i^2 \tag{4.7}$$

を満たす．この 2 式は正規方程式と呼ばれ，2 元連立方程式を満たす a と b が，最小 2 乗推定値となる．また，正規方程式から，最小 2 乗法の諸性質が導かれる．

いま，a と b を導出しよう．(4.6) 式の両辺を n で割り，標本平均を利用して解くと

$$a = \bar{y} - b\bar{x}, \quad \bar{y} = \frac{1}{n} \sum_{i=1}^{n} y_i, \quad \bar{x} = \frac{1}{n} \sum_{i=1}^{n} x_i \tag{4.8}$$

が得られる．これを，(4.7) 式へ代入して整理すると

$$b = \frac{\sum_{i=1}^{n} x_i y_i - \bar{y} \sum_{i=1}^{n} x_i}{\sum_{i=1}^{n} x_i^2 - \bar{x} \sum_{i=1}^{n} x_i} = \frac{\sum_{i=1}^{n} x_i y_i - n\bar{x}\bar{y}}{\sum_{i=1}^{n} x_i^2 - n\bar{x}^2} \tag{4.9}$$

となり，b の推定ルールが導出できる．分子，分母を n で割れば，それぞれ標本共分散，標本分散になるから，(4.9) 式は

$$b = \frac{\sum_{i=1}^{n} (x_i - \bar{x})(y_i - \bar{y})}{\sum_{i=1}^{n} (x_i - \bar{x})^2} \equiv \frac{S_{xy}}{S_{xx}} = r_{xy} \sqrt{\frac{S_{yy}}{S_{xx}}} \tag{4.10}$$

と書き換えることができる。b は，標本相関係数 r_{xy} を用いて表され，2 変数の回帰は，相関係数の拡張となっていることがわかる。

正規方程式の導出は，第 11 章の補論の「最小化の 1 次条件と正規方程式」の項で説明する。

最小 2 乗推定値の導出

(4.8) 式および (4.9) 式で定義された a および b の公式は，下記のように代数的に確認することもできる。

a および b を，残差平方和を最小にする値としたとき，まず残差 e_i を

$$y_i - a - bx_i = [y_i - \bar{y} - b(x_i - \bar{x})] + (\bar{y} - a - b\bar{x}) \tag{4.11}$$

と分割する。(4.11) 式の両辺を 2 乗すると

$$e_i^2 = [(y_i - \bar{y}) - b(x_i - \bar{x})]^2 + (\bar{y} - a - b\bar{x})^2$$
$$+ 2[(y_i - \bar{y}) - b(x_i - \bar{x})](\bar{y} - a - b\bar{x})$$

となる。ここで両辺を観測値 i に関して，1 から n まで合計する。$(\bar{y} - a - b\bar{x})$ は固定していること，ならびに $(y_i - \bar{y})$ および $(x_i - \bar{x})$ の和が 0 であることに注意すると，

$$\sum_{i=1}^{n} e_i^2 = \sum_{i=1}^{n} [(y_i - \bar{y}) - b(x_i - \bar{x})]^2 + n(\bar{y} - a - b\bar{x})^2 \tag{4.12}$$

$$+ 2(\bar{y} - a - b\bar{x}) \left[\sum_{i=1}^{n} (y_i - \bar{y}) - b \sum_{i=1}^{n} (x_i - \bar{x}) \right] \tag{4.13}$$

$$= \sum_{i=1}^{n} [(y_i - \bar{y}) - b(x_i - \bar{x})]^2 + n(\bar{y} - a - b\bar{x})^2 \tag{4.14}$$

となり，残差平方和は，2 個の平方の和になる。

a は，(4.14) 式右辺第 2 項にのみ含まれるが，この項は，(　) 内が 0 になれば最小化される。したがって，a の推定値が

$$a = \bar{y} - b\bar{x} \tag{4.15}$$

と求まる。この式より，(4.8) 式が導かれる。ここでは，まだ b は定まっていない。

次に，残りの項を，b の完全平方に書き換える．標本分散，共分散の記号を用いるために，(4.14) 式を $(n-1)$ で割ると，

$$\frac{1}{n-1}\sum_{i=1}^{n} e_i^2 = S_{yy} - 2bS_{xy} + b^2 S_{xx}$$
$$= S_{xx}\left(b^2 - 2b\frac{S_{xy}}{S_{xx}}\right) + S_{yy} \qquad (4.16)$$

と表される．右辺を b に関する完全平方に書き換えると，

$$S_{xx}\left(b - \frac{S_{xy}}{S_{xx}}\right)^2 + S_{yy} - \frac{(S_{xy})^2}{S_{xx}} \qquad (4.17)$$

となる．(4.17) 式の第 2 項は b に依存せず一定だから，第 1 項を 0 にする値が解となる．したがって，b の推定値は

$$b = \frac{S_{xy}}{S_{xx}} \qquad (4.18)$$

となる．ここで b が定まる．

最小 2 乗回帰式に関する性質

このようにして推定された回帰式に関して，3 つの性質が成り立つ．

(1) 推定された回帰直線は $(\bar{x}, \bar{y})$ を通る．
(2) 残差の合計は 0 である：$\sum_{i=1}^{n} e_i = 0$
(3) 残差と説明変数の積の合計は 0 である：$\sum_{i=1}^{n} e_i x_i = 0$

(3) は，$x = (x_1, \cdots, x_n)'$，および $e = (e_1, \cdots, e_n)'$，とベクトルで表記したとき，2 つのベクトルの内積が 0 であること，

$$e'x = 0$$

を意味する．説明変数と残差のベクトルは直交している．

(証明) 性質 (1) は，(4.8) 式，あるいは，(4.15) 式より確認できる．性質 (2) は，残差 (4.4) 式の和を n で割れば，(4.8) 式より明らかである．性質 (3) は，残差中の a を (4.15) 式で置き換えれば，

$$\sum_{i=1}^{n} e_i x_i = \sum_{i=1}^{n} [(y_i - \bar{y}) - b(x_i - \bar{x})] x_i$$

となる。

$$\sum_{i=1}^{n} (y_i - \bar{y}) x_i = \sum_{i=1}^{n} (y_i - \bar{y})(x_i - \bar{x})$$

$$\sum_{i=1}^{n} (x_i - \bar{x}) x_i = \sum_{i=1}^{n} (x_i - \bar{x})(x_i - \bar{x})$$

であるので，b の定義 (4.10) 式と合わせると 0 になる。■

性質 (2) と (3) は，各々，第 11 章の補論の「最小化の 1 次条件と正規方程式」の項の (11.51) 式，(11.52) 式であり，最小 2 乗推定値を導くための 1 次条件からも求められる。

例題 4.1 ● 店舗データの回帰分析　　　EXAMPLE

表 4-1 のデータを使い，説明変数 x を従業員，被説明変数 y を売上とする単回帰モデルを設定して，最小 2 乗推定値 a, b を求めなさい。

（解答）　計算の過程で必要となるのは，$\bar{x}$, $\bar{y}$, $\sum_{i=1}^{n} x_i^2$, $\sum_{i=1}^{n} x_i y_i$ の 4 つの量である。Excel でこれらを求めると，表 4-2 のように，y, x の列に，xy および x^2 の 2 列を新たに加え，合計すればよい。この表から

$$b = \frac{80{,}669{,}335{,}495 - 20 \times 5186.5 \times 525563.65}{795{,}991{,}784 - 20 \times (5186.5)^2} = 101.368$$

$$a = 525563.65 - b \times 5186.5 = -181.482$$

と計算できる。

回帰と偏相関係数

相関係数は 2 変数間の関係の尺度であるが，変数が 3 個以上の場合には，当該 2 変数の関係に，第 3 変数が影響を与えている可能性がある。この場合，第 3 変数の影響

表 4-2 ● 百貨店・スーパー・小売店のデータの回帰分析

企業		番号	y（売上高）	x（従業員数）	xy	x^2
デパート	三越	1	804,120	9,610	7,727,593,200	92,352,100
	高島屋	2	1,049,405	10,225	10,730,166,125	104,550,625
	大丸	3	837,032	6,201	5,190,435,432	38,452,401
	松屋	4	97,402	1,312	127,791,424	1,721,344
	伊勢丹	5	781,798	8,834	6,906,403,532	78,039,556
	阪急百貨店	6	395,950	4,834	1,914,022,300	23,367,556
	近鉄百貨店	7	324,564	3,831	1,243,404,684	14,676,561
スーパー	ユニー	8	1,228,946	11,099	13,640,071,654	123,187,801
	西友	9	996,130	6,321	6,296,537,730	39,955,041
	ダイエー	10	1,283,888	11,900	15,278,267,200	141,610,000
小売業	丸井	11	552,140	8,175	4,513,744,500	66,830,625
	岩田屋	12	56,414	1,015	57,260,210	1,030,225
	丸栄	13	52,603	627	32,982,081	393,129
	丸善	14	99,340	935	92,882,900	874,225
	東急ストア	15	306,489	2,991	916,708,599	8,946,081
	イズミ	16	446,820	3,150	1,407,483,000	9,922,500
	イズミヤ	17	378,892	3,770	1,428,422,840	14,212,900
	フジ	18	326,944	3,099	1,013,199,456	9,603,801
	平和堂	19	412,772	5,073	2,093,992,356	25,735,329
	東武ストア	20	79,624	728	57,966,272	529,984
	合計		10,511,273	103,730	80,669,335,495	795,991,784
	平均		525563.65 $(=\bar{y})$	5186.5 $(=\bar{x})$		

（出所）『会社四季報』2007年夏号，東洋経済新報社．

を除去して，2変数間の相関係数を測定する必要がある．

3変数 (x, y, z) がある場合，z の影響を除去したうえで求める (x, y) 間の相関係数を，偏相関係数（partial correlation coefficient）と呼ぶ．3変数に関する大きさ n のデータ

$$\{(x_1, y_1, z_1), \cdots, (x_n, y_n, z_n)\}$$

があるとする．ここで，x の z への回帰，y の z への回帰を計算し，残差を

$$u_i = x_i - (c + dz_i)$$
$$v_i = y_i - (e + fz_i)$$

とする。c, d は，x の z への回帰の係数推定値，e, f は，y の z への回帰の係数推定値である。これらの残差を用いると，z の影響を除去した (x, y) 間の標本偏相関係数 $r_{xy.z}$ は，

$$r_{xy.z} = \frac{\sum_{i=1}^{n} u_i v_i}{\sqrt{\sum_{i=1}^{n} u_i^2}\sqrt{\sum_{i=1}^{n} v_i^2}} \tag{4.19}$$

と定義される。標本偏相関係数は相関係数と同様に，3個の統計量で定義される。分子を $n-2$ で割って得られる

$$S_{xy.z} = \frac{1}{n-2}\sum_{i=1}^{n} u_i v_i \tag{4.20}$$

は標本偏共分散，分母については，

$$S_{x.z}^2 = \frac{1}{n-2}\sum_{i=1}^{n} u_i^2, \quad S_{y.z}^2 = \frac{1}{n-2}\sum_{i=1}^{n} v_i^2 \tag{4.21}$$

が，標本偏分散である（n で割ることも多い。第 11 章との整合性のため，ここでは $n-2$ で割る）。

3 変数の場合には，2 変数間の標本相関係数 r_{xy}, r_{xz}, r_{yz} を用いて，標本偏相関係数は，

$$r_{xy.z} = \frac{r_{xy} - r_{xz}r_{yz}}{\sqrt{(1-r_{xz}^2)(1-r_{yz}^2)}} \tag{4.22}$$

と計算することができる。変数の役割を入れ替えた標本偏相関係数 $r_{xz.y}$ および $r_{yz.x}$ も，同様に計算できる。

表 4-1 のデータにおいて，売上高 (y)，従業員数 (x)，店舗面積 (z) の間の偏相関を求めよう。2 変数間の標本相関係数は

$$r_{yx} = 0.940, \quad r_{yz} = 0.791, \quad r_{xz} = 0.684$$

となる。これを用いて，標本偏相関係数を求めると，次のようになる。

$$r_{yx.z} = 0.894, \quad r_{yz.x} = 0.595, \quad r_{xz.y} = -0.285$$

ここでは，$r_{yx.z}$ および $r_{yz.x}$ の値は，相関係数の値と大差ない．しかし，$r_{xz.y}$ は，r_{xz} と符号が逆になる．つまり，売上高の影響を除くと，従業員数と店舗面積の標本偏相関係数は負値 -0.26 になる．これは，売上を同じとすれば，面積と従業員数に負の相関があることを示す．面積が大きい店舗は従業員数が少ない，といった関係を意味している．

SECTION 3　回帰の適合度

　被説明変数 y を，x の 1 次式で説明する回帰式を設定し，切片 α と傾き β の値を，残差平方和の最小化という基準によって求めた．このようにして求めた回帰直線は，y の動きをどのくらいの精度で説明できるのだろうか．回帰直線による説明力を，適合度 (goodness of fit : フィット) といい，この節では，適合度を示す指標を定義する．

標本分散の分解

観測値と平均の差は，

$$(y_i - \bar{y}) = e_i + (\widehat{y_i} - \bar{y}) \tag{4.23}$$

と分解できる．右辺は，残差，および回帰値 $\widehat{y_i}$ と回帰値 $\widehat{y_i}$ の平均 $\bar{y}$ の差から構成される．回帰値 $\widehat{y_i}$ の平均が，観測値 y_i の平均に一致することは，残差の和が 0 であることから理解できる．この両辺をそれぞれ 2 乗して合計すると

$$\sum_{i=1}^{n}(y_i - \bar{y})^2 = \sum_{i=1}^{n} e_i^2 + \sum_{i=1}^{n}(\widehat{y_i} - \bar{y})^2 + 2\sum_{i=1}^{n} e_i(\widehat{y_i} - \bar{y}) \tag{4.24}$$

となる．この節の最後に証明を与えるが，右辺の第 3 項は 0 となり，

$$\sum_{i=1}^{n}(y_i - \bar{y})^2 = \sum_{i=1}^{n}(\widehat{y_i} - \bar{y})^2 + \sum_{i=1}^{n} e_i^2 \tag{4.25}$$

が成立する．(4.25) 式の左辺は，y_i の標本分散に $n-1$ を掛けた量で，平均まわりの変動を意味し，全変動 (total sum of squares : TSS) と呼ばれる．右辺第 1 項は，回帰値 $\widehat{y_i}$ の平均まわりの変動 (explained sum of squares : ESS)，第 2 項は，残差の変動 (RSS) を表している．したがって，(4.25) 式は，全変動が

$$\text{全変動 (TSS)} = \text{回帰値の変動 (ESS)} + \text{残差変動 (RSS)}$$

と分解されることを示し，**分散の分解**と呼ばれる。

決定係数

回帰の適合度を測る尺度として，**決定係数** (coefficient of determination) は

$$R^2 = \frac{\sum_{i=1}^{n}(\widehat{y_i} - \bar{y})^2}{\sum_{i=1}^{n}(y_i - \bar{y})^2} = \frac{\text{ESS}}{\text{TSS}} \tag{4.26}$$

と定義される。これは，回帰値の変動が全変動に占める割合である。回帰値の変動が占める割合が大きければ大きいほど，決定係数は 1 に近い値を示す。(4.25) 式を使うと，決定係数は

$$R^2 = 1 - \frac{\sum_{i=1}^{n} e_i^2}{\sum_{i=1}^{n}(y_i - \bar{y})^2} \tag{4.27}$$

とも表される。第 2 項の分子は残差変動，残差平方和であり，回帰式と観測値の差を示す。この差が小さいほど，決定係数は 1 に近くなる。決定係数に関しては，

$$0 \leq R^2 \leq 1 \tag{4.28}$$

が成立する。

決定係数と重相関係数

最小 2 乗回帰法に関しては，決定係数の平方根は，観測値と回帰値 $\widehat{y_i}$ の相関係数に一致する。つまり，

$$R = \sqrt{\frac{\sum_{i=1}^{n}(\widehat{y_i} - \bar{y})^2}{\sum_{i=1}^{n}(y_i - \bar{y})^2}} = \frac{\sum_{i=1}^{n}(\widehat{y_i} - \bar{y})(y_i - \bar{y})}{\sqrt{\sum_{i=1}^{n}(\widehat{y_i} - \bar{y})^2 \sum_{i=1}^{n}(y_i - \bar{y})^2}} \tag{4.29}$$

となる。相関係数の意味により，回帰値 $\widehat{y_i}$ と観測値 y_i の変動が似ていれば，1 に近い値を取る。したがって，決定係数の値も高くなる。$\widehat{y_i}$ と y_i の相関係数を，**標本重相関係数**という。標本重相関係数に関するこの性質は，一般の回帰についても維持される。

(証明)　　残差と回帰値の直交性　　まずはじめに，(4.24) 式の，右辺第 3 項が 0 となることを証明しよう．この項の 2 を除いた部分は

$$\sum_{i=1}^{n} e_i(\widehat{y}_i - \bar{y}) = \sum_{i=1}^{n} e_i \widehat{y}_i - \bar{y} \sum_{i=1}^{n} e_i \tag{4.30}$$

と分解できる．右辺第 2 項は，残差の和だから 0 である．第 1 項は

$$\sum_{i=1}^{n} e_i \widehat{y}_i = \sum_{i=1}^{n} e_i(a + bx_i) = a \sum_{i=1}^{n} e_i + b \sum_{i=1}^{n} e_i x_i \tag{4.31}$$

と書き換えられる．第 1 項は，残差の和，第 2 項は，説明変数と残差の積和だから，いずれも最小 2 乗法の性質により，0 となる．次に，回帰値と残差は直交するから，

$$\sum_{i=1}^{n} (\widehat{y}_i - \bar{y})(y_i - \bar{y}) = \sum_{i=1}^{n} (\widehat{y}_i - \bar{y})(e_i + \widehat{y}_i - \bar{y}) = \sum_{i=1}^{n} (\widehat{y}_i - \bar{y})^2 \tag{4.32}$$

と書き直すことができ，重相関係数は，決定係数に書き直すことができる．このような式において注意すべきなのは，回帰値の平均は，観測値の平均に一致することである．

$$\bar{y} = \frac{1}{n} \sum_{i=1}^{n} \widehat{y}_i \tag{4.33}$$

この性質は，(4.6) 式により成立する．∎

4 回帰の諸問題

回帰による予測　　観測期間外の説明変数の値 x_{n+1} に対して，被説明変数の値 y_{n+1} を予測したい場合がある．標本 $\{(x_1, y_1), (x_2, y_2), \cdots, (x_n, y_n)\}$ を用いて a および b を推定しているとすれば，この結果と x_{n+1} を利用して，

| TABLE | 表 4-3 ● 民間最終消費と国民可処分所得 |

(単位：10億円)

年	民間最終消費	国民可処分所得
1979	132,935.6	195,525.5
1980	143,613.3	213,801.4
1981	152,453.8	225,316.8
1982	163,336.0	235,723.7
1983	171,921.8	248,199.9
1984	180,795.7	262,709.8
1985	190,763.3	280,714.5
1986	198,964.2	293,477.4
1987	208,484.1	308,779.8
1988	221,252.5	329,246.5
1989	236,550.3	350,181.0
1990	252,581.2	377,062.7
1991	265,417.1	396,390.0
1992	273,415.9	402,495.5
1993	281,136.2	405,999.7
1994	286,665.6	408,071.1
1995	293,995.0	415,775.9
1996	303,065.1	428,459.5
1997	304,273.4	430,604.7
1998	305,403.5	418,838.7

（出所） 経済企画庁経済研究所編『国民経済計算年報』2000年版．

$$\widehat{y}_{n+1} = a + bx_{n+1} \tag{4.34}$$

と予測する方法が考えられ，この予測値はよい性質をもつことが知られている．

例4.1 　消費と所得　表4-3は，1979年から1998年までの，民間最終消費額および国民可処分所得のデータである．マクロ経済学においては，一国の消費額は，国民全体の収入から税金を除いた国民可処分所得によって決まるという理論がある．

消費を y，国民可処分所得を x として回帰式を計算してみると，表4-3から

| FIGURE | 図 4-4 ● 消費関数

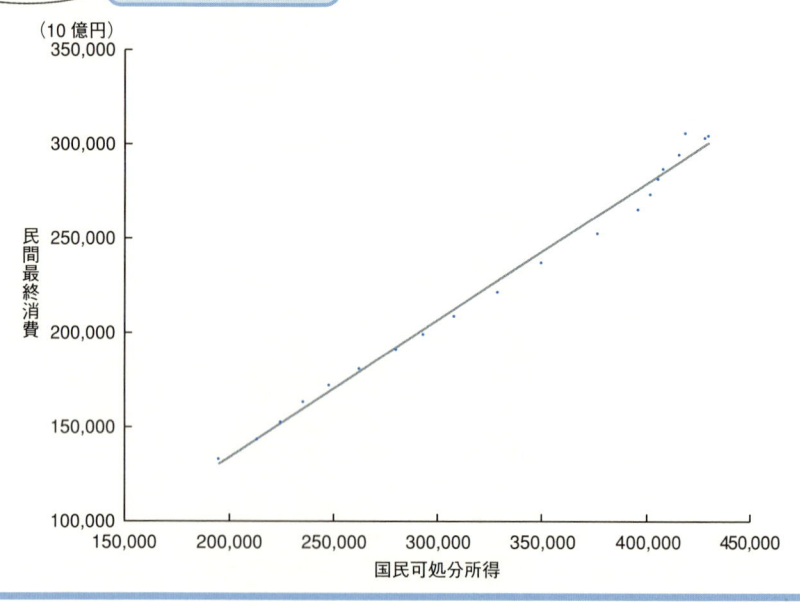

(10 億円)
民間最終消費 / 国民可処分所得

$$\widehat{y}_i = -10847.392 + 0.722 x_i, \quad R^2 = 0.991$$

となる。回帰係数の傾き b は，可処分所得が1単位増加したときに消費へ回る量を意味しており，限界消費性向と呼ばれる。切片 a は，可処分所得が0のときの消費額を意味するので，基礎的消費と呼ばれる。

　回帰の結果を見ると，限界消費性向は 0.722 であり，可処分所得が1単位増えると，その 72.2% が消費に回ることがわかる。決定係数は 0.991 と計算され，消費額の全変動のうち，国民可処分所得によって説明される部分は 99.1% となり，適合度は高い。

　図 4-4 には，データの散布図と，最小2乗法によって引かれた回帰直線が描かれている。次期の可処分所得が 500 兆円であるとするなら，消費額の予測値は，

$$\widehat{y}_{n+1} = -10847.392 + 0.722 \times 500{,}000 = 350{,}152.61$$

図 4-5 ● 非線形関係

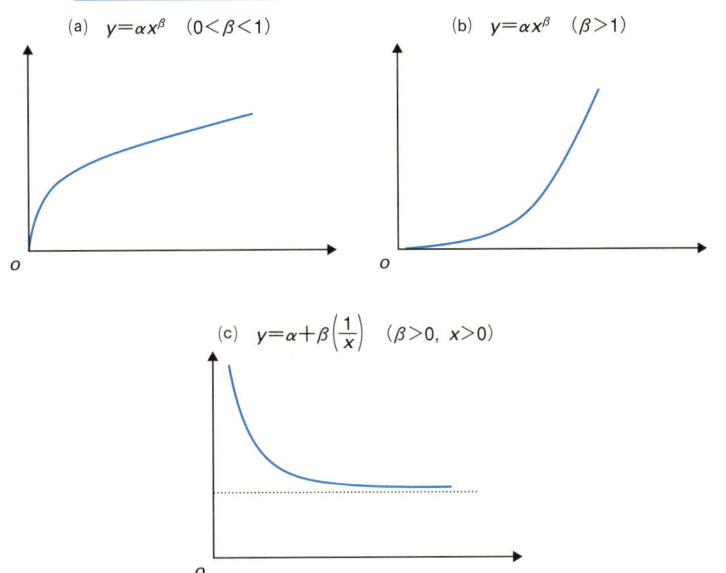

(a) $y = \alpha x^\beta$ （$0 < \beta < 1$）

(b) $y = \alpha x^\beta$ （$\beta > 1$）

(c) $y = \alpha + \beta\left(\dfrac{1}{x}\right)$ （$\beta > 0, x > 0$）

となる。単位は 10 億円である。

非線形関係　これまでは，2 変数に関して，1 次（線形）の関係を前提としてきた。しかし，分析対象によっては，線形関係を仮定できない場合がある。図 4-5 に示されたいくつかの関係を見てみよう。

変数間の関係式は，図 4-5 に示されている。(a) は，x が大きくなると y も増えるが，その増え方が，x が増加するに連れて減少し，収穫逓減の関係が示される。(b) は逆に，収穫逓増の関係を示している。(c) は，反比例になっている。

対数線形式と弾力性　Δx を x の微少な変化分，それに対応する y の変化分を Δy とする。このように定義すると，$\Delta x/x$ と $\Delta y/y$ が，x と y の相対変化率になる。弾力性 (elasticity) とは，x と y の相対変化率の比を意味し，

4　回帰の諸問題　123

> COLUMN **4-1**「ビール」と「紙おむつ」の併買行動：データマイニング

　情報技術の進展に伴って，ネットワーク技術が高度化し，また広く普及してきた。これに伴い，店舗での，消費者の購買状況がデータベース化されるようになった。レジ精算時に使われるバーコードの読取装置（スキャナー）は，当初は，レジ作業の効率化を目的に導入された。現在では，購買された商品の情報を瞬時に蓄え，本部へ転送するという機能の重要性が増している。

　つまり，レジ精算時に，購買された商品の価格と数量が，購買単位で電子的に処理される。さらには，商品の売上と関係性の強い情報，たとえば，その日の天候や気温なども，同時に記録されている。このような情報は，商品の在庫管理だけでなく，売れる原因を探るためにも役立っている。

> FIGURE　図●マーケット・バスケット

$$\frac{\Delta y/y}{\Delta x/x} \tag{4.35}$$

と定義される。弾力性は，関数の性質を表す指標として使われる。

　図 4-5（a），（b）の式において，両辺の自然対数を取ると

$$\log(y) = \log(\alpha) + \beta \log(x) \tag{4.36}$$

となる。ここで，$y^* = \log(y)$，$x^* = \log(x)$，$\alpha^* = \log(\alpha)$ と置けば，この式は，

$$y^* = \alpha^* + \beta x^* \tag{4.37}$$

> スーパーや小売店は，購買ごとに記録されるこれら大量情報を有している。アメリカでは，これらの大量の購買データを丹念に見ていくことで，一見想像もできない，同時に購買される商品の組合せ（併買）を発見してきた。その代表例が，「紙おむつ」と「ビール」である。
>
> 通常，スーパーなどの小売店では，「紙おむつ」と「ビール」は，別のエリアに配置されている。ところが，大量データから，この併買をみつけ出したことで，これら2つの商品を隣接して店内に配置することとなった。隣接して配置することにより，「紙おむつ」と「ビール」の売上を，同時に伸ばすことができたのである。
>
> 「紙おむつ」と「ビール」の同時購買に関する関連性は，データ分析から発見された。分析には，2変量間の相関係数に類似した統計量が使われている。このような分析をマーケット・バスケット分析という。
>
> 大量データから，想像もつかないパターンを発見することは，金鉱から金を掘ること（マイニング：mining）にたとえて，データマイニングと呼ばれる。大量データが，さまざまな分野において，自動的に電子情報として蓄積されている現代では，このような発見に大きな期待が寄せられており，統計学の果たすべき役割はますます増大している。

と，線形関係になる。この式を，対数線形式という。このように，変数間に対数線形式が成立するならば，弾力性は β に一致し，x にかかわらず一定になる。対数線形式は，定弾力性という性質をもつ。厳密には，微分を用いて，

$$\frac{dy/y}{dx/x} = \beta$$

となることが証明できる。第7章の補論B「ネイピア数 e と自然対数」を参照のこと。

係数推定 対数線形式の係数は，(4.36)式をもとに，回帰式

4 回帰の諸問題 125

$$y_i^* = \alpha^* + \beta x_i^* + u_i \tag{4.38}$$

を最小 2 乗法で推定し，推定値 b および a^* を得る．変換前の切片 α の推定値は，$a = e^{a^*}$ と計算できる．

図 4-5（c）の曲線は，

$$(y - \alpha)x = \beta$$

という双曲線をもつ．x が増えると y は減り，逆に x が減ると y が増えるから，x と y は，トレードオフになっている．漸近線は，y 軸と，$y = \alpha$ である．β は曲線の形を決める．この関数は，$x_i^{**} = 1/x_i$ と変換を行い，回帰式

$$y_i = \alpha + \beta x_i^{**} + u_i \tag{4.39}$$

をもとに，係数を最小 2 乗法で推定すればよい．

SECTION 5 Excel による単回帰分析

相関係数の計算：店舗データ

第 3 章 4 節では，Excel の関数を用いて，順位相関係数を計算したが，この節では，「分析ツール」を用いて相関係数を計算する．表 4-1 のデータを用い，相関係数の計算手続きを説明しよう．最初に，売上高と従業員数の相関係数を求める．

Excel のシートに図 4-6 のようにデータが入力されているとし，Excel のツールバーの「データ」→「データ分析」と選択する．このメニューの中の，「相関」を選択すると，入力範囲や変数を指定するウィンドウが現れる（図 4-7 (a)）．

次に，売上高と従業員数のデータの範囲を選択して，［OK］をクリックする．通常は別のシートに計算結果が出力される（図 4-7 (b)）．

（注意）　この例では，「売上高」と「従業員数」は，それぞれ C 列と D 列に入力されている．相関係数計算の入力範囲では，この 2 列をマウスでド

FIGURE 図 4-6 ● 相関係数計算のデータシート

		A	B	C	D	E	F
1			百貨店・スーパー・小売店のデータ				
2							
3			企業	売上高(百万円)	従業員数(人)	店舗面積(万m²)	店舗数
4			三越	804,120	9,610	54.2	15
5	デパート		高島屋	1,049,405	10,225	44.7	14
6			大丸	837,032	6,201	29.5	11
7			松屋	97,402	1,312	5.2	2
8			伊勢丹	781,798	8,834	26.3	7
9			阪急百貨店	395,950	4,834	18	11
10			近鉄百貨店	324,564	3,831	22.6	9
11			ユニー	1,228,946	11,099	131.5	158
12	スーパー		西友	996,130	6,321	109.1	204
13			ダイエー	1,283,888	11,900	120	205
14			丸井	552,140	8,175	44.7	25
15			岩田屋	56,414	1,015	6.6	4
16			丸栄	52,603	627	3.5	1
17	小売業		丸善	99,340	935	3.8	49
18			東急ストア	306,489	2,991	26.5	101
19			イズミ	446,820	3,150	64.5	70
20			イズミヤ	378,892	3,770	60	88
21			フジ	326,944	3,099	64.9	86
22			平和堂	412,772	5,073	60.8	98
23			東武ストア	79,624	728	10.2	49
24							
25	(出所)『会社四季報 2007年夏号』東洋経済新報社.						

FIGURE 図 4-7 ● Excel による相関係数の計算と結果

(a) 相関係数の計算

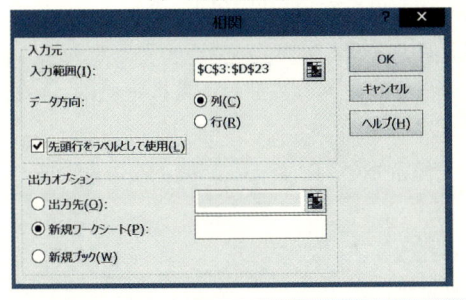

相関
入力元
入力範囲(I): $C$3:$D$23
データ方向: ⦿ 列(C) ○ 行(R)
☑ 先頭行をラベルとして使用(L)
出力オプション
○ 出力先(O):
⦿ 新規ワークシート(P):
○ 新規ブック(W)
OK
キャンセル
ヘルプ(H)

(b) 相関係数の計算結果

	A	B	C
1		売上高(百万円)	従業員数(人)
2	売上高(百万円)	1	
3	従業員数(人)	0.940147375	1

ラッグして範囲指定を行う．しかし，「売上高」と，E 列に入力されている「店舗面積」の相関係数を計算する場合は，これらを別の場所にコピーして，2 列を並べる必要がある．相関係数の計算では，入力範囲の指定において，

5　Excel による単回帰分析　127

2変数の観測値は横に並んでいないといけない。

> **単回帰式の推定**

Excelを用いて，単回帰式を推定しよう。被説明変数を売上高，説明変数を従業員数とする。「データ分析」から，「回帰分析」を選択する。

相関係数と同様，入力範囲や変数のラベルの読み込みなどを指定するウィンドウ（図4-8）が現れる。「入力Y範囲（Y）」および「入力X範囲（X）」に，それぞれのデータ範囲を指定する。図4-8のように，データシートの変数名を含めて入力範囲を指定し，ウィンドウの「ラベル」にチェックを入れると，回帰分析の結果に変数名が自動的に割り当てられる。このほうが，結果が見やすい。いまの例では，Yの変数名は「売上高」，Xの変数名は「従業員数」であり，出力にはこれらの名前が使われる。

図4-8では，「残差」および「観測値グラフの作成」にもチェックが入っている。前者により残差グラフ，後者により観測値 (x_i, y_i) と回帰値 $(x_i, \hat{y}_i)$ のグラフが描かれる。

これらを指定して［OK］をクリックすると，別のシートに計算結果が出力される。

図4-9のように，出力結果は4つの表からなっている。「回帰統計」の表の2行目にある「重決定R2」は，決定係数を意味しており，ここでは0.883877である。これは，売上高の変動は，従業員数で88.4%説明できることを示す。

3番目の表の「係数」の列には，最小2乗推定値 a, b と，その関連統計指標が出力されている。「切片」は -182.8，「従業員数」の係数推定値は，101.4である。

最後の「残差出力」表には，観測値番号の列に続いて，売上高の推定値 $\hat{y}_i$，残差 $y_i - \hat{y}_i$ が出力されている。

同じ出力シートには，「観測値グラフ」と「残差グラフ」が描かれている。「観測値グラフ」では，青色の点が観測値，ピンク（本書ではグレーで表している）の点が回帰値（予測値と記載）を意味する（図4-10（a））。図4-10（b）のように，推定された回帰直線を，グラフ中に描ければ，推定結果がわかりやすいだろう。ここでは，回帰値 $\hat{y}_i$ である観測値とは別の色の点（図4-10（a）では青色）を結んでできる直線が，求める回帰直線である。

FIGURE 図 4-8 ● 回帰分析の入力

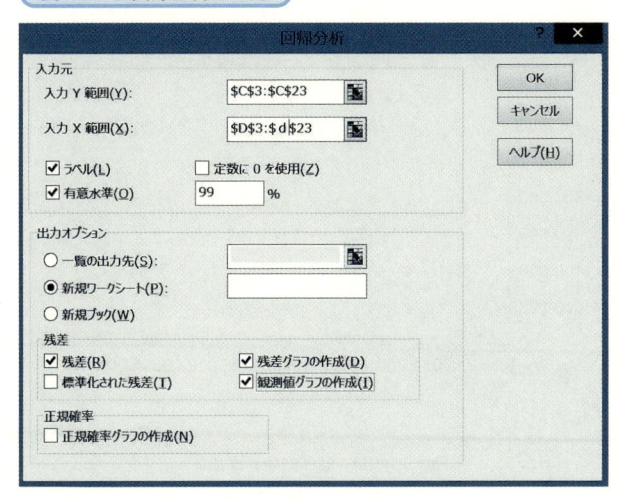

```
回帰分析
入力元
  入力 Y 範囲(Y):    $C$3:$C$23
  入力 X 範囲(X):    $D$3:$d$23
  ☑ ラベル(L)      ☐ 定数に 0 を使用(Z)
  ☑ 有意水準(O)    99 %

出力オプション
  ○ 一覧の出力先(S):
  ● 新規ワークシート(P):
  ○ 新規ブック(W)
残差
  ☑ 残差(R)           ☑ 残差グラフの作成(D)
  ☐ 標準化された残差(T) ☑ 観測値グラフの作成(I)
正規確率
  ☐ 正規確率グラフの作成(N)

                                    OK
                                  キャンセル
                                   ヘルプ(H)
```

FIGURE 図 4-9 ● 回帰分析の結果

	A	B	C	D	E	F	G	H	I
1	概要								
2									
3		回帰統計							
4	重相関 R	0.940147							
5	重決定 R2	0.883877							
6	補正 R2	0.877426							
7	標準誤差	139102.6							
8	観測数	20							
9									
10	分散分析表								
11		自由度	変動	分散	観測された分散比	有意 F			
12	回帰	1	2.65E+12	2.65E+12	137.0081667	7.53E-10			
13	残差	18	3.48E+11	1.93E+10					
14	合計	19	3E+12						
15									
16		係数	標準誤差	t	P-値	下限 95%	上限 95%	下限 95.0%	上限 95.0%
17	切片	-182.798	54634.63	-0.00335	0.997367225	-114966	114600.3	-114966	114600.3
18	従業員数	101.3683	8.660216	11.70505	7.52538E-10	83.17381	119.5627	83.17381	119.5627
19									
20									
21									
22	残差出力								
23									
24	観測値	売上高(	残差						
25	1	973966.1	-169846						
26	2	1036308	13097.4						

5　Excel による単回帰分析　129

FIGURE 図 4-10 ● 観測値とフィット

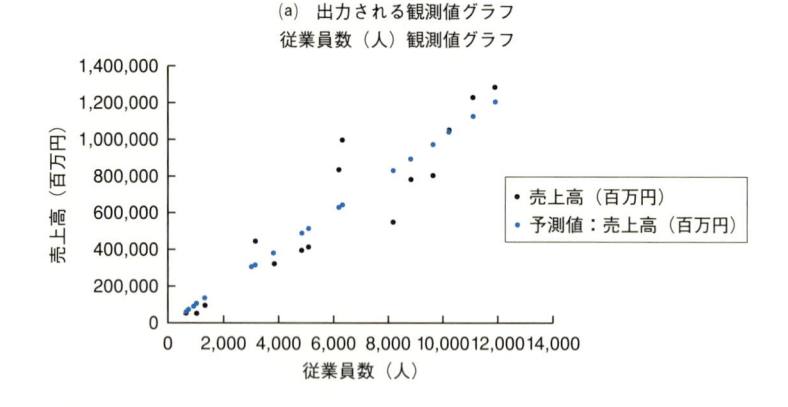

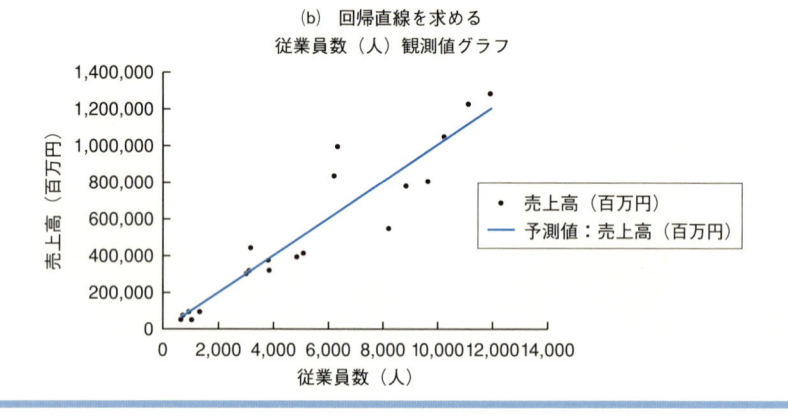

(a) 出力される観測値グラフ

従業員数（人）観測値グラフ

● 売上高（百万円）
● 予測値：売上高（百万円）

(b) 回帰直線を求める

従業員数（人）観測値グラフ

● 売上高（百万円）
― 予測値：売上高（百万円）

　$\hat{y}_i$ の点を結んで直線を表示するには，予測値の点の１つを選び，右クリックする．すると，次のウィンドウが現れ，「系列グラフの種類の変更」を選択する．グラフの種類の変更ウィンドウが現れ，選択されている散布図のグループの中から右端の直線グラフを選択すれば，求める直線が得られる．

　作成された図では，ラベルで指定した変数名がそれぞれ横軸と縦軸に自動的に描かれ，また図の右側には，記号の意味が説明されている．この他，軸の目盛の間隔，グラフ領域の色，図のタイトルや軸の名前，フォントの種類などを自由に変更することができる．

BOOK GUIDE ● 文献案内

下記の文献の本章該当箇所を参考にするとよい。

① 刈屋武昭・勝浦正樹［2008］『統計学（第 2 版）』東洋経済新報社。
② 宮川公男［2015］『基本統計学（第 4 版）』有斐閣。
③ 森棟公夫［2000］『統計学入門（第 2 版）』新世社。
④ 田中勝人［2010］『基礎コース 統計学（第 2 版）』新世社。
⑤ 東北大学統計グループ［2002］『これだけは知っておこう！ 統計学』有斐閣。
⑥ 照井伸彦・佐藤忠彦［2013］『現代マーケティング・リサーチ──市場を読み解くデータ分析』有斐閣。

①は，例題が豊富であり，自分で理解度を確認できる。②は，長年にわたって定評あるテキスト。③および④は，統計学の理論的展開を，平易に解説している。⑤は，前半に統計理論，後半に分析事例を豊富に取り上げている。⑥は，フリーの統計ソフトウェア R の中で Excel と同じ表形式で分析が行える R コマンダーを用いたさまざまな統計分析を紹介している。

本章で説明した回帰分析では，価格を説明変数，売上を被説明変数とする分析例が取り上げられている。データは本書 Web サイト http://yuhikaku-nibu.txt-nifty.com/blog/2015/06/post-be85.html からダウンロードできる。

EXERCISE ● 練習問題

4-1 n 組のデータ $(x_1, \cdots, x_n)$ に対して，平均からの偏差 $x_i - \bar{x}$ の和は 0 となること，つまり，$\sum_{i=1}^{n}(x_i - \bar{x}) = 0$ を示しなさい。

4-2 2 つの変数 an 組のデータ (x_i, y_i)，$i = 1, 2, \cdots, n$ に対して，

$$\sum_{i=1}^{n}(x_i - \bar{x})(y_i - \bar{y}) = \sum_{i=1}^{n} x_i y_i - n\bar{x}\bar{y}$$

を証明しなさい。

4-3 ビール出荷量と気温　　次頁の表は，1 月から 11 月までの東京の平均最高気温とビール出荷量に関し，1996 年から 2006 年までの平均値を，月ごとにまとめたものである。

ビール出荷量と最高気温

月	平均最高気温℃（東京）	ビール出荷量数量（kℓ）
1	9.2	276,201
2	10.1	289,775
3	13.1	385,987
4	18.1	417,680
5	21.5	407,316
6	24.4	534,805
7	28.2	552,613
8	29.1	464,595
9	26.0	386,730
10	21.2	370,715
11	16.8	386,843

（出所）　ビール出荷量：ビール酒造組合ホームページ，気温：気象庁ホームページ。

(1) ビールは，気温が高いと売上が伸びることが予想されるので，気温が原因，結果がビールの売上という単回帰を設定して，回帰分析しなさい。

(2) データの散布図を描き，その上に，最小2乗法で推定した回帰直線を引きなさい。

(3) 次期 $(n+1)$ の最高気温が30℃となったときの，ビールの売上の予測値を求めなさい。

4-4　売上と広告費　　以下の表のデータは，ある小売店で販売されている品物の，10週間にわたる売上金額と広告費のデータである。これに関して

売上と広告費

週	売上金額（百万円）	広告費（十万円）
1	15	9
2	11	7
3	10	5
4	17	14
5	15	15
6	20	12
7	10	6
8	17	10
9	22	15
10	25	21

(1) 売上金額を (Y) を広告費 (X) で説明する回帰モデルを推定し，

結果について検討しなさい。
(2) データの散布図を描き，その上に最小2乗法で推定された回帰直線を引きなさい。
(3) 次の11週に広告費を220万円使った場合の売上を，予測しなさい。

第 5 章 確率

日本海軍の暗号システム JN-25B に関する米軍の解説文書。これは乱数表とコード表を使った暗号で、米軍は解読した情報をつなぎ合わせて、日本海軍のターゲットがミッドウェーだと察知したといわれている。また、山本五十六連合艦隊司令長官の行程もこの暗号で伝えられ、米軍はこれを解読し、乗機を待ち伏せ、撃墜したといわれている。

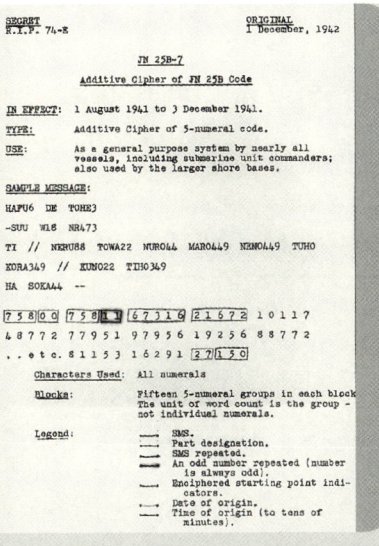

（時事〔米国立公文書館提供〕）

- KEYWORD
- FIGURE
- TABLE
- COLUMN
- EXAMPLE
- BOOK GUIDE
- EXERCISE

CHAPTER 5 INTRODUCTION

　サイコロを投げて出る目のように、結果があらかじめ定まっておらず、また、結果の出方に法則性がある現象は、確率によって解釈することができる。確率は、0以上1以下の値を取り、確率が大きいほどその結果が起こりやすい。結果 A が起きる確率が 0 であるならば、A は生じない。また、A が起きる確率が 1 であるなら、A は必ず起きる。結果 A が起きる確率は、実験を無限回繰り返し、A が起きる割合（相対頻度）によって求めることができる。しかし現在では、標本空間に含まれる要素の数などによって、結果 A が起きる確率を先験的に定めるとする。

　統計学を理解するためには、確率の基本概念を十分に理解しなければならない。確率の定義、確率計算、事象の独立性、そして条件つき確率などがポイントになる。高校で確率を学んでいる場合は、復習と考えて読み進んでほしい。

> **KEYWORD**
>
> 試行（実験）　根元事象（基本事象）　標本空間　事象　全事象　空事象　和事象　積事象　排反事象　余事象　補集合　部分集合　加法定理　独立　順列　階乗　重複順列　円順列　組合せ　条件つき確率　乗法定理　独立性　従属　ベイズの公式　事前確率　事後確率　更新

SECTION 1　標本空間と確率

確率

確率とは，ある結果が起きる可能性を 0 から 1 までの数値で表した尺度である。その結果が起きる可能性がなければ確率は 0，可能性が高いほど確率も高くなる。ある結果が確実に起こるなら，確率は 1 とされる。歪みのないサイコロならば，ある目の出る確率は 1/6 となる。

根元事象と標本空間

サイコロ投げ遊びでは，結果があらかじめ 1 つに定まっていない。得られる結果は偶然によって定まることに特徴がある。このように，結果が偶然に支配される実験を**試行**（実験，experiment）という。結果の総数を数えることができる離散実験の場合は，試行の結果を**根元事象**あるいは**基本事象**と呼ぶ。すべての可能な根元事象を集めた集合を**標本空間**（sample space）という。本書では標本空間を $\mathcal{S}$ と記そう。

サイコロ投げの例では，根元事象は

$$A_1 = \{1\},\ A_2 = \{2\}, \cdots, A_6 = \{6\}$$

の 6 個である。おのおの「1 の目が出る」「2 の目が出る」といった内容をもつ。$\{\cdot\}$ は集合を表す記号で，$\{4\}$ などは 4 という数字 1 個の要素からなる集合である。根元事象には試行の結果が 1 つしか含まれず，「ある特定の結果，たとえば 3 の目が出る」という意味内容をもつ。

136　第 **5** 章　確　率

事象　標本空間の任意の部分集合を**事象**（event）という。だから離散実験における根元事象はもちろん事象である。サイコロの例では，

$$E = \{1, 3, 5\}, \quad F = \{2, 4, 6\}$$

など数多くの事象がある。E は「出る目が奇数」という事象，F は「出る目が偶数」という事象である。

標本空間全体も事象である。この一番大きな事象を**全事象**と呼ぶ。全事象はすべての根元事象の和集合で，「結果のどれかが起きる」という意味内容をもつ。サイコロ投げの例では

$$\mathcal{S} = \{A_1, A_2, \cdots, A_6\}$$

となり，「6個の目のどれかが出る」という事象である。和集合 $\cup$ の記号を使えば

$$\mathcal{S} = A_1 \cup A_2 \cup \cdots \cup A_6$$

となる。$\mathcal{S}$ は和集合だから，A_1，あるいは A_2，$\cdots$，あるいは A_6 が起きるという意味になる。すべての試行の結果は全事象に含まれているから，結果が何であろうとも全事象は必ず起きる。だから全事象が起きる確率は1である。ただし数学的な厳密性のために，「全事象が起きる確率を1とする」と公理により定めなければならない。

数学的な便宜のため空集合 $\emptyset$ も事象としておき，**空事象**と呼ぶ。空事象には根元事象が含まれないから，決して起こりえない事象である。空事象が起きる確率は0である。サイコロ投げでは「目が出ない」とか「8が出る」とか「6が2つ出る」といった例が挙げられよう。

確率の公理　確率は次の公理（前提となる約束）を満たさなければならない。

P1　任意の事象 E が起きる確率は0以上1以下である。
P2　すべての事象のうち，どれかが起きる確率は1である。
P3　共通な根元事象を含まない2つの事象 A と B について，A か B のどちらかが起きる確率は，A の起きる確率と B の起きる確率の和となる。

1　標本空間と確率　137

P1 は，確率は負の値を取らないし，1 を超えることもないという意味である．2 つの事象の和集合になる事象を，**和事象**という．全事象 $\mathcal{S}$ は，すべての根元事象の和事象である．**P2** は，全事象が起きる確率が 1 であるといってもよい．サイコロの例では，A を偶数の目 $\{2,4,6\}$，B を 4 以下の目 $\{1,2,3,4\}$ とすれば，A と B の和事象は

$$\{2,4,6\} \cup \{1,2,3,4\} = \{1,2,3,4,6\}$$

である．また，2 つの事象に共通な事象を**積事象**という．いまの例では，積事象は

$$\{2,4,6\} \cap \{1,2,3,4\} = \{2,4\}$$

である．共通な事象をもたない 2 つの事象は同時に起きない．このような事象を**排反事象**という．集合の用語を使えば，事象 A と B が排反ならば，A と B の積集合は空になっている．**P3** は，A と B が排反なら，A と B の和事象の起きる確率は，A と B の各々が起きる確率の和になることを意味する．

ある事象 E が起きる確率を $P(E)$ と記せば，3 つの公理は以下のようになる．

P1　任意の事象 E について，$0 \leq P(E) \leq 1$
P2　$P(\mathcal{S}) = 1$
P3　$A \cap B = \emptyset$　ならば，　$P(A \cup B) = P(A) + P(B)$

確率の性質　上で説明した公理のもとで確率に関するさまざまな性質を導くことができる．証明は省くが，確率に関する基本的な性質を紹介しよう．

(1) 事象 A に対して A が起きない事象を**余事象**と呼び，A^c と記す．集合の用語を使えば A^c は A の**補集合** (complement) で，

$$\mathcal{S} = A \cup A^c$$

である．余事象 A^c が起きる確率は

$$P(A^c) = 1 - P(A)$$

となる．サイコロの例では，偶数の余事象は奇数である．偶数が起きる確

図5-1 加法定理

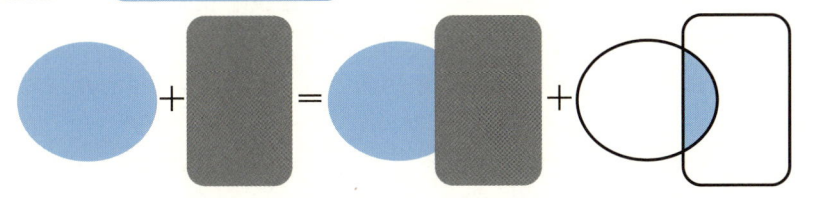

積事象は共通部分だけを意味する。

率は、1から奇数が出る確率を引いて求められる。偶数と奇数の和集合は全事象になる。

(2) 事象 A が事象 B の部分集合 (subset) であれば、B のほうが A より多くの根元事象を含んでいる。したがって、B が起きる確率のほうが A が起きる確率よりも大きい。

$$A \subseteq B \to P(A) \leq P(B)$$

(3) 2つの事象 A と B について、

$$P(A \cup B) = P(A) + P(B) - P(A \cap B) \tag{5.1}$$

となる。この性質を加法定理という。表現を変えれば、

$$P(A) + P(B) = P(A \cup B) + P(A \cap B) \tag{5.2}$$

となる。図5-1は、この式に合わせた構成になっている。

(4) 空事象 $\emptyset$ の起きる確率は 0 である。

例5.1 52枚のトランプから1枚引き、そのカードをもとに戻して2枚目のカードを引くとする。1枚目のカードがダイヤである事象を A、2枚目のカードがダイヤである事象を B とする。ダイヤを少なくとも1枚引く確率、$P(A \cup B)$ を計算しよう。

(1) 1枚目と2枚目の絵柄の組合せをすべて書き出せば、(ダイヤ, ダイヤ)、(ダイヤ, クラブ) など 16 組あり、ダイヤが入るのは7組だから、

答えは 7/16。

(2) 加法定理によると，ダイヤのカードは 52 枚中 13 枚入っているから，$P(A) = P(B) = 1/4$ である。A と B が共に起こる確率は，1 枚目と 2 枚目の絵柄のすべての組合せ 16 組のうち 1 組だけだから，$P(A \cap B) = 1/16$ となる。$P(A \cap B) = P(A)P(B)$ が成立していることに注意しよう。この場合，A と B は独立であるという。求める確率は，加法定理により

$$\frac{1}{4} + \frac{1}{4} - \frac{1}{16} = \frac{7}{16}$$

となる。

(3) 1 枚もダイヤが含まれない事象の確率は，A^c と B^c が同時に起きる確率 $P(A^c \cap B^c)$ である。再び 1 枚目と 2 枚目の絵柄の組合せをすべて書き出すと，ダイヤが含まれないのは 16 組のうち 9 組だから，

$$P(A^c \cap B^c) = \frac{9}{16}$$

となる。したがって，

$$P(A \cup B) = 1 - P(A^c \cap B^c) = \frac{7}{16}$$

$P(A^c) = P(B^c) = 3/4$ であり，$P(A^c \cap B^c) = P(A^c)P(B^c)$ が成立しているから，A^c と B^c は独立である。

SECTION 2 等確率の世界

等確率の世界では，すべての根元事象が同じ確率で起こると仮定される。根元事象は互いに排反だから，全事象の起きる確率 $P(S)$ は個々の根元事象が起きる確率の総和になる。等確率の仮定により

$$1 = P(S) = 根元事象の数 \times 根元事象が起きる確率$$

だから，

$$\text{根元事象が起きる確率} = \frac{1}{\text{根元事象の数}}$$

となる．したがって，ある事象が起きる確率を計算するためには，その事象に含まれる根元事象の数を計算すればよい．事象 E の起きる確率は

$$P(E) = \frac{E \text{に含まれる根元事象の数}}{\text{根元事象の数}} \tag{5.3}$$

という比率で計算できる．

　確率計算の基本式 (5.3) が使えるのは等確率の世界だけである．(5.3) 式が使えない例として，下駄を蹴って求める天気予報が挙げられよう．下駄を蹴る結果には，表向き，裏向き，横向きの 3 事象があるが，この 3 根元事象は等確率では起きない．

根元事象の数

　ある事象が起きる確率を計算するには，すべての場合を書き出す必要がある．たとえば袋の中に赤玉 2 個と白玉 1 個が入っているとする．玉を 2 個抜き出すときの場合の数は，1 個目には 3 つの可能性があり，2 個目には残りの 2 個の可能性があるから，すべての場合の数は 6 である．

　2 個のうち，白玉が 1 個含まれる確率を求めてみよう．白玉が含まれる場合の数は 4 であるから，6 の中の 4，つまり 4/6 となる．

　次に，壺の中に赤玉 2 個，青玉 1 個，黒玉 1 個が入っているとしよう．その壺から 2 個の玉を選び出し 2 個とも赤である確率を求めると，1 個目には 4 つの可能性があり，2 個目には 3 つの可能性があるから，場合の数は全部で 12 ある．そのうち 2 個とも赤である場合は 2 だから，確率は 2/12 となる．

　一般的には，計算法として，以下で説明する「順列」と「組合せ」が必要になる．

順列

　n 個の異なったもの，たとえば番号がついた積み木があるとしよう．この n 個の積み木から r 個を取り出して 1 列に並べるとする．この列は n 個のものから r 個を取る順列 (permutation) と呼ばれるが，r 個のうち，たとえば 2 個が位置を代えれば異なった順列になる．順列の総数は次の定理で与えられる．

> **順列の数**

異なる n 個のものから r 個を取り出して並べる場合の順列の総数は

$$_n\mathrm{P}_r = n \times (n-1) \times \cdots \times (n-r+1) = \frac{n!}{(n-r)!} \tag{5.4}$$

となる。ここで，$n!$ は n の階乗 (factorial) と呼ばれ，1 から n までの自然数の積と定義される。

$$n! = 1 \times 2 \times \cdots \times n \tag{5.5}$$

n が 0 なら

$$0! = 1 \tag{5.6}$$

とされる（P は Permutation の頭文字である）。

（証明） n が r より大きければ，r 個の並んだ空席に空席 1 から順番に積み木を置いていく置き方を数えればよい。空席 1 には n 個の積み木のどれを置いてもよいから，n 通りの置き方がある。空席 2 は，空席 1 に置かれた積み木の種類にかかわらず，残りの $(n-1)$ の積み木から任意のものを選ぶ。以下同様の手続きを続けていって，最後の空席 r については，使われた積み木が $(r-1)$ 個だから，残っている $(n-r+1)$ のうち任意の積み木を置く。∎

順列の総数を求める際，同じ積み木を繰り返し使えるのであれば，空席 1，空席 2，と列を進んでいくに連れて選択の対象が減っていくことはない。積み木の数が n 個あれば，どの席でも n 個からの選択が可能である。だから，順列の総数は n^r となる。このような順列を重複順列と呼ぶ。

n 個の異なる積み木を n 個の空席に置くには，上述の公式を利用して，$n!$ となる。もし n 個の空席の初めと終わりが連なって円になっているときは，円順列と呼ばれる。円順列の総数を求めるには，最初の空席 1 をどこでも任意に決めてやればよい。そうすると，順列の数は，残りの $(n-1)$ 個のものを $(n-1)$ の空席に埋める問題となり，$_{n-1}\mathrm{P}_{n-1} = (n-1)!$ となる。最初の席を変えても，円を回して重複する配列は異なる順列にならないから，円順列の総

数は $(n-1)!$ である。

n 個の積み木は k 種類に分けられ，各種類について同じものが $n_1, n_2, \cdots, n_k$ 個ずつ含まれているとする。総和は n とする。n 個すべてを並べる順列の総数は

$$\frac{n!}{n_1! n_2! \cdots n_k!} \tag{5.7}$$

となる。

> **組合せ**　n 個の異なる積み木から r 個の積み木を取るとき，選ばれた r 個の内容を組合せ (combination) と呼ぶ。たとえば，赤青黒の玉から 2 個抜き出す場合，赤玉と青玉が抜き出されたとしよう。1 番目に選ばれたものを最初に記し，2 番目に選ばれたものを次に記すと，（赤，青）と（青，赤）の 2 つの順列が可能である。この 2 つの選び方は順列としては異なっているが，組合せとしては同じである。3 個のものから 2 個を選ぶ際の組合せの数は 3 となる。

> **組合せの数**

n 個の異なるものから r 個をとってできる組合せの総数は，

$$_n\mathrm{C}_r = \frac{n!}{r!(n-r)!} = \frac{_n\mathrm{P}_r}{r!} \tag{5.8}$$

となる（C は Combination の頭文字である）。

（証明）　順列と組合せの関係を考えればよい。n 個の異なったものから r 個を取った際の順列の総数は $_n\mathrm{P}_r$ となるが，これを次のように 2 段階に分けて計算しよう。第 1 段階として，n 個のものが入っている大どんぶりから，r 個を小どんぶりに取り出す「取り出し方」を数える。この取り出し方が組合せの数であり，$_n\mathrm{C}_r$ と記す。第 2 段階として，小どんぶり中の r 個の並べ方を数えればよい。ところで，小どんぶり中に含まれる r 個の「並べ方」の数は，順列の知識により $_r\mathrm{P}_r = r!$ となる。個々の異なった r 個の取り出し方に関して $r!$ 個の順列が数えられるから，n 個から r 個を取り出す際の順列は

$$_n\mathrm{P}_r = {_n\mathrm{C}_r} \cdot r!$$

と分解できる。この式より，(5.8) 式が得られる。■

例 5.2　1 セットのトランプは，ジョーカーを含まず 52 枚のカードからなるとする。13 枚のカードが配られた際に，ダイヤのカードが 7 枚含まれる確率を計算しよう。まず「根元事象の総数」は 52 枚から 13 枚引く組合せの数で，$_{52}\mathrm{C}_{13}$ となる。また「条件を満たす事象の数」は，13 枚のダイヤから 7 枚引く組合せ数と，ダイヤでない 39 枚のカードから 6 枚を引く組合せ数の積 $_{13}\mathrm{C}_7 \times {_{39}\mathrm{C}_6}$ として求まる。なぜなら，7 枚のダイヤの個々の組合せについて，ダイヤでない 6 枚のカードのすべての組合せが対応するからである。求める確率は組合せ数の比である。

例題 5.1 ● 順列・組合せと確率　　　　　　　　　　　　EXAMPLE

壺に 4 個の青玉と 2 個の赤玉が入っているとする。
(1) 6 個の玉を順番に取り出して並べる際に，赤玉が並ぶ確率を求めなさい。
(2) 赤玉が両端にくる確率を求めなさい。
(3) 6 個の玉のうち 4 個のみ取って，赤玉が両端にくる確率を求めなさい。

(解答)　(1)「すべての根元事象の数」は 6 個の玉を並べる順列の数で，$_6\mathrm{P}_6 = 6!$ である。赤玉が並びうる位置は 5 カ所しかないが，いったん並べば隣り合う赤玉の順番はどうでもよい。だから赤玉が並ぶ場合の数は 10 となる。他方，赤玉が並べば，青玉は残りの 4 個の位置に収まればよいから，赤玉の位置にかかわらず $_4\mathrm{P}_4 = 4!$ 個の青玉の順列がある。結局「条件を満たす根元事象の数」は $10 \times 4!$ となり，求める確率は，$10 \times 4!/6! = 1/3$ になる。

(2)　赤玉が両端にくる確率を求めよう。赤玉が両端にくる際は赤玉の順番はどうでもよいから，場合の数は 2 となる。青玉の順列の数は先ほどと同じ 4! で，求める確率は $2 \times 4!/6! = 1/15$ である。

(3)「すべての根元事象の数」は，6 個から 4 個を取り出す順列で，$_6\mathrm{P}_4 = 360$ 個ある。他方，赤玉を 2 個取る組合せの数が $_4\mathrm{C}_2 = 6$，各組合せで赤

が両端にくる順列は 2 だから、総じて 12、青玉を 2 個取る順列が $_2P_2 = 2!$ で、「条件を満たす根元事象の数」は 24 である。だから求める確率は、$24/360 = 1/15$ となる。

> 連続な標本空間

標本空間に含まれる根元事象の数を数えることができるなら、根元事象が生じる確率を用い、任意の事象が起きる確率を計算することが可能である。しかし標本空間が連続な実数区間だとすると、実数区間に含まれる実数の数を数えきることはできないから、根元事象の数を数えることは不可能である。

図 5-2 のような中心が固定された円板上に、あらかじめ基準線を決めておく。円板を回して止まったところで、始点から基準線への弧の長さを測るとしよう。円板は 1 回転以上するかもしれないが、弧は回転数を無視して始点から基準線までとする。円周が 1 であれば、弧の長さは区間 $(0, 1]$ に入っている（1 は入るが 0 は入らない区間とする）。円板は区間上のすべての点で同じ確かさで止まるとしてよいが、円板が止まる位置の数を数えることはできない。したがって根元事象の数は数えられない。

根元事象の数が数え切れないほど多く、かつ根元事象が起きる確率が正ならば、確率の総和は 1 を越えてしまい、公理 P1 は満たされない。だから標本空間が連続な実数区間の場合は、根元事象の起きる確率を使って、他の事象の確率を計算することができない。

FIGURE 図 5-2 ● 連続な確率空間

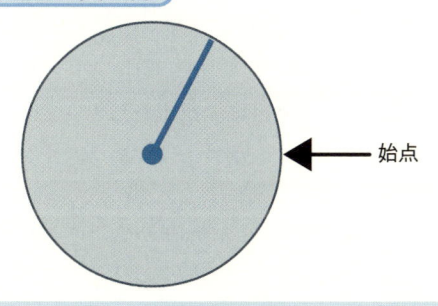

始点から基準線（ブルー）までの弧の長さが x 以下になる確率は x に等しい。

2 等確率の世界 145

標本空間が連続な実数区間であっても，停止位置までの距離 X が実数 x 以下である確率を x と定義すればよい．

$$P(X \leq x) = x$$

たとえば，x を 0.25 とすれば，止まるまでの距離 X が 0.25 以下である確率は 0.25 と考える．これは，直感的にも満足できる確率の定義である．これは，公理を満たす確率となる．たとえば，

- P1′　任意の区間 $(a < b \leq 1)$ について，$0 \leq P(a < X \leq b) \leq 1$
- P2′　$P(X \leq 1) = 1$
- P3′　$(a < b \leq 1) \cap (c < d \leq 1) = \emptyset$ ならば，$P((a < X \leq b) \cup (c < X \leq d)) = P(a < X \leq b) + P(c < X \leq d)$

となっている．$P(X \leq x) = x^2$ としても，公理を満たす．統計分析で扱う確率事象は，このような連続な標本空間を背景にしていることが多い．

SECTION 3　条件つき確率と独立性

事象 A が生じたという条件のもとで事象 B が生じる確率を，A のもとでの B の**条件つき確率** (conditional probability) と呼び，

$$P(B|A) \tag{5.9}$$

と表記する．

連続な実数区間ではない離散標本空間を用いて説明しよう．硬貨を 2 回投げる例で，$A = \{1\text{回目に表}\}$，$B = \{2\text{回目に表}\}$ としておく．A のもとで B が起きる条件つき確率は，1 回目に表が出たことを条件として，2 回目に表が出る確率である．この確率を求めてみよう．A を満たす事象は，$\{表, 裏\}$，$\{表, 表\}$ の 2 ケースしかない．したがって，A のもとで B が起きる条件つき確率は $1/2$ になる．もし A が全標本空間であれば，条件つき確率は通常の $P(B)$ である．

条件つき標本空間

上の例でわかるように，条件つき確率を計算するためには，条件 A により制約された標本空

FIGURE 　　図 5-3 ● 条件つき確率空間

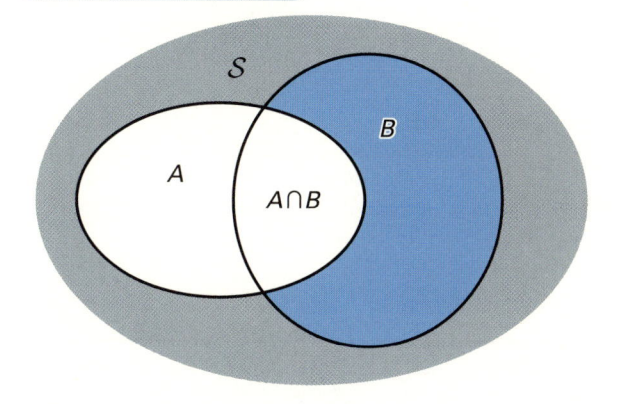

$P(B|A)$ は，A の中で B が起きる確率。

間をつくり，その制約された標本空間の中に含まれる根元事象の数を計算する（図 5-3 の白色サークル）。次に，この制約された標本空間の中で，事象 B が何個の根元事象を含むかを計算する（図 5-3 の $A \cap B$ 領域）。条件つき確率は，この 2 つの根元事象の数の比として求められる。条件のつかない確率は，図 5-3 では $\mathcal{S}$ の範囲で計算される。$\mathcal{S}$ を条件として計算されるといってもよい。

A のもとで B が生じるということは，事象 A の中で起きる A と B の積事象である。したがって条件つき確率の計算法は

$$P(B|A) = \frac{P(A \cap B)}{P(A)} \tag{5.10}$$

となる。以上の計算法により，条件つき確率を求めるには，条件によって制約された標本空間 A をあたかも全体の標本空間であるとみなし，その狭められた標本空間をもとにして，B の確率を計算すればよいことがわかる。この式を書き直せば

$$P(A \cap B) = P(B|A)P(A) \tag{5.11}$$

と表現できるが，(5.11) 式は確率の乗法定理と呼ばれる。

条件つき確率とは，標本空間を条件となる事象 A に制約し，そのうえで事

象 B が起きる確率である。だから，条件となる事象を標本空間とみなせば，条件つき確率は確率に関する公理をすべて満たす。

条件なし確率も，標本空間を全標本空間 $\mathcal{S}$ に制約した確率と解釈できる。たとえば

$$P(B|\mathcal{S}) = \frac{P(\mathcal{S} \cap B)}{P(\mathcal{S})} \tag{5.12}$$

と表現できる。もちろん，$P(\mathcal{S}) = 1$ である。

例題 5.2 ● トランプの条件つき確率　　　　　　　　　　EXAMPLE

52 枚のカードから 1 枚抜くとハートであった。この事象を A とする。もう 1 枚抜き，2 枚ともハートである事象を B とし，$P(B|A)$ を求めなさい。

(解答)　(1) 2 枚ともハートならば，1 枚目は必ずハートでないといけないから

$$A \cap B = B$$

である。また，ハートは全体の 4 分の 1 だから，$P(A) = 1/4$。2 枚続けてハートである確率は，13 枚のハートから 2 枚引く組合せと，52 枚のカードから 2 枚引く組合せの比だから，

$$P(B) = \frac{{}_{13}C_2}{{}_{52}C_2} = \frac{1}{17}$$

したがって，

$$P(B|A) = \frac{P(B)}{P(A)} = \frac{4}{17}$$

となる。

(2) 制約された標本空間で考えると，1 枚目がハートだから，2 枚目を引くときは 51 枚のカードしか残っていない。また，その中のハートは 12 枚で，ハートを引く確率は，$12/51 = 4/17$。

> **例題 5.3** ● 子どもの性別の条件つき確率　　　　　　　　　　EXAMPLE
>
> ある夫婦が結婚後，将来 2 人の子どもをつくる計画を立てた。2 人の子どもの性別の組合せは順序も考慮すると 4 通りあり，第 1 子，2 子の順で（男，男）となる確率は 1/4 となる。ときが経ち夫婦に男児ができた。「最初の子が男」という条件の下で，第 2 子も男である確率を求めなさい。

（解答）　(1) 条件つき確率の公式を使うと，

$$P(\text{第 2 子も男子} \mid \text{第 1 子が男子}) = \frac{P(\text{第 1 子と第 2 子が男子})}{P(\text{第 1 子が男子})} = \frac{1/4}{1/2} = \frac{1}{2}$$

となる。

(2)「最初の子が男」という制約された標本空間に含まれるのは，{男，男} と {男，女} だけだから，2 人目も男子になる条件つき確率は 1/2 になる。

独立な事象　　条件つき確率 $P(A|B)$ と確率 $P(A)$ が同じになるとき，条件つき確率は条件 B に影響されない。このとき，2 つの事象 A と B は<u>互いに独立</u>であるという。<u>独立性</u>の条件を式で表記すると，

$$P(A|B) = P(A) \tag{5.13}$$

となるが，$P(B|A)$ と $P(B)$ に関して

$$P(B|A) = P(B) \tag{5.14}$$

と定義してもよい。いずれの条件が満たされていても，積事象に関して

$$P(A \cap B) = P(A)P(B) \tag{5.15}$$

が成立する。これらの 3 条件は同値である。

(5.15) 式が成立しないとき，2 つの事象 A と B は<u>互いに従属</u>するという。例によって独立性を説明しよう。

COLUMN　5-1 シートベルト着用率と事故死

　交通事故におけるシートベルトと事故死の関係を調べるため，座席別死亡者数をまとめた表を以下に示す。シートベルト状況が不明な死亡者は除くが，この資料によると，運転席ではシートベルト着用率が非常に高いが，事故による死亡者数では着用者と非着用者に大きな差がない。少数の非着用者と，ほぼ全員である着用者の死亡者数が変わらないのであるから，非着用がいかに危険であるか理解できよう。直感的には，4% の非着用者のうち 898 人が死ぬから 1% 当たり 898/4 ≒ 225 人，96% の着用者のうち 809 人が死亡するから 1% 当たり 809/96 ≒ 8.4 人となり，この比率は 26.6 になる。この比率を，条件つき確率で理解してみよう。

座席別死亡者数とシートベルト着用率

	ベルト着用	ベルト非着用	死亡総数	着用率（近似）
運転席	809 人	898 人	1707 人	96.0%
助手席	203 人	140 人	343 人	88.2%

（出所）　警察庁並びに JAF による 2006 年度調査データ。着用率は，一般道と高速道の平均を用いた。

　条件つき確率によりこの現象を整理してみよう。J は事故死を意味するとしよう。知りたいのは，シートベルトを着用している人が事故死する確率

$$P(J|ベルト着用)$$

と，シートベルトを非着用の人が事故死する確率

$$P(J|ベルト非着用)$$

の 2 つであろう。これらの条件つき確率は，たとえば

$$P(J|ベルト非着用) = \frac{非着用者の死亡者数}{非着用者の数} = \frac{898}{運転者 \times 0.04}$$

$$P(J|ベルト着用) = \frac{着用者の死亡者数}{着用者の数} = \frac{809}{運転者 \times 0.96}$$

と計算できる。分母の運転者数がわからないので 2 つの条件つき確率の比を取ると，

$$\frac{P(J|ベルト非着用)}{P(J|ベルト着用)} = \frac{898}{809} \frac{0.96}{0.04} = 26.6$$

と，先に求めた比が導かれる。

| TABLE | 表 5–1 ● サイコロの目の組合せ |

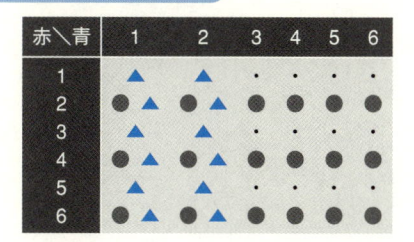

赤\青	1	2	3	4	5	6
1	▲	▲	·	·	·	·
2	●	▲	●	●	●	●
3	▲	▲	·	·	·	·
4	●	▲	●	●	●	●
5	▲	▲	·	·	·	·
6	●	▲	●	●	●	●

事象が独立なら，積事象の確率は個別の事象の確率の積となる。

例 5.3 赤青 2 色の歪みのないサイコロを投げるゲームで，「赤のサイコロが偶数になる」事象を A とし，「青のサイコロが 2 以下になる」事象を B とする。2 つのサイコロが示す目の組合せ総数は 36 ある。

(1) 事象 A に含まれる根元事象の数は，赤が偶数であれば青は 1 から 6 までどれでもよいから●の数を数えれば 18，したがって $P(A) = 1/2$ である。事象 B に含まれる根元事象の数は，青が 1 か 2 で赤は 1 から 6 までどれでもよいから▲の数を数えれば 12，したがって $P(B) = 1/3$ となる。A と B の積事象は「赤のサイコロが偶数で，青のサイコロが 2 以下」という事象であるから，●と▲が重なる 6 個の根元事象を含み，$P(A \cap B) = 1/6$ となる。だから，

$$P(A \cap B) = P(A)P(B)$$

が成立している。

(2) B のもとで A が起きる条件つき確率を求めると，12 個の▲中，6 個の●だから，$P(A|B) = 1/2$。これは $P(A)$ に等しい。だから，

$$P(A|B) = P(A)$$

が成立している。A のもとで B の起きる条件つき確率は，18 個の●の中の 6 個の▲だから，$P(B|A) = 1/3$。これは $P(B)$ に等しくなっている。

4 ベイズの公式

　条件つき確率が与えられている際に，条件と結果を逆にした確率を求めよう。与えられている確率が

$$P(結果 \mid 原因)$$

である場合に，

$$P(原因 \mid 結果)$$

を計算する方法である。因果関係を逆にした確率を求めるといってもよい。
　確率の世界では，原因と結果が一対に結びついていることはない。そこで，ある結果が生じる原因が2個考えられ，また2個の原因は互いに排反であるとすると，図5-4のようになる。18世紀にイギリスのベイズ（T. Bayes）は，各原因を条件としたときに結果が生じる確率

$$P(結果 \mid 原因1)$$
$$P(結果 \mid 原因2)$$

FIGURE　図 5-4 ● ベイズの公式

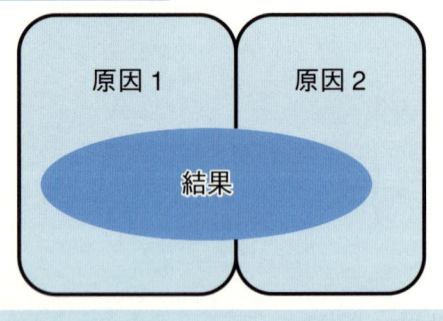

原因1，2の確率と，原因1，2のもとで結果が生じる確率がわかれば，ベイズの公式が使える。

ならびに，$P(原因1)$ と $P(原因2)$ が与えられたとして，原因と結果を逆転する確率を求めるための便利な公式を考案した．

ベイズの公式

$$P(原因1|結果) = \frac{P(結果|原因1)P(原因1)}{P(結果|原因1)P(原因1) + P(結果|原因2)P(原因2)} \quad (5.16)$$

この公式によれば，結果を所与として，原因が1である確率を求めることができる．計算に必要な情報は，各原因を所与として結果が生じる条件つき確率と，各原因が生じる確率である．

原因1を事象 A，原因2を A の補集合 A^c，また結果を事象 B としよう．このように定義すると，(5.16) 式は

$$P(A|B) = \frac{P(B|A)P(A)}{P(B|A)P(A) + P(B|A^c)P(A^c)} \quad (5.17)$$

となる．この式は，原因と結果の結びつきを離れた，一般的な事象 A と事象 B に関するベイズ公式になっている．

（証明） 条件つき確率の定義により，求めたい条件つき確率は

$$P(A|B) = \frac{P(A \cap B)}{P(B)}$$

となる．条件つき確率 $P(B|A)$ と確率 $P(A)$ を既知とするから，分子は，

$$P(A \cap B) = P(B|A)P(A)$$

と計算する．また分母は

$$P(B) = P(B \cap A) + P(B \cap A^c)$$

と分割できる．第1項は分子の分割が使え，また第2項は第1項と同じく

$$P(B \cap A^c) = P(B|A^c)P(A^c)$$

と分割できるから，分母は

4 ベイズの公式 153

$$P(B) = P(B|A)P(A) + P(B|A^c)P(A^c)$$

と計算できる。■

ベイズの公式において，$P(A) = P(A^c)$ であれば，
$$P(A|B) = \frac{P(B|A)}{P(B|A) + P(B|A^c)}$$

となる。これは，$P(A|B)$ が 2 つの条件つき確率の比例配分として定められることを示している。一般の場合では，比例配分のウェイトが $P(A)$ と $P(A^c)$ になっている。

例題 5.4 ● 融資相手の返済能力の判断 EXAMPLE

銀行が資金を貸し出す際には審査を行うが，審査結果が優と判断される場合 A と，良と判断される場合 A^c には貸出しが行われるとする。従来のデータより，貸出しが行われない場合を除いて，A の割合は 35％，A^c の割合は 65％ であることがわかっているとする。また，A のうち 5％，A^c のうち 25％ が返済不能になると言われる。返済不能になる事象を B とすると，以上のデータは，

$$P(A) = 0.35, \quad P(A^c) = 0.65, \quad P(B|A) = 0.05, \quad P(B|A^c) = 0.25$$

とまとめられる。この 4 確率をもとにして，実際に返済不能になる人（B）が，優（A）と判断される確率 $P(A|B)$ を求めなさい。

(解答) (5.17) 式の分子は，

$$P(B \cap A) = P(B|A)P(A) = 0.05 \times 0.35 = 0.0175$$

また，

$$P(B \cap A^c) = P(B|A^c)P(A^c) = 0.25 \times 0.65 = 0.1625$$

だから，分母は，

$$P(B) = 0.0175 + 0.1625 = 0.18$$

となり，求める確率は

$$P(A|B) = \frac{0.0175}{0.18} = 0.0972$$

となった。この例では，返済不能になる人が優と判断される確率は低い。返済不能になる人が良と判断される確率は，0.9028 となる。

一般の場合　原因の数が多数ある場合に定理を拡張しよう。A_1 から A_k を事象 B の互いに排反でかつ包括的な原因とする。つまり，A_1 から A_k は重複することはなく，またあらゆる原因は A_1 から A_k によってカバーされているとする。各原因 A_i のもとで結果 B が生じる条件つき確率 $P(B|A_i)$ と，各原因が起きる確率 $P(A_i)$ ($i = 1, 2, \cdots, k$) を既知として，原因と結果を逆にした確率を求めよう。公式は次式で与えられる。

$$P(A_i|B) = \frac{P(B|A_i)P(A_i)}{P(B|A_1)P(A_1) + \cdots + P(B|A_k)P(A_k)}, \quad i = 1, 2, \cdots, k$$

左辺の条件つき確率と右辺の条件つき確率では，原因結果の順番が逆になっていることにとくに注意しよう。証明は省くが，A_1 から A_k が事象 B の互いに排反でかつ包括的な原因であるので，

$$P(B) = P(B|A_1)P(A_1) + \cdots + P(B|A_k)P(A_k)$$

と分割できることが重要である。

事前と事後確率　ベイズの公式は，条件と結果を入れ替えた確率を求めるための公式であるという説明をした。よく知られている解釈では，事象 A が起きる確率 $P(A)$ が，事象 B の情報を得て $P(A|B)$ に更新（updating）されると理解する。このような解釈では，$P(A)$ は事前確率（prior probability），$P(A|B)$ は事後確率（posterior probability）と呼ばれる。

> **例題 5.5 ● USB メモリーの純正品確率**　　**EXAMPLE**
>
> ある USB メモリーには外見が同じ偽物があるとしよう。純正品を A，偽物を A^c，市場全体での純正品のシェアは 95%，偽物のシェアは 5% とする。純正品と偽物の外見はまったく変わらないが，不良品 B である比率が純正品は 0.01，偽物は 0.50 で，偽物のほうが圧倒的に不良品である比率が高いとする。まとめると次のようになる。
>
> $$P(A) = 0.95, \quad P(A^c) = 0.05, \quad P(B|A) = 0.01, \quad P(B|A^c) = 0.50$$
>
> (1) 警察がある家宅を捜索し，数多くの USB メモリーを確保したとする。このセットはすべて偽物かすべて本物であるとしよう。外見が同じであるため，その中の 1 個を取り出し，長時間の実験を行ったところ，それが不良品であることがわかった。この結果をもとに，このセットが純正品である事後確率を求めなさい。
>
> (2) 精度を高めるためにさらにもう 1 個取り出し実験を繰り返したところ，やはり不良品であることが判明した。セットが純正品である事後確率を再計算しなさい。

(解答)　問題に与えられた確率を用いて同時確率を求めると

$$P(B \cap A) = P(B|A)P(A) = 0.01 \times 0.95 = 0.0095$$

$$P(B \cap A^c) = P(B|A^c)P(A^c) = 0.50 \times 0.05 = 0.025$$

となる。不良品である確率は

$$P(B) = 0.0095 + 0.025 = 0.0345$$

となる。

(1) ベイズの公式により，

$$P(A|B) = \frac{0.0095}{0.0345} = 0.275$$

となる。事前確率 0.95 は，事後確率 0.275 に更新される。偽物である事後確率は

$$P(A^c|B) = 1 - P(A|B) = \frac{0.025}{0.0345} = 0.725$$

ほどになり，事前確率 0.05 は，事後確率 0.725 に更新される．みつかった USB メモリーセットが偽物である事後確率は 0.725 で，純正品である事後確率 0.275 よりかなり高くなる．これは，事前確率とは逆の関係になっている．

(2) 1個目の実験によりこのセットが偽物である確率は 0.725，純正品である確率 0.275 だから，セットが純正品である事後確率は更新されて

$$P(A|B;1回目\ B) = \frac{0.01 \times 0.275}{0.01 \times 0.275 + 0.50 \times 0.725} = 0.0075$$

と非常に小さい確率になる．セットが偽物である事後確率は

$$P(A^c|B;1回目\ B) = 1 - P(A|B) = 0.9925$$

に更新される．

BOOK GUIDE ● 文献案内

とくに第 5, 6, 7 章を読み進める際に参照すべき文献を以下に挙げておこう．

①東京大学教養学部統計学教室編［1991］『統計学入門』東京大学出版会．
②東京大学教養学部統計学教室編［1992］『自然科学の統計学』東京大学出版会．

①は統計的な考え方を解説し，また統計学の体系的な知識を与える．②は理系への応用をめざしているが，数学的にとくに高度ではない．さまざまな分析ツールを導入しており，基礎の紹介も十分にあるので，より深く勉強したい場合には最適な本である．

EXERCISE ● 練習問題

5-1 トランプから1枚のカードを引くとき，そのカードがハートである事象を A，絵札である事象を B として，A あるいは B が生じる確率を求めなさい（(1)ハートの枚数，(2)絵札の枚数，(3)ハートの絵札の枚数を求め，加法定理を応用する）．

5-2 サイコロを3回投げて目の和が4以下になる確率を求めなさい．

5-3 サイコロを3回振って出た目のうち，|1| と |6| は 10 点，|2| と |5| は 5 点，|3| と |4| は 0 点とする．3回の合計点が 20 点となるような組合せの数は何通りあるか（国家公務員採用Ⅰ種試験）．

4 ベイズの公式

5-4 1から20までの整数を1つずつ書き込んだカードが20枚あり，1から30までの整数を書き込んだカードが30枚ある．各々の束から1枚ずつカードを引いたとき，2枚のカードに書き込まれている整数の差が10以上である確率はいくらになるか（国家公務員採用Ｉ種試験）．

5-5 赤青緑のサイコロを投げて，目の和が6であるという条件のもとで3個の目が等しくなる条件つき確率を求めなさい．同様に，目の和が9である条件のもとで目が等しくなる条件つき確率を求めなさい．

5-6 3人がじゃんけんをする．

(1) 3人の手の組合せを数え，「根元事象の総数」を求めなさい．

(2) 1人が勝つ場合の数は |3人の誰かが勝つ|，|勝つ人の手は3手のうちの1つ，たとえば「グー」である|，|他の2人の手は同じで，「グー」に負ける「チョキ」であると決まっている| ことを使い，1人が勝つ確率を求めなさい．

5-7 3人でじゃんけんをして2人が勝つ確率を求めなさい（これは1人が負ける確率に等しい）．

5-8 （例題 5.4 の続き）完済した人 B^c の中で，審査結果が良 A^c である確率を求めなさい．

5-9 （例題 5.5 の続き）良品を B^c とすれば，$P(B|A) = 0.01$，$P(B|A^c) = 0.50$，より

$$P(B^c|A) = 0.99, \quad P(B^c|A^c) = 0.50$$

となる．

(1) 検査した最初の1個が良品であったとして，みつかった USB メモリーセットが純正品である事後確率を求めなさい．

(2) 1回目も2回目も良品であったとして，セットが純正品である事後確率を求めなさい．

補論：二項展開とパスカルの三角形

確率計算でよく用いられる二項展開と，その係数を求めるのに便利なパスカルの三角形を説明しよう．二項式は

$$(a+b)^2 = {}_2C_0 a^2 + {}_2C_1 ab + {}_2C_2 b^2 = a^2 + 2ab + b^2$$
$$(a+b)^3 = {}_3C_0 a^3 + {}_3C_1 a^2 b + {}_3C_2 ab^2 + {}_3C_3 b^3 = a^3 + 3a^2 b + 3ab^2 + b^3$$

のように展開できる。各係数はその項に含まれている b の次数によって定まっている。たとえば ${}_3C_0$ は b が含まれない組合せ，${}_3C_1$ は b が1個含まれる組合せ等である。一般的には

$$(a+b)^n = {}_nC_0 a^n + {}_nC_1 a^{n-1} b + {}_nC_2 a^{n-2} b^2 + \cdots + {}_nC_{n-1} ab^{n-1} + {}_nC_n b^n$$

となるが，この展開は二項展開と呼ばれる。二項展開の各係数値は，組合せを用いなくても，パスカルの三角形によって計算することができる。

パスカルの三角形

```
        1   1
      1   2   1
    1   3   3   1
  1   4   6   4   1
```

1段目は，1乗式の係数である。2段目は2乗式の係数だが，中央の2は1段上の係数の和になっている。3段目も2次式の係数の和より求まる。$(a+b)^3$ の係数は，この3段目に与えられている。高次式の係数も同様にして導くことができる。パスカルの三角形は左右対称だから，${}_nC_m = {}_nC_{n-m}$ となる。ある段とすぐ下の段の関係から，${}_nC_m = {}_{n-1}C_{m-1} + {}_{n-1}C_m$ という性質も知られている。

第 6 章 分布と期待値

バブル後の最安値7162円90銭に達した2008年10月27日より6年半の年月がたち、10日連続で上昇を記録した株価指数ボード。本章で説明する確率変数の性質は証券投資の収益率やリスクの分析に応用できる。ポートフォリオ分析を通じて最適な投資を検討する。

(時事通信フォト提供)

CHAPTER 6

- KEYWORD
- FIGURE
- TABLE
- COLUMN
- EXAMPLE
- BOOK GUIDE
- EXERCISE

INTRODUCTION

第5章では試行の結果得られる事象と、事象が生じる確率を説明した。確率とは、事象が起きる可能性を、0から1までの数値で表した尺度である。第6章では、確率変数によって試行の結果を表す。確率変数は、さまざまな値を、あらかじめ定まった確率を伴って取る。そして確率関数は、確率変数が取る値と、その値が出る確率の情報をすべて含む関数である。

この章では、確率変数の性質を表す分布関数、分布の中心値である平均、そして散らばりの測度である分散を説明する。第1章などで見た標本相対度数分布に代わるのが、確率関数である。離散確率変数に関する確率関数は、連続確率変数では分布関数と密度関数に拡張される。さらに、分布を代表する値として、期待値と分散が定義される。

> **KEYWORD**
>
> 確率変数　　離散確率変数　　確率関数　　累積確率分布関数（分布関数）
> 条件つき確率　　独立性　　同時確率関数　　同時確率　　周辺確率　　周辺
> 確率の積　　周辺確率関数　　連続確率変数　　確率密度関数（密度関数）
> 標準偏差　　期待値　　標準化（基準化）　　パーセント点　　分位点　　四
> 分位点　　メジアン（中央値）　　四分位範囲　　共分散　　相関係数　　標
> 本相関係数　　コーシー=シュワルツの不等式　　条件つき確率関数　　条件
> つき確率分布　　条件つき平均　　条件つき分散

SECTION 1　離散確率変数と確率関数

確率変数

確率変数とは，試行がもたらす事象を実数に結びつける関数のことをいう。内閣の支持率を調査しているなら，確率変数 X は，たとえば，内閣を支持するという事象には 1，支持しないという事象には -1，回答がないという事象には 0 という実数を与える。

A 君にとって，内閣支持・不支持の質問はばかげていて初めから内閣不支持に決まっている，だからこの調査への回答は変動する量とは考えられないのではないか，といった疑問が出るかもしれない。しかし，A 君がこの調査で質問を受けるかどうかは事前に知られておらず，A 君が選ばれること自体が予期されない事象であり，結果的には A 君の答えが確率変数であるとしてよい。身長の調査などでも，A 君の身長は伸びたり縮んだり変動しているわけではない。この場合も，A 君を選ぶことが予期されない事象であり，A 君の身長は確率変数である。**A 君が調査に選ばれるかどうかわかっていないことが重要**である。

このように，確率変数とは直感的になじみやすい概念なのだが，数学的には扱いが難しい。本書では確率変数の数学的な定義は与えない。

確率関数

第 5 章で説明した標本空間に含まれる根元事象の数が整数の場合，この標本空間に関して定められた確率変数はやはり整数個の値を取る。このような確率変数を，**離散確**

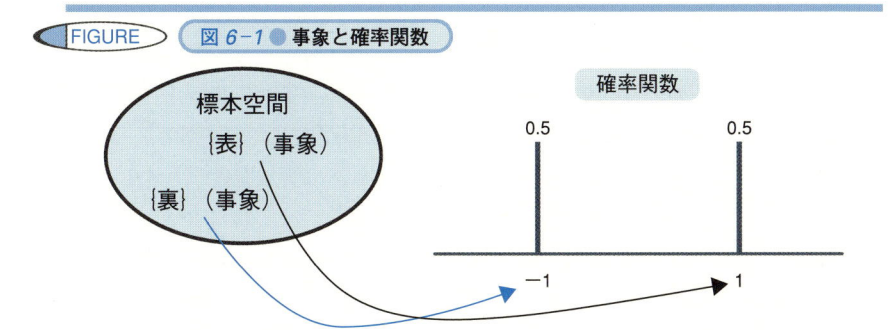

| FIGURE | 図 6-1 ● 事象と確率関数

標本空間
{表}（事象）
{裏}（事象）

確率関数
0.5　　　0.5
−1　　　1

確率変数とは，事象を実数に結びつける関数をいう．図中では，矢印が確率変数である．

率変数（discrete random variable）と呼ぶ．離散確率変数に関しては，確率関数が定義できる．

硬貨を投げて，表が出る確率を 1/2，裏が出る確率を同じく 1/2 とする．$p(表) = 1/2$, $p(裏) = 1/2$ となる．ここで「表が出る」なら確率変数 X の値を 1 とし，「裏が出る」なら X の値を -1 とする．

$$X(裏) = -1, \quad X(表) = 1$$

このように確率変数を事象の関数として定めると，事象が生じる確率を $P(表)$ とか $P(裏)$ と定める必要はなく，

$$p(-1) = \frac{1}{2}, \quad p(1) = \frac{1}{2} \tag{6.1}$$

と，確率変数 X の値によって表現できる．あるいは，確率変数 X を明示して

$$p_X(-1) = \frac{1}{2}, \quad p_X(1) = \frac{1}{2} \tag{6.2}$$

と表現する記述法も使われる．このように，確率関数は，確率変数が取るすべての値とその値が生じる確率を記述した関数である．

確率関数の定義域は実数域全体とする．したがって，-1 と 1 以外の実数値 x については，

1 離散確率変数と確率関数

$$p_X(x) = 0, \quad x \neq -1,\ 1 \tag{6.3}$$

と定めておく．このような事象と確率変数の値，そして確率関数の関係が，図 6-1 に描かれている．各事象と x 軸の値を結ぶ矢印が確率変数である．

以下では，大文字 X は確率変数を表し，小文字 x は実数を表すとする．

サイコロを 1 回投げる例では，事象は目 $\{\cdot\}, \{\because\}, \cdots, \{::\}$ である．出る目の数がすでに整数値だから，目の数を確率変数の値とするのが自然であろう．だから，

$$X(\cdot) = 1,\ X(\because) = 2, \cdots,\ X(::) = 6$$

と確率変数を定義する．個々の根元事象が起きる確率は 1/6 だから，確率関数は，

$$p(1) = \frac{1}{6},\ p(2) = \frac{1}{6}, \cdots,\ p(6) = \frac{1}{6} \tag{6.4}$$

となる．他の実数値 x については，$p(x) = 0$ と定義する．

一般の場合について確率関数を定義しよう．

定義 6.1 確率変数 X は m 個の実数値において，正の確率

$$p(x_1) = p_1,\ p(x_2) = p_2, \cdots,\ p(x_m) = p_m$$

を取るが，他の実数値では $p(x) = 0$ であるとする．ここで，すべての実数値を x の範囲とする関数 $p(\cdot)$ を確率関数と呼ぶ．ただし

$$\sum_{i=1}^{m} p_i = p_1 + p_2 + \cdots + p_m = 1 \tag{6.5}$$

である．

累積確率分布関数 確率変数 X が実数 x より小さいか等しい確率を $F(x)$ と記述すると

| FIGURE | 図 6-2 ● サイコロの目の確率関数（下）と累積確率分布関数（上） |

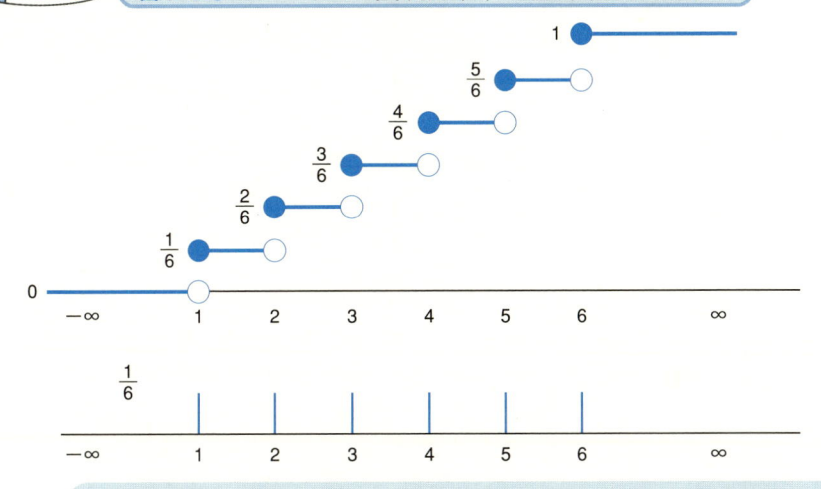

分布関数は，任意の実数以下の累積確率を示し，階段状になるが，各整数値で6分の1のジャンプ（白丸）をする．確率関数は，1から6の整数を等しい確率で取る．

$$F(x) = P(X \leq x) = \sum_{i=1}^{j} p(x_i) \qquad (6.6)$$

となる．x_j は X が正の確率をとる実数値 $x_1 < x_2 < \cdots < x_m$ のうち，x 以下の最大値で，最大でも x に等しい値である．関数 F を確率変数 X の**累積確率分布関数**（cumulative probability distribution function），あるいは略して**分布関数**（distribution function）という．注意すべきなのは，(6.6) 式の $P(X \leq x)$ に等号が含まれることである．この等号により，$x = x_j$ であれば

$$F(x) = P(X \leq x_j) = \sum_{i=1}^{j} p(x_i)$$

となる．

サイコロを1回投げる例では，分布関数は

1 離散確率変数と確率関数　165

$$F(x) = P(X \leq x) = \begin{cases} 0, & x < 1 \\ 1/6, & 1 \leq x < 2 \\ 2/6, & 2 \leq x < 3 \\ 3/6, & 3 \leq x < 4 \\ 4/6, & 4 \leq x < 5 \\ 5/6, & 5 \leq x < 6 \\ 1, & 6 \leq x \end{cases} \tag{6.7}$$

となる。確率関数と分布関数の関係は図 6-2 から理解できよう。各整数値において，分布関数は 1/6 のジャンプをする。したがって，たとえば $x = 1$ では，$F(1) = 0$ ではなく，$F(1) = 1/6$ となる。これが，$P(X \leq k)$ に等号が含まれる結果である。図中の白丸は，分布関数がその点を取らないことを意味 (青丸にジャンプ) する。

例 6.1 同じ硬貨を 2 個投げるゲームで，確率変数 X の値を表の数と定義しよう。表の数は 0 か 1 か 2 で，確率関数は，

$$p(0) = \frac{1}{4}, \quad p(1) = \frac{1}{2}, \quad p(2) = \frac{1}{4}$$

となる。他の実数値については，$p(x) = 0$ と定める。各確率は，X の値に対応する根元事象の数を，根元事象の総数 4 で割った値となっている。分布関数は

$$F(x) = P(X \leq k) = \begin{cases} 0, & k < 0 \\ 1/4, & 0 \leq k < 1 \\ 3/4, & 1 \leq k < 2 \\ 1, & 2 \leq k \end{cases}$$

である。

例 6.2 サイコロを投げ，出た目が 5, 6 なら 10 円もらい，3, 4 なら支払いなし，1, 2 なら 10 円払うという賭においては，賭値を確率変数の値と定義すればよい。つまり，

$$X(1) = X(2) = -10, \quad X(3) = X(4) = 0, \quad X(5) = X(6) = 10$$

とする。確率関数も容易に定めることができる。

例題 6.1 ● ゾロ目ゲームの確率関数　　　EXAMPLE

赤と青のサイコロを転がし，目の和を数えるゲームでは，目の和を確率変数とする。つまり $X = i + j$ で，i は赤，j は青の目である。X の確率関数を導きなさい。

（解答）　X が正の確率を伴って取る値は 2 から 12 までの整数で，2 から 12 までの任意の整数を k とすれば，確率関数は

$$p(k) = P(X = k) = P(i + j = k \text{ を満たす } (i, j) \text{ の数})$$

となる。確率関数の値は，個々の k に対応する根元事象の数を，36 で割れば求まる。$i + j = k$ を満たす (i, j) の数は，次の表から求まる。2 から 12 の整数値以外では確率関数の値は 0 となる。

目＼目	1	2	3	4	5	6
1	2	3	4	5	6	7
2	3	4	5	6	7	8
3	4	5	6	7	8	9
4	5	6	7	8	9	10
5	6	7	8	9	10	11
6	7	8	9	10	11	12

SECTION 2　同時確率関数

第 5 章 3 節において，2 個のサイコロを転がした際に出る目の例を用いて，**条件つき確率**（conditional probability），ならびに**事象の独立性**（independent events）の説明を行った。この節では，2 個のサイコロを転がしてもたらされる結果を，事象 A と B の代わりに，2 個の確率変数で表現する。この表現の

表 6-1 同時確率と周辺確率

赤＼青	B（2以下）	B^c（3以上）	赤の周辺確率
A（偶数）	$P(A \cap B)=1/6$	$P(A \cap B^c)=1/3$	$P(A)=1/2$
A^c（奇数）	$P(A^c \cap B)=1/6$	$P(A^c \cap B^c)=1/3$	$P(A^c)=1/2$
青の周辺確率	$P(B)=1/3$	$P(B^c)=2/3$	1

事象の組合せと同時確率。

変更により，2個の確率変数に関する同時確率関数（joint probability function）が導かれる。

例 5.3 において，赤サイコロが偶数である事象を A，奇数である事象を A^c としよう．同じく，青サイコロが2以下である事象を B，2を超える事象を B^c としよう．例 5.3 をもとに，各組合せに含まれる根元事象の数を整理し，確率を計算すると，表 6-1 のようになる．

この表の2行2列，2行3列，3行2列，3行3列の4確率は，2つのサイコロの組合せが含む根元事象の数 6, 12, 6, 12 を用いて計算されている．このように2つのサイコロの組合せによって決まる確率を同時確率（joint probability）という．行和は4列目に与えられているが，2行目が

$$(A \cap B) \cup (A \cap B^c) = A$$

が含む根元事象の数 18，3行目が

$$(A^c \cap B) \cup (A^c \cap B^c) = A^c$$

が含む根元事象の数 18 から計算された確率である．したがって，4列目は，赤サイコロが偶数である確率と奇数である確率を示すから，赤サイコロの確率関数になっている．このように，同時確率から求められた赤サイコロ単独の事象に関する確率を，周辺確率（marginal probability）と呼ぶ．

同じく列和は，2列目が

$$(A \cap B) \cup (A^c \cap B) = B$$

が含む根元事象の数 12，3列目が

表 6-2 ● 同時確率関数

$X \setminus Y$	0	1	Xの周辺分布
0	$p_{X,Y}(0,0)=1/6$	$p_{X,Y}(0,1)=1/3$	$p_X(0)=1/2$
1	$p_{X,Y}(1,0)=1/6$	$p_{X,Y}(1,1)=1/3$	$p_X(1)=1/2$
Yの周辺分布	$p_Y(0)=1/3$	$p_Y(1)=2/3$	1

表 6-1 を同時確率関数で表す。

$$(A \cap B^c) \cup (A^c \cap B^c) = B^c$$

が含む根元事象の数 24 から計算されている．この列和より，青の周辺確率が求まる．事象 A と事象 B が互いに独立な場合は，同時確率は，周辺確率の積によって求めることができ，たとえば

$$P(A \cap B^c) = P(A)P(B^c) = \frac{1}{2}\frac{2}{3} = \frac{1}{3}$$

となる．

ここで，赤サイコロが偶数なら確率変数 X が 0，奇数なら X が 1 であるとする．同じく青サイコロが 2 以下なら確率変数 Y が 0，3 以上なら Y が 1 であるとする．表 6-1 の行列を確率変数 X と Y を使って書き直すと，2 つの確率変数の同時確率関数，表 6-2 が導かれる．この表では，たとえば

$$P(X=0,\ Y=1) = p_{X,Y}(0,1)$$

と表記する．行和は 4 列目になるが，X の確率関数になっている．これを X の周辺確率関数 (marginal probability function) という．列和は 4 行目に与えられているが，これは Y に関する周辺確率関数である．同時確率関数は，複数の確率変数がもたらすすべての組合せが生じる確率を定める．周辺確率関数は，1 個の確率変数に関する確率関数であり，同時確率関数の行和あるいは列和として計算できる．離散確率変数で考えているため，他の実数値における確率はすべて 0 である．

先と同様に独立である場合は，すべての同時確率は周辺確率の積となる．たとえば，

2 同時確率関数 169

TABLE 表 6-3 ● 独立性の条件

X \ Y	B	B^c	Xの周辺分布
A	$p_{X,Y}(A, B) = a$	$p_{X,Y}(A, B^c) = b$	$p_X(A) = a+b$
A^c	$p_{X,Y}(A^c, B) = c$	$p_{X,Y}(A^c, B^c) = d$	$p_X(A^c) = c+d$
Yの周辺分布	$p_Y(B) = a+c$	$p_Y(B^c) = b+d$	$a+b+c+d=1$

$$p_{X,Y}(1,0) = p_X(1)p_Y(0) = \frac{1}{6}$$

となる。

例題 6.2 ● 独立性の条件 **EXAMPLE**

2つの確率変数 X と Y があって，X は値 A と A^c を取り，Y は B と B^c を取るとする。同時確率関数は 2×2 の表になるが，この表 6-3 を用いて X と Y が独立になる条件を求めなさい。

（解答） 独立であるためには，(5.15) 式を確率関数を用いて表現した，

$$p_{X,Y}(A, B) = p_X(A)p_Y(B)$$

が成立すればよいから

$$a = (a+b)(a+c)$$

が条件となる。この式の左辺は，$a = a(a+b+c+d)$ だから，式を整理すれば，

$$ad = bc$$

となる。これが独立性の条件である。

一般の場合　2個の確率変数 X と Y に関しての，一般的な同時確率関数を示しておこう。確率変数 X は m 個の値 $x_1, x_2, \cdots, x_m$ を正の確率で取り，Y は n 個の値 $y_1, y_2, \cdots, y_n$ を正の確率で取るとする。そうすると，X と Y の同時確率関数は

$$P(X=x_i,\ Y=y_j) = p_{X,Y}(x_i, y_j), \quad i=1,2,\cdots,m,\ j=1,2,\cdots,n \tag{6.8}$$

となる．表で書けば，$m \times n$ の行列になっている．先に説明したように，X と Y の周辺確率関数は，他方の確率変数が取る値に関して和を求めればよく，

$$P(X=x_i) = p_X(x_i) = \sum_{j=1}^{n} p_{X,Y}(x_i,\ y_j), \quad i=1,2,\cdots,m \tag{6.9}$$

$$P(Y=y_j) = p_Y(y_j) = \sum_{i=1}^{m} p_{X,Y}(x_i,\ y_j), \quad j=1,2,\cdots,n \tag{6.10}$$

と定義される．

従属している場合

次に，確率変数が互いに独立でない例を示しておこう．X と Y は互いに独立だが，ともに $+1$ と -1 を取る確率変数であるとしよう．X の確率関数は

$$P(X=1) = P(X=-1) = \frac{1}{2}$$

となる．Y についても同じである．さらに，

$$Z = |X+Y|, \quad W = |X-Y|$$

と新しい確率変数を定義する．この新しい確率変数 Z と W は各々 0 と 2 という 2 つの値しか取らない（絶対値で表現するため負の値は取らない）．Z と W の同時確率関数を作成するために，X と Y のすべての組合せと，その組合せが起きる確率，ならびにすべての組合せにおける Z と W の値を求めよう．

表 6-4 の最初の 2 列は，X と Y の組合せを示す．3 列目は各組合せが生じる確率を示し，4 列目と 5 列目は，各組合せにおける Z と W の値である．たとえば，

$$P(X=1,\ Y=1) = P(X=1)P(Y=1) = \frac{1}{4}$$

という計算になる．この組合せでは Z は 2，W は 0 となる．Z と W の同時

表 6-4 ●確率関数の導出

X	Y	P	Z=|X+Y|	W=|X−Y|
1	1	1/4	2	0
1	−1	1/4	0	2
−1	1	1/4	0	2
−1	−1	1/4	2	0

表 6-5 ● Z と W の同時確率関数

Z\W	0	2	Zの周辺分布
0	$p_{Z,W}(0,0)=0$	$p_{Z,W}(0,2)=1/2$	$p_Z(0)=1/2$
2	$p_{Z,W}(2,0)=1/2$	$p_{Z,W}(2,2)=0$	$p_Z(2)=1/2$
Wの周辺分布	$p_W(0)=1/2$	$p_W(2)=1/2$	1

確率関数は，

$$P(Z=2,\ W=0) = p_{Z,W}(2,0) = \frac{1}{2}$$

$$P(Z=0,\ W=2) = p_{Z,W}(0,2) = \frac{1}{2}$$

となる．同時確率関数を表の形にまとめると，表 6-5 のようになる．この例では，同時確率は周辺確率の積になっておらず，Z と W は独立ではない．

3 連続確率変数と密度関数

分布関数　標本空間が連続である場合に定義される確率変数を，連続確率変数 (continuous random variable) と呼ぶ．連続確率変数の場合，すべての実数 x に関して，$P(X=x) = 0$ であるため，確率関数を定めることはできない．しかし，離散確率変数と同様に分布関数 $F(x)$ が定義できる．分布関数は累積確率分布関数とも呼ばれる．分布関数は，すべての実数 x について，

$$F(x) = P(X \leq x) \tag{6.11}$$

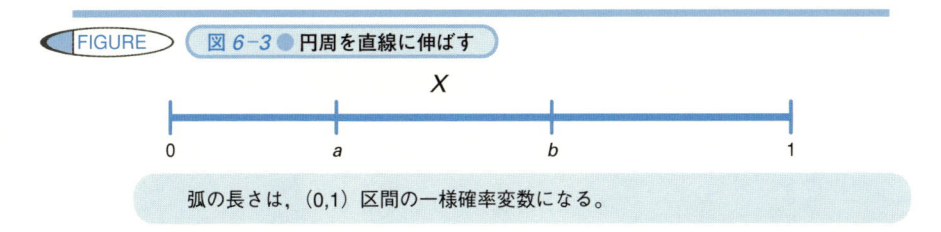

FIGURE 図6-3 ● 円周を直線に伸ばす

```
|————————|——————————|——————————|
0         a          b          1
                X
```

弧の長さは，(0,1) 区間の一様確率変数になる。

と定義される。確率変数を明示して，$F_X(x)$ と書くこともある。累積とは総和のことだから，累積確率分布関数は確率変数 X が，x より小さい値を取る確率の総和を与える。

例 6.3 第5章2節で説明された円板を回す例において，$0 < a < b < 1$ とすると，

$$P(a < X \leq b) = b - a \tag{6.12}$$

となる。円板の円周を直線に延ばしたのが図 6-3 だが，$P(a < X \leq b)$ は，区間 $(a, b]$ の幅で決まる。

前に述べたように，X は 0 から 1 までのすべての実数値を取りうるので，離散確率分布のように，特定の実数値については，正の確率を定義できない。分布関数は (6.12) 式で $a = 0$, $b = x$ とおけば

$$F(x) = P(X \leq x) = x, \quad 0 \leq x < 1 \tag{6.13}$$

となる。$F(0) = 0$, $F(1) = 1$ であることが確認できるから，$x < 0$ では $F(x) = 0$, かつ $1 \leq x$ では $F(x) = 1$ にならないといけない。

例 6.4 X は例 6.3 のままで，分布関数は (6.13) 式で与えられているとする。ここで，

$$Z = X^2, \quad 0 \leq X < 1$$

とすると，Z の範囲は，$0 \leq Z < 1$ である。Z の分布関数は (6.13) 式への

3 連続確率変数と密度関数 173

代入により

$$P(Z < z) = P(X^2 < z) = P(X < \sqrt{z}) = \sqrt{z}, \quad 0 \le \sqrt{z} < 1$$

となる。不等式を書き直すと，Z の分布関数は

$$F_Z(z) = \sqrt{z}, \quad 0 \le z < 1$$

である。$F_Z(0) = 0$, $F_Z(1) = 1$ であることを確認できるから，$z < 0$ では $F_Z(z) = 0$, $1 < z$ では，$F_Z(z) = 1$ とならないといけない。

例題 6.3 ● 指数分布関数　　　　　　　　　　　　　　　EXAMPLE

X は例 6.3 のままで，分布関数は (6.13) 式で与えられているとしよう。こ こで，自然対数を用いて定義した

$$Z = -\log(X), \quad 0 \le X < 1$$

の分布関数を導きなさい。

（**解答**）　　対数の性質により，Z の範囲は，$0 \le Z < \infty$ である。前例のように変換をすると，

$$\begin{aligned} F_Z(z) &= P(-\log(X) < z) \\ &= P(X > \exp(-z)) \\ &= 1 - P(X < \exp(-z)) \\ &= 1 - \exp(-z), \quad 0 < z < \infty \end{aligned}$$

となる。$F_Z(0) = 0$, $F_Z(\infty) = 1$ であることを確認できるから，$z < 0$ では $F_Z(z) = 0$ とならないといけない。指数関数 exp については，第 7 章の補論 B「ネイピア数 e と自然対数」（241 頁）を参照のこと。

密度関数　　連続確率変数について，確率関数に似た概念を定義しよう。分布関数の導関数を求め，この導関数を確率密度関数 (probability density function) あるいは省略して密度関数

(density function) と呼ぶ。座標値 x における密度関数は $f(x)$ と表記されることが多いが，定義は

$$f(x) = \frac{dF(x)}{dx}, \quad -\infty < x < \infty \tag{6.14}$$

である。確率変数を明らかにするため，$f_X(x)$ と記すこともある。密度関数を使えば，微小区間 Δx の確率が導関数の性質により

$$P(x < X \leq x + \Delta x) = F(x + \Delta x) - F(x) \fallingdotseq f(x)\Delta x \tag{6.15}$$

と近似できる。Δx は微小な値とする。密度関数は分布関数の導関数であるから，逆に分布関数は区間

$$(-\infty, x]$$

での密度関数の定積分

$$F(x) = \int_{-\infty}^{x} f(t)\, dt \tag{6.16}$$

となる。分布関数の x における値は，密度関数の負の無限大から x まで $(-\infty, x]$ の面積である。

図 6-4 では，上の 0 から 1 まで高さが増加する曲線が，ある確率変数の分布関数である。下の図は，分布関数の微分値を図示したもので，この場合は原点で頂点に達する左右対称な形状になる。分布関数と密度関数に関して次の関係がわかる。

(1) x_1 座標における分布関数の高さが，密度関数の x_1 より左の面積になる。これは，(6.16) 式の定義による。

(2) x_2 座標における分布関数の接線の傾きが，密度関数の高さに等しい。これは，(6.14) 式の定義による。

(3) 密度関数の総面積は 1，そして分布関数の高さは 0 以上で，1 を上限とする。

例 6.5　　例 6.3 では，密度関数は

$$f(x) = 1, \quad 0 \leq x \leq 1$$

3　連続確率変数と密度関数

FIGURE 図 6-4 ● 分布関数（上）と密度関数（下）

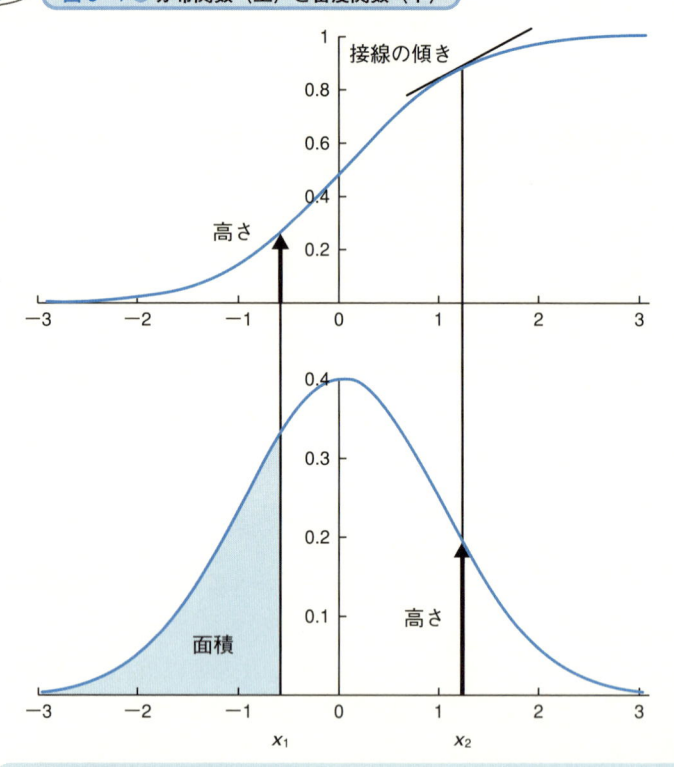

[グラフ: 上に分布関数、下に密度関数。高さ、接線の傾き、面積のラベル付き]

分布関数の x_1 における高さは，密度関数の x_1 以下の面積になる。分布関数の x_2 における接線の傾きは，密度関数の x_2 における高さになる。

この区間外では 0 となる。例 6.4 では，密度関数は

$$f_Z(z) = \frac{1}{2\sqrt{z}}, \quad 0 \leq z < 1$$

この区間外では 0 となる。例題 6.3 では，密度関数は

$$f_Z(z) = \exp(-z), \quad 0 < z < \infty$$

この区間外では 0 となる。分布関数および密度関数の形状を描いてみよう。

分布関数の性質　確率変数 X がある区間に入る確率は，積分の性質により

$$\begin{aligned} P(a < X \leq b) &= P(X \leq b) - P(X \leq a) \\ &= F(b) - F(a) \end{aligned} \quad (6.17)$$

となる．密度関数を用いて表現すると，

$$\int_a^b f(t)\,dt = \int_{-\infty}^b f(t)\,dt - \int_{-\infty}^a f(t)\,dt$$

となる．密度関数の a から b までの面積がこの確率である．

確率が確率の公理（第5章1節）を満足しなければならなかったように，分布関数は次の基本的な性質を満足しなければならない．

D1　$0 \leq F(x) \leq 1, \quad F(-\infty) = 0, \ F(\infty) = 1$

D2　$x < x'$ なら，$F(x) \leq F(x')$

この性質は，確率の公理から導出できる．さらに，連続確率変数であれ離散確率変数であれ，**D1** と **D2** を満たす関数があれば，すべて分布関数として扱うことができる．

SECTION 4　分布の代表値

確率変数に関する情報は，分布関数にすべて含まれる．離散確率変数に関する分布関数と確率関数，そして連続確率変数に関する分布関数と密度関数は1対1に対応しているから，確率関数や密度関数にも確率変数のすべての情報が含まれている．だから確率変数の性質を知りたいならば，分布関数，密度関数，あるいは確率関数の性質を調べればよい．しかし，分布関数や密度関数を表現する式や図形を検討するだけでは，分布全体の性質を把握する為の簡単な尺度が得られない．これは，観測データから得た相対度数分布によって，標本全体の特徴をまとめるのが困難であることと変わらない．この節では，第1章1〜4節で説明したデータの代表値と同様に，確率分布の特徴を要約する理論的な代表値を説明しよう．理論的な代表値は，相対度数分布をまとめる際に使われた代表値と同じ意味をもつ．つまり分布関数における平均，分散，標準

偏差，そしてさまざまなパーセント点（分位点）が本節で紹介される代表値である。最後に，より一般的な概念として期待値を説明する。

平均

平均は確率分布の中心を示す代表値の1つである。確率変数の密度関数が与えられているならば，密度関数の全体は平均において支えることができる。離散確率変数では，確率関数の全体を平均において支えることができる。物理では平均は重心と呼ばれる。

離散確率変数 X に関しては，X が m 個の値

$$x_1, x_2, \cdots, x_m$$

を正の確率

$$p(x_1), p(x_2), \cdots, p(x_m)$$

で取るとすれば，平均 μ（ミュウ）は公式

$$E(X) = \mu = x_1 p(x_1) + x_2 p(x_2) + \cdots + x_m p(x_m) \tag{6.18}$$
$$= \sum_{i=1}^{m} x_i p(x_i)$$

により計算することができる。μ は，平均の記号としてよく使われる。確率変数 X の平均であれば μ_X，確率変数 Y の平均であれば μ_Y と，扱われている確率変数が明示されることもある。$p(x_1), p(x_2), \cdots, p(x_m)$ の和が1だから，座標値 $x_1, x_2, \cdots, x_m$ に，確率の重みをつけた加重平均が平均である。

天秤の図 6-5 を用いて説明しよう。図中，μ を重心とする。したがって，天秤はこの μ で釣り合い，

$$A(\mu - a) = B(b - \mu)$$

となる（重り A までの距離は $(\mu - a)$ となる。重り B までの距離は $(b - \mu)$ である）。この天秤の図を，2点 a と b における離散確率関数であるとみなすと，A と B の和は1にならないといけないから，

$$E(X) = Aa + Bb = (A + B)\mu = \mu$$

| FIGURE | 図 6-5 ● 平均と重心 |

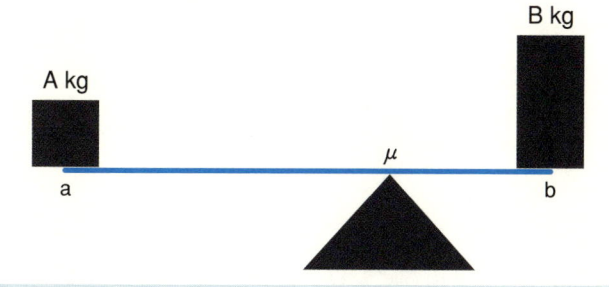

平均 $E(X)$ は天秤を支える支点（重心）になっている。

となる。したがって，重心 μ は平均になっている。

連続確率変数については，密度関数を $f(x)$ として，平均は

$$\mu = \int_{-\infty}^{\infty} x f(x) dx \tag{6.19}$$

と定義される。連続確率変数では座標値が際限なくあるから，座標値と確率の積和は計算できない。そこで，平均は座標値と密度の積の積分値として定義されている。

分散と標準偏差

平均は分布の中心位置を示す代表値だが，中心位置の周辺での確率変数の広がり具合を示す代表値として分散がある。散らばりを測りたいから，平均 μ から測ったはずれの2乗 $(X-\mu)^2$ の加重平均を計算して，分散と呼ぶ。加重平均に用いる重み（ウェイト）は，各座標値における密度や確率が使われる。離散確率変数については，$(x_1-\mu)^2, (x_2-\mu)^2, \cdots, (x_m-\mu)^2$ の平均であるから

$$\sigma^2 = V(X) \tag{6.20}$$
$$= E\{(X-\mu)^2\} \tag{6.21}$$
$$= (x_1-\mu)^2 p(x_1) + \cdots + (x_m-\mu)^2 p(x_m)$$
$$= \sum_{i=1}^{m}(x_i-\mu)^2 p(x_i)$$

4 分布の代表値

連続確率変数については，x を積分変数として

$$\sigma^2 = V(X) \tag{6.22}$$
$$= E\{(X-\mu)^2\} \tag{6.23}$$
$$= \int_{-\infty}^{\infty} (x-\mu)^2 f(x)dx$$

と定義される。

　確率変数 X の分散は $V(X)$，とか $Var(X)$ と記される（本書では $V(X)$ と表記する）。離散型では分散の意味も説明しやすい。平均から離れた値でははずれの 2 乗は大きいが，もしその値を取る確率が非常に小さいならば，その項は分散にあまり影響しない。確率関数が平均の周辺の座標で高い値になり，平均から遠くはずれた座標で非常に小さい値になるならば，確率関数が正である範囲が広くとも分散は小さくなる。逆の場合も考えられる。連続型では，積分が発散することもある。

　分散の正の平方根は標準偏差 (standard deviation) と呼ばれ，よく利用される代表値である。標準偏差は sd, $s.d.$, あるいは D と記される。ギリシャ文字 σ（シグマ，小文字）で示されることも多い。

期待値計算　平均や分散は，離散確率変数では，確率関数を重みとした加重平均である。連続確率変数では密度関数を重みとした加重平均である。このような平均や分散の一般的な操作法として期待値 (expectation) が知られている。期待値は確率変数の関数の平均である。確率変数の任意の関数を $g(X)$ と書くなら，離散確率変数では

$$E\{g(X)\} = g(x_1)p(x_1) + \cdots + g(x_m)p(x_m)$$
$$= \sum_{i=1}^{m} g(x_i)p(x_i) \tag{6.24}$$

と定義される。連続確率変数では x を積分変数として

$$E\{g(X)\} = \int_{-\infty}^{\infty} g(x)f(x)dx \tag{6.25}$$

と定義される。平均は $g(X) = X$，分散は $g(X) = (X-\mu)^2$ と関数 g を定めた場合の期待値である。

期待値には操作上便利な性質がいくつかあるが、そのうちとくに重要なものをここで紹介しよう。ただし、$E(X) = \mu$ とする。

性質6.1 定数 c について $E(c) = c$.

（証明） 密度関数の総面積は1だから

$$E(c) = \int_{-\infty}^{\infty} cf(x)dx \qquad (6.26)$$
$$= c\int_{-\infty}^{\infty} f(x)dx$$
$$= c$$

となる。■

性質6.2 $E(X - \mu) = 0$.

（証明）

$$E(X - \mu) = E(X) - E(\mu) \qquad (6.27)$$

と分解できる。第1項は μ となる。μ が定数であるので、第2項は μ である。■

性質6.3 $E(aX + b) = a\mu + b$.

（証明） a と b を定数とし、$g(X) = aX + b$ とすれば、

$$E(aX + b) = \int_{-\infty}^{\infty} (ax + b)f(x)dx \qquad (6.28)$$
$$= a\int_{-\infty}^{\infty} xf(x)dx + b\int_{-\infty}^{\infty} f(x)dx$$
$$= a\mu + b$$

となる。■

性質 6.4　2つの関数 $g(X)$ と $h(X)$ について，

$$E\{cg(X) + dh(X)\} = cE\{g(X)\} + dE\{h(X)\}.$$

（証明）　c と d は定数として

$$\begin{aligned}
E\{cg(X) + dh(X)\} &= \int_{-\infty}^{\infty} \{cg(x) + dh(x)\}f(x)dx \quad (6.29) \\
&= c\int_{-\infty}^{\infty} g(x)f(x)dx + d\int_{-\infty}^{\infty} h(x)f(x)dx \\
&= cE\{g(X)\} + dE\{h(X)\}
\end{aligned}$$

となる。■

分散式の分解　**性質 6.5**　分散は，2乗の期待値 − 平均の2乗，

$$V(X) = E(X^2) - \mu^2 \quad (6.30)$$

と分解できる。

（証明）　2乗式を展開して

$$\begin{aligned}
V(X) &= E\{(X - \mu)^2\} \quad (6.31) \\
&= E(X^2 - 2X\mu + \mu^2) \\
&= E(X^2) - E(2X\mu) + E(\mu^2)
\end{aligned}$$

と分解できる。第3項は定数の期待値だから定数にもどる。第2項は $2X\mu$ を期待値の定義に代入すれば，

$$E(2X\mu) = 2\mu E(X) = 2\mu^2$$

となり，整理すれば (6.30) 式になる。■

分散は (6.30) 式，あるいはもとの定義式 (6.31) から計算すればよい。(6.30) 式と，標本分散を計算する際に用いられる，(1.20) 式との類似性に注

意しよう。

性質 6.6 確率変数の 1 次式 $aX + b$ の分散は

$$V(aX + b) = a^2 V(X) \tag{6.32}$$

となる。

（証明）

$$V(aX + b) = E\{aX + b - E(aX + b)\}^2 \tag{6.33}$$
$$= a^2 E\{(X - \mu)^2\} \tag{6.34}$$

となる。定数 b は，期待値を引く際に消えてしまう。■

期待値の性質を定式化したが，ここで確率変数の標準化（基準化，standardization）を導入する。

性質 6.7 確率変数 X が平均 μ，分散 σ^2 をもつとしよう。このとき

$$Z = \frac{1}{\sigma}(X - \mu) \tag{6.35}$$

と確率変数 Z を定めれば，Z は

$$E(Z) = 0, \quad V(Z) = 1 \tag{6.36}$$

となる。Z を標準化確率変数という。

確率分布のパーセント点 平均や分散のほかに，パーセント点（percentile），あるいは分位点（quantile）が分布の特徴を表すために便利な代表値である。また平均や分散と同様に，分布の中心位置と散らばり具合も，このパーセント点を用いて表すことができる。第 1 章 5 節表 1-2（25 頁）の累積相対度数と異なり，本節では確率変数の理論的な分布に関してパーセント点を求めていることに注意しよう。

連続な確率変数 X の分布関数を $F(x)$ とすると，X の $\alpha\%$ 点は次式を満た

4 分布の代表値　183

FIGURE 図 6-6 ● 分位点（パーセント点）を求める

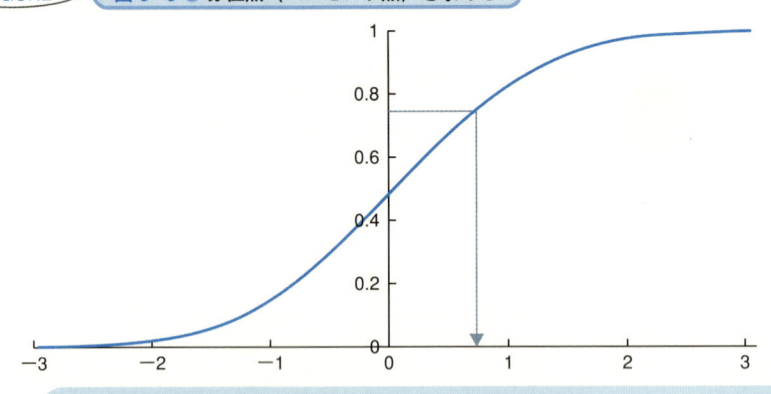

分位点とは，与えられた確率をもたらす x 座標値のこと。

す t である。

$$F(t) = P(X \leq t) = \alpha, \quad 0 < \alpha < 1 \tag{6.37}$$

図 6-6 は連続な分布関数の例だが，任意の y 軸値 α に対して，分布関数を通して x 軸の座標値をみつけることができる。

離散確率分布では，(6.37) 式の等号を満たす座標値 t が必ずしも存在しないから，$\alpha\%$ を超える確率を与える X の実現値

$$F(t) = P(X \leq t) \geq \alpha \tag{6.38}$$

のうち，最小のものを $100\alpha\%$ 点とする。図 6-2 において，75% 点を求めてみよう。

$$F(5) = \frac{5}{6} = 0.833, \quad F(4) = \frac{4}{6} = 0.667$$

だから，$X = 5$ が 75% 点になる。

パーセント点のうち，四分位点 (quartile)，メジアン (中央値, median)，四分位範囲 (inter quartile range) などの定義は，第 1 章で与えられた標本統計量に関する定義と変わらない。

TABLE 表 6-6 ● 第1および第3四分位点を求める

	$x<2$	$2\leq x<3$	$3\leq x<4$	$4\leq x<5$	$5\leq x<6$	$6\leq x<7$
$P(x)$	0	$\frac{1}{36}$	$\frac{2}{36}$	$\frac{3}{36}$	$\frac{4}{36}$	$\frac{5}{36}$
$F(x)$	0	$\frac{1}{36}$	$\frac{3}{36}$	$\frac{6}{36}\fallingdotseq 0.17$	$\frac{10}{36}\fallingdotseq 0.28$	$\frac{15}{36}\fallingdotseq 0.42$

	$7\leq x<8$	$8\leq x<9$	$9\leq x<10$	$10\leq x<11$	$11\leq x<12$	$12\leq x$
$P(x)$	$\frac{6}{36}$	$\frac{5}{36}$	$\frac{4}{36}$	$\frac{3}{36}$	$\frac{2}{36}$	$\frac{1}{36}$
$F(x)$	$\frac{21}{36}\fallingdotseq 0.58$	$\frac{26}{36}\fallingdotseq 0.72$	$\frac{30}{36}\fallingdotseq 0.83$	$\frac{33}{36}$	$\frac{35}{36}$	1

　メジアンと四分位範囲は，平均と分散に非常によく似た意味をもつ代表値である．しかし，分散ははずれの2乗の加重平均であるから，分布の両端に存在する大きなはずれ値に強く影響を受ける．ところが四分位範囲は両端の25%を切り捨てるため，極端なはずれ値にはあまり影響を受けない性質をもっている．

　パーセント点は，平均などと違って積分の存在不存在は問題にならず，分布関数から常に計算しうる指標である．

例 6.6　サイコロを2個投げる試行，例題6.1において，確率関数は表6-6のようになる．この確率関数から分布関数を導くと，$x<2$ なら 0，x が 12 以上なら 1 となる．第1四分位点は，4だと25%を超えないので，25%を超える確率をもたらす座標値の中で最小値である5になる．以下同じ理由で，メジアンは，6だと50%を超えないから，7になる．この例ではメジアンと平均が一致している．75%点は，9になる．このように離散確率変数では，求まるパーセント点が，望まれるパーセントからはずれることが多い．四分位範囲は $9-5=4$ である．

> 例題 6.4 ● 分位点と密度関数の導出
>
> x が負値ならば $F(x) = 0$,
>
> $$F(x) = x^a, \quad 0 \leq x \leq 1$$
>
> 1 より大なら $F(x) = 1$ とする。a は正の実数である。この関数は分布関数の条件を満たしている。この分布の，分位点と密度関数を導きなさい。

（解答） 任意の 0 から 1 までの確率 y について，分位点は，$x_y = y^{1/a}$ となる。a が 2 なら，メジアンは $\sqrt{1/2} \fallingdotseq 0.71$，第 1 四分位点は $\sqrt{1/4} = 1/2$，第 3 四分位点は，$\sqrt{3/4} \fallingdotseq 0.87$ となり，四分位範囲はだいたい 0.37 である。密度関数は，導関数を求めれば $f(x) = ax^{a-1}$ だから，平均は

$$E(X) = \int_0^1 x \cdot ax^{a-1} dx = \int_0^1 ax^a dx = \frac{a}{1+a}$$

2 乗の期待値は $E(X^2) = a/(2+a)$ となる。分散を求めよう。

SECTION 5　同時確率関数の代表値

　本章 2 節で説明したように，複数の確率変数に関する確率関数を同時確率関数と呼ぶ。同時確率分布がわかっていれば，個々の確率変数の確率関数も付随的に導出できる。個々の確率変数の確率分布を周辺確率関数と呼ぶ。理由は，同時確率関数表の行和あるいは列和として，周辺確率関数が表の縁に求められるからである。

　個々の確率変数の分布である周辺分布は，同時確率関数から容易に導くことができる。逆に，個々の確率変数の確率関数が与えられていても，同時確率関数を導くことはできない。172 頁の表 6-5 についていえば，行和と列和が与えられていても同時確率関数を導くことはできない。したがって同時確率関数のほうが周辺確率関数よりも多くの情報を含んでいる。もし確率変数が互いに独立であるならば，169 頁の表 6-2 で見たように，周辺確率関数の積によって，同時確率関数を導くことができる。

共 分 散

確率変数 X と Y の同時確率関数が与えられているとしよう。確率変数 X と Y の平均や分散は周辺確率関数から求めればよく，同時確率関数は必要とされない。しかし，同時確率関数が存在する場合は，各確率変数の平均や分散だけでなく，X と Y の共分散が計算できる。<u>共分散</u>（covariance）は確率変数間の共変動の大きさを示し，

$$Cov(X,Y) = E\{(X-\mu_X)(Y-\mu_Y)\} \tag{6.39}$$

となる。右辺は (6.30) 式と同様に

$$E\{(X-\mu_X)(Y-\mu_Y)\} = E(XY) - \mu_X\mu_Y \tag{6.40}$$

と分解できる。さらに，右辺の第 1 項は同時確率関数に関する期待値であり，同時確率関数

$$p_{X,Y}(x_i, y_j), \quad i=1,\cdots,m, \quad j=1,\cdots,n$$

について

$$E(XY) = \sum_{i=1}^{m}\sum_{j=1}^{n} x_i y_j p_{X,Y}(x_i, y_j) \tag{6.41}$$

と定義される。この期待値の意味は，1 変数の場合と同じで，X と Y の取るすべての値について，積 $x_i y_j$ の加重平均となる。確率がウェイトである。

X と Y が独立に分布する確率変数であれば，

$$E(XY) = E(X)E(Y) = \mu_X\mu_Y \tag{6.42}$$

かつ，

$$Cov(X,Y) = 0. \tag{6.43}$$

したがって，共変動はない。

（証明） 離散確率変数に関しての証明を与えよう。2 つの確率変数は独立に分布するので，

5 同時確率関数の代表値 187

> **COLUMN** *6-1 期待収益率とリスク*
>
> 　確率変数の性質を使えば，ファイナンス理論で扱われる証券のポートフォリオ（組合せ）についての期待収益率やリスクの分析が可能になる。簡単な説明をするために，株式 a と b の収益率は各々 A と B であるとしよう。収益率（リターン）は定まっていないから A と B は確率変数で，期待値（期待収益率）は
>
> $$E(A) = \mu_A, \quad E(B) = \mu_B$$
>
> とする。さらに A と B の分散（リスク）を各々
>
> $$V(A) = \sigma^2_A, \quad V(B) = \sigma^2_B$$
>
> とし，収益率の相関係数を ρ とする。収益率の標準偏差 σ（シグマ）をボラティリティ（volatility）と呼ぶ。
>
> 　1万円の投資をする際に，株式 a あるいは株式 b を1万円分もつのではなく，1万円の一部を a に，残りを b に振り分けるとしよう。これを a と b のポートフォリオと呼ぶ。ポートフォリオの収益率を C と記せば
>
> $$C = tA + (1-t)B$$
>
> となる。振り分け比率 t は正の値だが，1より小である。
> 　収益はリスクを負担することにより生まれるが，リスクが大なら期待収益率

$$p_{X,Y}(x_i, y_j) = p_X(x_i) p_Y(y_j)$$

となる。したがって，

$$\begin{aligned}
E(XY) &= \sum_{i=1}^{m} \sum_{j=1}^{n} x_i y_j p_{X,Y}(x_i, y_j) \\
&= \sum_{i=1}^{m} \sum_{j=1}^{n} x_i y_j p_X(x_i) p_Y(y_j) \\
&= \sum_{i=1}^{m} x_i p_X(x_i) \sum_{j=1}^{n} y_j p_Y(y_j) \\
&= \mu_X \mu_Y
\end{aligned}$$

も大となる。a はハイリスク・ハイリターン型の株式，b はローリスク・ローリターン型とすると

$$\mu_A > \mu_B$$
$$\sigma^2_A > \sigma^2_B$$

である。以下，期待収益率，リスク，さらに両株式間の相関係数 ρ は既知としよう。このような条件のもとで，ポートフォリオ C の期待値を計算すると

$$\mu_C = t\mu_A + (1-t)\mu_B$$

となる。分散は

$$\sigma^2_C = t^2 \sigma^2_A + 2t(1-t)\sigma_A\sigma_B\rho + (1-t)^2 \sigma^2_B$$

で表され，ボラティリティは分散の平方根となる。分散は t の2次関数になっているので，分散を最小にする t を求めることができる。ポートフォリオ分析では，ポートフォリオの収益率 μ_C を所与として，ボラティリティを最小にする分配比率 t を求める。

ここで，$\mu_A = 3, \mu_B = 1, \sigma_A = 3, \sigma_B = 1, \rho = -1/3$ として，ρ と σ^2_C の関係を求めてみよう。

と分解できる。■

2個の確率変数間の結びつき具合を測る特性値として相関係数（correlation coefficient）がある。データから計算される標本相関係数（sample correlation coefficient）は (2.18) 式および (4.2) 式で定義されたが，母集団における相関係数は

$$\rho = \frac{Cov(X, Y)}{\sqrt{V(X)V(Y)}} \tag{6.44}$$

と定義される。2確率変数が独立な場合は，(6.43) 式により相関係数は0になる（しかし，相関係数が0であっても，2確率変数が独立であるとはいえない。練習問題 6-5 を参照のこと）。相関係数はコーシー=シュワルツの不等式（Cauchy-

Schwarz's inequality) によって，絶対値が 1 より小さいことを証明できる．絶対値が 1 になるための必要十分条件は，2 個の確率変数間に 1 次の関係，$X = aY + b$，が存在することである．つまり，2 確率変数が完全に同じ変動を示すとき，相関係数は 1 になる．

表 6-5 では，Z と W は同じ確率関数をもつが，周辺分布を用いて平均を求めると

$$E(Z) = 0 \times \frac{1}{2} + 2 \times \frac{1}{2} = 1$$

となり，分散は

$$E(Z^2) = 0 \times \frac{1}{2} + 4 \times \frac{1}{2} = 2$$

より

$$V(Z) = E(Z^2) - E(Z)^2 = 1$$

となる．共分散は，$E(XY)$ が 0 になるので，

$$Cov(X,Y) = 0 - 1 \times 1 = -1$$

となる．相関係数は，-1 になる．実際，2 変数の間には，$Z = 2 - W$，という 1 次の関係が成立している．

和の性質 確率変数が複数ある場合の期待値計算で，和の平均は平均の和という性質を述べておこう．

定理 6.1 確率変数 X と Y について，

$$E(X + Y) = E(X) + E(Y). \tag{6.45}$$

（証明） 離散確率変数の場合について証明をする．確率変数 X は m 個の値 $x_1, x_2, \cdots, x_m$ を取り，Y は n 個の値 $y_1, y_2, \cdots, y_n$ を取るとする．X と Y の同時確率関数は，(6.8) 式のようになる．X と Y の周辺確率関数は，他方の確率変数が取る値に関して和を求めればよく，(6.9) 式，(6.10) 式のように定義される．求める期待値は，

$$E(X+Y) = \sum_{i=1}^{m}\sum_{j=1}^{n}(x_i+y_j)p_{X,Y}(x_i,y_j)$$
$$= \sum_{i=1}^{m}x_i\sum_{j=1}^{n}p_{X,Y}(x_i,y_j) + \sum_{j=1}^{n}y_j\sum_{i=1}^{m}p_{X,Y}(x_i,y_j)$$
$$= \sum_{i=1}^{m}x_i p_X(x_i) + \sum_{j=1}^{n}y_j p_Y(y_j)$$

となり,第1項は $E(X)$,第2項は $E(Y)$ である。■

統計分析では,和の分散もよく使われる。一般に,和の分散は分散の和にはならない。

定理6.2　確率変数 X と Y について,
$$V(X+Y) = V(X) + V(Y) + 2Cov(X,Y). \tag{6.46}$$
X と Y が独立なら,
$$V(X+Y) = V(X) + V(Y). \tag{6.47}$$

(**証明**)　離散確率変数の場合について証明をする。$\mu_X = E(X)$, $\mu_Y = E(Y)$ として求める期待値は,

$$\begin{aligned}
V(X+Y) &= \sum_{i=1}^{m}\sum_{j=1}^{n}(x_i+y_j-\mu_X-\mu_Y)^2 p_{X,Y}(x_i,y_j) \\
&= \sum_{i=1}^{m}\sum_{j=1}^{n}\{(x_i-\mu_X)^2+(y_j-\mu_Y)^2 \\
&\quad + 2(x_i-\mu_X)(y_j-\mu_Y)\}p_{X,Y}(x_i,y_j) \\
&= \sum_{i=1}^{m}(x_i-\mu_X)^2\sum_{j=1}^{n}p_{X,Y}(x_i,y_j) + \sum_{j=1}^{n}(y_j-\mu_Y)^2\sum_{i=1}^{m}p_{X,Y}(x_i,y_j) \\
&\quad + 2\sum_{i=1}^{m}\sum_{j=1}^{n}(x_i-\mu_X)(y_j-\mu_Y)p_{X,Y}(x_i,y_j) \\
&= \sum_{i=1}^{m}(x_i-\mu_X)^2 p_X(x_i) + \sum_{j=1}^{n}(y_j-\mu_Y)^2 p_Y(y_j) + 2Cov(X,Y) \\
&= V(X)+V(Y)+2Cov(X,Y)
\end{aligned}$$

となる。$Cov(X,Y)$ と $Cov(Y,X)$ は同じであることに注意しよう。独立な場合は，共分散は (6.43) 式により 0 である。■

証明では，2乗式を展開して，各項の期待値を求めている。2乗の項は分散になり，積の項は共分散になる。2確率変数が独立な場合は，共分散が0であるので，分散の項しか残らない。この考え方を拡張すると，一般の和についても同様の性質を導くことができる。

定理6.3 n 個の確率変数 $X_i, (i=1,2,\cdots,n)$，の平均を $E(X_i)=\mu_i$，とする。和

$$W = \sum_{i=1}^{n} X_i \tag{6.48}$$

の平均と分散は

$$E(W) = \sum_{i=1}^{n} \mu_i \tag{6.49}$$

$$V(W) = \sum_{i=1}^{n} V(X_i) + 2\sum_{i=1}^{n}\sum_{j=i+1}^{n} Cov(X_i, X_j) \tag{6.50}$$

となる。すべての確率変数が独立な場合は，

$$V(W) = \sum_{i=1}^{n} V(X_i) \tag{6.51}$$

となる。

（証明） 定理 6.2 に合わせて，n が 3 の場合について証明をしてみよう。積の項は 6 あるが，$Cov(X_i, X_j)$ は $Cov(X_j, X_i)$ に等しいので，$2Cov(X_1, X_2)$, $2Cov(X_1, X_3)$, $2Cov(X_2, X_3)$ にまとめられる。後はシグマの範囲を確認すればよい。■

条件つき確率関数

第 5 章 3 節において，ある事象を条件としたときの条件つき確率を定義した。X と Y の同時確率関数においても，たとえば $(X = x)$ という条件のもとでの，Y の条件つき確率が存在する。表 6-5 にもどって，Z が 0 のときの W の**条件つき確率関数**を求めるには，$Z = 0$ の行を，行和で割ればよい。なぜなら，$Z = 0$ の行では，確率の総和が 1 になっていない。そこで，確率の総和が 1 になるように，行和で各要素を割るのである。結果は，

W	0	2
P(W|Z=0)	0	1

となる。「$Z = 0$」という条件により制約された W の標本空間は，2 個の根元事象 0, 2 のみからなり，根元事象の生じる確率の和は 1 になる。したがって，確率分布の要件を満たす。この確率分布を，$Z = 0$ のときの**条件つき確率分布**と呼ぶ。条件つき確率関数は，

$$P_{W|Z}(0|0) = 0, \quad P_{W|Z}(2|0) = 1$$

となる。

　条件つき確率関数は確率関数の一種であるから，条件つき確率関数に関する平均や分散が定義できる。**条件つき平均** (conditional mean)，**条件つき分散** (conditional variance) と呼ぶ。「$Z = 0$」の条件下では，条件つき平均は，条件つき確率関数により，

$$E(W|Z = 0) = 0 \times 0 + 2 \times 1 = 2$$

条件つき分散は，

$$V(W|Z = 0) = 0$$

となる。一点を確率 1 で取る特殊な分布であるから，分散は 0 となっている。同じく，Z が 0 のもとでの W の条件つき確率関数は

W	0	2
$P(W|Z=2)$	1	0

となる。さらに，$E(W|Z = 2) = 0$, $V(W|Z = 2) = 0$, である。

EXERCISE ●練習問題

6-1 x が区間 $(-1, 1)$ に入るとき c，区間外で 0 となる密度関数の定数 c を求めなさい。またこの分布の平均と分散を求めなさい。25% 点と 75% 点を求めなさい。

6-2 歪みのないサイコロを投げる試行において，出る目の平均と分散を求めなさい。

6-3 $F(x)$ は，x が 1 より小のとき 0, 1 より大となるとき

$$1 - \frac{1}{x^2}$$

とする。

(1) $F(x)$ が分布関数の条件を満たすことを調べなさい。

(2) $F(x)$ の密度関数を求めなさい。
(3) x が区間 $(2,3)$ に入る確率を求めなさい。
(4) この分布関数をもつ確率変数 X の四分位点を求めなさい。
(5) 平均を求めなさい。
   (注) 分散は存在しない。

6-4 同時確率関数が

X\Y	0	1	2
0	1/15	4/15	1/15
1	4/15	4/15	0
2	1/15	0	0

のように与えられている。確率変数 X と Y の平均，分散，共分散，相関係数を計算しなさい。2個の確率変数は独立に分布しているかどうか調べなさい。

6-5 (1) 表6-4にそって，確率変数 $Z = X+Y$ と $W = X-Y$ の同時確率関数を求めなさい。
(2) Z と W の周辺確率関数を求め，Z と W の平均と分散を求めなさい。
(3) Z と W の共分散を求めなさい。
(4) Z と W が独立に分布するか否かを調べなさい。

6-6 ある株式 a の株価は確率1/3で2倍に，確率2/3で半分になると予想される。この株式の期待収益率とリスクを計算しなさい。

6-7 株式 b の株価は確率1/3で4倍，確率2/3で1/4になるという。株式 a と同様に b の期待収益率とリスクを計算しなさい。さらに，a と b を半分ずつ組み合わせたポートフォリオの期待収益率と分散を計算しなさい。ただし，$\rho = -1/4$，つまり a と b は反対の変動をしやすいとする。

6-8 相関係数の絶対値は1より小である。この性質を，確率変数 X と Y の1次関数 $X - tY$ の分散が負にはならないことを用いて証明しなさい。ただし，t は実数とする（ヒント：根の判別式を使う。第2章5節「標本相関係数の特性」の項を参照せよ）。

6-9 相関係数が1になる場合は，X と Y にいかなる関係があるか説明しなさい。

第 7 章 基本的な分布

10マルク紙幣。ヨハン・カール・フリードリヒ・ガウス（1777–1855）と，彼が導いた正規分布（ガウス分布）が印刷されている。

- KEYWORD
- FIGURE
- TABLE
- COLUMN
- EXAMPLE
- BOOK GUIDE
- EXERCISE

CHAPTER 7 INTRODUCTION

　本章では統計学で最も頻繁に扱われる（累積確率）分布関数を取り上げ，その性質を説明する。分布関数には未知の係数が含まれるのが通常であるが，この未知の係数をパラメータ（parameter）または母数と呼ぶ。分布関数は確率変数が連続型であるか離散型であるかによって，連続分布関数と離散分布関数に大別できる。

　離散確率変数に関しては，分布関数 $F(x)$ を構成する確率関数を説明する。分布関数は，確率変数が x 以下の値を取る場合の確率関数の和として表現できる。

　連続確率変数については，（確率）密度関数が定義される。分布関数 $F(x)$ は，x 以下の値における密度関数の面積である。

　基本的な分布を使うためには分布表が必要である。応用上よく使われる分布表は，巻末に与えられている。この章では巻末付表の使い方を解説する。

> **KEYWORD**
>
> ベルヌーイ試行　　二項分布　　二項展開　　再生性　　数式バー　　論理式　　平均発生回数　　未知母数　　基準時間　　ポアソン確率関数　　スターリングの公式　　小数の法則　　パレート分布　　パレート係数　　不平等度　　継続モデル　　無記憶性　　母数（パラメータ）　　標準正規分布　　補間法　　シミュレーション　　乱数の発生　　乱数表　　標準正規乱数　　ランダムシード　　周辺密度関数　　条件つき密度関数　　条件つき平均　　条件つき分散　　積率母関数　　積率（モーメント）　　歪度　　尖度　　ネイピア数 e

SECTION 1　離散分布

ベルヌーイ分布

結果が2種類しかない試行（実験）をベルヌーイ試行（Bernoulli experiments）という。(6.1)式の硬貨投げのゲームは，その例である。通常試行の結果は「成功」と「失敗」に分けられるから，標本空間は $\mathcal{S} = \{成功, 失敗\}$ となる。硬貨投げでは表が出れば「成功」，裏が出れば「失敗」とすればよい。成功の確率は，

$$P(成功) = p, \quad P(失敗) = q = 1 - p \tag{7.1}$$

と一般的に定めておく。サイコロを投げて出る目が2以下なら成功，3以上なら失敗とすれば，$p=1/3$, $q=2/3$ となる。ベルヌーイ試行はこのように簡単な実験であるが，二項分布（binomial distribution）を構成する基礎になる。

ベルヌーイ確率変数 X は，試行が $\{成功\}$ なら1，$\{失敗\}$ なら0と定義する。ベルヌーイ試行における確率関数は，

$$P(X = x) = p^x (1-p)^{1-x}, \quad x = 0, 1 \tag{7.2}$$

とも書かれるが，実際，x が1なら p, 0なら $1-p$ になっている。他の実数値においては確率関数の値は0である。分布関数は，

$$F(x) = \begin{cases} 0, & x < 0 \\ 1-p, & 0 \leq x < 1 \\ 1, & 1 \leq x \end{cases}$$

となる。

定理 7.1 ベルヌーイ確率変数の平均は p, 分散は pq である。

(証明) 平均は，定義により

$$E(X) = 1 \times p + 0 \times (1-p) = p$$

となる。分散を求めるため，先に 2 乗の期待値を計算すると，

$$E(X^2) = 1^2 \times p + 0^2 \times (1-p) = p$$

となる。したがって，

$$V(X) = E(X^2) - E(X)^2 = p - p^2 = p(1-p) = pq \quad \blacksquare$$

二項分布 独立なベルヌーイ試行を n 回繰り返してみよう。独立なベルヌーイ試行における確率変数を，$X_i, (i = 1, \cdots, n)$ と表記すると，各 X_i は 1 か 0 の値を取る。確率変数 X をベルヌーイ試行の総和と定義しよう。

$$X = X_1 + \cdots + X_n \tag{7.3}$$

定義により，X の意味は，「n 回の試行のうちで成功した回数」となる。だから X が取る値は，0 から n までの整数値になる。

成功回数が，0 から n までの整数値 i に等しい確率関数は

$$P(X = i) = p(i) = {}_nC_i p^i q^{n-i}, \quad i = 0, 1, \cdots, n \tag{7.4}$$

となる。

（証明）　n 回の試行は独立であるので，x 回成功する確率は p^x，$(n-x)$ 回失敗する確率は q^{n-x} である。成功と失敗を各々 S，F と記す。最初の x 回が成功ならば，この確率は

$$P(S, S, \cdots, S, F, F, \cdots, F) = P(S)^x P(F)^{n-x}$$
$$= p^x q^{n-x}$$

となる。n 回のうち x 回の成功はどこで起きてもよく，n 回のうち x 回成功する組合せは ${}_nC_x$ 存在する。確率の総和は，$(p+q)^n$ の**二項展開** (binomial expansion，第 5 章補論「二項展開とパスカルの三角形」〔158 頁〕参照）になっているので 1 である。■

二項分布を定める母数は n と p である。特定の n と p を伴った二項分布を $B(n,p)$ と記す。分布関数は，整数値 x に関して，

$$F(x) = \sum_{i=0}^{x} p(i), \quad x = 0, 1, \cdots, n$$

となる。実数値 x に関しての分布関数を定めなさい。

定理 7.2　二項確率分布の平均と分散は，

$$E(X) = np, \quad V(X) = npq \tag{7.5}$$

となる。

（証明）　二項確率変数は独立なベルヌーイ確率変数の和だから，定理 6.3（192 頁）により，

$$E(X) = E(X_1) + \cdots + E(X_n) = np$$

となる。同じ定理により，分散も各ベルヌーイ確率変数の分散の和になるから，

$$V(X) = nV(X_1) = npq$$

となる。確認のため，各項間の積の期待値を再計算すると，確率変数の独立

性により，

$$E\{(X_1-p)(X_2-p)\} = E(X_1-p)E(X_2-p)$$

と分解できる．ここで

$$E(X_1-p) = E(X_1) - p = 0$$

となる．

　二項確率関数を使った導出も可能である．

$$E(X) = \sum_{x=0}^{n} x \frac{n!}{x!(n-x)!} p^x q^{n-x}$$

x が 0 の項は 0 になり，また 0 でないなら分母分子の x を消去すれば

$$= np \sum_{x=1}^{n} \frac{(n-1)!}{(x-1)!\{(n-1)-(x-1)\}!} p^{x-1} q^{(n-1)-(x-1)}$$

となる．この式では，たとえば $y = x-1$ と変数変換すれば

$$= np \sum_{y=0}^{n-1} \frac{(n-1)!}{y!\{(n-1)-y\}!} p^y q^{(n-1)-y}$$

となるが，$\sum$ は二項確率関数 $B(n-1, p)$ の総和になり，1 と求まる．したがって平均は np である．分散は，分母分子の消去ができるように $E\{X(X-1)\}$ の期待値を求め，

$$V(X) = E\{X(X-1)\} + E(X) - E(X)^2$$

という分解式を使って計算する．■

　次に，二項確率変数の重要な性質を定理として紹介する．成功確率を共有する独立な二項確率変数の和の分布は，二項分布になるという性質である．もとの分布が同じであっても，和の分布がもとの分布を維持する確率変数はあまりない．分布が維持される場合は再生性があるという．

定理 7.3　二項確率変数の再生性　　X は $B(n,p)$，Y は $B(m,p)$，かつ X と Y が独立に分布するならば，$X+Y$ は $B(n+m, p)$ になる．

FIGURE 　図 7-1 ● 二項確率関数 $B(10, 0.3)$ と $B(10, 0.7)$

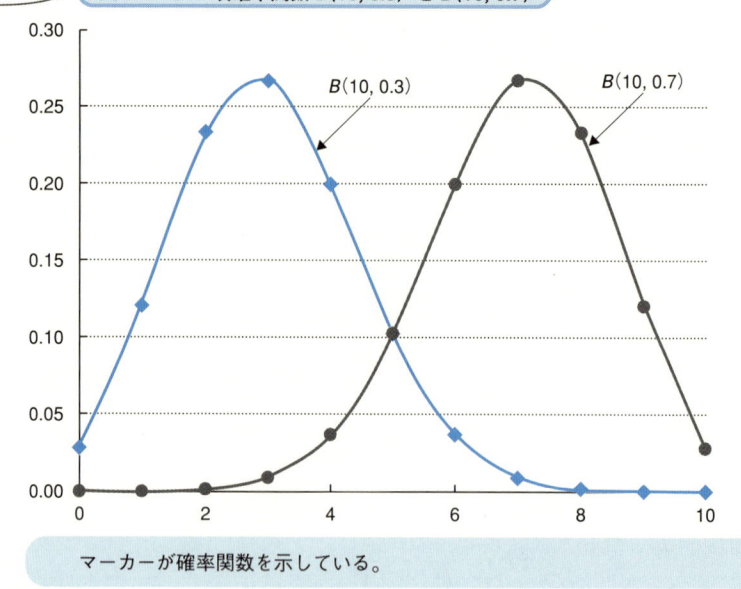

マーカーが確率関数を示している。

（証明）　X と Y は各々 n 個，m 個の独立に分布するベルヌーイ確率変数から構成されていることから明らかである。■

図 7-1 では，$B(10, 0.3)$ と $B(10, 0.7)$ を示すが，頂点の位置がちょうど np に一致している。

二項確率分布表　　簡単な二項確率分布表が巻末付表 2 に与えられている。巻末付表 2 は，n が 5, 10, 15, 20, 25 の 5 つの表から構成される。各表では，確率 0.01, 0.05, 0.1, 0.2, 0.3, 0.4, 0.5 が，第 1 行に示されている。表を使う際は，まず n を選び，次に，確率 p を選ぶ。表に必要な p があれば，その列が分布関数になっている。

1 列目は事象が起きる回数を示している。事象の起きる回数を x とすれば，各行は，事象の起きる回数が x 回以下の確率，$P(B(n,p) \leq x)$ である。表にない確率は，Excel で正確な値を求めることができる。

p が 0.5 より大なら，p を q に，また成功回数を失敗回数に変えて，失敗回

数に関する確率を求める。例として，$B(20, 0.7)$ の場合の確率 $P(X \leq 10)$ を求めよう。この確率 $P(B(20, 0.7) \leq 10)$ は，0.7 を 0.3 に変え，失敗回数が 10 以上である確率 $P(10 \leq B(20, 0.3) \leq 20)$ に等しい。後者の確率を求める。

巻末付表 2 は，事象が起きる回数が x 以下の確率であるので，二項確率 $B(20, 0.3)$ が，10 以上 20 以下である確率は，

$$P(10 \leq B(20, 0.3) \leq 20) = 1 - P(0 \leq B(20, 0.3) \leq 10)$$

となる。したがって表より，$P(0 \leq B(20, 0.3) \leq 10)$ を求めて計算する。

(証明)

$$P(B(20, 0.7) \leq 10) = \sum_{x=0}^{10} \frac{20!}{x!(20-x)!} 0.7^x 0.3^{20-x}$$

だが，失敗回数は $y = 20 - x$ だから，上の式において，x を $20 - y$ に置き換える。$\sum$ の上限と下限は，$x = 0$ なら $y = 20 - 0 = 20$, $x = 10$ なら $y = 20 - 10 = 10$ だから，求める確率は

$$= \sum_{y=10}^{20} \frac{20!}{y!(20-y)!} 0.7^{20-y} 0.3^y$$

となる。つまり，$P(10 \leq B(20, 0.3) \leq 20)$。■

Excel による二項確率の計算

Excel で二項確率を計算する方法を説明しておこう。図 7-2 では，$B(20, 0.3)$ の分布表の計算を B 列で行っている。A 列は，実験における成功の回数 0 から 20 が入力されている。また B2 のセルには，成功確率 $p = 0.3$ が入力されている。B3 のセルには，関数 f_x の BINOMDIST (★, 102 頁) を使って，成功回数 0 の場合の二項確率を求める式が入力されている。このセルの数式「=BINOMDIST($A3,20,B$2,TRUE)」が，数式バーに示されている。$A3 は A3 セルの成功回数 0 を指定するが，列名は$で固定する。20 は観測個数，成功確率は B$2 で指定するが，行番は$で固定する。最後は関数形式を指定する論理式で，分布関数が TRUE，確率関数が FALSE である。B 列の 4 行目以下は，図に示されている B3 セル右下コーナーのフィルハンドルを下

1 離散分布   203

図7-2 ● Excelによる二項確率分布の計算

数式バーに：=BINOMDIST($A3,20,B$2,TRUE)

	A	B	C
1			
2		0.3	0.7
3	0	0.0008	0.0000
4	1	0.0076	0.0000
5	2	0.0355	0.0000
6	3	0.1071	0.0000
7	4	0.2375	0.0000
8	5	0.4164	0.0000

数式バーに，式が表示されている。

に引っ張れば求まる。

C2セルには成功確率0.7を入力してあるから，B3からB23をコピーして，C3にマウスポイントを置きペーストすれば，C列の計算ができる。巻末付表2もこのようにして作成した。この方法により，自由なn，自由な成功確率pについて分布関数を求めることができる。

例題7.1 ● 二項確率の計算とその代表値

ある子どもが5匹の金魚をすくったとする。個々の金魚が1週間以内に死ぬ確率が9割だとしよう。また個々の金魚の生死は独立な試行だとしよう。

(1) 少なくとも1匹生き残る確率を求めなさい。
(2) 多くとも1匹しか生き残れない確率を求めなさい。
(3) 分布の平均，分散，メジアンを求めなさい。

（解答） 生きていれば成功，死ねば失敗と決めるならば，x匹の金魚が1週間生きている確率は二項分布によって与えられ，確率関数は，

$$p(x) = {}_5C_x (0.1)^x (0.9)^{5-x}$$

となる。確率は，次の表のようになる（小数点以下4位まで）。

x	0	1	2	3	4	5
p	0.59049	0.32805	0.07290	0.00810	0.00045	0.00001

(1) 少なくとも1匹生きる確率は1匹も生き残らないという事象の余事象だから，

$$P(X \geq 1) = 1 - p(0) \fallingdotseq 0.41$$

となる。

(2) 多くとも1匹しか生き残れない確率は

$$P(X \leq 1) = p(0) + p(1) \fallingdotseq 0.92$$

と非常に高い（巻末付表2により，これらの確率を確認しなさい）。

(3) 平均は0.5，分散は0.45である。メジアンは0，第1四分位点は0，第3四分位点は1となり，パーセント点は分布の特徴を表すには荒すぎる。平均0.5は整数にならず，金魚の数として理解が難しい。

ポアソン分布

ある交差点で1年間に起きる交通事故の回数のように，1度でも起きる頻度は非常に低いが，起きる回数の上限を決めることもできないような事象がある。このような事象の分布として，ポアソン分布が利用できる。λ（ラムダ）を1年間の事故の平均発生回数とすると，発生回数 X の確率関数は

$$p(i) = \frac{\lambda^i}{i!} \exp(-\lambda), \quad i = 0, 1, \cdots, \infty \tag{7.6}$$

となる（$\exp(-\lambda) = e^{-\lambda}$ は，指数関数，本章の補論B「ネイピア数 e と自然対数」〔241頁〕を参照）。分布関数は，整数値 x について，

$$F(x) = \sum_{i=0}^{x} p(i), \quad x = 0, 1, \cdots, \infty \tag{7.7}$$

となる。整数値ではなく，x を実数値とすれば，分布関数は階段状になる。関数 $\exp(-\lambda)$ の性質により，確率の総和は1である。

ポアソン確率変数の平均と分散は

$$E(X) = \lambda, \quad V(X) = \lambda \tag{7.8}$$

となる．平均と分散は同じ値になり，かつポアソン母数に等しい．この関係は重要で，ポアソン母数の値を決める際に利用される．

（証明） 平均と分散の導出　　確率関数の総和は1であることを使う．まず平均は，$x = 0$ の項は，0となるから，

$$E(X) = \sum_{x=1}^{\infty} x \frac{\lambda^x}{x!} \exp(-\lambda)$$

$$= \lambda \sum_{x=1}^{\infty} \frac{\lambda^{x-1}}{(x-1)!} \exp(-\lambda)$$

となる．$y = x - 1$ と変換すれば，

$$= \lambda \sum_{y=0}^{\infty} \frac{\lambda^y}{y!} \exp(-\lambda)$$

$$= \lambda$$

となる．分散は，二項確率関数の場合と同様に，$E\{X(X-1)\}$ の期待値を求め，分解式

$$V(X) = E\{X(X-1)\} + E(X) - E(X)^2$$

を使って計算する．■

巻末付表3にポアソン分布表が与えられている．二項確率分布と異なり，ポアソン確率関数では，事象の平均発生回数 λ（ラムダ）だけが未知母数である．したがって，λ の値が決まれば分布のすべてが決まる．巻末付表3では，λ は0.1から0.1刻みで1.0まで，0.5刻みで5.0まで，1刻みで14を飛ばして15までとなっている．事象が起きる回数は数学的には無限大まで可能だが，付表では λ に応じて，最大25回まで累積確率を計算してある．

この確率関数を応用で使う際には，以下に述べる3つの条件に注意しないといけない．ある交差点で1年間に起きる交通事故の例を用いて説明しよう．

条件1 基準時間（1年間）を非常に細かく細分すれば，細分された時間内

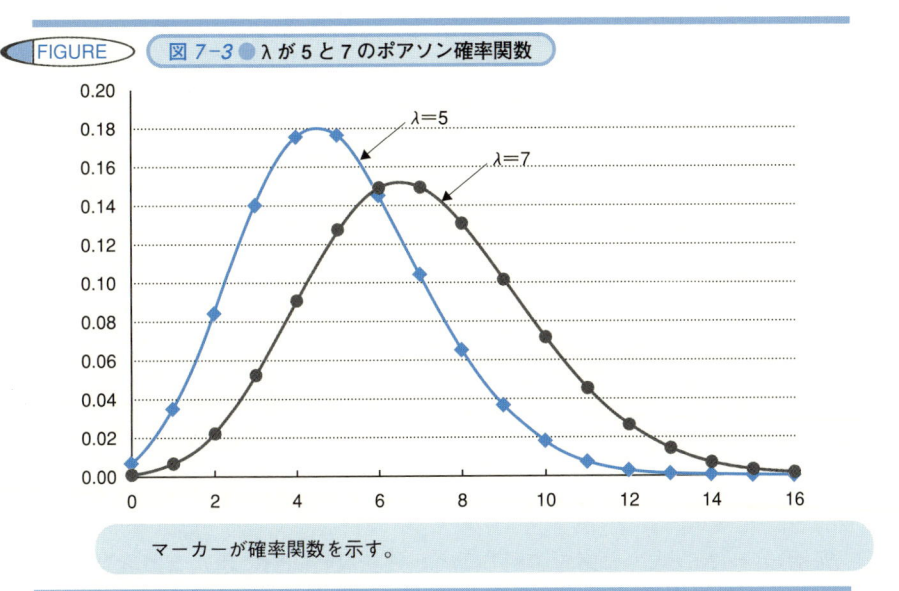

> **FIGURE** 　図 7-3 ● λ が 5 と 7 のポアソン確率関数
>
> マーカーが確率関数を示す。

　　に事象（事故）が 2 回以上起きる確率はほぼ 0 である。この細分された時間を 1 個取り上げれば，事象が「起きる」か「起きないか」のベルヌーイ試行であるとみなせる。

条件 2　個々の細分された時間内（たとえば 1 時間）に起きる事象は，他の時間に起きる事象とは独立している。異なる細分された時間では，独立なベルヌーイ試行が繰り返されているとみなせる。

条件 3　細分された時間を h（ここでは 1/8760）とするなら，h 中に事象が起きる確率は時間に比例して，$h\lambda$ としてよい。

　たとえば 1 年間を 8760 時間に分割する。そして，事故が起きるか否かのベルヌーイ試行を 8760 回繰り返したと考える（条件 1）。もし事故が年間 24 回起きれば，24/8760 を 1 時間当たり事故発生率 p とみなす（条件 3）。したがって，1 年間では，二項確率関数 $B(8760, 24/8760)$ によって，事故の年間発生回数を表現することもできる。

　もし，事故が 1 時間に 2 回起きるとどのように処理すればよいだろうか。この場合は時間区切りを 30 分とする。そして，17520 回ベルヌーイ試行を繰

1　離散分布　　207

り返し，17520回のうちで24回事象が発生したと理解するのである。さらに，もし30分に2回事故が起きたらどうするか。以下，時間の刻みを短くして分析を続けていく。試行回数 n を無限まで増やすので，事象が起きる回数も無限大まで増やすことが可能である。この確率関数を，**ポアソン確率関数**（Poisson probability function）と呼ぶ。直感的には，ポアソン分布は成功確率 p が小さく，n が大きいときの二項分布であると理解すればよい。

以上では，ポアソン分布の考え方を説明してきた。ポアソン分布を応用する場合には，上記の3つの条件とともに，基準時間の取り方に注意しないといけない。基準時間は，問題により弾力的に考えることができる。この例で月当たりの事故数の分布を調べる場合は，基準時間は1月になり，平均発生数 λ は2件となる。週当たりの分布であれば，平均発生数 λ は（24/8760）の168倍となる。

（証明）　(7.6)式の導出を説明しよう。連続な時間内に起きるある事象（先の例では事故）の数を数える際に，すでに述べた3つの条件が満たされるとしよう。その結果，ある細分された時間中に事象が起きるか起きないかはベルヌーイ試行になっていて，「成功」の確率は細分された時間 h に比例して，$h\lambda$ であるとみなすことができる。さらに全時間1（たとえば1年）を n 区間に分割すると，細分された時間 h は $1/n$（たとえば1/8760）となる。この細分された時間内に事象が起きる確率は $h\lambda = \lambda/n$ である。以上の準備を元にして，全時間中に事象が起きる回数を確率変数 X で示せば，$P(X = x)$ は，n 区間のうち x 区間で事象が起きる確率と理解できる。これは二項確率関数によって

$$p(x) = {}_nC_x \left(\frac{\lambda}{n}\right)^x \left(1 - \frac{\lambda}{n}\right)^{n-x}, \quad x = 0, 1, \cdots, n \tag{7.9}$$

と近似できる。つまり「成功の確率は (λ/n)」「独立な試行の回数は n」という2つのキーワードから上述の二項確率関数が導かれる。ここで n の無限大を取れば，ポアソン確率関数が導かれる。導出では，ネイピア数 e（補論B）や $n!, (n-x)!$ を**スターリングの公式**（Stirling's formula）で近似して，整理する。x は固定しておくこと。■

スターリングの公式は正の整数 m の階乗に関する近似式で，大きな m について

$$m! \fallingdotseq \sqrt{2\pi m}\, m^m \exp(-m).$$

例題 7.2 ● ポアソン確率関数の応用　　　　　　　　　　　EXAMPLE

　ある駐車場に到着する車の台数が示す性質を検討してみると，非常に微小な時間を取ればその微小時間に到着する車の台数は 0 か 1 であろう（条件 1）。ある時間に車が到着したかどうかは，他の時間の事象には影響を与えないであろう（条件 2）。車が到着する確率は，時間に比例して増加するであろう（条件 3）。以上の分析により，駐車場に到着する車の台数は，ポアソン分布に従うと理解できよう。過去の記録からしてこの駐車場には，1 分間に 0.1 台の割合で車が到着していることがわかった。

(1) 2 時間に 10 台以上車が到着する確率はいくらになるだろうか。
(2) 1 時間に 5 台以上到着する確率を求めなさい。

（解答）

(1) 2 時間を基準時間としていることに注意する。過去の記録より，2 時間当たり 12 台の車が到着しているから，λ を 12 とする。到着台数を X で表すと

$$P(X \geq 10) = 1 - P(X \leq 9)$$

となる。確率 $P(X \leq 9)$ は，巻末付表 3 の λ が 12 の列より 0.24，したがって，$P(X \geq 10)$ は 0.76 と求まる。

(2) 時間当たりの平均到着台数は 6 だから，$\lambda = 6$ のポアソン確率関数において，

$$P(X \geq 5) = 1 - P(X \leq 4)$$

となり，$1 - 0.29 = 0.71$ と求まる。基準時間が異なれば，このように求まる確率も変わる。

図 7-4 ● ポアソン確率分布の作成

数式バー: `=POISSON($A2,C$1,TRUE)`

	A	B	C
1	λ(ラムダ)	5	10
2	0	0.0067	0.0000
3	1	0.0404	0.0005
4	2	0.1247	0.0028
5	3	0.2650	0.0103
6	4	0.4405	0.0293
7	5	0.6160	0.0671
8	6	0.7622	0.1301
9	7	0.8666	0.2202

数式バーにおいて，TRUE は分布関数を指定している。

Excel によるポアソン確率の計算

Excel でポアソン確率分布を計算する方法を説明する。図 7-4 では，λ（ラムダ）が 5 と 10 の場合の分布を求めている。A 列には，事象が起きる回数が入力されている。また B1 と C1 のセルには，平均発生数 λ が入力されている。C2 のセルには，関数 f_x を使って，発生数 0 の場合のポアソン確率を求める式が入力されている。数式「=POISSON($A2,C$1,TRUE)」（★，102 頁）が数式バーに示されている。$A2 は A2 セルを指定するが，列名は $ で固定する。λ は C$1 で指定するが，行番は $ で固定する。最後は関数形式を指定する論理式で，分布関数が TRUE，確率関数が FALSE である。C 列の 3 行目以下は，図に示されている C2 セル右下コーナーのフィルハンドルを下に引っ張れば求まる。巻末付表 3 もこのようにして作成した。

二項確率のポアソン近似：小数の法則

中小企業が 1 年間に倒産する確率は 0.1% であるとしよう。この確率をもとに，10 年間の平均倒産率を求めると，1% になる。また，1% を λ とし，ポアソン確率関数を用いて，ある会社が 10 年間倒産しない確率を求めると，

$$p(0) = \frac{0.01^0}{0!} \exp(-0.01) = \exp(-0.01) = 0.99005$$

となる。同じ確率を，倒産するかしないかというベルヌーイ試行とみなそう。倒産すれば $x = 1$，しなければ $x = 0$ とすると，10年間倒産しない確率は，$(1 - 0.001)^{10} = 0.99004$ となる。ポアソン分布から求まった確率と二項分布から求まった確率は非常に近い。二項確率では，単位時間内に1回を超えて事象が起きる可能性は排除されていることに注意しよう。2つの確率は p が小さいほど近い（数学的な性質により，ポアソン確率のほうが大きい値を与えることが知られている）。

二項確率関数は2個の母数 n と p で特定化できるが，n が十分大きくかつ p が小ならば，

$$_nC_x p^x (1-p)^{n-x} \fallingdotseq \frac{(np)^x}{x!} \exp(-np)$$

と近似できる。これを**小数の法則** (law of small numbers) という。

例題 7.3 ● 中小企業倒産率のポアソン近似　　　　　　　　　EXAMPLE

中小企業の年間倒産率が0.03とする。1000社のうち倒産する会社数を X とし，X が25以上，35以下になる確率を求めなさい。

（解答）　　二項分布で考えると，確率関数は

$$p(x) = {}_{1000}C_x 0.03^x 0.97^{1000-x}$$

となり，25以上，35以下の確率は

$$\sum_{x=25}^{35} p(x) = 0.693$$

となる。他方ポアソン分布で近似すると，平均 np は30だからポアソン母数を30として，

$$\sum_{x=25}^{35} \frac{30^x}{x!} \exp(-30) = 0.686$$

と求まる。ポアソン近似はかなり正確である（小数の法則は，二項確率の計算をポアソン確率で近似するために用いられてきたが，Excelが簡単に使える今日では，近似式の利用価値が小さくなってきた）。

1 離散分布　211

SECTION 2 連続分布

一様分布

確率変数 X の密度関数が連続区間 $(a \leq x \leq b)$ で一定，区間外では 0 であるとする．このような分布を一様分布と呼ぶ．分布の母数は区間の両端の値 a と b である．密度関数の面積は 1 だから，密度関数は

$$\frac{1}{b-a} \tag{7.10}$$

となる．この密度関数は長方形になっている．分布関数は長方形の面積で，

$$F(x) = P(X \leq x) = \begin{cases} 0, & x \leq a \\ (x-a)/(b-a), & a \leq x < b \\ 1, & b \leq x \end{cases} \tag{7.11}$$

となる．平均および分散の計算は次のようになる．平均は

$$E(X) = \frac{1}{b-a} \int_a^b x \, dx = \frac{a+b}{2} \tag{7.12}$$

だから，区間の中点である．X^2 の期待値は

$$E(X^2) = \frac{1}{b-a} \int_a^b x^2 \, dx = \frac{a^2 + ab + b^2}{3} \tag{7.13}$$

となるから，分散は

$$V(X) = \frac{(b-a)^2}{12} \tag{7.14}$$

となる．分散は b と a の差が大きいほど大きくなる．図を描いてみれば，b と a の差が大きくなれば，分布の散らばりも大きくなることが理解できよう．分布の範囲が $(0,1)$ なら分散は $1/12$ である．メジアンおよび他の四分位点は自明であろう．この場合，四分位範囲は 0.5，標準偏差は $1/(2\sqrt{3}) \fallingdotseq 0.29$ となる（練習として，一様確率変数の分布関数を求めなさい）．

パレート分布

パレート分布（Pareto distribution）の分布関数は，

図 7-5 ● パレート分布関数と密度関数

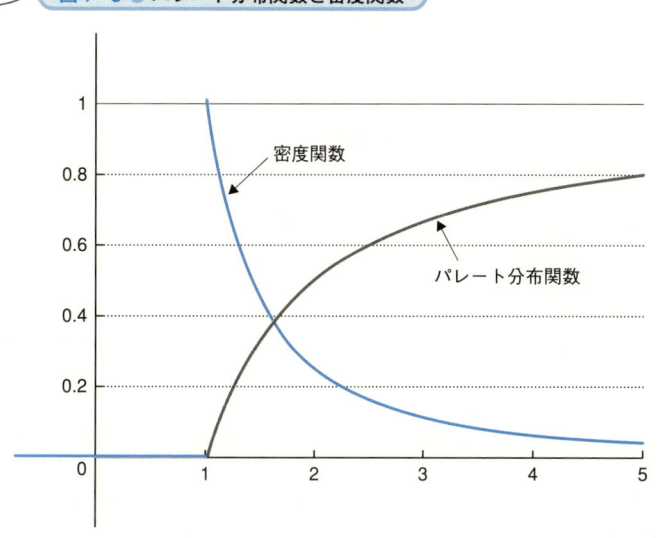

m が 1, α が 1 のパレート分布。

$$F(x) = P(X \leq x) = \begin{cases} 0, & x \leq m \\ 1 - (m/x)^\alpha, & m \leq x \end{cases} \quad (7.15)$$

と定義される。密度関数は分布関数の導関数として

$$f(x) = \begin{cases} 0, & x \leq m \\ \alpha m^\alpha x^{-\alpha-1}, & m \leq x \end{cases} \quad (7.16)$$

と求まる。この分布は，経済学では所得分布を表現するために利用されるが，その際，m は最低所得を意味する。α は正の実数で，分布の特性を示し，パレート係数 (Pareto coefficient) と呼ばれる。パレート分布の密度関数の形状は右下がりになり，x の値が大きくなるほど小さな値を取る。この形状は，所得が高くなるほど，人口比が下がることを示すと理解される。パレート係数 α の特色を理解するために，特定の x を超える所得を得る人の割合を求める。

2 連続分布

計算は，

$$P(x \leq X) = 1 - F(x) = \left(\frac{m}{x}\right)^\alpha, \quad m \leq x \tag{7.17}$$

となるが，α 値が大きくなれば，この割合は減少し，不平等度が低くなる。逆に値が小さくなれば，この割合は増加し，不平等度が高くなることがわかる。期待値に関しては，α が 1 以下であるならば，この分布の平均は存在しない。

指数分布

指数分布関数は，母数を λ（ラムダ）として

$$F(y) = 1 - \exp(-\lambda y), \quad 0 < y$$

密度関数は

$$f(y) = \lambda \exp(-\lambda y), \quad 0 < y$$

と与えられる。分布関数は例 6.3（173 頁）と同じになる。$F(y)$ は分布関数の条件を満たしている。

　この分布関数は，ポアソン確率関数に関連づけることができる。ポアソン分布の導出では基準時間を 1（1 年）とし，ある交差点において 1 年間に起きる事故の回数を確率変数とした。ここでは基準時間を y，y の間に起きる事故の平均回数を λy としよう。この場合，y 時間内の事故発生回数の確率関数は，

$$p(x) = \frac{(\lambda y)^x}{x!} \exp(-\lambda y), \quad x = 0, 1, \cdots, \infty$$

となる。次に，事故が起きるまでの時間を確率変数 Y で表し，事故発生までの時間が y より短い確率

$$P(Y \leq y)$$

を求めると，これが指数分布関数になる。

（証明） この確率は，ポアソン確率関数の観点からは，y 時間内に事故が 1 回以上起きる確率に等しい。排反事象は「y 時間内に事故が起きない」場合であり，この確率は $p(0)$ だから

FIGURE 図 7-6 ● λ が 1 の指数分布関数と密度関数

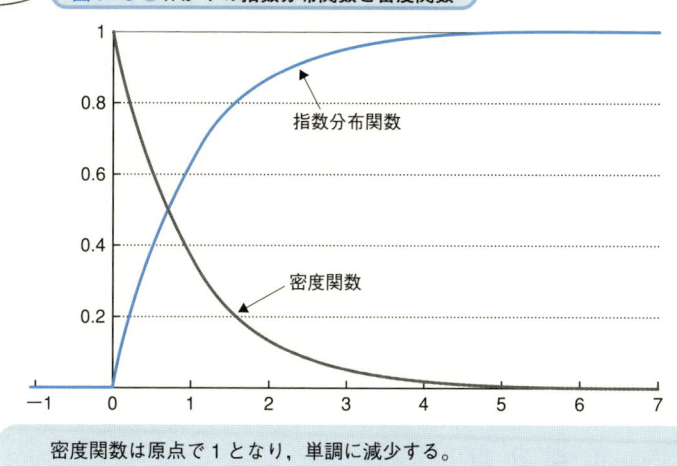

密度関数は原点で 1 となり，単調に減少する．

$$P(y\text{ 時間内に事故が起きない}) = \exp(-\lambda y)$$

となる．したがって，

$$P(Y \leq y) = 1 - \exp(-\lambda y)$$

となり，指数分布関数が導かれる．■

例 7.1 Y をある人が失業してからの日数であるとする．Y が指数分布をもつ確率変数であれば，失業期間が y 以上である確率は

$$P(Y \geq y) = 1 - F(y) = \exp(-\lambda y)$$

である．このように，指数分布により，失業期間が継続している現象を表現できるので，指数分布は**継続モデル** (duration model) といわれる．調査点 y から，さらに t 期間経過して再調査したが，依然として失業していたとする．この確率は

2 連続分布

$$P(Y \geq y+t) = \exp(-\lambda(y+t))$$

となる。次に，y 時点で調査をしているので，「y で失業中」を条件とし，「$y+t$ で依然として失業中」である条件つき確率を求めると，

$$P(Y \geq y+t | Y \geq y) = \frac{P(Y \geq y+t)}{P(Y \geq y)} = \exp(-\lambda t)$$

となる（分子は失業期間が「y 以上」と「$y+t$ 以上」の積事象の確率）。結果として求まった $\exp(-\lambda t)$ は，$P(Y \geq t)$ に等しい。以上から理解できるように，y の値にかかわらず，さらに t 期間失業する確率は，新たに職を失って t 期間失業する確率と等しい。失業に当てはめれば，失業期間が長くなっても復職可能性は改善しないという性質をもち，指数分布の無記憶性といわれる。

3 正規分布

連続に分布する確率変数の中でも，最もよく利用されるのが正規確率変数である。その密度関数は

$$f(x) = \frac{1}{\sigma\sqrt{2\pi}} \exp\left(-\frac{1}{2\sigma^2}(x-\mu)^2\right) \tag{7.18}$$

となる。変数 x の定義域は $-\infty$ から ∞ までで，この密度をもつ確率変数 X の平均は μ，分散は σ^2 と計算できる。分布の形状は，μ を中心とした対称な形をしており，中心部が最も高い滑らかなベル型になっている。裾は無限に広がるが，裾での密度は 0 に限りなく近づいていく。分布は左右対称であるからメジアンは平均に等しい。

密度関数の定義からわかるように，正規分布の母数（パラメータ，parameter）は μ と σ である。このことより平均が μ，分散が σ^2 である正規分布を $N(\mu, \sigma^2)$ と記す。「X が $N(\mu, \sigma^2)$ に従って分布する」というときは，密度関数が (7.18) 式であることを意味する。

分布関数は定積分で表現され，

$$F(x) = P(X \leq x) = \int_{-\infty}^{x} f(x)\,dx \tag{7.19}$$

図 7-7 ● 標準正規分布関数と密度関数

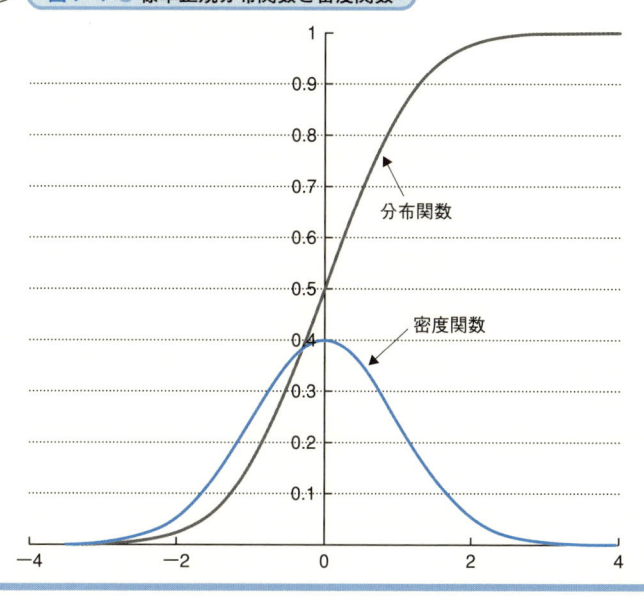

となる。x が無限であれば，この確率は1になる。(7.19) 式の数値計算は簡単ではない。そのため，平均が0，分散が1の場合の**標準正規分布**（standard normal distribution）について，分布表が巻末付表4に用意されている。

図7-7は，標準正規分布関数と，密度関数を示す。分布関数は確率0から1までの値を取る滑らかな増加関数であり，原点で確率0.5を取る。密度関数はベル型で，原点ではほぼ0.4の高さになっている。密度関数の性質としては，密度関数の変曲点（2次導関数が0になる点）が σ で決まることがよく知られている。標準正規分布では，σ は1である。

分散は分布の散らばり具合を示す母数だが，正規密度関数の図7-8で分散の性質を確認しよう。平均が0で，分散が0.25と1の2つの密度関数を描いてみると，分散1のほうが分散0.25の密度関数よりも平坦なベル型になっている。次に分散は同一だが，平均が0と3の密度関数を描いてみる。図7-8の2個の密度関数は互いに横に平行移動した位置にある。

3 正規分布

FIGURE 図 7-8 ● $N(0, 0.25)$, $N(0, 1)$, $N(3, 1)$ の密度関数

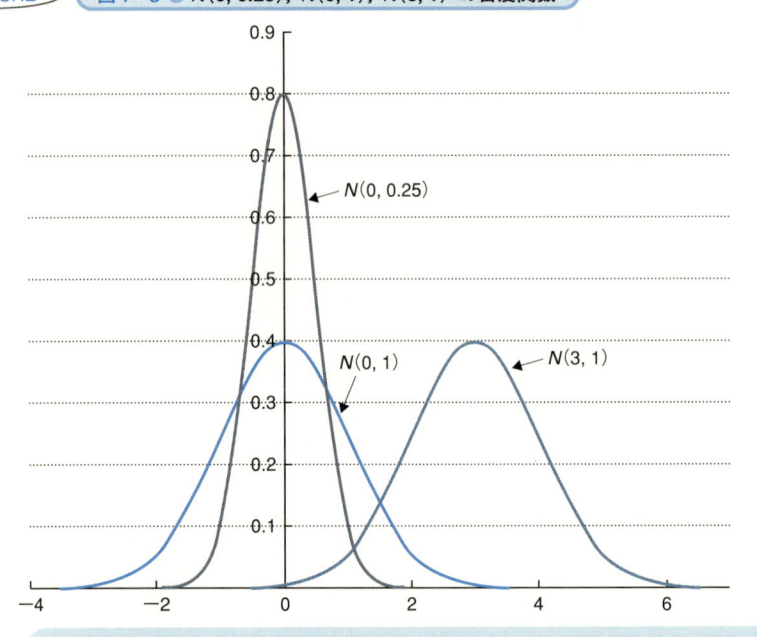

平均が共通なら，分散は平均周辺の集中度を変える。分散が共通なら，平均は分布の位置を変える。

標準正規分布表の使い方　平均が 0，分散が 1 である正規分布 $N(0, 1)$ を標準正規分布と呼ぶが，その密度関数は (7.18) 式が簡略されて，

$$f(x) = \frac{1}{\sqrt{2\pi}} \exp\left(-\frac{x^2}{2}\right)$$

となる（指数関数 exp の説明は，本章補論 B「ネイピア数 e と自然対数」〔241 頁〕を参照のこと）。累積分布関数は定積分でしか表現できないが，その分布表，巻末付表 4(a) は実用上重要である。

(1) Z を標準正規確率変数とすると，任意の正値 z について，確率 $P\{Z \leq z\}$ を求めることは容易である。0.00 から 3.09 までの座標値について，巻末付表 4(a) に確率が与えられている。座標値は，小数点 1 桁までは 1 列

目，2桁目が1行目に示されている。$P\{Z \leq 2.05\}$ であれば，2.0 の行と，0.05 の列の交点の値，0.9798 が求める確率である。

(2) z が負の場合は，密度関数の原点に関する対称性により $1-P\{Z \leq -z\}$ を計算する。

確率 α について $P\{Z \leq z\} = \alpha$ を満たす座標値 z を，$100\alpha\%$ 点という。確率が 0.5 以上であれば，表から直接に $100\alpha\%$ 点が求まる。α が 0.5 以下であれば，分布の対称性を使って $P\{Z \leq z\} = 1-\alpha$ を満たす z を探し，負の符号をつける。巻末付表 4(b) には，よく使う確率について，そのパーセント点が示されている。

> **例題 7.4 ● 標準正規分布表の利用**
> 標準正規分布の (1) 第 3 四分位点（75% 点），(2) 第 1 四分位点（25% 点），(3) 四分位範囲を求めなさい。

(解答)

(1) 第 3 四分位点を得るには，巻末付表 4(a) から次式を満たす z を探す。

$$P(Z \leq z) = 0.75$$

z を求めるためには，表中の 0.75 に近い値が並ぶ 0.6 の行をみつける。最も近い値は 0.7486，0.7517 で，0.75 はこの中間になる。列頭の 0.07 と 0.08 より，z は 0.67 と 0.68 の間にあることがわかる。

	0.00	0.01	0.02	0.03	0.04	0.05	0.06	0.07	0.08	0.09
0.6	0.7257	0.7291	0.7324	0.7357	0.7389	0.7422	0.7454	0.7486	0.7517	0.7549

ここでは 0.675 としておこう。改めて書くと，

$$P(Z \leq 0.675) \fallingdotseq 0.75$$

という近似式が成立する。

(2) 第 3 四分位点が 0.675 だから，密度関数の原点に関する対称性により，第 1 四分位点は -0.675 になる。式に書くと

3 正規分布 219

$$P(Z \leq -0.675) \fallingdotseq 0.25$$

となる。

(3) 第1四分位点と第3四分位点の間は

$$P(-0.675 \leq Z \leq 0.675)$$
$$= P(Z \leq 0.675) - P(Z \leq -0.675) \fallingdotseq 0.50$$

となり，両裾の25%を除いた50%区間となる。四分位範囲は1.35である。

例題7.4と同様にして，

$$P(-1.65 \leq Z \leq 1.65) \fallingdotseq 0.90$$
$$P(-1.96 \leq Z \leq 1.96) \fallingdotseq 0.95$$
$$P(-2.58 \leq Z \leq 2.58) \fallingdotseq 0.99$$

を得る。この3つの式は標準正規分布の性質として重要である。巻末付表4(b)は，よく使う確率のパーセント点を示している。

補間法　パーセント点は表から近似的に求めることが多いが，厳密には，補間法（interpolation）を用いて座標値を計算する。第3四分位点0.75について説明すると，補間法では，次の表中のxを，比例配分で求めればよい。ただし，1行目は座標値，2行目は1行目の座標値における確率が与えられており，求めたいxにおける確率が0.75であるとする。

0.67	x	0.68
0.7486	0.7500	0.7517

比例配分法によれば，xは

$$\frac{0.68 - 0.67}{0.7517 - 0.7486} = \frac{x - 0.67}{0.7500 - 0.7486}$$

を満たす。この式をxに関して解けば，

$$x = 0.67 + \frac{0.01}{0.0031} \times 0.0014 = 0.67452$$

となる．一般的に，p の座標値 x を求める場合には，p を挟む確率とその座標値を探し，次のような表をつくる．

x1	x	x2
p1	p	p2

比例配分法では

$$\frac{x2 - x1}{p2 - p1} = \frac{x - x1}{p - p1}$$

となるから，この式を解いて x を求める．

Excel による標準正規確率の計算　Excel を使えば，与えられた座標値に対する正規確率を正確に求めることができる．同じく，与えられた確率に対して，対応する座標値（パーセント点）も，正確に計算することができる．関数としては，

NORMDIST, NORMINV, NORMSDIST, NORMSINV

がある（★，102頁）．与えられた座標値に対して確率を求めるのが，NORMDIST で，座標値と正規分布の平均，標準偏差，および関数形式を指定する．TRUE なら累積確率，FALSE なら密度が得られる．同様に，NORMSDIST は，標準正規分布に関する確率を求める際に使う．S は standard の頭文字である．逆に，確率を与えて，その確率に対する座標値を計算するのが NORMINV で，INV は逆変換を意味する．標準正規については NORMSINV を使う．

図 7-9 では，さまざまな確率をもたらす座標値を NORMINV で計算している．I5 セルでは I4 セルに対する逆変換を求めているが，平均は 0，標準偏差は 1 の正規分布，つまり標準正規分布の座標値である．したがって，この例では NORMSINV を使って計算してもよい．

正規確率変数の標準化　平均が μ，分散が σ^2 の正規確率変数 X について，X が区間 (a, b) に入る確率

$$P(a \leq X \leq b) \tag{7.20}$$

| FIGURE | 図7-9 ● Excelによりパーセント点を求める |

I5　=NORMINV(I4,0,1)

	A	B	C	D	E	F	G	H	I	J
4	P	0.0005	0.001	0.005	0.010	0.025	0.050	0.100	0.250	0.500
5		-3.2905	-3.0902	-2.5758	-2.3263	-1.96	-1.6449	-1.2816	-0.6745	0

$N(0,1)$ において，I4 セルの確率をもたらす座標値を求める．

を求めよう．この確率を求めるためには，第1章4節で説明された標準化（基準化）を使う．(7.20) 式中の不等式の各辺から平均を引いて

$$a - \mu \leq X - \mu \leq b - \mu$$

と変形し，σ で割る．ここで

$$Z = \frac{X - \mu}{\sigma} \tag{7.21}$$

と定義すれば，不等式は

$$\frac{a - \mu}{\sigma} \leq Z \leq \frac{b - \mu}{\sigma} \tag{7.22}$$

となる．Z は標準正規確率変数となり，平均が 0，分散は 1 である．求める確率は

$$P(a \leq X \leq b) = P\left(Z < \frac{b - \mu}{\sigma}\right) - P\left(Z < \frac{a - \mu}{\sigma}\right) \tag{7.23}$$

と変換できるから，不等式の上限と下限を使い，右辺の2項を巻末付表4(a)より求めればよい．X の任意のパーセント点（$100\alpha\%$ 点）を求めよう．そのためには，まず Z の $100\alpha\%$ 点 t を求める．Z の定義より

$$\alpha = P(Z \leq t) = P\left(\frac{X - \mu}{\sigma} \leq t\right) \tag{7.24}$$

だから，X の $100\alpha\%$ 点は，

$$P(X \leq \sigma t + \mu) = P(Z \leq t) = \alpha \tag{7.25}$$

より $\sigma t + \mu$ となることが確認できよう．難しく見えるが，本書では標準化変数に関する変換を繰り返し使うので，この操作に慣れてほしい．

> **例題 7.5 ● 正規分布におけるシグマ区間の確率**　　EXAMPLE
> X の分布を $N(\mu, \sigma^2)$ として，「1 シグマ区間 $(\mu-\sigma, \mu+\sigma)$」「2 シグマ区間 $(\mu-2\sigma, \mu+2\sigma)$」「3 シグマ区間 $(\mu-3\sigma, \mu+3\sigma)$」の確率を求めなさい．

（解答）　X を (7.21) 式により標準化すれば，(7.23) 式により巻末付表 4(a) を用いて

$$P(-1 \leq Z \leq 1) \fallingdotseq 0.68$$
$$P(-2 \leq Z \leq 2) \fallingdotseq 0.95$$
$$P(-3 \leq Z \leq 3) \fallingdotseq 0.99$$

となる．1 シグマ区間で全体の 7 割，2 シグマ区間は全体の 9 割 5 分，3 シグマ区間にはほぼ全体が含まれている．

> **例題 7.6 ● 正規確率変数の標準化**　　EXAMPLE
> X が $N(2,4)$ として，
> (1) 区間 $(2,4)$ に入る確率 $P(2 \leq X \leq 4)$ を求めなさい．
> (2) X の 75% 点を求めなさい．

（解答）

(1) 不等式の両辺から平均 2 を引いて，

$$P(0 \leq X - 2 \leq 2)$$

と変換し，すべての辺を標準偏差 2 で割ると，

$$P\left(0 \leq \frac{X-2}{2} \leq 1\right)$$

になる．不等式の中央は Z だから，結局 Z が区間 $(0,1)$ に入る確率を求めればよく，巻末付表 4(a) より 0.34 となる．

(2) $P(Z \leq 0.68) \fallingdotseq 0.75$ をもととして，

$$P\left(\frac{X-2}{2} \leq 0.68\right) = P(X - 2 \leq 1.36)$$
$$= P(X \leq 3.36)$$

となるから，3.36 と求まる。

乱数の発生

分析の対象である現象は確定的でないことが多く，現象を表現する理論モデルには，多くの場合確率変数が含まれる。そのような場合，確率変数の実現値を PC でつくり，理論モデルに代入して，理論モデルの実際値を模擬的につくり出す実験が行われる。このような実験をシミュレーション（simulation）という。確率変数の実現値を模擬的につくり出す操作を，乱数（random number）の発生という。

乱数発生の中で，ベルヌーイ確率変数の実現値は，コインを投げて作成できる。たとえば，コインの表を1，裏を0として，コインを繰り返し投げれば，

$$\{1, 1, 0, 1, 0, 0, 0, 1, 0, 0\}$$

のような乱数値の列が求まる。この簡単な実験を 100 回繰り返してみても，表が出る相対頻度（割合）は2分の1にはならない。これは表が出る真の確率が2分の1ではないからではなく，実験結果を用いて計算した表が出る相対頻度は分布をもっており，2分の1を中心とするさまざまな値を取るからである。

このような乱数の中で，0 から 9 までの 10 個の値が均等に出る乱数発生がよく知られている。結果は 10 あるが，実験では 10 の数値を出すサイコロ（正 10 面体）が用いられる。得られた数列は乱数表と呼ばれる。巻末付表 1 が乱数表である。この表では，0 から 9 までの値が，デタラメに並んでいると理解する。また，各数値が生じる真の確率は 10 分の 1 であるが，実験結果は必ずしもそうならない。

正規乱数の発生

乱数の中でも，標準正規乱数が最も頻繁に使われる。標準正規乱数は標準正規確率変数の実現値で，個々の値を見ても正規分布であるか否かはわからないが，多くの乱数値をグラフなどで整理してみると，正規分布に近い分布になっていることがわかる。

FIGURE 図 7-10 ● 標準正規乱数の発生

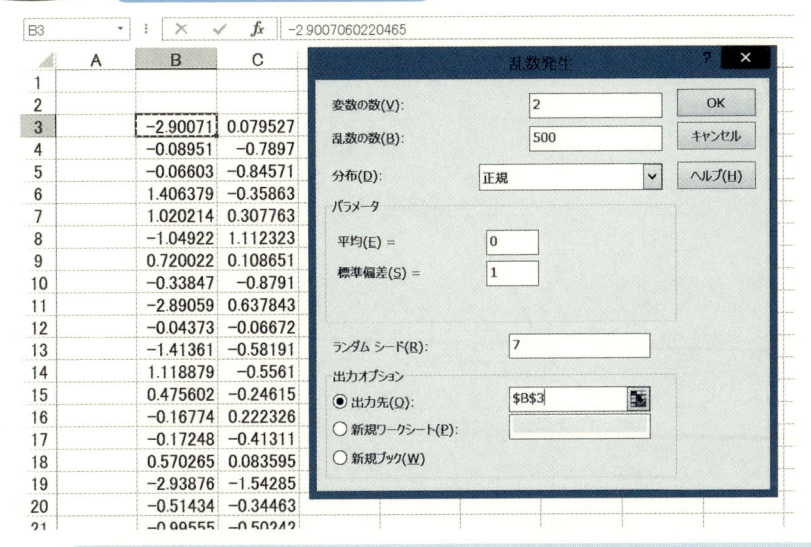

正規乱数発生のためのダイアログボックス。標準正規乱数を 500 個ずつ 2 列につくる。ランダムシードは，初期値のようなもの。

Excel により乱数の発生が非常に容易になった。図 7-10 は，Excel のメニューから「データ」→「データ分析」を選び，「乱数発生」を選んだ結果である。ダイアログボックスが出てくるから，そこで変数の数を 2 個，個々の変数の実現値数を 500 と指定する。つまり，2 個の標準正規乱数の実現値を 500 個ずつ作成することを指定している。分布として正規を選び，平均 0，標準偏差 1 と指定する。ランダムシード (random seed) とは確率変数をつくる計算式の初期値で，どんな値でもよいが値を決めておくと，後で計算を繰り返すことができる。ランダムシードが同じなら，乱数値は同じになる。最後に乱数値を書き出す位置を，出力先として $B$3 に定めておく。結果が B 列と C 列に書き出される。同じ標準正規確率変数の実現値であるが，値はまったく違うことがわかる。

作成された標準正規乱数 1000 個を使ってヒストグラムをつくろう。Excel では「データ」→「データ分析」→「ヒストグラム」を使うが，以下の手順

3 正規分布 225

> **FIGURE** 図 7-11 ● 正規乱数のヒストグラムと正規密度関数
>
> 1000 個の標準正規乱数からヒストグラムをつくる。標準正規密度関数から少しずれている。

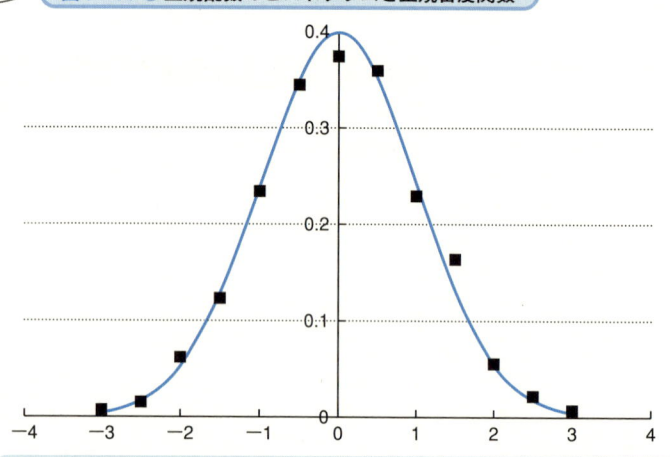

で作成する。

(1) 区間の境界値をまず決める。Excel では，区間の境界値はデータ区間と呼ばれている。図 7-11 では，データ区間を 1 列に

$$-3.25, -2.75, \cdots, -0.25, 0.25, \cdots, 2.75, 3.25$$

と入力する。重要な点は，この例では分布が左右対称であり，密度は中央で最大値を取るから，中央の区間を $(-0.25, 0.25)$ と原点に関して左右対称に取ることである。区間の中点，はもちろん 0 である。この例では，中央区間の幅は 0.5 であるから，他の区間も，区間幅 0.5 で機械的に定める。

(2) 「データ分析」を起動して，各区間に入る乱数の頻度を「ヒストグラム」で計算する。区間ごとの確率は相対頻度により近似できる。密度を計算するには，相対頻度を区間幅で割る。この例では

$$\frac{頻度}{1000} \times \frac{1}{0.5}$$

と計算する．中点を x として，区間 $(x-h, x+h)$ の確率 $P(x-h < X < x+h)$ は，分布関数を用いれば

$$F(x+h) - F(x-h)$$

に等しい．密度関数は，導関数の定義により

$$f(x) = \lim_{h \to 0} \frac{F(x+h) - F(x-h)}{2h}$$

と書けるから，h_X を 0.25 とし，分子 $(F(x+h) - F(x-h))$ を相対頻度に置き換えれば，密度が近似計算できる．

(3) すでに定めた区間について，区間の中点

$$-3.0, -2.5, \cdots, 0, \cdots, 2.5, 3.0$$

を相対頻度のすぐ横に入力する．

(4) 区間の中点を x 軸の値，密度を y 軸の値として，散布図を作成する（Excel で自動的に作図すると，境界値が x 座標値になり，図がずれる）．

(5) 区間の中点に対して，標準正規密度関数もプロットする．図 7-11 では，区間の中点に対する正規密度関数値を，滑らかな曲線でプロットしている．

(4)と(5)の比較により，乱数から得られる密度と理論値のズレが理解できよう．x 軸の値はデータ区間値（境界値）ではなく，区間の中点を使うことにとくに注意しよう．

SECTION 4 関連する分布

対数正規分布

平均が μ，分散が σ^2 の正規確率変数 X を，

$$Z = \exp(X) \tag{7.26}$$

と変換する．Z の分布は対数正規分布と呼ばれる．Z の分布範囲は正の実数に限られるが，経済学では，所得の分布を近似する分布関数としてしばしば利

> **COLUMN** **7-1 カーネル法でつくる滑らかな棒グラフ**

棒グラフ（ヒストグラム）は，区間の境界値を定め，区間に入る観測値の個数を計算し，頻度を求めて作図する。本章3節の「正規乱数の発生」の項の例では，区間は（-0.75, -0.25）のようにあらかじめ定められ，その際，区間幅は均等に 0.5 とされている。区間の代表値として区間中点 -0.5 が選ばれ，次に，区間の頻度が求められる。頻度を n で割ると相対頻度（確率）になるが，相対頻度をさらに区間幅 0.5 で割って，密度の値とする。図7-11 では，このような密度計算の結果が，-3.25 から 3.25 までの 0.5 刻みの 13 区間について示されている。

相対頻度を 0.5 で割ることは 2 を掛けることと同じである。また 2 を掛けて密度を求めることは，区間に入った各観測値に 2 点を与えて，点数の区間内総和を n で割って単純平均を求める手続きになっている。

このような棒グラフの作成法は，先に重ならない区間を与え，後で代表値を決めるという手順になっている。逆に，先に代表値 x を決め，次に区間（$x-0.25, x+0.25$）を定め，最後に区間に入る頻度を求めて密度を計算するという手順に変えてみよう。

x を -3.0 からはじめ，0.5 刻みで 3.0 まで動かせば，ヒストグラムと同じで図7-11 が再現される。次に，代表値 x を -3.0 からはじめ，たとえば 0.1 刻みに連続に動かしていくとどうなるだろうか。先の例では，$x = -3.0, -2.9, -2.8,$ …と動かすと，区間は

$$(-3.25, -2.75), (-3.15, -2.65), (-3.05, -2.55), \cdots$$

と定まる。このような互いに重なる区間に対して，単純平均を求める方法で密度を次々と計算していくと，結果として求まる右の図は，連続な密度関数のようになる。この例では観測個数が 1000 であるので，全体としてデコボコが多く，また中心部では正規分布とは違った印象を与えるが，区間幅を広くしていくと，デコボコは徐々に滑らかになっていく。

以上では，一般的にいって，各 x 値について幅が h，高さが $1/h$ の長方形を

用される。

正規密度関数をもとにして，Z の z における密度関数 $f_Z(z)$ を求めよう。自然対数を用いると

つくり，長方形に入る観測値をもとにして相対頻度を求めている．長方形の面積が1であることに注意しよう．カーネル法は，長方形を，面積が1の連続なカーネル関数 $K(\cdot)$ に変え，単純平均ではなく，加重平均の手法で密度を計算する．カーネル関数 $K(z)$ の面積を1とするが，x における密度は

$$\hat{f}(x) = \frac{1}{n} \sum_{i=1}^{n} \frac{1}{h} K(z), \quad z = \frac{x - X_i}{h}$$

と計算される．h はバンド幅と呼ばれ，区間幅のように，分析者が値を選ぶ．$K(\cdot)$ が長方形であれば，先の例に一致した単純平均の結果となる．応用では，区間の中心部により大きな重みを与える関数がよく使われる．代表的なカーネル関数はエパネチニコフ（Epanechnikov）・カーネルで，

$$K(z) = \frac{3}{4\sqrt{5}} (1 - \frac{1}{5} z^2), \quad |z| < \sqrt{5}$$

と定義される．この関数は，原点で頂点に達する三角形のような形状をもつ．

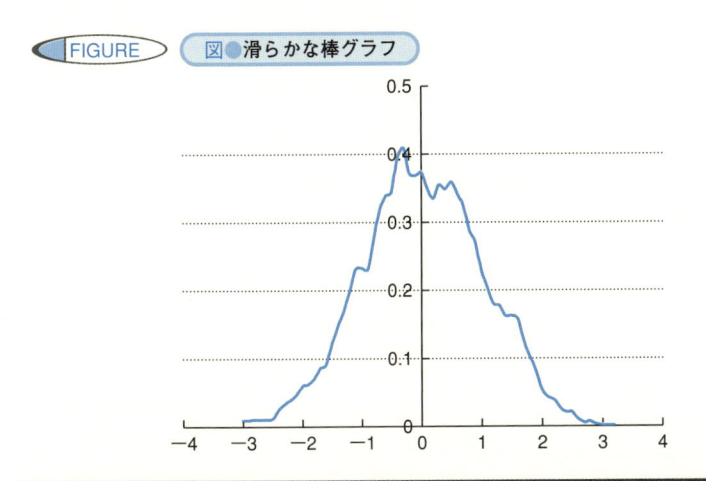

FIGURE 図●滑らかな棒グラフ

$$X = \log(Z) \qquad (7.27)$$

となるから，x を $\log(z)$ に変数変換する．変数の変換を行う際には，(7.18)式において，x を $\log(z)$ に置き換えるだけでは十分でない．(7.18) 式の最後

に dx が付いているとすると、Z の密度関数は、dx も dz に変換しないといけないから、

$$\frac{1}{\sigma\sqrt{2\pi}} \exp\left(-\frac{1}{2\sigma^2}(\log(z)-\mu)^2\right)\left|\frac{dx}{dz}\right|dz$$

のようになる。ここで

$$\left|\frac{dx}{dz}\right|$$

は、変数変換の際に必要なヤコビアンと呼ばれる。ヤコビアン

$$\left|\frac{dx}{dz}\right| = \left|\frac{d\log(z)}{dz}\right|$$

の計算は、本章末の補論 A「積率母関数」(234 頁) で示されるが、$(1/z)$ となる。Z の密度関数は、最終的に、

$$f_Z(z) = \frac{1}{z\sigma\sqrt{2\pi}} \exp\left\{\frac{-(\log(z)-\mu)^2}{2\sigma^2}\right\}dz, \quad z > 0 \tag{7.28}$$

となる。
　計算は示さないが、

$$E(Z^m) = \exp\left(m\mu + m^2\frac{\sigma^2}{2}\right) \tag{7.29}$$

となる。したがって、平均と分散は

$$E(Z) = \exp\left(\mu + \frac{\sigma^2}{2}\right) \tag{7.30}$$

$$V(Z) = \exp\left(2\mu + 2\sigma^2\right) - \exp\left(2\mu + \sigma^2\right) \tag{7.31}$$

と求まる。図 7-12 は $\mu = 0$、$\sigma^2 = 1$ とした対数正規密度関数である。

コーシー分布

コーシー分布はよく引用される分布関数で、密度関数は

$$f(x) = \frac{\beta}{\pi\{\beta^2 + (x-\mu)^2\}} \tag{7.32}$$

となる。この密度関数には平均も分散も存在しない。分布の形状は平均が μ の正規密度関数とよく似ているが、両裾が多少厚くなっている。第 8 章で紹介される、自由度が 1 の t 分布に等しい。

FIGURE 図 7-12 ● 対数正規密度関数

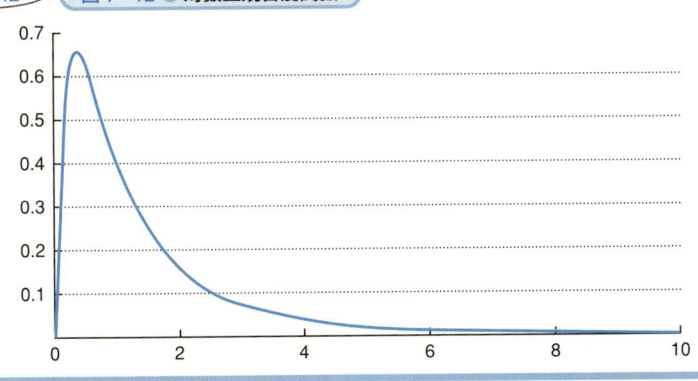

2 変数正規分布

多変数の同時分布の中で最もよく利用されるのが，2 変数（2 次元）正規分布である。1 変数正規分布であれば，X は $N(\mu_X, \sigma_X^2)$，Y は $N(\mu_Y, \sigma_Y^2)$ などと指定するが，2 変数正規分布では共分散 σ_{XY} を定めないと，分布型が決まらない。X と Y が 2 変数の正規分布に従う場合は，1 変数の場合に加えて変数間の共分散が母数となる。

2 変数正規分布の密度関数は，

$$f_{X,Y}(x,y) = \frac{1}{2\pi\sqrt{\sigma_X^2\sigma_Y^2 - \sigma_{XY}^2}} \tag{7.33}$$

$$\cdot \exp\left(-\frac{(x-\mu_X)^2\sigma_Y^2 - 2(x-\mu_X)(y-\mu_Y)\sigma_{XY} + (y-\mu_Y)^2\sigma_X^2}{2(\sigma_X^2\sigma_Y^2 - \sigma_{XY}^2)}\right)$$

となる。この密度関数は富士山のような形状をもっていて，頂点は (μ_X, μ_Y) で到達される。結果だけを示すが，この 2 変数密度関数より共分散を求めると，

$$Cov(X,Y) = \int_{x=-\infty}^{\infty}\int_{y=-\infty}^{\infty}(x-\mu_X)(y-\mu_Y)f_{X,Y}(x,y)dxdy$$

$$= \sigma_{XY} \tag{7.34}$$

となる。共分散が 0 であれば 2 変数の密度関数は $N(\mu_X, \sigma_X^2)$ と $N(\mu_Y, \sigma_Y^2)$ の密度関数の積になる。共分散が 0 なら，富士山型の密度関数を xy 平面に平行

な面で切ってみると，切り口は円になる．共分散が0でなければ，この切り口は楕円になっている．

同時正規密度関数の分解　2変数密度関数に含まれている母数は，μ_X, σ_X^2, μ_Y, σ_Y^2, σ_{XY} であり，これらは X の平均と分散，Y の平均と分散，そして共分散である．指数関数は，$\exp(a)\exp(b) = \exp(a+b)$ という性質をもつ．この性質を使い，計算を進めれば，2変数密度関数 (7.33) 式は，

$$f_{X,Y}(x,y) = f_X(x)\frac{1}{\sqrt{2\pi\kappa^2}}\exp\left(-\frac{1}{2\kappa^2}\left[(y-\mu_Y) - \frac{\sigma_{XY}}{\sigma_X^2}(x-\mu_X)\right]^2\right) \tag{7.35}$$

$$\kappa^2 = \sigma_Y^2 - \frac{\sigma_{XY}^2}{\sigma_X^2} \tag{7.36}$$

$$f_X(x) = \frac{1}{\sqrt{2\pi\sigma_X^2}}\exp\left(-\frac{1}{2\sigma_X^2}(x-\mu_X)^2\right) \tag{7.37}$$

と分解できる．このことより，X と

$$V = (Y-\mu_Y) - \frac{\sigma_{XY}}{\sigma_X^2}(X-\mu_X) \tag{7.38}$$

は独立に分布する確率変数であることがわかる（ヤコビアンは 2×2 の行列式になり，その値は1である）．V は正規確率変数であり，その平均は0, 分散は κ^2 になる．先に述べた共分散も，この分解を用いれば計算できる．

条件つき正規密度関数　離散確率変数の同時分布に関して，周辺分布と条件つき分布を定義した．離散確率変数の周辺分布は，排除したい変数に関して行和あるいは列和を計算して導くことができた．連続確率変数では，和の代わりに排除したい変数に関して積分を計算する．たとえば，X の周辺密度関数 (marginal density function) を求めたければ，Y 変数に関して積分を求めるが，(7.35) 式の分解を用いて，

$$\int_{y=-\infty}^{\infty} f_{X,Y}(x,y)dy = f_X(x)\int_{v=-\infty}^{\infty} f_V(v)dv \tag{7.39}$$

$$= f_X(x) \tag{7.40}$$

となる．これは，$N(\mu_X, \sigma_X^2)$ の密度関数である．同様に Y の周辺密度関数は $N(\mu_Y, \sigma_Y^2)$ の密度関数 $f_Y(y)$ となる．

X を所与としたときの Y の条件つき密度関数 (conditional density function)

を求めると，(7.40) 式と (7.35) 式により，

$$f_{Y|X}(y|x) = \frac{f_{XY}(x,y)}{f_X(x)} \tag{7.41}$$

$$= \frac{1}{\sqrt{2\pi\kappa^2}} \exp\left(-\frac{1}{2\kappa^2}[(y-\mu_Y) - \frac{\sigma_{XY}}{\sigma_X^2}(x-\mu_X)]^2\right)$$

となる．条件つき密度関数の形から，**条件つき平均** (conditional mean) と **条件つき分散** (conditional variance) は明らかで，

$$E(Y|X) = \mu_Y + \frac{\sigma_{XY}}{\sigma_X^2}(x-\mu_X), \quad V(Y|X) = \kappa^2 \tag{7.42}$$

となる．

EXERCISE ● 練習問題

7-1 平均が 1，分散が 3 である正規確率変数 X が区間 (1, 4) に入る確率を求めなさい．同じ確率変数の 95％ 点を求めなさい．

7-2 n が 4，p が 1/4 である二項確率関数を求めなさい（分数のままでよい）．

7-3 n が 20，p が 1/4 の二項確率分布を Excel で求めなさい．

7-4 ある交差点で発生する交通事故の数はポアソン分布で表現できるとする．この交差点で，12 カ月を基準とすると平均発生数は 12 であったとする．
　(1) 事故発生数が 12 カ月で 10 台以下である確率を求めなさい．
　(2) 6 カ月で 5 台以下である確率を求めなさい．

7-5 $n = 20, p = 0.1$ の二項確率分布を書き出しなさい．また，$np = 2$ であるので，λ（ラムダ）が 2 のポアソン確率分布を書き出しなさい．事象が起きる回数が 2 以下の確率を求めなさい．$n = 20, p = 0.3$ の二項確率分布と，λ が 6 のポアソン確率分布で，事象が起きる回数が 2 以下の確率を求めなさい．

7-6 X が $N(3,3)$ として，1 シグマ区間 $(3-\sqrt{3}, 3+\sqrt{3})$，2 シグマ区間 $(3-2\sqrt{3}, 3+2\sqrt{3})$ の確率を，巻末付表 4(a) を用いて求めなさい．同じく，25％ 点，75％ 点を求めなさい．次に，Excel の関数 NORMDIST，NORMINV を使って，求めなさい．

7-7 本章 3 節「正規乱数の発生」の項の実験を繰り返しなさい．密度関数およびヒストグラムの作図まで行うこと．乱数の個数を 2000 にすると，乱数の分布はどうなるか．

補論 A：積率母関数

　本章では基本的な分布関数を紹介してきたが，補論 A では確率変数の分布を求める際にしばしば使われる**積率母関数**（moment generating function）を説明しよう．積率母関数は，**確率変数の分布と 1 対 1 の関係**があることが知られている．たとえば，確率変数の分布が $N(\mu, \sigma^2)$ であるということと，以下で示すように，その確率変数の積率母関数が $\exp(\mu t + (\sigma^2 t^2/2))$ となることは同値である．ただし，t は任意の実数とする．したがって，確率変数の分布を求める代わりに，その確率変数の積率母関数を導出し，積率母関数から分布を求めるという方法がしばしば使われる．

　最初に積率母関数の定義を与えよう．密度関数 $f(y)$ をもつ確率変数 Y の積率母関数は，t を任意の実数として，$\exp(tY)$ の期待値であり，

$$M(t) = E\{\exp(tY)\} = \int_{-\infty}^{\infty} \exp(ty) f(y) dy \tag{7.43}$$

と定義される．逆に，確率変数 Y の積率母関数が $M(t)$ であれば，その密度関数は $f(y)$ となる．$M(t)$ と $f(y)$ は 1 対 1 に結びついている．右端の積分計算は難しい．この方法で，ベルヌーイ確率変数の和の分布を求めてみよう．

例 7.2　X と Y はともに 0 と 1 を確率 p と q で取る，独立なベルヌーイ確率変数であるとする．ここで，$X+Y$ の分布を求める（第 6 章表 6-4 で説明した方法で，X と Y の 4 つの組合せを考えたうえで $X+Y$ の分布を求めることができる．第 6 章の方法で求めなさい）．X について積率母関数を求めると

$$M_X(t) = E\{\exp(tX)\} = p\exp(0) + q\exp(t) = p + q\exp(t)$$

となる．$E\{\exp(tY)\}$ も同じである．次に，$X+Y$ の積率母関数を導く．独立性により，積の期待値は期待値の積であるから

$$
\begin{aligned}
M_{X+Y}(t) &= E\{\exp[t(X+Y)]\} \\
&= E\{\exp(tX)\}E\{\exp(tY)\} \\
&= \{p + q\exp(t)\}^2 \\
&= p^2\exp(0\times t) + 2pq\exp(1\times t) + q^2\exp(2\times t) \quad (7.44)
\end{aligned}
$$

となる。ただし，指数関数は，$\exp(a)\exp(b) = \exp(a+b)$ という性質をもっている。他方，Z が，値 $0, 1, 2$ を，確率 $p^2, 2pq, q^2$ でとる確率変数であるとすると，その積率母関数は，

$$
\begin{aligned}
M_Z(t) &= E\{\exp(tZ)\} \\
&= p^2\exp(0\times t) + 2pq\exp(1\times t) + q^2\exp(2\times t)
\end{aligned}
$$

となり，(7.44) 式に一致する。したがって，Z と $X+Y$ の分布は一致する。

この例では，積率母関数を使わなくとも分布が求まるから，積率母関数の意義は見られないが，以下の定理では積率母関数の重要性が示される。最初に正規確率変数 $N(\mu, \sigma^2)$ の積率母関数を計算する。

定理7.4 $N(\mu, \sigma^2)$ 確率変数の積率母関数は
$$
M(t) = \exp\left(\mu t + \frac{\sigma^2 t^2}{2}\right) \quad (7.45)
$$
となる。

（証明） 正規密度関数を用いて，$\exp(tx)$ の期待値
$$
M(t) = \int_{-\infty}^{\infty} \exp(tx)\frac{1}{\sigma\sqrt{2\pi}}\exp\left(-\frac{(x-\mu)^2}{2\sigma^2}\right)dx
$$
を計算すればよい。ここで，指数関数が2つあるので，$\exp(a)\exp(b) = \exp(a+b)$ という性質を用い整理すると，
$$
\exp\left(-\frac{(x-\mu)^2 - 2\sigma^2 tx}{2\sigma^2}\right)
$$
となる。さらに指数関数の分子を完全平方に書き換えると

$$(x-\mu)^2 - 2\sigma^2 tx = (x-\mu-\sigma^2 t)^2 - 2\sigma^2 t\mu - \sigma^4 t^2$$

となる．ここで，積分変数と無関係な指数部分を積分の外に移すと，

$$M(t) = \exp\left(\mu t + \frac{\sigma^2 t^2}{2}\right) \int_{-\infty}^{\infty} \frac{1}{\sigma\sqrt{2\pi}} \exp\left(-\frac{(x-\mu-\sigma^2 t)^2}{2\sigma^2}\right) dx$$

となる．積分については，積分変数を $z = x - \mu - \sigma^2 t$ に変換する．この変換に伴われるヤコビアン（dx/dz の絶対値，あるいは dz/dx の絶対値の逆数）は 1 であり，積分範囲も変化しない．標準正規密度関数の面積は 1 という性質により

$$M(t) = \exp\left(\mu t + \frac{\sigma^2 t^2}{2}\right) \int_{-\infty}^{\infty} \frac{1}{\sigma\sqrt{2\pi}} \exp\left(-\frac{z^2}{2\sigma^2}\right) dz$$
$$= \exp\left(\mu t + \frac{\sigma^2 t^2}{2}\right)$$

が求まる．■

次に，積率母関数を用いて，正規確率変数の 1 次関数が正規分布をもつことを証明する．結果はよく知られている．

定理7.5 $N(\mu, \sigma^2)$ 確率変数 X の 1 次関数 $Y = aX + b$ の分布は，$N(a\mu + b, a^2\sigma^2)$ である．

（証明） 積率母関数を用いると，定理 7.4 により

$$E\{\exp(tX)\} = \exp\left(\mu t + \frac{\sigma^2 t^2}{2}\right)$$

だから，

$$E\{\exp[t(aX+b)]\} = \exp(tb) E\{\exp(taX)\}$$

ここで，ta を積率母関数の t とみなせば右辺の期待値が (7.45) 式から求まるので，

$$= \exp(tb) \exp\left(\mu ta + \frac{\sigma^2 a^2 t^2}{2}\right)$$

$$= \exp\left(t(a\mu + b) + \sigma^2 a^2 \frac{t^2}{2}\right)$$

となる。(7.45) 式と比べて，平均と分散を導く。■

和の分布に関する再生性　　積率母関数を用いて，正規確率変数の和の分布を求めよう。独立な正規確率変数の和は，正規確率変数になる。

定理 7.6　　互いに独立な確率変数 X_1 と X_2 の分布が各々 $N(\mu_1, \sigma_1^2)$，$N(\mu_2, \sigma_2^2)$ であるとすると，$aX_1 + bX_2$ の分布は $N(a\mu_1 + b\mu_2, a^2\sigma_1^2 + b^2\sigma_2^2)$ になる。

（証明）　　$aX_1 + bX_2$ の積率母関数を，定理 7.4 を用いて導出する。積率母関数は

$$M(t) = E\{\exp[t(aX_1 + bX_2)]\}$$

だが，確率変数が独立であるので，この期待値は

$$E\{\exp[t(aX_1 + bX_2)]\} = E\{\exp(taX_1)\}E\{\exp(tbX_2)\}$$

と，期待値の積に書き換えられる。ここで各確率変数は正規分布に従うから，ta と tb を t とみなせば，(7.45) 式により右辺は

$$= \exp\left(\mu_1(ta) + \frac{\sigma_1^2(ta)^2}{2}\right) \exp\left(\mu_2(tb) + \frac{\sigma_2^2(tb)^2}{2}\right)$$

$$= \exp\left((a\mu_1 + b\mu_2)t + (a^2\sigma_1^2 + b^2\sigma_2^2)\frac{t^2}{2}\right)$$

と整理できる。この式は正規確率変数の積率母関数の形式をもつから，定理が成立する。(7.45) 式と比較すれば，平均と分散がわかる。■

独立な正規確率変数の基本的な性質として，和の分布は再び正規分布になる

ことがわかる。積率母関数を用いないで，この性質を証明することは容易でない。よく見られるのは，平均と分散だけを

$$E(aX_1 + bX_2) = a\mu_1 + b\mu_2$$
$$V(aX_1 + bX_2) = a^2\sigma_1^2 + b^2\sigma_2^2$$

と計算して，「したがって，$aX_1 + bX_2$ は平均 $a\mu_1 + b\mu_2$，分散 $a^2\sigma_1^2 + b^2\sigma_2^2$ の正規分布に従う」という結論を導く誤りである。$aX_1 + bX_2$ の平均と分散がわかっても，分布が定まっていないことに注意しよう。

独立な3個の正規確率変数の和は，3個のうち2個の和は正規分布であるから，3個を「2+1」に分けて考えれば，やはり正規分布になる。このようにして，この定理は，任意の数の確率変数の和に一般化できる。次の系は明らかである。

系7.1 正規母集団 $N(\mu, \sigma^2)$ から採った大きさが n の無作為標本 $\{X_1, X_2, \cdots, X_n\}$ について，$a_i, (i = 1, 2, \cdots, n)$ を定数列とすると，$\sum_{i=1}^{n} a_i X_i$ は，$N(\mu \sum_{i=1}^{n} a_i, \sigma^2 \sum_{i=1}^{n} a_i^2)$ となる。

系7.2 $X_i, (i = 1, 2, \cdots, n)$ は各々 $N(\mu_i, \sigma_i^2)$ に従うとする。$a_i, (i = 1, 2, \cdots, n)$ を定数列とすると，$\sum_{i=1}^{n} a_i X_i$ は，$N(\sum_{i=1}^{n} \mu_i a_i, \sum_{i=1}^{n} a_i^2 \sigma_i^2)$ となる。

統計学では正規分布に関する積率母関数が重要であるが，離散型の二項分布やポアソン分布に関しても，再生性が証明できる。前者では，$B(n,p)$ の積率母関数が $[p \exp(t) + q]^n$ になる。定理7.3を参照されたい。後者では，母数が β のポアソン確率変数の積率母関数が，$\exp[\beta(\exp(t) - 1)]$ となることを使う。

例7.3 確率変数 X と Y が各々独立な二項分布 $B(n,p)$ と $B(m,p)$ に従うなら，$X + Y$ は，$B(n+m, p)$ に従う。

例7.4 確率変数 X と Y が各々独立なポアソン分布に従い，ポアソン母数は各々 β と γ であるならば，$X + Y$ は，ポアソン母

数が $\beta + \gamma$ のポアソン分布に従う.

積率の計算　　積率母関数は,確率変数の分布を求める際に強力なツールとなるため,統計学では基本的な分析法とされる.また,この関数は,いったん導出されれば,その名のとおり**積率**(モーメント,累乗の期待値)を産み出す関数になる.用語を次のように定義しよう.確率変数 X の原点周りの m 次積率は m 乗の期待値

$$E(X^m) \tag{7.46}$$

であり,平均周りの m 次積率は,平均を μ として,

$$E\{(X-\mu)^m\} \tag{7.47}$$

である.

原点周りの m 次積率を得るには,積率母関数 $M(t)$ の t に関する m 次導関数を,$t=0$ で評価すればよい.

$$E(X^m) = M^{(m)}(0) \tag{7.48}$$

となる.

以上のことは,指数関数のマクローリン展開から次のようにして分かる.

$$e^x = 1 + x + \frac{x^2}{2!} + \frac{x^3}{3!} + \frac{x^4}{4!} + \frac{x^5}{5!} + \cdots$$

したがって,積率母関数は

$$\begin{aligned} M(t) = E(e^{tX}) &= E\left[1 + tX + \frac{(tX)^2}{2!} + \frac{(tX)^3}{3!} + \frac{(tX)^4}{4!} + \cdots\right] \\ &= 1 + tE(X) + \frac{t^2 E(X^2)}{2!} + \frac{t^3 E(X^3)}{3!} + \frac{t^4 E(X^4)}{4!} + \cdots \end{aligned} \tag{7.49}$$

と表すことができる.そこで (7.49) 式を t について微分することで積率母関数の 1 次導関数は

$$M^{(1)}(t) = E(X) + tE(X^2) + \frac{t^2 E(X^3)}{2!} + \frac{t^3 E(X^4)}{3!} + \cdots$$

と求められる.この計算を繰り返すと積率母関数の m 次導関数は

$$M^{(m)}(t) = E(X^m) + tE(X^{m+1}) + \frac{t^2 E(X^{m+2})}{2!} + \frac{t^3 E(X^{m+3})}{3!} + \cdots \quad (7.50)$$

となる．(7.50) 式を $t=0$ で評価することで

$$M^{(m)}(0) = E(X^m)$$

と原点周りの m 次積率 (7.48) 式が計算されることになる．

例 7.5　本章補論 B「ネイピア数 e と自然対数」で，指数関数の性質を説明するが，この例では，とくに指数関数に関する微分を繰り返し使う．正規分布の場合であれば，$m=1$ なら

$$M^{(1)}(t) = (\mu + \sigma^2 t) \exp\left(\mu t + \frac{\sigma^2 t^2}{2}\right)$$

より，平均は，$t=0$ を代入して

$$E(X) = M^{(1)}(0) = \mu$$

と求まる．2 次モーメント（積率）は

$$M^{(2)}(t) = \{(\mu + \sigma^2 t)^2 + \sigma^2\} \exp\left(\mu t + \frac{\sigma^2 t^2}{2}\right)$$

より，$t=0$ を代入して

$$E(X^2) = M^{(2)}(0) = \mu^2 + \sigma^2$$

となる．平均周りのモーメントである分散は，分散の分解公式 (6.30) により

$$V(X) = E(X^2) - \mu^2 = \sigma^2$$

と求まる．3 次モーメントは，

$$M^{(3)}(t) = \{(\mu + \sigma^2 t)[(\mu + \sigma^2 t)^2 + \sigma^2] + 2(\mu + \sigma^2 t)\sigma^2\} \exp\left(\mu t + \frac{\sigma^2 t^2}{2}\right)$$

より，$t=0$ を代入して

$$E(X^3) = M^{(3)}(0) = \mu^3 + 3\mu\sigma^2$$

である。3次の平均周りのモーメントは，3乗式の展開より

$$E\{(X-\mu)^3\} = E(X^3) - 3\mu E(X^2) + 3\mu^2 E(X) - \mu^3$$

だから，代入して計算すれば 0 となる。4次の平均周りのモーメントは，計算の結果

$$E\{(X-\mu)^4\} = 3\sigma^4$$

となる。

3次の平均周りモーメントを σ^3 で割った指標

$$\frac{E\{(X-\mu)^3\}}{\sigma^3} \tag{7.51}$$

は歪度 (skewness)，4次の平均周りモーメントを σ^4 で割った指標

$$\frac{E\{(X-\mu)^4\}}{\sigma^4} \tag{7.52}$$

は尖度 (kurtosis) と呼ばれ，一般の確率変数に関して分布の形状を示す基本的な指標として用いられる。正規分布の場合では，これらの指標は 0 と 3 である（歪度と尖度の意味は，第 1 章 3 節で説明されている）。

補論 B：ネイピア数 e と自然対数

ここでは統計学でよく使われる自然対数と，その底であるネイピア数 e について説明しよう。ただし，本書の理解には証明をフォローする必要はない。

■ **ネイピア数 e** ネイピア数 e は無理数で

$$e = 2.7182818284\cdots$$

と表される。また，e は

$$\lim_{n\to\infty}\left(1+\frac{1}{n}\right)^n = e$$

によって定義される。あるいは

$$\lim_{x \to 0} (1+x)^{\frac{1}{x}} = e$$

と定義することもある。

■ 指数関数　e は指数関数に用いられる。e の x 乗を

$$e^x = \exp(x)$$

と記すことがある。指数分布や標準正規密度関数 (7.18) 式などに，用いられている。

虚数単位 i と弧度法で角度を表す θ の積の指数関数は，オイラーの公式

$$e^{i\theta} = \cos\theta + i\sin\theta$$

により，三角関数を使って分解できる。ここで θ は弧度法による角度だから，$\theta = \pi$ とすれば，$\cos\pi = -1$, $\sin\pi = 0$，なので，

$$e^{i\pi} + 1 = 0$$

となる。これをオイラーの等式と呼ぶ。ネイピア数 e と円周率 π の関係を示す重要な式である。

■ 自然対数　e を底とした対数を自然対数と呼ぶ。つまり，

$$y = e^x$$

の逆関数

$$x = \log(y)$$

が自然対数である。

第 4 章 4 節の対数線形式 (4.36) では，両辺を x で微分する。そして，次の $\log(x)$ や，$\log(y)$ の微分計算により，定弾力性の性質が導かれている。

■ 自然対数の微分　自然対数の導関数は

$$(\log(x))' = \frac{1}{x}$$

となる。指数関数の導関数は

$$(e^x)' = e^x$$

となる。

(証明)

$$\begin{aligned}\frac{d}{dx}\log(x) &= \lim_{h\to 0}\frac{\log(x+h)-\log(x)}{h} \\ &= \lim_{h\to 0}\frac{1}{h}\log\left(1+\frac{h}{x}\right) \\ &= \lim_{h\to 0}\frac{1}{x}\log\left(1+\frac{h}{x}\right)^{\frac{x}{h}}\end{aligned}$$

ここで $t = h/x$ とおくと，$h \to 0$ ならば $t \to 0$ である。そこで，h/x を t に置き換えると

$$\frac{d}{dx}\log(x) = \frac{1}{x}\lim_{t\to 0}\log(1+t)^{\frac{1}{t}} = \frac{1}{x}$$

である。最後の等式は，e の定義

$$e = \lim_{t\to 0}(1+t)^{\frac{1}{t}}$$

より成り立つ。次に，$y = e^x$ の対数を取った式，

$$\log(y) = x$$

の両辺を x で微分すると，合成関数の微分法の公式を用いて

$$\frac{\log(y)}{dy}\frac{dy}{dx} = \frac{1}{y}\frac{dy}{dx} = 1$$

となるので，

$$\frac{dy}{dx} = y = e^x$$

が導かれる。■

第 8 章 標本分布

視聴率調査を行う株式会社ビデオリサーチ社と，調査対象世帯に設置される視聴率調査の測定器。視聴率調査は標本調査の代表例の1つである。
（毎日新聞社提供）

CHAPTER 8

INTRODUCTION

標本とは，観測された数値の集合であると理解されることが多い。しかし，統計学では，観測値を生み出す確率変数の集合を指す。たとえば，サイコロを2回投げる実験において，標本は，3，4といった2個の目の値ではなく，1から6までの値が均等な確率で生じる2個の確率変数の集合である。統計量とは，標本に含まれる確率変数の関数であり，確率変数が観測されて数値になれば，統計量は特定の値を取る。平均は確率変数の関数として定義されるが，データが与えられれば平均の値が定まる。

本章では，標本平均，標本分散などのように，標本という形容詞がついた統計量の分布を求める。標本統計量の分布を，標本分布という。

- KEYWORD
- FIGURE
- TABLE
- COLUMN
- EXAMPLE
- BOOK GUIDE
- EXERCISE

> **KEYWORD**
>
> 母集団　標本　観測個数　統計量　標本分布　無作為標本（ランダム・サンプル）　抽出　標本抽出　独立同一分布（i.i.d.）　母平均　母分散　有為抽出　無作為抽出　標本平均　大数の法則　チェビシェフの不等式　確率収束　中心極限定理　連続性補正　標本分散　カイ２乗（χ^2）分布　自由度　t統計量　t分布　F分布　F統計量　分散比

SECTION 1　標 本

　標本分布は，第9章以降で説明する推定や検定を支える土台になる。なぜならば，標本分布は，母集団の性質を定める未知係数，たとえば母平均や母分散によって決まるので，統計量と未知係数を結びつけるリンクの役割をするからである。このリンクを確立することで，統計量から未知係数の推定が可能になる。

　この章は，Excelによって作成した図表を交えながら説明を進めていく。手元のPCでExcelの実例を実行し，グラフや数値を確認しながら本章を学んでほしい。

> **標本統計量**

　全国の大学生の月収の調査を行うとする。この調査において，全国の大学生全体を調査対象集団という。調査対象集団の属性値，この例では月収，の全体を母集団（population）という。実際に属性値が観測されるのは母集団の一部であるが，この母集団の一部を標本（sample）という。標本に含まれる観測対象の数を，観測個数（sample size）と呼ぶ。標本は集合であり，集合に含まれる要素の数が観測個数である。原語と同じく，標本の大きさ，サイズといわれることもある。しばしば標本数，サンプル数と呼ばれるが，これは誤りである。

　属性値を $X_1, X_2, \cdots, X_n$ として，大きさ n の標本は

$$\{X_1, X_2, \cdots, X_n\}$$

246　第8章　標本分布

と記される．属性値を大文字で表記するのは，個々の要素を確率変数として扱うからである．標本としては，各属性値の値は定まっていないことに注意しよう．サイコロの例では，各 X は，1から6の目を均等な確率で取る確率変数である．

統計量 (statistic) とは，標本をもとに，求める値を計算する計算公式のことである．標本を $\{X_1, X_2, \cdots, X_n\}$ とすると，統計量は，関数 $T(X_1, X_2, \cdots, X_n)$ と書ける．確率変数の関数であるから，統計量も確率変数となる．たとえば，標本平均は，

$$T(X_1, X_2, \cdots, X_n) = \frac{1}{n}\sum_{i=1}^{n} X_i = \bar{X}$$

であるので，統計量になっている．

観測値が関数中の確率変数にインプットされると，関数から値が求まる．各確率変数の実現値を小文字で表現すれば，

$$T(x_1, x_2, \cdots, x_n)$$

となる．この標本観測値の関数の値は，確率変数である統計量の実現値になっている．たとえば，標本平均の実現値は

$$\frac{1}{n}\sum_{i=1}^{n} x_i$$

となり，これを標本平均値という．

標本統計量は確率変数であるから，確率的な法則に従ってさまざまな値を取る．この標本統計量の分布を，**標本分布** (sampling distribution) という．

無作為標本　大きさ n の標本 $\{X_1, X_2, \cdots, X_n\}$ があるとする．ここで，異なる i と j について，X_i と X_j の分布が独立である場合，この標本を**無作為標本**（ランダム・サンプル, random sample）という．分布が独立ということは，2つの確率変数はお互いに影響を与えないということで，標本を構成する確率変数は公正に選ばれていると理解すればよい．大学生の月収の例であれば，月収の全体が母集団であるが，この母集団から満遍なく選ばれた月収の部分集合が，無作為標本である．母集団から月収を選び出すことを，**抽出**という．

各確率変数 X_i は，共通な母集団から抽出される．月収の例でいえば，標本

は，月収全体からなる共通の母集団から抽出される．X_i は確率変数であるから分布をもつが，X_i が共通な母集団から抽出されるということは，母集団が X_i の分布であることを意味する．

A 君の月収は，たとえば 8 万円と決まっているだろうから，A 君の月収はさまざまな値を取る確率変数にはなりえない．しかし，A 君の月収が標本中に抽出されるか否かはわからない．確率的な標本抽出の対象は月収の全体，つまり母集団であり，標本に含まれる月収の分布は，母集団に一致する．

標本抽出において母集団は 1 つだから，X_i は同一の分布をもつ．各確率変数が独立であれば，標本 $\{X_1, X_2, \cdots, X_n\}$ を構成する X_i は，独立かつ同一な分布をもつ．独立同一分布 (i. i. d. : independent and identically distributed) という．母集団は確率分布であるから，未知の係数（母数，パラメータ）によって分布が定められるが，とくに，母集団分布の平均を母平均，分散を母分散と呼ぶ．実際に抽出された観測値は，小文字を使って，$x_1, x_2, \cdots, x_n$ と表す．

無作為標本に対して，たとえば国立大学の学生の月収だけを標本として抽出するなど，恣意性が入った標本抽出を有為抽出と呼ぶ．一般的には，有為抽出は，調査対象集団に関する知見を歪めるといわれる．以下では，無作為抽出の方法を説明しよう．

■ **Excel による無作為抽出法**　(1) 調査対象の個体に，開始番号を 1 として通し番号を振る．

(2) 調査対象の個数が 10000 で，そこから大きさ 100 の標本を抽出する場合は，関数「=RANDBETWEEN(1,10000)」を，たとえば A1 に入力する．

(3) オートフィルで，コピーもとの A1 を含めて 100 セル分コピーする．この操作により，抽出すべき個体の番号が決まる．

(4) たとえば，2567 が 2 回選ばれた場合は，2567 番目の属性値を，2 個の別々の観測値とする．

■ **乱数表による無作為抽出法**　巻末付表 1 には乱数表が掲載されている．この乱数表を使って，無作為抽出を行おう．まず，開始位置をランダムに決める．サイコロを 2 度振るとして，1 度目に行を決め，2 度目に列を決めればよい．

1 から 5000 までの通し番号が振られている調査対象から，5 個の標本を抽出する場合を例にしよう．巻末付表 1 の 5 行 b 列から始めることになったと

> COLUMN 8-1 「JIS マーク付き」標本抽出法

　JIS をご存じだろうか．日本工業規格の略称で，工業製品に関する包括的な規格の総称で，工業標準化法にもとづいて制定されている．たとえば，日本語対応のキーボードの配列，JIS 配列は JIS の一部になっていて，正式名称は「JIS X 6002-1980 情報処理系けん盤配列」である．また，Windows や Mac で使用されている漢字コードであるシフト JIS は，正式名称では「JIS X 0208 7 ビット及び 8 ビットの 2 バイト情報交換用符号化漢字集合」と，いかめしい名前で呼ばれている．JIS に準拠した製品には，JIS マークが付与される．皆さんの周りにも JIS マークが付いた製品が見当たるだろう．

　さて本題だが，実は無作為抽出のための乱数表の使い方も，JIS の一部である．これもいかめしい名前だが，「JIS Z 9031 乱数発生及びランダム化の手順」という規格になっていて，その中で，以下のように，細かく乱数表の引き方が説明されている．

　「出発点をランダムにきめる──付表 1*（乱数表）の任意のページの上に目をつぶって鉛筆を立てて落とし，当たった点に一番近い数字を起点として連続 3 個の数字を読み，その数字を 250 で割った余りに 1 を加えた数を行の番号とする．次にもう一度鉛筆を落として当たった点に一番近い数字を起点として連続 2 個の数字を読み，その数字を 20 で割った余りを列の番号とする」

　「乱数列を読み取る──10 進 1 桁の乱数列または 2 桁の乱数列が必要な場合は右に進む．右端に達したら次の行の左端に移る（以下略）」

　工業製品の検査ではこの規格に従って，無作為に製品を抜き取り検査して，品質管理をしている．もちろん現在は，手で乱数表を引いて決めるのではなく，抜き取り検査装置などにより機械的に乱数表を引き，それをもとにして抜き取る製品を決めている．日本の品質管理は世界的にも高い水準にあり，それが世界市場での日本製品の優位を確保する基礎となり，高度経済成長を支えていたといわれるが，この「JIS マーク付き」標本抽出法も，その一端を担っているのかもしれない．

＊　本書付表 1 ではなく JIS Z 9031 の付表 1．
（参考文献）『JIS Z 9031 乱数発生及びランダム化の手順（2001 年改正）』日本規格協会．

する。ここから 4 桁ずつ値を読んでいくと，

　　5727/5589/0178/1015/6116/5251/1892/4597/9592/1880/8410

の数字が得られるが，5000 以下の値 0178, 1015, 1892, 4597, 1880 を調査対象として選ぶ。この例では，同じ行から数値を選んだが，4 桁ごとにサイコロを振って，目の数だけ跳ばし，次の 4 桁を選ぶという方法も可能である。

例 8.1　視聴率調査　テレビの視聴率調査では，特定の番組をテレビ受信機で見ていた場合に値 1 を与え，見ていなかった場合に値 0 を与える。母集団は，全テレビ所有世帯の 0, 1 で表される視聴状況である。ここで，全テレビ所有世帯のうち，比率 p，あるいは $(100p)$ % がこの番組を見ていたとしよう。この母集団からの無作為標本 $\{X_1, X_2, \cdots, X_n\}$ において，$X_i, (i = 1, \cdots, n)$ の確率関数は，

$$P(X_i = 1) = p \tag{8.1}$$

$$P(X_i = 0) = 1 - p \tag{8.2}$$

となる。したがって，X_i は 1 を取る確率が p であるベルヌーイ確率変数である。((7.1) 式参照)。また標本内に選ばれた世帯同士の番組選択は独立と考えてよいから，X_i と X_j とは独立である。このような母集団を，1 を取る確率が p であるベルヌーイ母集団という。

SECTION 2　標本平均

標本分布の基礎的な例として，標本平均 (sample mean) の性質を説明しよう。

期待値と分散　母平均を μ（ミュー），母分散を σ^2（シグマ 2 乗）とする。ギリシャ文字は母集団の未知係数（母数，パラメータ）を表す場合にしばしば用いられる。無作為標本 $\{X_1, X_2, \cdots, X_n\}$ の大きさを n とし，母集団の分布（母分布という）は特定しないで，標本平均

$$\bar{X} = \frac{1}{n}(X_1 + X_2 + \cdots + X_n) = \frac{1}{n}\sum_{i=1}^{n} X_i$$

の性質を導いてみよう．母平均と母分散の条件を式で書くと，$i = 1, 2, \cdots, n$ について，

$$E(X_i) = \mu \tag{8.3}$$

$$V(X_i) = \sigma^2 \tag{8.4}$$

となる．無作為標本だから，(6.43) 式により

$$Cov(X_i, X_j) = 0, \quad i \neq j \tag{8.5}$$

となる．

定理 8.1 標本平均の期待値　　母平均を μ とするとき，大きさ n の無作為標本 $\{X_1, X_2, \cdots, X_n\}$ から求まる標本平均 $\bar{X}$ の期待値は，μ である．

（証明） 以下の式変形を行う．

$$E(\bar{X}) = E\left(\frac{1}{n}X_1 + \frac{1}{n}X_2 + \cdots + \frac{1}{n}X_n\right) \tag{8.6}$$

$$= \frac{1}{n}E(X_1) + \frac{1}{n}E(X_2) + \cdots + \frac{1}{n}E(X_n) \tag{8.7}$$

$$= \underbrace{\frac{1}{n}\mu + \frac{1}{n}\mu + \cdots + \frac{1}{n}\mu}_{n\text{ 個}} = \mu. \tag{8.8}$$

定理 6.3「和の期待値は，期待値の和」，および，性質 6.3「1 次式の期待値は，期待値の 1 次式」により，(8.6) 式は (8.7) 式になる．ただし，$a = 1/n$，$b = 0$ とする．(8.7) 式から (8.8) 式の変形は，(8.3) 式による．■

無作為標本から得る標本平均の期待値は，母平均に一致する．母平均の存在が仮定として必要だが，母分散の存在，ならびに分布型の特定化は必要ではないのである．

> **定理 8.2** 　**標本平均の分散**　　母分散を σ^2 とするとき，無作為標本 $\{X_1, X_2, \cdots, X_n\}$ から求まる標本平均 $\bar{X}$ の分散は，σ^2/n である。

（証明）　　以下の式変形を行う。

$$V(\bar{X}) = V\left(\frac{1}{n}X_1\right) + V\left(\frac{1}{n}X_2\right) + \cdots + V\left(\frac{1}{n}X_n\right) \tag{8.9}$$

$$= \frac{1}{n^2}V(X_1) + \frac{1}{n^2}V(X_2) + \cdots + \frac{1}{n^2}V(X_n) \tag{8.10}$$

$$= \underbrace{\frac{1}{n^2}\sigma^2 + \frac{1}{n^2}\sigma^2 + \cdots + \frac{1}{n^2}\sigma^2}_{n\text{ 個}} = \frac{\sigma^2}{n} \tag{8.11}$$

確率変数が独立に分布するので，定理 6.3 の (6.51) 式により，(8.9) 式の変形ができる。(6.32) 式により，(8.10) 式になる。(8.4) 式により，(8.11) 式に整理される。■

母集団の平均と分散があれば，無作為標本から求まる標本平均の分散は，母分散の $1/n$ になる。n が大きくなると，標本平均の分散は小さくなり，0 に近づく。分散は分布の散らばり具合の指標であるから，n が大きくなると，標本平均の散らばりが 0 に近づき，標本平均の分布が母平均に集中することがわかる。

> **例 8.2** 　**視聴率の平均と分散**　　例 8.1 において，X_i は確率 p で 1 を取るベルヌーイ確率変数である。大きさ n の無作為標本において，$\sum_{i=1}^{n} X_i$ は，X_i が 1 である確率変数の数なので，番組を視聴している世帯数となる。分母は観測個数なので，$\bar{X}$ は調査世帯のうち，特定の番組を見ている世帯の占める割合，つまり視聴率を示す。定理 7.1 によると，ベルヌーイ確率変数の平均は p，分散は $p(1-p)$ だから，大きさ n の無作為標本から得た標本平均の期待値は p，分散は $p(1-p)/n$ となる。たとえば，全世帯の 20% が視聴している番組なら $p = 0.2$ なので，調査世帯数が 600 の場合，視聴率の期待値は 0.2，分散は $0.2 \times (1-0.2)/600 = 0.00027$ となる。平方根をとって標準偏差を求めると，$\sqrt{0.00027} = 0.016$

である．このように，視聴率は確率変数だから分布をもち，ばらつきがある．

> **例題 8.1 ● 標本平均の期待値と分散**
> 母集団が平均 1 のポアソン分布に従うとき，観測個数 10 の標本平均の，期待値と分散を求めなさい．

（解答） (7.8) 式により，平均 1 のポアソン分布の期待値は 1，分散も 1 である．よって，標本平均の期待値は 1，分散は $\sigma^2/n = 1/10 = 0.1$ となる．

母分布が既知の場合　　定理 8.1 と 8.2 では，母集団の分布は特定しなかった．結果として，標本平均の期待値と分散だけを導くことができた．この節では，母集団の分布を定めて，標本平均の分布を求めてみよう．

■ **正規分布**　　母集団が正規分布（第 7 章 3 節を参照）に従う場合，標本平均の分布はどうなるのか．次の定理が知られている．

定理 8.3　　**正規母集団**　　無作為標本 $\{X_1, X_2, \cdots, X_n\}$ の母集団が $N(\mu, \sigma^2)$ なら，$\bar{X}$ は $N(\mu, \sigma^2/n)$ に従う．

（証明） 証明は，系 7.1 (238 頁) による．■

この定理によって，母集団が正規分布の場合，標本平均も正規分布であることがわかる．図 8-1 は，母平均は 1，母分散は 20 として，n が 100（グレーの線），1000（黒の線），10000（ブルーの線）のときの標本平均の密度関数である．観測個数の増加につれて，密度関数が母平均に集中していく．この図の書き方は本章末の補論 A で説明してあるので，自分で描いてみること．

FIGURE 図 8-1 ● 正規母集団から得た標本平均の密度関数

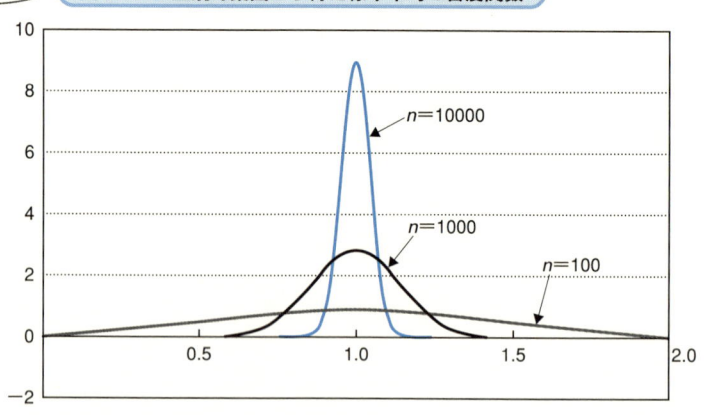

母集団が平均 1，分散 20 の正規分布のとき。

例題 8.2 ● 正規分布からの平均　　　　　　　　　　　　　EXAMPLE

$N(1, 4)$ に従う母集団から大きさ 16 の無作為標本を採った。標本平均が区間 $(0.5, 2)$ の範囲に入る確率を求めなさい。

（解答）　標本平均は，$N(1, 4/16 = 0.25)$ に従う。第 7 章 3 節「正規確率変数の標準化」の項に従って Z を標準正規確率変数とすると，平均 1 を引き，標準偏差 0.5 で割れば標準化できるから，

$$P\left((0.5 - 1)/0.5 \leq Z \leq (2 - 1)/0.5\right)$$

が求める確率である。標準正規分布の対称性を使い，かつ巻末付表 4 (a) により

$$P(-1 \leq Z \leq 2) = P(Z \leq 2) - P(Z < -1)$$
$$= P(Z \leq 2) - (1 - P(Z \leq 1))$$
$$= 0.9773 - (1 - 0.8413)$$
$$= 0.8186$$

となる。

■ **ベルヌーイ分布** 例8.1 と例8.2 のように，母集団がベルヌーイ分布（第7章1節を参照）の場合については，次の結果を得る。

系 8.1 ベルヌーイ母集団 無作為標本 $\{X_1, X_2, \cdots, X_n\}$ の母集団は成功確率が p のベルヌーイ分布であるとすると，$\bar{X}$ の確率関数は，$k = 0, 1, \cdots, n$ について

$$P\left(\bar{X} = \frac{k}{n}\right) = {}_nC_k p^k (1-p)^{n-k} \tag{8.12}$$

となる。

(証明) $\sum_{i=1}^{n} X_i$ は第7章1節「二項分布」の項により $B(n,p)$ に従い，その確率関数は (7.4) 式により，$k = 0, 1, \cdots, n$ について

$$P\left(\sum_{i=1}^{n} X_i = k\right) = {}_nC_k p^k (1-p)^{n-k} \tag{8.13}$$

となる。$\sum_{i=1}^{n} X_i = n\bar{X}$ であるので，代入すると，(8.12) 式を得る。■

第7章1節「Excelによる二項確率の計算」の項で説明したように，計算には関数「=BINOMDIST(k,n,p,FALSE)」（★, 102頁）を利用する。ただし，k,n,p には実際の値，または，値が格納されたセルを指定する。$P(\bar{X} \leq k/n)$ は「=BINOMDIST(k,n,p,TRUE)」（★, 102頁）で求める。

標本平均の確率関数を，Excel を使って作図してみた。図8-2のように，観測個数が 100 から 1000 に増えると，母平均 0.3 に，確率関数が集中する。この図も本章末の補論 A で説明されている。

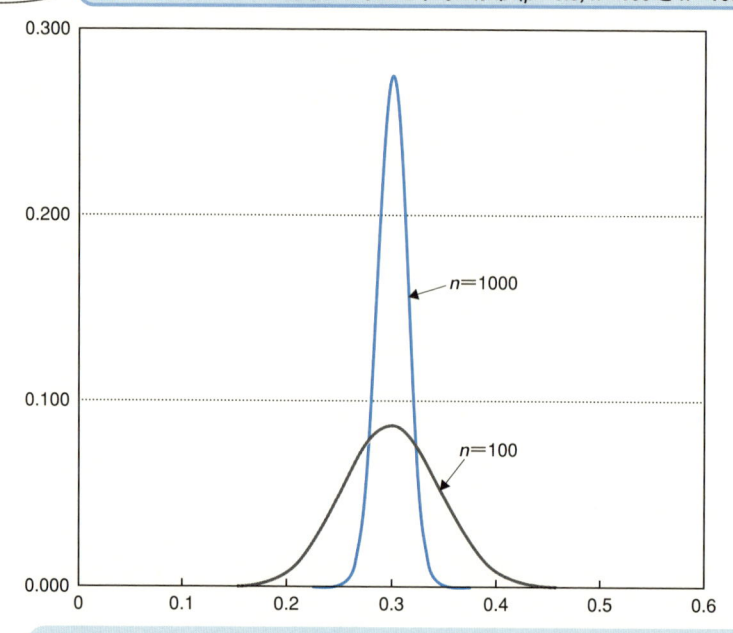

FIGURE 図 8-2 ● ベルヌーイ分布から求めた平均の分布（$p=0.3, n=100$ と $n=1000$）

[グラフ: $n=100$（グレーの線），$n=1000$（ブルーの線），確率関数を折れ線で結んでいる。]

例 8.3 視聴率に関する確率計算　　全世帯の 11% が視聴している番組に関して，600 世帯について視聴率調査を行った。真の視聴率が 0.11，観測個数は 600 である。視聴率は標本平均であり分布をもつから，真の視聴率が 0.11 であっても，観測される視聴率が 10% 未満になることがある。つまり，この例では，特定の番組を見ている世帯数が 59 以下であると，観測される視聴率は 10% 未満となる。真の視聴率が 0.11 であるという条件のもとで，特定の番組を見ている世帯が 59 以下になる確率は，「=BINOMDIST(59,600,0.11,TRUE)」（★，102 頁）で求めることができる。計算すると 0.1995 であった。「世帯視聴率 10% 以上」というのはテレビ番組がクリアしなければならない基準の 1 つだそうだ。全世帯の 11% が実際に視聴しているにもかかわらず，調査対象世帯が 600 しかないため

> **COLUMN** **8-2 誤差と向き合う**
>
> 　例 8.3「視聴率に関する確率計算」で見たように，真の視聴率と，視聴率調査による世帯視聴率は異なる。この差を誤差と呼ぶ。例では，5 回に 1 回は，誤差が 1 パーセントポイントを上回ってしまう。このような誤差は，世帯視聴率だけでなく，世論調査から算出される内閣支持率，政党支持率，さまざまな意識調査，アンケート調査など，標本調査から得られる知見のすべてにつきものである。
>
> 　統計学的な考え方を学ぶことの第 1 歩は，「標本調査には誤差は避けられない」という考えであり，「調査の誤差はどのくらいか」と問いかける意識であろう。これは，「誤差とどう向き合うか」という態度であるともいえよう。
>
> 　例に挙げたテレビ業界では，日々刻々，テレビ番組の世帯視聴率を小数点第 1 位で競っている。とくに，世帯視聴率 10% ラインの攻防というのは深刻で，番組が続けて 10% ラインを割り込むと，制作局における制作者の立場が悪くなるという。10% ラインを割り込まないために，秘密であるべき調査世帯の一部を探し出し，自分の番組を視聴するように依頼するといった事件がかつて実際に起こっている。しかし，その世帯視聴率は，調査戸数が少ないため，数 % の誤差が生じることは避けられない（第 9 章参照）。調査戸数を増やすと，コストおよび調査時間が余計にかかる。
>
> 　視聴率競争は広告単価に結びつくから血なまぐさくなるが，誤差に踊らされている可能性が高い。とはいえ，誤差があるとわかっていても番組単価は決めねばならず，誤差とどう向き合うかについて，皆が納得する有効な手段はないようだ。

に，およそ 5 回に 1 回はこの基準をクリアできない現象が起きる。ちなみに，調査数が 2000 であれば，視聴世帯が 199 以下だと 10% 未満になるが，199 以下が生じる確率は 0.0699 と計算された。

■ **ポアソン分布**　　母分布がポアソン分布（第 7 章 1 節を参照）の場合についても調べてみよう。

系 8.2　　ポアソン母集団　　無作為標本 $\{X_1, X_2, \cdots, X_n\}$ の母集団を母数 λ のポアソン分布とすると，$\bar{X}$ の確率関数は，$k = 0, 1, \cdots$ について

$$P\left(\bar{X} = \frac{k}{n}\right) = \frac{(n\lambda)^k}{k!} \exp(-n\lambda) \qquad (8.14)$$

となる。

（証明） 第 7 章補論 A の例 7.4（238 頁）により，$X_1 + X_2$ は母数 2λ のポアソン分布に従う。順に足していけば，$\sum_{i=1}^{n} X_i$ が母数 $n\lambda$ のポアソン分布に従うことがわかり，その確率関数は，$k = 0, 1, \cdots$ について

$$P\left(\sum_{i=1}^{n} X_i = k\right) = \frac{(n\lambda)^x}{k!} \exp(-n\lambda) \qquad (8.15)$$

となる。$\sum_{i=1}^{n} X_i = n\bar{X}$ であるので，代入して変形すると，結論を得る。∎

ポアソン分布の場合についても，ベルヌーイ分布の場合と同様に，観測個数が大きくなると母平均のごく近くの値を除いて，確率関数の値がほとんど 0 と変わらないことがわかる。本章補論 A の Excel 手順の詳細を参照して，グラフを描いてみよう。

SECTION 3　標本平均と母平均の差

　定理 8.2 によると，平均と分散が存在しさえすれば，どのような母集団分布からの無作為標本であっても，n が大きくなると標本平均の分散が 0 に近づく。この内容は，図 8-1 や，図 8-2 から読み取ることができる。このような性質の極限を，大数の法則 (law of large numbers) と呼ぶ。以下，標本平均がもつこの重要な性質を説明しよう。

　チェビシェフの不等式　第 1 章 2 節「標準偏差」の項で，観測値に関するチェビシェフの不等式を説明したが，ここでは，大数の法則を説明するうえでキーになる，確率分布に関するチェビシェフの不等式 (Chebyshev's inequality) を説明する。

定理 8.4 チェビシェフの不等式　　期待値が m，分散が s^2 の確率変数 X に関して，

$$P\left\{\frac{|X-m|}{s} \geq k\right\} \leq \frac{1}{k^2} \tag{8.16}$$

が成立する。

　この定理は，標準化された X の絶対値が，k 以上の値を取る確率の上限を与える。この定理を標本平均に当てはめると，標本平均は期待値が μ，分散が σ^2/n であるので，不等式は

$$P\left\{\frac{|\bar{X}-\mu|}{\sigma/\sqrt{n}} \geq k\right\} \leq \frac{1}{k^2} \tag{8.17}$$

となる。左辺は，

$$P\left\{|\bar{X}-\mu| \geq \frac{k\sigma}{\sqrt{n}}\right\} \leq \frac{1}{k^2} \tag{8.18}$$

と，表現を変えることができる。この式では，観測個数 n が増加すると，$\{\ \}$ の中の不等式の下限が 0 に近づいていく。逆に，この不等式の下限を正の定数 ε（イプシロン）に置き換えてから n に関する極限を取ると，大数の法則が証明できる。不等式の下限を定数にするということは，$\bar{X}-\mu$ が固定区間から出る確率を計算することを意味する。大数の法則により，この確率の極限は 0 になる。

大数の法則

定理 8.5 大数の法則　　母平均 μ と母分散 σ^2 が有限であれば，無作為標本 $\{X_1, X_2, \cdots, X_n\}$ の標本平均 $\bar{X}$ は，任意の正の定数 ε に関して

$$\lim_{n \to \infty} P\left[|\bar{X}-\mu| \geq \varepsilon\right] = 0 \tag{8.19}$$

となる。$\bar{X}$ は μ に確率収束するという。

（証明）　正の値 ε を固定し，$\varepsilon = k\sigma/\sqrt{n}$ とすると，$k = \sqrt{n}\varepsilon/\sigma$ なので，(8.18) 式は，

$$P\left[|\bar{X}-\mu| \geq \varepsilon\right] \leq \frac{\sigma^2}{n\varepsilon^2} \tag{8.20}$$

3 標本平均と母平均の差

と変形できる．確率は正または0なので，$n \to \infty$ の極限を取れば，定理が証明できる．■

この定理は，図 8-1 や，図 8-2 で示されるように，標本平均が母平均の周囲に集中することを示している．これを**確率収束**と呼び，

$$\plim_{n \to \infty} \bar{X} = \mu \tag{8.21}$$

と表記することも多い．他方，**標本平均の分布**は，中心極限定理によって与えられる．

SECTION 4 標本平均の分布

中心極限定理　　$\bar{X}$ を標準化した統計量 Z に着目する．Z は，標準化の結果，平均 0，分散 1 になる．これは n に依存しない．さらに，n が無限大に発散すれば，統計学で大数の法則とともに最も重要な定理である**中心極限定理** (central limit theorem) が成立する．証明は省略し，本章末の補論 B に従い，Excel によって定理の性質を確認しよう．

定理 8.6　　**中心極限定理**　　母平均 μ と母分散 σ^2 が有限であれば，無作為標本 $\{X_1, X_2, \cdots, X_n\}$ から求まる標本平均 $\bar{X}$ を標準化した統計量

$$Z = \frac{\sqrt{n}\,(\bar{X} - \mu)}{\sigma} \tag{8.22}$$

の分布関数 $P(Z \leq z)$ は，n が十分大きければ $N(0,1)$ の分布関数で近似できる．

母集団が正規分布なら，定理 8.3 により，Z の分布は厳密に正規分布になる．この定理の真骨頂は，母分布にかかわらず，平均，分散が有限なら，観測個数 n が無限大に発散するにつれ，Z の分布が正規分布に収束するという点

にある。n が大なら，標本平均の分布は標準正規分布を利用して近似することができる。

例8.4 センター試験　大学入試センター試験の各教科の得点の分布は，正規分布の性質からはずれている。なぜなら，たとえばある年の英語の成績を見ると，満点が200点，平均 μ が125点，標準偏差 σ が40点だから，$\mu + 2\sigma$ は205点になり満点を超える。したがって，$\mu + 2\sigma$ を超える確率は0である。他方，正規分布の場合，$\mu + 2\sigma$ を超える確率は0.023だから，0ではない。しかし，受験者から100人を無作為抽出して平均点を計算するという操作を繰り返し，平均点の分布を求めるなら，中心極限定理により，この分布は正規分布で近似できる。

正規分布による近似　母集団がベルヌーイ分布やポアソン分布の場合については，標本平均の確率分布関数が容易に求められ，Excel で分布関数を計算できるので，中心極限定理による正規近似の意味は小さい。しかし，一般的には，標本平均の分布関数が数学的に求まっても非常に複雑であることが多く，近似が有用になる。

■ 連続分布の場合　μ と σ^2 が既知の場合について，定理8.6の利用法を説明しよう。n は十分大とするが，第7章3節「Excelによる標準正規確率の計算」の項（221頁）にならって，$\bar{X}$ の値が区間 (a, b) に入る確率を求める。Z を標準正規確率変数とすると，中心極限定理により，

$$P(a \leq \bar{X} \leq b) = P\left[\frac{\sqrt{n}(a-\mu)}{\sigma} \leq \frac{\sqrt{n}(\bar{X}-\mu)}{\sigma} \leq \frac{\sqrt{n}(b-\mu)}{\sigma}\right] \quad (8.23)$$

$$\fallingdotseq P\left[\frac{\sqrt{n}(a-\mu)}{\sigma} \leq Z \leq \frac{\sqrt{n}(b-\mu)}{\sigma}\right] \quad (8.24)$$

と近似できる。したがって，Excel の NORMSDIST 関数（★，102頁）や巻末付表4(a)を用いて，近似確率を計算することができる。標本平均の分布関数は，特殊な場合を除いて導出が難しいから，これは便利な近似になる。

> 例8.5　　一様母集団からの平均　　母集団が $(0,1)$ 区間の一様分布に従うとき，n が 25 である標本平均 $\bar{X}$ に関して，$P[0.4 \leq \bar{X} \leq 0.6]$ を求める。$\bar{X}$ の分布関数は非常に複雑であることがわかっているので，中心極限定理により確率を近似的に求める。母平均 μ は 0.5，標準偏差 σ が (7.14) 式により $\sqrt{1/12}$ となり，$\sqrt{n}(a-\mu)/\sigma = -1.73$，$\sqrt{n}(b-\mu)/\sigma = 1.73$ なので，

$$P(0.4 \leq \bar{X} \leq 0.6) \fallingdotseq P[-1.73 \leq Z \leq 1.73] = 2P[Z \leq 1.73] - 1 \quad (8.25)$$

となる。巻末付表 4 (a) から，$P[Z \leq 1.73] = 0.9582$ なので，0.9164。

例題 8.3 ● 標本平均の分布　　EXAMPLE

ある年の大学入試センター試験の英語の平均値は 125 点，標準偏差は 42 点であったとする。この中から，900 人を無作為抽出して，標本平均を求めた。その分布は，どのようになるか。

（解答）　　母分布はわからないが，母平均と母分散は存在するとしてよいだろう。母分布は未知であるから，$\bar{X}$ の厳密な分布はわからない。中心極限定理による近似を求めるが，標準化すれば

$$Z = \frac{\sqrt{900}(\bar{X} - 125)}{42} = \frac{30(\bar{X} - 125)}{42} \quad (8.26)$$

が $N(0,1)$ に従うと考えられる。したがって，$\bar{X}$ の分布は $N(125, (42/30)^2)$，すなわち，$N(125, 1.96)$ で近似できる。

■ **離散分布の場合**　　離散分布の場合も，標準正規分布で近似できる。図 8-3 は，ベルヌーイ分布から大きさ 100 の無作為標本を採り，そこから計算した平均を標準化して得られる確率変数の確率関数と，標準正規密度関数を示している。

標準正規密度関数は，標準化した $\bar{X}$ の確率関数のよい近似になっている。グラフ作成の詳細は，章末の補論 B を参照せよ。ただし，標本平均は離散値しか取らないので，正規近似に連続性補正（本章補論 B を参照）を加えることが望ましい。

FIGURE 図 8-3 ● ベルヌーイ分布から求めた平均を標準化した確率変数の分布

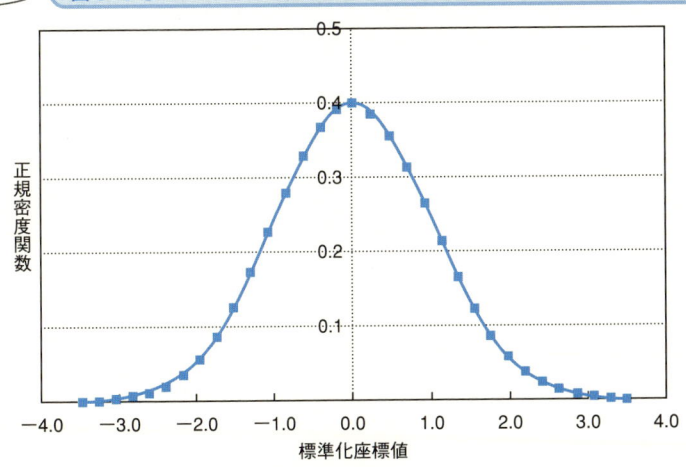

n＝100，p＝0.3，実線は標準正規密度。マーカーは標準化した標本平均の確率関数。

5 他の標本分布

　標本平均以外にも，統計学において重要な役割を果たす標本統計量がある。本節では，基本的な統計量の分布を説明しよう。

標本分散　$\{X_1, X_2, \cdots, X_n\}$ を平均が μ，分散が σ^2 の無作為標本とする。確率変数としての**標本分散** (sample variance) は，(1.17)式の観測値 x_i を確率変数を示す大文字に書き換えて，

$$S^2 = \frac{1}{n-1} \sum_{i=1}^{n} \left(X_i - \bar{X}\right)^2 \tag{8.27}$$

となる。S^2 は統計量であるが，最初に，母集団分布に依存しない性質を示す。無作為標本から求まる標本分散の期待値は，母分散に一致するという性質である。

■ 母分布に依存しない性質

定理 8.7　**期待値**　平均が μ，分散が σ^2 である母集団からの無作為標本を $\{X_1, X_2, \cdots, X_n\}$ とすると，$E(S^2) = \sigma^2$ となる．

（証明）　添え字 i に関わりのない因子を和の外に出すことにより，

$$\sum_{i=1}^{n}(X_i - \bar{X})(\bar{X} - \mu) = (\bar{X} - \mu)\sum_{i=1}^{n}(X_i - \bar{X}) = 0 \tag{8.28}$$

となるから

$$\sum_{i=1}^{n}(X_i - \mu)^2 = \sum_{i=1}^{n}\{(X_i - \bar{X}) + (\bar{X} - \mu)\}^2$$

$$= \sum_{i=1}^{n}(X_i - \bar{X})^2 + n(\bar{X} - \mu)^2 + 2\sum_{i=1}^{n}(X_i - \bar{X})(\bar{X} - \mu)$$

$$= \sum_{i=1}^{n}(X_i - \bar{X})^2 + n(\bar{X} - \mu)^2 \tag{8.29}$$

と整理できる．左辺の期待値は，

$$E\sum_{i=1}^{n}(X_i - \mu)^2 = \sum_{i=1}^{n}E[(X_i - \mu)^2] = \sum_{i=1}^{n}V(X_i) = n\sigma^2 \tag{8.30}$$

となる．(8.29) 式，第 2 項の期待値は，標本平均の分散の n 倍であるから，σ^2 になる．整理をすれば，(8.29) 式第 1 項の期待値が

$$E\left[\sum_{i=1}^{n}(X_i - \bar{X})^2\right] = (n-1)\sigma^2$$

となるから，両辺を $(n-1)$ で割って定理が導かれる．■

■ カイ 2 乗分布　母分布が正規分布であれば，標本分散の分布関数を導くことができる．準備として，**カイ 2 乗 (χ^2) 分布**を説明する．

定義 8.1　**カイ 2 乗分布**　$Z_1, Z_2, \cdots, Z_k$ を，独立に分布する標準正規確率変数とすると，

$$W = Z_1^2 + Z_2^2 + \cdots + Z_k^2 \tag{8.31}$$

は，**自由度** (degrees of freedom) k のカイ 2 乗分布をもつ．W を，自由度 k

FIGURE 図 8-4 ● カイ2乗分布の密度関数のグラフ

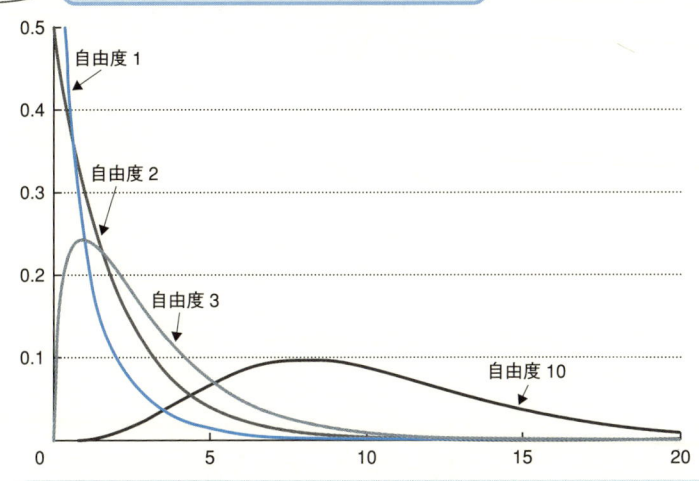

原点での確率密度は，自由度1の場合は無限大，自由度2の場合は0.5，それ以外は0である。

のカイ2乗確率変数，$\chi^2(k)$，という。

自由度は，和に含まれる独立な標準正規確率変数の個数を意味する。図8-4では，自由度が1, 2, 3, 10, のカイ2乗分布の密度関数が示されている。

系 8.3 期待値 自由度 k のカイ2乗確率変数の期待値は，k である。

(証明) (8.31) 式より，

$$E(W) = E(Z_1^2) + E(Z_2^2) + \cdots + E(Z_k^2) \tag{8.32}$$

となるが，Z は標準正規確率変数なので，$V(Z_i) = 1$, だから，$E(Z_i^2) = V(Z_i) + E(Z_i)^2 = 1$ となる。■

5 他の標本分布

自由度 k のカイ 2 乗確率変数の分散は $2k$ である。証明は，$V\left(Z^2\right) = 2$，となることを使うが，これは $E(Z^4)$ を含むので，第 7 章補論 A で説明した積率母関数を用いて計算したほうが容易である。

例 8.6 一般の正規分布　$X_1, X_2, \cdots, X_k$ を平均が μ，分散が σ^2 の独立な正規確率変数とすると，

$$\frac{1}{\sigma^2}\sum_{i=1}^{k}(X_i - \mu)^2$$

は，自由度 k のカイ 2 乗確率変数になる。

■ **確率計算**　Excel を使った場合，$\chi^2(k)$ 確率変数 W について，右裾確率 $P(W > a)$ は，「=CHIDIST(a,k)」(★，102 頁) によって計算する。たとえば，$\chi^2(10)$ 確率変数 W に関して，$P(9 \leq W \leq 15)$ を計算する場合は，

「=CHIDIST(9,10)-CHIDIST(15,10)」

となる。(Excel 2010 以降の場合，左裾確率を使う「=CHISQ.DIST(15,10)-CHISQ.DIST(9,10)」でも計算できる。)

p の値を先に与えて，$P(W > w) = p$ を満たす座標値 w を求めるには，「=CHIINV(p,k)」(★，102 頁) とする。不等号の向きを逆にした $P(W \leq w) = p$ となるような w を求めるには，「=CHIINV(1-p,k)」とする。(Excel 2010 以降では左裾確率を使う「=CHISQ.INV(p,k)」でも計算できる。)

「NORMSDIST」や「POISSON」関数は左裾確率を計算するので，$P(a \leq W \leq b)$ は，「=NORMSDIST(b)-NORMSDIST(a)」(★，102 頁) のように，大きい方 b の関数値から小さい方 a の関数値を引く。ここでは，Excel が右裾確率を求めるため，逆になる。

Excel を使わない場合は，巻末付表 5 を使えば，さまざまな自由度（行）と右裾確率 p（列）に対して，座標値を求めることができる。

例 8.7 分布表の使い方　$\chi^2(10)$ 確率変数 W に対して，$P(W > w) = 0.05$ となる座標 w は，巻末付表 5 の 10 の行（10 行

目）と，0.050 の列（7 列目）の交差点 18.31 になる。

■ **標本分散の分布**　S^2 の分布を知るために，次の定理を利用する。なお，この定理の証明は与えない。

定理 8.8　標本分散の確率分布　$\{X_1, X_2, \cdots, X_n\}$ を，平均が μ，分散が σ^2 の正規母集団からの無作為標本とすると，

$$U = \frac{1}{\sigma^2} \sum_{i=1}^{n} (X_i - \bar{X})^2 = \frac{(n-1)S^2}{\sigma^2} \tag{8.33}$$

の分布は，自由度 $(n-1)$ のカイ 2 乗分布になる。

(8.33) 式の $\bar{X}$ を μ に置き換えて得られる

$$\frac{1}{\sigma^2} \sum_{i=1}^{n} (X_i - \mu)^2 \tag{8.34}$$

は，例 8.6 のように自由度 n のカイ 2 乗分布に従う。U の自由度は，それより 1 少ない点が重要である。実際，U を構成する各項の和を求めると，

$$\sum_{i=1}^{n} (X_i - \bar{X}) = \sum_{i=1}^{n} X_i - n\bar{X} = n\bar{X} - n\bar{X} = 0 \tag{8.35}$$

だから，(8.33) 式の n 項は，独立には分布できない。たとえば，$(X_1 - \bar{X})$ は，他の $n-1$ 項の和で表現できるから，U には $n-1$ 項しか独立な確率変数が含まれない。

正規母集団を仮定しない場合の S^2 の期待値はすでに求めたが，この結果を使えば，U の期待値は，$n-1$ になる。正規母集団を仮定すれば，カイ 2 乗確率変数の期待値は自由度に等しいから，当然ながら，同じ結果になる。

(8.33) 式を使えば，

$$P\left(a \leq S^2 \leq b\right) = P\left(a \leq \frac{\sigma^2}{n-1} U \leq b\right) \tag{8.36}$$

$$= P\left(\frac{a(n-1)}{\sigma^2} \leq U \leq \frac{b(n-1)}{\sigma^2}\right) \tag{8.37}$$

と変形できるから，U の分布を用いて，標本分散の分布を求めることができる。ただし，σ^2 は既知とする。

例題 8.4 ● 標本分散の確率計算　　　　　　　　　　　EXAMPLE

分散が 5 の正規母集団から，大きさ 5 の無作為標本を採り，標本分散 S^2 を求めた。$P(0.5 \leq S^2 \leq 10)$ を，(8.37) 式を用いて Excel で計算しなさい。

（解答） U を $\chi^2(4)$ の確率変数とすると

$$P\left(0.5 \leq S^2 \leq 10\right) = P\left(\frac{0.5\,(5-1)}{5} \leq U \leq \frac{10\,(5-1)}{5}\right) \tag{8.38}$$

となる。これを計算するために，セルに

「`=CHIDIST(0.4,4)-CHIDIST(8,4)`」（★, 102 頁）

を入力する。結果は 0.89 である（Excel 2010 以降では左裾確率を使う「`=CHISQ.DIST(8,4)-CHISQ.DIST(0,4)`」でも計算できる）。

標本平均と標本標準偏差の比

■ **t 統計量**　　標本平均と標本標準偏差の比の分布を説明しよう。

定義 8.2　　t 統計量　　平均が μ，分散が σ^2 の無作為標本 $\{X_1, X_2, \cdots, X_{n_1}\}$ から得た $\bar{X}$ と S^2 に関して，

$$t = \frac{\bar{X} - \mu}{S/\sqrt{n}} = \frac{\sqrt{n}\,(\bar{X} - \mu)}{S} \tag{8.39}$$

を，t 統計量（t statistic）と呼ぶ。

この統計量の有用性は，第 9 章と第 10 章で明らかになっていく。$\bar{X}$ の分散は σ^2/n だから，$\bar{X}$ の標準化統計量は $\sqrt{n}\,(\bar{X} - \mu)/\sigma$ になる。標準化統計量では σ は未知だから，未知の σ を標本標準偏差 S に置き換えると，t 統計量になる。μ は未知のままであることにも注意されたい。

■ **母分布に依存しない性質**　　母集団の分布が特定されないなら，t 統計量の分布はわからない。ただし，観測個数 n が十分大きければ，中心極限定理により，t 統計量の分布を標準正規分布で近似する。したがって，Z を標準正規確率変数とすると，

FIGURE 図 8-5 ● t分布と標準正規分布の密度関数のグラフ

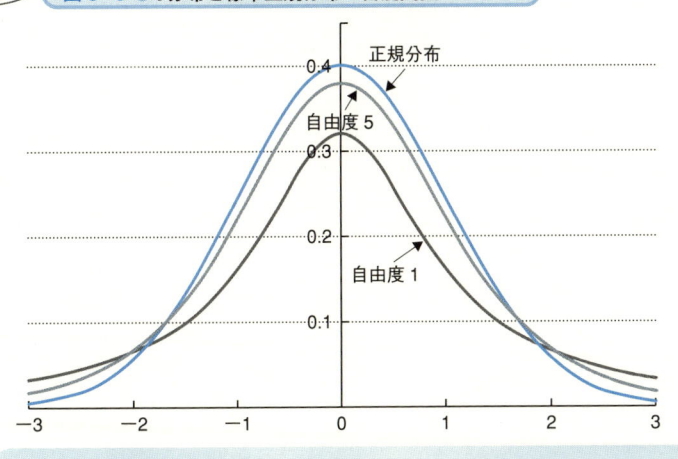

t分布の密度関数は裾が厚く，裾の値が標準正規分布より出やすいことを示している．

$$P(a \leq t \leq b) \fallingdotseq P(a \leq Z \leq b) \tag{8.40}$$

となり，標準正規分布表を用いて計算する．

■ **正規母集団の場合**　正規母集団の場合は，t 統計量は t 分布に従って分布する．最初に，t 分布を定義する．

定義 8.3　**t 分布**　Z を標準正規確率変数，W を自由度 k のカイ 2 乗確率変数，Z と W は独立に分布するとしよう．このとき確率変数

$$t = \frac{Z}{\sqrt{W/k}} \tag{8.41}$$

の分布を，自由度が k の **t 分布**と定義する．

図 8-5 には，t 分布と，標準正規分布の密度関数が示されている．t 分布は，グラフの両端で正規分布より密度が大きくなっており，正規分布より裾が厚い

5　他の標本分布　269

といわれる。

t 分布は，原点に関して対称になる。この性質は，t 分布表（巻末付表 6）を読む際に大事な性質であるので，頭に入れておこう。

t 分布の期待値は，自由度が 1 のとき存在しない。自由度が 2 以上で期待値は存在し，y 軸に対する左右の対象性から 0 となる。分散は，自由度が 3 以上で存在し，自由度 k のとき $k/(k-2)$ となる。また，$k \to \infty$ のときには，t 分布は標準正規分布に近づいていく。分散も 1 に収束する。

■ t 統計量の分布

定理 8.9　t 統計量の分布　　平均が μ，分散が σ^2 の正規母集団から，大きさ n の無作為標本 $\{X_1, X_2, \cdots, X_n\}$ を得たとする。標本平均 $\bar{X}$ と標本分散 S^2 から求めた t 統計量 $\sqrt{n}\,(\bar{X} - \mu)/S$ は，自由度が $n-1$ の t 分布に従う。

（証明）　$Z = (\bar{X} - \mu)/(\sigma/\sqrt{n}), W = (n-1)S^2/\sigma^2$ とすると，定理 8.3 により，Z は $N(0,1)$ に従い，定理 8.8 により W は自由度 $n-1$ のカイ 2 乗分布に従う。Z と W の独立性は証明しないが，$Z/\sqrt{W/k}$ の形式にすると，自由度 $n-1$ の t 分布に従うことがわかる。■

■ 確率計算　　Excel を使った場合，自由度 k の t 確率変数 X に関して，
$$P(a \leq X \leq b)$$
は，「=TDIST(a,k,1)-TDIST(b,k,1)」（★，102 頁）で計算する。a, b, k には，値，またはセル名が入る。1 は右裾の確率を指定するので，小さい方 a の関数値から大きい方 b の関数値を引く点に注意しよう。

第 10 章の検定においては，P 値を計算する際に，最後の引数を 2 にすることが多い。「=TDIST(a,k,2)」は，両裾の確率，$P(|X| > a)$ を計算する。

p を与えて，両裾確率に関して，
$$P(|X| > w) = p$$
を満たす座標 w を求めるには，「=TINV(p,k)」（★，102 頁）とする。これも，第 10 章の検定で重要である。

確率 q の値を与えて，片側の確率に関して，

$$P(X > v) = q$$

を満たす座標 v を求めよう．TINV は両裾の確率であるので，分布の対称性により

$$P(|X| > v) = 2q$$

となる v を求める．つまり「=TINV(2*q,k)」で計算できる．（Excel 2010 以降では左裾確率を使う「=T.INV(1-q,k)」でも計算できる．）

巻末付表 6 を使えば，主な確率 p については，座標値が与えられている．たとえば，自由度が 10 の t 確率変数に対して，右裾の 2.5% 点を求めるには，10 の行と，0.025 の列の交点を探せばよい．2.23 である．

t 確率変数の絶対値について，確率 q を与えて，

$$P(|X| > v) = q$$

を満たす v を求めるには，半分の確率に対する座標値，

$$P(X > v) = \frac{q}{2}$$

を探す．したがって，巻末付表 6 の，$q/2$ 列を読む．

例題 8.5 ● t 分布の確率計算　　　　　　　　　EXAMPLE

自由度が 9 の t 確率変数 X について，$P(|X|>q)=0.05$ となる q と，$P(X>v)=0.05$ となる v を求めなさい．

（**解答**）　$P(|X|>q) = 2P(X>q)$ だから，$P(X>q)=0.025$ を満たす q を求めればよい．巻末付表 6 の，9 の行と 0.025 の列の交点から，2.26 となる．$P(X>v)=0.05$ となる v は，9 の行と 0.05 の列の交点から，1.83 となる．

5　他の標本分布

図 8-6 ● F 分布の密度関数のグラフ

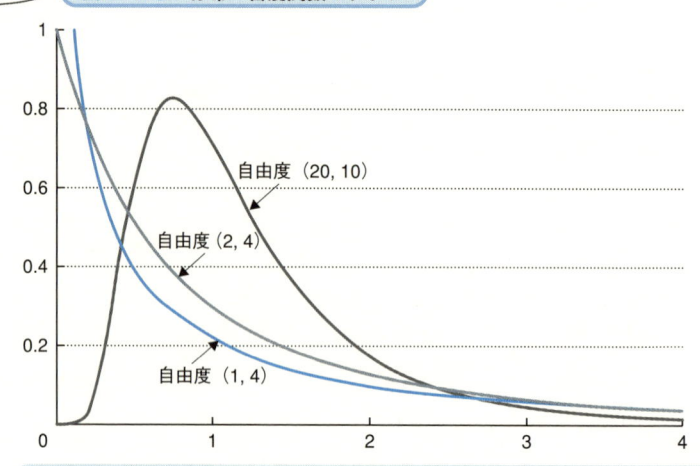

自由度 (20, 10)
自由度 (2, 4)
自由度 (1, 4)

F 分布の密度関数が右下りになるのは，分子の自由度が 1 と 2 のときだけである．

分散比

定義 8.4 *F 分布* V は自由度 n_1, W は自由度 n_2 のカイ 2 乗確率変数で，互いに独立とする．このとき，

$$\frac{V/n_1}{W/n_2} \tag{8.42}$$

の分布を，自由度が (n_1, n_2) の **F 分布**と定義し，$F(n_1, n_2)$ で表す．

図 8-6 は，F 分布の密度関数のグラフである．また，期待値は $n_2 > 2$ について，$n_2/(n_2 - 2)$，分散は $n_2 > 4$ について，$2n_2^2(n_1 + n_2 - 2)/\{n_1(n_2 - 2)^2(n_2 - 4)\}$ である．

定義 8.5 *F 統計量* 互いに独立な無作為標本を $\{X_1, X_2, \cdots, X_{n_1}\}$, $\{Y_1, Y_2, \cdots, Y_{n_2}\}$ とする．さらに，X_i の母分散を σ_1^2, Y_i の母分散を σ_2^2 とし，

$$S_1^2 = \frac{1}{n_1 - 1} \sum_{i=1}^{n_1} (X_i - \bar{X})^2$$

$$S_2^2 = \frac{1}{n_2 - 1} \sum_{i=1}^{n_2} (Y_i - \bar{Y})^2$$

とすると，**F 統計量**は，

$$F = \frac{S_1^2/\sigma_1^2}{S_2^2/\sigma_2^2} \tag{8.43}$$

と定義される。

σ_1^2, σ_2^2 が未知であっても，$\sigma_1^2 = \sigma_2^2$ のときは，両者が式から消えて，$F = S_1^2/S_2^2$ となり，F 統計量は**分散比**になる。

■ **定理 8.10** F 統計量の分布　定義 8.5 の条件に加えて，$\{X_1, X_2, \cdots, X_{n_1}\}$，$\{Y_1, Y_2, \cdots, Y_{n_2}\}$ が正規母集団からの無作為標本であるとすると，F 統計量 (8.43) 式は，自由度 $(n_1 - 1, n_2 - 1)$ の F 分布に従って分布する。

（証明）　これを示すために，

$$F = \frac{\{(n_1 - 1) S_1^2/\sigma_1^2\} / (n_1 - 1)}{\{(n_2 - 1) S_2^2/\sigma_2^2\} / (n_2 - 1)} \tag{8.44}$$

と変形する。定理 8.8 によって，$V = (n_1 - 1) S_1^2/\sigma_1^2$ は自由度 $n_1 - 1$，$W = (n_2 - 1) S_2^2/\sigma_2^2$ は自由度 $n_2 - 1$ のカイ 2 乗確率変数，V と W は独立なので，(8.42) 式にあてはめることができる。■

$\sigma_1^2 = \sigma_2^2$ のときは，分散比 $F = S_1^2/S_2^2$ は自由度 $(n_1 - 1, n_2 - 1)$ の F 分布に従う。第 10 章では，分散比 F を用いて，分散が等しいかどうかの検定（分散比の検定）を行う。

■ **逆数の分布**　F が $F(n_1, n_2)$ に従うとき，$1/F$ は $F(n_2, n_1)$ に従う。これは，$F = (V/n_1)/(W/n_2)$ としたとき，$1/F = (W/n_2)/(V/n_1)$ となるからである。

■ **確率計算**　Excel を使うと，FDIST(a,n₁,n₂)（★，102 頁）は，右裾を

与える関数である。逆に確率 p を与えて，右裾

$$P(F > f) = p$$

となるような座標 f を求めるには，「`=FINV(p,n`$_1$`,n`$_2$`)`」（★，102 頁）で計算する。これは，第 10 章の検定で重要な役割を果たす。左裾

$$P(F < g) = p$$

となる座標 g を求めるには，g より右裾の確率は $1 - p$ だから，g は，「`=FINV(1-p,n`$_1$`,n`$_2$`)`」と求める。（Excel 2010 以降は左裾確率を使う「`=F.INV(p,n`$_1$`,n`$_2$`)`」でも計算できる。）

巻末付表 7 は，確率 p として上段は 0.05，下段は 0.01 を与え，右裾の確率

$$P(F > f) = p$$

を満たす座標 f を与える。ただし，1 行目で分子の自由度 n_1，1 列目で分母の自由度 n_2 を決める。

$F(n_1, n_2)$ に従う変数 F の逆数 $1/F$ は，自由度が逆になり $F(n_2, n_1)$ に従う。これを利用すると，左裾確率

$$P(F < g) = p$$

を満たす座標 g を，以下の手順で求めることができる。

(1) $P(F < g) = P(1/F > 1/g)$ となり，$1/F$ は自由度が逆になり $F(n_2, n_1)$ に従う。

(2) 自由度が逆になった F 分布に関して，右裾確率が p となる座標 f を求めれば，$g = 1/f$ となる。

例8.8 F 分布の確率計算 $F(6, 12)$ に従う確率変数の F に対して，右裾確率が 0.01 となる座標 f を求めよう。巻末付表 7 の 6 の列と 12 の行の交点の下段より，4.82 である。次に，左裾確率 $P(F < g) = 0.01$ となる g を求めるとすると，$F(12, 6)$ に従う確率変数の右裾確率が 0.01 となる座標 f を求め，$1/f$ を計算すればよい。f は，12 の列と 6 の行の交点の下段を読み取って 7.72。したがって，g は $1/7.72 = 0.13$ と

なる。合計すると，両裾の確率は 0.02 となる。

BOOK GUIDE ● 文献案内

①株式会社ビデオリサーチ・ホームページ（http://www.videor.co.jp/index.htm）。
本書で例に挙げた視聴率調査に関する詳しい情報を得ることができる。

②岩田暁一［1983］『経済分析のための統計的方法（第 2 版）』東洋経済新報社。
中心極限定理については，本章補論 B において Excel によって実感してもらうが，証明がないと納得できないという人は，②の積率母関数を使った証明を参照されたい。中心極限定理の証明のエッセンスが理解できる。

③ホーエル，P. G.（浅井晃・村上正康訳）［1978］『入門数理統計学』培風館。
中心極限定理の特性関数を使った証明の概要が付録にある。特性関数はすべての分布に対して存在する。ただ，ネイピアの数 e の虚数単位 i 乗，e^i を使用しているから学部レベルでは扱われないが，証明には不可欠である。③では，証明の概要がかなり詳しく書かれている。また，第 10 章には本章の t 統計量，F 統計量の分布に関する証明が与えられている。

④稲垣宣生［2003］『数理統計学（改訂版）』裳華房。
さまざまな分布に関するより高度な説明とともに中心極限定理の証明が完全に書かれている。ただ，このようなやり方で証明をする動機，背景を②，③でつかんでおくとよりわかりやすいと思われる。また，本章の t 統計量，F 統計量の分布に関する証明も与えられている。

⑤Hogg, R. V., J. W. McKean, and A. T. Craig［2013］*Introduction to Mathematical Statistics*, 7th ed., Pearson.（豊田秀樹監訳［2006］『数理統計学ハンドブック』朝倉書店，第 6 版の訳）
第 3 章には本章の t 統計量，F 統計量の分布の証明，第 4 章には中心極限定理，標本分散の期待値に関する証明が与えられている。本格的に統計学を学ぶための格好の教科書である。英文で大変だと思うが，使われている語彙は限られているので，挑戦してみたい。

EXERCISE ● 練習問題

8-1 母集団が $(2, 5)$ 区間の一様分布に従うとき，観測個数 20 の標本平均の期待値と分散を求めなさい。

8-2 人口動態調査によると，2013 年の新生児のうち，男子の比率は $p =$

0.51238 である．100 人を無作為に採ったときに，男子の数のほうが 51 人以上である確率を求めなさい（ヒント：成功確率 p として BINOMDIST 関数を利用する）．

8-3 　母集団が正規分布に従い，分散が 4 のとき，大きさ 10 の無作為標本から標本分散 S^2 を求めた．(8.37) 式を用いて，$P(2 \leq S^2 \leq 6)$ を求めなさい（Excel を用いる）．

8-4 　自由度 20 の t 分布に従う確率変数 X が $P(|X| > v) = 0.05$ となる v を，Excel と巻末付表 6 を使って計算しなさい．同様に，$P(X > w) = 0.05$ を計算しなさい．

8-5 　$F(20, 30)$ に従う確率変数 F に対して，$P(F > f) = 0.05$ となる座標 f を求めよ．また，$P(F < g) = 0.05$ となる座標 g を求めなさい．

8-6 　ポアソン母集団の場合に，標本平均の分布を Excel を用いて計算し，標準正規分布による近似の様子を確認しなさい（ヒント：本章補論 A）．

8-7 　$\chi^2(k)$ に従う V と，$\chi^2(m)$ に従う W の和 $V+W$ は，V, W が独立ならば，$\chi^2(k+m)$ に従うことを，カイ 2 乗確率変数の定義を用いて証明しなさい．

8-8 　母集団が $\chi^2(2)$ に従うとき，大きさ 50 の標本から求めた標本平均が，$(2, 3)$ の間にある確率を，前問の結果を利用して計算しなさい．この確率を，中心極限定理をもとに正規近似し，正確な計算結果と比較しなさい（$\chi^2(2)$ の期待値は 2，分散は 4，ヒント：補論 B）．

補論 A：Excel で求める標本平均の分布

ここでは，Excel を使って，標本平均の密度関数のグラフ，図 8-1（254 頁）と図 8-2（256 頁）の作成方法を説明する．

正規母集団（図 8-1）　　■ **密度関数の作成**　　A 列にグラフの x 座標値，B 列に，関数 NORMDIST（★，102 頁）を使って，観測個数 100 の場合の密度関数値を入力する．

(1) A1 に「平均」，A2 に「分散」，B4 に「n=100」とラベルを入力する．B1，B2 に 1 と 20 を入力する．

(2) −4 から 4 の座標値を，10 分の 1 刻みで A 列に入力するため，A5 に「-4」，A6 に「=A5+0.1」と入れる．A6 を，A85 までオートフィルでコ

ピーすればよい。

(3) B列に $n = 100$ の場合の密度関数値を計算する。B5に，

「=NORMDIST(A5,$B$1,SQRT($B$2/100),FALSE)」

を入力し，[Enter]を押す。$B$1は母平均1を，$B$2は母分散20を参照しているが，絶対参照を利用する。B85までオートフィルでコピーする。

■ **グラフの作成**　　座標値と密度を使って，折れ線グラフを書く。

(1) A，B列の5行目から85行目の範囲をドラッグして範囲指定し，「挿入」タブをクリックする。

(2) 「グラフ」の上方に表示されている「散布図」のアイコンをクリックする。

(3) 表示されたメニューの中から「散布図（平滑線）」のアイコンをクリックする。

$n = 1000, 10000$ の場合については，他の列に密度を計算する。グラフをクリックして，上の「グラフツール」の中から「デザイン」タブをクリックし，「データの選択」→「追加」と進み，新しい折れ線グラフを挿入する。詳しくは，第3章5節 **Tips** のグラフの編集の「系列の追加」(98頁)を参照のこと。

ベルヌーイ母集団（図8-2）　　ベルヌーイ母集団から求める標本平均の確率関数を，Excelで計算しよう。計算のもとになる関数は，(8.12)式

$$P\left(\bar{X} = \frac{k}{n}\right) = {}_nC_k p^k (1-p)^{n-k} \tag{8.45}$$

である。観測個数と成功確率を入力し，標本平均値の確率関数を計算する。確率関数は以下の要領で求めた。

(1) A1に「観測個数 (n)」，B1に「100」，A2に「成功確率 (p)」，B2に「0.3」と，ベルヌーイ分布の母数を入力する。

(2) A5に「成功回数」，B5に「標本平均座標値」，C5に「確率関数」とラベルを入力する。

(3) A6に「0」，A7セルに「=A6+1」と，成功回数を入力する。A7を，オートフィルによって，A106までコピーする。

補論 A：Excelで求める標本平均の分布　　277

(4) B6 に「=A6/$B$1」と入力する。これは，標本平均が取る値（成功回数/観測個数）で，B106 までコピーする。

(5) (8.12)式の計算では，試行回数が B1，成功確率が B2 だから，C6 に「=BINOMDIST(A6,$B$1,$B$2,FALSE)」（★，102 頁）と入力する。母数は，絶対参照で指定。オートフィルによって，C106 までコピーする。

以上によって，確率関数が求まる。成功確率を変えれば，異なる成功確率に対する確率分布が得られる。観測個数を変更する場合は，A 列を作成し直して，操作を繰り返す。

グラフの作成は，B6 から C106 を範囲指定し，後は，前述の「正規母集団（図 8-1）」の項と同じ。

ポアソン母集団 ベルヌーイのシートのラベルを右クリックし，「移動またはコピー」によりコピーし，新しいシートで，関数の変更をすればよい。とくに，C6 を

「=POISSON(A6,$B$1*(ポアソン母数),FALSE)」（★，102 頁）

に変更し，後は，同じ手順を繰り返す。

補論 B：Excel でみる中心極限定理（図 8-3）

ベルヌーイ母集団から求まる標本平均の確率関数と，中心極限定理にもとづく正規近似を，Excel を利用して計算する。また図 8-3（263 頁）の作成方法も説明する。

(1) ベルヌーイ分布は，母平均 $\mu = p$，母分散 $\sigma^2 = p(1-p)$ であるから，$n = 100$ として，$\bar{X}$ の平均は p，分散は σ^2/n となる。

(2) $k = 0, 1, \cdots, n$, として，$\bar{X}$ は離散値 k/n においてのみ正の確率を取る。

(3) $\bar{X}$ の確率関数をもとにすると，

$$P\left(\bar{X} \leq \frac{k}{n}\right) = P\left(Z \leq \frac{(k/n) - p}{\sigma/\sqrt{n}}\right), \quad Z = \frac{\bar{X} - p}{\sigma/\sqrt{n}} \qquad (8.46)$$

という変換が可能である。

(4) 左辺の確率は，

$$P\left(\bar{X} \leq \frac{k}{n}\right) = P\left(\sum_{i=1}^{n} X_i \leq k\right) \tag{8.47}$$

だから，二項確率関数 $B(n,p)$ により計算する．他方，この確率は，$z = (k/n - p)/(\sigma/\sqrt{n})$ における標準正規分布の分布関数値によって近似できる．

(5) 図 8-3 では，確率関数

$$P\left(\bar{X} = \frac{k}{n}\right) = P\left(\sum_{i=1}^{n} X_i = k\right) \tag{8.48}$$

と，z における標準正規密度関数が図示されている．座標は，z を基準として，-4.0 から 4.0 の範囲になっている．分布関数でないことに注意しよう．

作　図

先ほどベルヌーイ母集団から求める標本平均のシートをつくったが，このシートをコピーして利用する．したがって，B1, B2 に観測個数 n と成功確率 p が格納されている．A 列は成功回数 x，B 列は (x/n)，C 列に二項確率が求まっており，D 列に標準化座標値 z を計算し，E 列に，z における標準正規密度を計算する．

(1) 補論 A「ベルヌーイ母集団」の項で作成したベルヌーイ母集団のシートを開き，シートのラベルを右クリックし，「移動またはコピー」によりコピーする．名前を付けて，すぐ保存しておこう．

(2) B2 に格納されている成功確率 p を使って，A3 に「母平均」，B3 に「=B2」，A4 に「標準偏差」，B4 に「=SQRT(B2*(1-B2)/B1)」と入力する．

(3) D5 を「標準化座標値」とし，D6 に，z の関数「=(A6/$B$1-$B$3)/$B$4」を入力する．D6 をオートフィルで観測個数分コピーする．

(4) E5 に「標準正規密度」と入れ E6 は，「=NORMDIST(D6,0,1,FALSE)」（★，102 頁）とする．B 列の標準化座標値における，標準正規密度である．これもオートフィルでコピーする．

(5) F5 は，「確率関数調整」と入れ，F6 を「=C6/($D$7-$D$6)」とする．この式は，確率関数を，標準正規を基準とした高さに調整する操作で，分母は区間幅である（第 7 章 3 節「正規乱数の発生」を参照せよ）．

グラフの作成は以下のようになる．

FIGURE 図 8-7 ● 近似分布の連続性補正

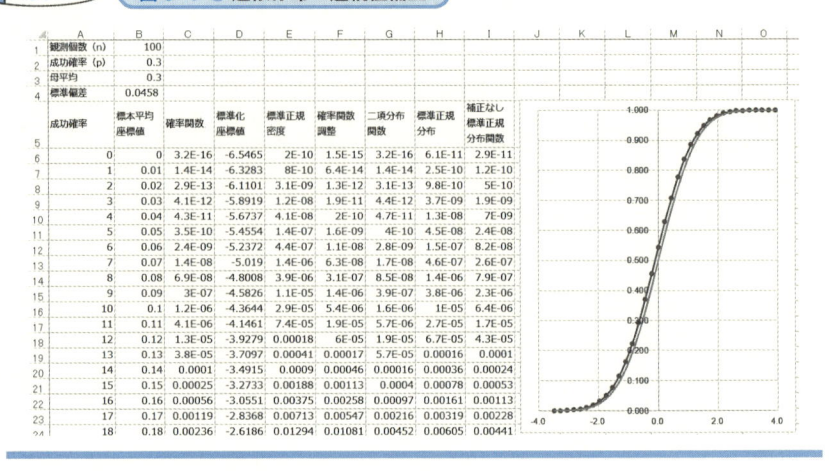

	A	B	C	D	E	F	G	H	I	J
1	観測個数 (n)	100								
2	成功確率 (p)	0.3								
3	母平均	0.3								
4	標準偏差	0.0458								
	成功確率	標本平均座標値	確率関数	標準化座標値	標準正規密度	確率関数調整	二項分布	標準正規分布	補正なし標準正規分布関数	
5	0	0	3.2E-16	-6.5465	2E-10	1.5E-15	3.2E-16	6.1E-11	2.9E-11	
6	1	0.01	1.4E-14	-6.3283	8E-10	6.4E-14	1.4E-14	2.5E-10	1.2E-10	
7	2	0.02	2.9E-13	-6.1101	3.1E-09	1.3E-12	3.1E-13	9.8E-10	5E-10	
8	3	0.03	4.1E-12	-5.8919	1.2E-08	1.9E-11	4.4E-12	3.7E-09	1.9E-09	
9	4	0.04	4.3E-11	-5.6737	4.1E-08	2E-10	4.7E-11	1.3E-08	7E-09	
10	5	0.05	3.5E-10	-5.4554	1.4E-07	1.6E-09	4E-10	4.6E-08	2.4E-08	
11	6	0.06	2.4E-09	-5.2372	4.4E-07	1.1E-08	2.8E-09	1.5E-07	8.2E-08	
12	7	0.07	1.4E-08	-5.019	1.4E-06	6.3E-08	1.7E-08	4.6E-07	2.6E-07	
13	8	0.08	6.9E-08	-4.8008	3.9E-06	3.1E-07	8.5E-08	1.4E-06	7.9E-07	
14	9	0.09	3E-07	-4.5826	1.1E-05	1.4E-06	3.9E-07	3.8E-06	2.3E-06	
15	10	0.1	1.2E-06	-4.3644	2.9E-05	5.4E-06	1.6E-06	1E-05	6.4E-06	
16	11	0.11	4.1E-06	-4.1461	7.4E-05	1.9E-05	5.7E-06	2.7E-05	1.7E-05	
17	12	0.12	1.3E-05	-3.9279	0.00018	6E-05	1.9E-05	6.7E-05	4.3E-05	
18	13	0.13	3.8E-05	-3.7097	0.00041	0.00017	5.7E-05	0.00016	0.0001	
19	14	0.14	0.0001	-3.4915	0.0009	0.00046	0.00016	0.00036	0.00024	
20	15	0.15	0.00025	-3.2733	0.00188	0.00113	0.0004	0.00078	0.00053	
21	16	0.16	0.00056	-3.0551	0.00375	0.00258	0.00097	0.00161	0.00113	
22	17	0.17	0.00119	-2.8368	0.00713	0.00547	0.00216	0.00319	0.00228	
23	18	0.18	0.00236	-2.6186	0.01294	0.01081	0.00452	0.00605	0.00441	

(6) D列からF列，行20から行52を指定し，「挿入」→「グラフ」と進む。「散布図」を選び，「形式」リストの2行目右のマーカーによる作図を選ぶ。D列がx軸，E，F列がy軸に図示される。

(7) E，F列はともにマーカーなので，E列にあたる正規密度の系列をクリックして選択し，右クリックにより「データ系列の書式設定」を選ぶ。「塗りつぶしと線」アイコン→「マーカー」タブ→「マーカーのオプション」→「自動」という順に指定する。(Excel 2010では「マーカーのオプション」→「自動」)

連続性補正　中心極限定理にもとづいて正規近似を行う際に，離散確率変数については，連続性補正を行うと，正規分布による近似の精度は格段に改善される。

母集団がベルヌーイ分布の場合，nを観測個数とすると，$\bar{X}$は0から1まで，$1/n$刻みの値しか取らない。だから，変換した確率変数Zも，離散値しか取らない。aとbをzがとりうる値として，$P(a \leq Z \leq b)$を求めよう。Zが標準正規確率変数とすると，不等号に含まれる等号は問題にならないことに注意しよう。修正では，下限を，1つ前の座標値a_{-1}と，aの中間とする。上限を，bと，次の座標値b_{+1}の中間にする。この結果，Z'を標準正規確率変

数として，$P(a \leq Z \leq b)$ を

$$P\left[\frac{a_{-1}+a}{2} \leq Z' \leq \frac{b+b_{+1}}{2}\right] \tag{8.49}$$

で近似する．この修正を，262 頁で触れた連続性補正という．

　連続性補正の効果を見るためには，分布関数を計算しないといけない．そこで，先の例を続けて，G 列に二項確率分布関数，H 列に補正した標準正規分布，I 列に補正のない標準正規分布関数を計算しよう．なお，最初の行の数式のみ示す．残りはオートフィルを行う．

(1)　G 列は，G6 が「=BINOMDIST(A6,$B$1,$B$2,TRUE)」（★，102 頁；正しい分布関数）

(2)　H 列は，H6 が「=NORMDIST((D6+D7)/2,0,1,TRUE)」（★，102 頁；正規近似〈連続補正後〉）

(3)　I 列は，I6 が「=NORMDIST(D6,0,1,TRUE)」（正規近似〈補正なし〉）

となる．H 列は D 列を座標とするが，次の座標値との平均において分布関数値を求める．図 8-7 は，マーカーが標準化確率変数の分布関数，マーカーに重なる曲線が補正をした標準正規分布関数，はずれた位置にある曲線が補正のない正規分布関数になっている．

第9章 推定

ロナルド・エイルマー・フィッシャー（1890-1965）。不偏性，効率性，一致性の推定量の三基準の提案に加え，最尤推定法を考案するなど現在の統計的推測の基本的枠組みを確立した。愛煙家であった彼は，喫煙が健康に無害であることも立証しようとしたといわれている。

CHAPTER 9

- KEYWORD
- FIGURE
- TABLE
- COLUMN
- EXAMPLE
- BOOK GUIDE
- EXERCISE

INTRODUCTION

母集団を特徴づける未知係数を，母数，あるいはパラメータと呼ぶ。母集団は分布型が与えられず，平均と分散だけで決められていることが多い。あるいは，二項分布，正規分布などのように分布が指定されていることも多い。第8章では，分布型が定められていないケースと，定められているケースの両方について，標本統計量の性質を分析した。そして，標本統計量がもつ性質は，母集団の分布型と母数の値により定まることがわかった。

第8章で標本統計量を導入し，その確率変数としての性質を説明したが，本章では，標本統計量と同様に，確率変数の関数として定義できる（標本）推定量を紹介する。標本統計量と同じく，推定量は確率変数の値が決まれば，その値も定まる。しかし，推定量として望ましいのは，知りたい母数の情報をできるだけうまく引き出すことである。本章では，母数の点推定を最初に例示し，母数を区間で推定する方法，区間推定の手順を説明する。次に，推定量の望ましさを論じ，最後に，一般的な推定法を説明する。

> **KEYWORD**
>
> 点推定　区間推定　推定量　信頼区間　信頼係数　不偏性　一致性　効率性　バイアス　平均2乗誤差（MSE）　モーメント法　最尤推定法　尤度　尤度関数　対数尤度　頻度論　ベイズ法　事前分布　事後分布

SECTION 1　推定とは

　無作為標本 $\{X_1, X_2, \cdots, X_n\}$ の母分布が，母分布の平均（母平均）μ と，母分布の分散（母分散）σ^2 をもつとする。つまり，各確率変数について，$E(X_i) = \mu$，$V(X_i) = \sigma^2$，であるとする。この条件のもとで，μ や σ^2 の値を求めるのが推定である。

　一般的な説明は，次のようになる。θ を母分布を特徴づける母数（パラメータ）とし，母分布が，確率密度関数 $f(x|\theta)$ に従っているとしよう。この母集団から標本 $\{X_1, X_2, \cdots, X_n\}$ を抽出し，この標本を用いて，母数 θ の値を求めることが推定である。ただし，統計学では，値を求めるだけでなく，幅広く θ についての情報を得ることも推定に含まれる。

　本章の前半では，主に母平均 μ の推定を例に挙げて，推定の概念を説明する。この場合は，母数の値を推定するので，**点推定**（point estimation）といい，後に説明する**区間推定**（interval estimation）と区別する。

推定量

　母平均を μ としよう。大きさ n の無作為標本 $\{X_1, X_2, \cdots, X_n\}$ をもとに，μ の値を決める方法を考えると，標本平均

$$\bar{X} = \frac{1}{n}\sum_{i=1}^{n} X_i$$

が1つの決め方であろう。この場合，$\bar{X}$ は，$\{X_1, X_2, \cdots, X_n\}$ という n 個の確率変数から，1個の確率変数 $\bar{X}$ に変換する関数になっている。一般的には，$\bar{X}$ は

$$\bar{X} = T(X_1, X_2, \cdots, X_n)$$

と，標本を構成する確率変数の関数として書ける．第8章で導入した標本統計量と同じ確率変数の関数であるが，母数の推定が目標にあるので，(標本) 推定量 (estimator) と呼ぶ．推定量とは，得られた標本を用いて，母数を推定するための公式である．

推定の実際：母平均と母分散の推定

無作為標本 $\{X_1, X_2, \cdots, X_n\}$ の母平均が μ，母分散が σ^2 であるとする．μ と σ^2 の推定例を示そう．

μ の推定量は，標本平均 $\bar{X}$ が一般的である．実際，定理8.1 (251頁) で示したように，標本平均の期待値が，$E(\bar{X}) = \mu$ と，推定したい母数になる．母分散 σ^2 の推定量は

$$S^2 = \frac{1}{n-1} \sum_{i=1}^{n} (X_i - \bar{X})^2 \tag{9.1}$$

である．ここでも，$n-1$ で割ることで，定理8.7 (264頁) で見たように $E(S^2) = \sigma^2$ となり，期待値が推定したい母数になる．

例題 9.1 ● 平均と分散の推定　　EXAMPLE

以下の大きさ10の無作為標本から，母平均 μ と母分散 σ^2 を推定しなさい．

| 3.4 | 4.5 | 1.9 | −1.6 | 4.4 | 0.8 | 3.2 | −0.3 | 0.8 | 3.7 |

(解答)　μ の推定値は，観測値の和を観測個数で割って，

$$\bar{X} = \frac{1}{10} \{3.4 + 4.5 + 1.9 + (-1.6) + 4.4 + 0.8 + 3.2 + (-0.3) + 0.8 + 3.7\}$$
$$= 2.08 \tag{9.2}$$

となる．σ^2 の推定値は，平均の推定値が 2.08 であることを利用して，

1　推定とは　　285

$$S^2 = \frac{1}{10-1}\{(3.4-2.08)^2 + (4.5-2.08)^2 + (1.9-2.08)^2$$
$$+((-1.6)-2.08)^2 + (4.4-2.08)^2 + (0.8-2.08)^2 + (3.2-2.08)^2$$
$$+((-0.3)-2.08)^2 + (0.8-2.08)^2 + (3.7-2.08)^2\}$$
$$= 4.375 \tag{9.3}$$

と計算できる。手早い方法は，(1.22)式（9頁）により，観測値の2乗和をもとに計算する。

$$S^2 = \frac{1}{10-1}\{(3.4^2 + 4.5^2 + 1.9^2 + (-1.6)^2 + 4.4^2 + 0.8^2 + 3.2^2$$
$$+ (-0.3)^2 + 0.8^2 + 3.7^2) - 10 \times 2.08^2\}$$
$$= 4.375 \tag{9.4}$$

例題 9.2 ● 株価リターンの平均と分散　　　　　　　　　　　　EXAMPLE

ファイル Example9-2.txt（章末にも掲載）は，東証株価指数（TOPIX）の日次収益率（リターン）の記録である。この標本を用い，母平均と母分散を推定しなさい（期間は，2005年11月21日から2006年4月17日，観測個数100）。

（解答）　ファイル Example9-2.txt を Excel で読み込み，第3章で説明した AVERAGE 関数を使って，平均を推定する。分散の推定は，VAR 関数を使う。分散の推定には，全標本分散を求める VARP 関数を使わないこと。VARP は，分母が観測個数になる（第3章を参照）。Excel では，平均 = 0.1154，分散 = 1.4675 となった。

SECTION 2　区 間 推 定

点推定では，母数を 1 点で求めたが，区間推定は，母数が入っていそうな区間を推定する。推定量の標本分布を利用すれば，母数がこの区間に入る確率が計算できる。そこで，母数が入っていそうな区間と，その区間に入る確率を合わせて，区間推定という。具体例によって，説明しよう。

| 正規母集団の平均の区間推定 |

$N(\mu, \sigma^2)$ から大きさ n の無作為標本 $\{X_1, X_2, \cdots, X_n\}$ を抽出し，平均 μ の区間推定を行う。

結果は，μ の点推定量である $\bar{X}$ の周辺で，区間を定めることになる。ただし，母分散 σ^2 が既知か未知かによって定め方が異なるので，場合を分けて説明する。どちらにしても，母集団が正規分布に従っているという情報が不可欠である。

■ **分散が既知** 定理 8.3 (253 頁) により，標本平均 $\bar{X}$ の分布は $N(\mu, \sigma^2/n)$ である。$\bar{X}$ を標準化すると，

$$Z = \frac{\bar{X} - \mu}{\sqrt{\sigma^2/n}} \tag{9.5}$$

の分布は，$N(0,1)$ になる。巻末付表 4(b) から，右裾確率 2.5% 点は 1.96 なので，Z が含まれる確率が 95% になる原点対称な区間は，

$$P(-1.96 \leq Z \leq 1.96) = 0.95 \tag{9.6}$$

となる。この区間を，μ に関する 95% 区間に変形すると，

$$P\left(\bar{X} - 1.96 \frac{\sigma}{\sqrt{n}} \leq \mu \leq \bar{X} + 1.96 \frac{\sigma}{\sqrt{n}}\right) = 0.95 \tag{9.7}$$

となる。このような μ に関する区間を信頼区間といい，

$$\left[\bar{X} - 1.96 \frac{\sigma}{\sqrt{n}}, \ \bar{X} + 1.96 \frac{\sigma}{\sqrt{n}}\right] \tag{9.8}$$

と書く。また，95%（あるいは，0.95）を，信頼係数と呼ぶ。信頼係数 0.95 は，100 回区間推定を行うと，そのうち 95 回は，真の母数がこの区間に入るという意味をもつ。

信頼係数 0.99（あるいは，99%）の区間推定をしてみよう。この場合は，巻末付表 4(b) より，

$$P(-2.576 \leq Z \leq 2.576) = 0.99 \tag{9.9}$$

となる。したがって，同じ変換を繰り返して，99% 信頼区間は，

$$\left[\bar{X} - 2.576 \frac{\sigma}{\sqrt{n}}, \ \bar{X} + 2.576 \frac{\sigma}{\sqrt{n}}\right] \tag{9.10}$$

となる。100 回標本を得ることができ，推定を 100 回繰り返せば，その内 99

> **COLUMN** *9-1* ボラティリティとブラック=ショールズの公式

例題 9.2 では株価リターンの平均と分散の推定を扱った。また第 6 章 COLUMN *6-1*（188 頁）ではポートフォリオを組む際には，収益率（リターン）の期待値と分散の平方根（ボラティリティ）が重要であることを説明した。つまり，期待収益率が高くボラティリティが小さいポートフォリオがよいポートフォリオである。そこではボラティリティはリスクを表す指標として使っていた。

ショールズ（写真提供：AFP=時事）

オプションという金融商品は，満期日に金融資産をあらかじめ決められた行使価格で売り買いする権利のことである。そして，オプションの価格づけを行う公式がいわゆるブラック=ショールズの公式（Black–Scholes formula）であり，その公式の中ではボラティリティが大きな役割を果たしている。

具体的に説明すると，ヨーロピアン・コールオプションとは，金融資産を約束の期日 T に決められた行使価格 K で買う権利であり，満期日にのみ権利行使可能なものである。さらに，この権利を満期日 T より前の時点 t で買うことを考え，S_t：t 時点での金融資産の価格，r：安全資産の利子率，さらに σ：対

回は，真の値がこの区間に入る。

95% 信頼区間より 99% 信頼区間のほうが，区間幅が広い。区間幅が広いから，より確実に推定ができる。区間幅を狭くしたければ，信頼係数を下げないといけない。信頼係数が 0 の信頼区間は，点 $\bar{X}$ である。信頼係数が 1 の信頼区間は，$-\infty$ から ∞ までの無限区間になる。

一般的な信頼係数 $100(1-\alpha)\%$ では，標準正規分布の右裾確率 $\alpha/2$ 点を $z_{\alpha/2}$ とすれば，信頼区間は，

$$\left[\bar{X} - z_{\alpha/2} \frac{\sigma}{\sqrt{n}},\ \bar{X} + z_{\alpha/2} \frac{\sigma}{\sqrt{n}} \right] \tag{9.11}$$

となる。

■ **分散が未知**　実際に区間推定を行う場合には，母集団の分散 σ^2 が未知

象となる金融資産の価格のボラティリティ，とすると，そのオプションの価格 $C(S_t, t)$ はブラック＝ショールズの公式より，

$$C(S_t, t) = S_t \Phi(d_1) - K e^{-r(T-t)} \Phi(d_2)$$
$$d_1 = \frac{\ln(S_t/K) + (r + \sigma^2/2)(T-t)}{\sigma\sqrt{T-t}}$$
$$d_2 = \frac{\ln(S_t/K) + (r - \sigma^2/2)(T-t)}{\sigma\sqrt{T-t}}$$

となる。ただし，$\Phi(\cdot)$ は標準正規分布の累積分布関数である。オプション価格 $C(St, t)$ がボラティリティ σ によって決まっていることがわかるだろう。つまり，オプションを売買することはボラティリティを売買していることと同じになるのである。ちなみに，この公式の導出によって，マイロン・ショールズとロバート・マートンは1997年にノーベル経済学賞を受賞することになる。この公式の導出に大きな役割を果たしたフィッシャー・ブラックはすでに1995年にガンで亡くなっていたため，その栄誉に浴することはなかった。

（参考文献）　相田洋［2007］『マネー革命 第2巻 金融工学の旗手たち』NHK ライブラリー。

であることが多い。その場合は，(9.1) 式で定義した，S^2 を代用する。

母分散 σ^2 を S^2 に代えると，$\bar{X}$ の標準化統計量

$$T = \frac{\bar{X} - \mu}{\sqrt{S^2/n}} \tag{9.12}$$

は，定理 8.9（270頁）により，自由度が $(n-1)$ の t 分布をもつ。信頼区間の構成には，$t(n-1)$ 分布表を使う。

信頼係数 95% の信頼区間を作成するには，$t(n-1)$ 分布の右裾 2.5% 点，$t_{0.025}(n-1)$ が必要になる。$t_{0.025}(n-1)$ は，内側の確率が 0.95，つまり

$$P\left(-t_{0.025}(n-1) \leq T \leq t_{0.025}(n-1)\right) = 0.95 \tag{9.13}$$

だから，T の定義をもとに，μ に関する不等式を導けば，

$$P\left(\bar{X} - t_{0.025}(n-1)\frac{S}{\sqrt{n}} \leq \mu \leq \bar{X} + t_{0.025}(n-1)\frac{S}{\sqrt{n}}\right) = 0.95 \quad (9.14)$$

となる。母平均 μ の 95% 信頼区間は

$$\left[\bar{X} - t_{0.025}(n-1)\frac{S}{\sqrt{n}}, \ \bar{X} + t_{0.025}(n-1)\frac{S}{\sqrt{n}}\right] \quad (9.15)$$

である。信頼係数が $100(1-\alpha)\%$ の場合の μ の $100(1-\alpha)\%$ 信頼区間は、$t(n-1)$ 分布の右裾確率 $\alpha/2$ 点、$t_{\alpha/2}(n-1)$ を使って、

$$\left[\bar{X} - t_{\alpha/2}(n-1)\frac{S}{\sqrt{n}}, \ \bar{X} + t_{\alpha/2}(n-1)\frac{S}{\sqrt{n}}\right] \quad (9.16)$$

となる。S^2 が母分散に一致しているなら、分散既知の場合より未知の場合のほうが、区間幅が広くなる。

例題 9.3 ● 正規母集団の平均の信頼区間　**EXAMPLE**

例題 9.1 のデータを使い、平均 μ の区間推定を行いなさい。ただし、正規母集団を仮定し、(1) 母分散が 4、(2) 母分散が未知の場合について、95% 信頼区間を求める。観測個数は 10 であり、$\bar{X}=2.08, S^2=4.375$ を使う。

(解答)　(1) 分散が $\sigma^2 = 4$ なら、標準正規分布の右裾確率 2.5% 点は 1.96 なので、$n=10$, $\bar{X}=2.08$ を (9.8) 式に代入すると、95% 信頼区間は

$$\left[2.08 - 1.96 \times \frac{2}{\sqrt{10}}, \ 2.08 + 1.96 \times \frac{2}{\sqrt{10}}\right]$$
$$= [0.8403, 3.3196] \quad (9.17)$$

となる。(2) 分散が未知の場合は、自由度 9 の t 分布の右裾確率 2.5% 点は巻末付表 6 より 2.26 なので、$n=10$, $\bar{X}=2.08$, $S^2=4.375$ を (9.15) 式に代入すると、95% 信頼区間は

$$\left[2.08 - 2.26 \times \sqrt{\frac{4.375}{10}}, \ 2.08 + 2.26 \times \sqrt{\frac{4.375}{10}}\right]$$
$$= [0.5852, 3.5748] \quad (9.18)$$

となる。

正規母集団の分散の区間推定

$N(\mu, \sigma^2)$ から大きさ n の無作為標本 $\{X_1, X_2, \cdots, X_n\}$ を得，母分散 σ^2 について，信頼係数 95% の区間推定を行う．σ^2 の推定量は，(9.1) 式 S^2 である．定理 8.8（267 頁）により，

$$U = \frac{\sum_{i=1}^{n}(X_i - \bar{X})^2}{\sigma^2} = \frac{(n-1)S^2}{\sigma^2} \tag{9.19}$$

は，自由度が $n-1$ のカイ 2 乗分布に従う．信頼係数が 95% なので，便宜上，$\alpha = 0.05$ とおき，右裾 97.5% 点と 2.5% 点を，各々 $U_{1-\alpha/2}$, $U_{\alpha/2}$ とすると，

$$P\left(U_{1-\alpha/2} < U < U_{\alpha/2}\right) = 0.95 \tag{9.20}$$

と，U の 95% 区間が構成できる．したがって，(9.19) 式を (9.20) 式に代入すると，

$$\begin{aligned} &P\left(U_{1-\alpha/2} < \frac{(n-1)S^2}{\sigma^2} < U_{\alpha/2}\right) \\ &= P\left(\frac{(n-1)S^2}{U_{\alpha/2}} < \sigma^2 < \frac{(n-1)S^2}{U_{1-\alpha/2}}\right) = 0.95 \end{aligned} \tag{9.21}$$

となる．σ^2 の 95% 信頼区間は，

$$\left[\frac{(n-1)S^2}{U_{\alpha/2}}, \frac{(n-1)S^2}{U_{1-\alpha/2}}\right] \tag{9.22}$$

である．

例題 9.4 ● 株価リターンの信頼区間 EXAMPLE

例題 9.2 で取り上げた東証株価指数（TOPIX）の日次収益率と分散について，リターンの分布が正規分布であるとして，95% の信頼区間を推定しなさい．

（解答） 平均の区間推定から行う．例題 9.2 により

$$\bar{X} = 0.1154, \quad S = \sqrt{1.4675} = 1.2114 \tag{9.23}$$

である．分散が未知なので，標本分散 S^2 を使う．ただし，観測個数が 100 で，これは十分に大きいから，(9.12) 式の分布を，t 分布ではなく，中心極限定理により標準正規分布で近似することができる．信頼係数 95% だか

ら，右裾 2.5% 点の 1.96 を用いると，信頼区間は，

$$\left[0.1154 - 1.96 \times \frac{1.2114}{10},\ 0.1154 + 1.96 \times \frac{1.2114}{10}\right]$$
$$= [-0.122, 0.353]$$

と求められた。分散の区間推定は，$S^2 = 1.4675$ を使う。そしてカイ 2 乗分布の分位点は，自由度が $100 - 1 = 99$ と大きいので，巻末付表 5 の自由度 100 の値を近似値として使う。しかしここでは，Excel の CHIINV を使って，自由度 99 のカイ 2 乗分布の分位点を正確に求めると，右裾 97.5% 点が 73.36108，右裾 2.5% 点が 128.422 となるのでそれを使う。(9.22) 式により，95% の信頼区間は，

$$\left[\frac{(n-1)S^2}{U_{\alpha/2}},\ \frac{(n-1)S^2}{U_{1-\alpha/2}}\right] = \left[\frac{99 \times 1.4675}{128.422},\ \frac{99 \times 1.4675}{73.36108}\right]$$
$$= [1.1313, 1.9804] \tag{9.24}$$

となる。

成功確率の推定

ベルヌーイ母集団から無作為標本 $\{X_1, X_2, \cdots, X_n\}$ を得る。$P(X_i = 1) = p$，$P(X_i = 0) = 1 - p$ とする。ベルヌーイ確率変数の性質により，母平均は p，母分散は $p(1-p)$ になる。成功回数は 1 が出る回数だから，$\sum_{i=1}^{n} X_i$ となる。

成功確率 p の推定量として，平均成功率

$$\widehat{p} = \frac{\sum_{i=1}^{n} X_i}{n} \tag{9.25}$$

を使うが，これは標本平均である。だから，標本平均の性質により，

$$E(\widehat{p}) = p, \quad V(\widehat{p}) = \frac{p(1-p)}{n} \tag{9.26}$$

となる。

$\widehat{p}$ を使って，p の区間推定を行う。定理 8.6（260 頁）の中心極限定理より，観測個数 n が十分大きいなら，

$$\frac{\widehat{p}-p}{\sqrt{p(1-p)/n}} \tag{9.27}$$

の分布を，$N(0,1)$ で近似できる．そこで，標準正規近似を用いて信頼区間をつくる．標準正規分布の右裾確率 $\alpha/2$ 点を $z_{\alpha/2}$，分母に含まれる p を $\widehat{p}$ で代用すると，信頼係数 $100(1-\alpha)\%$ の信頼区間は，

$$\left[\widehat{p}-z_{\alpha/2}\sqrt{\frac{\widehat{p}(1-\widehat{p})}{n}},\ \widehat{p}+z_{\alpha/2}\sqrt{\frac{\widehat{p}(1-\widehat{p})}{n}}\right] \tag{9.28}$$

となる．

標本分散 S^2 を使って，母分散を推定してみよう．X_i は 0 と 1 しか取らないので $X_i^2 = X_i$ だから，

$$\begin{aligned} S^2 &= \frac{\sum_{i=1}^{n}(X_i - \bar{X})^2}{n-1} \\ &= \frac{\sum_{i=1}^{n}X_i^2 - n\bar{X}^2}{n-1} \\ &= \frac{\sum_{i=1}^{n}X_i - n\widehat{p}^2}{n-1} \\ &= \frac{n}{n-1}(\widehat{p} - \widehat{p}^2) \end{aligned}$$

となる．したがって，係数を除いて，S^2 は $\widehat{p}(1-\widehat{p})$ になる．n が大であるなら，S^2 と $\widehat{p}(1-\widehat{p})$ の差は小さい．

例題 9.5 ● 視 聴 率　　　　　　　　　　　　　　　　　EXAMPLE

調査会社があるテレビ番組の視聴率を調査したところ，4000 世帯のうち 300 世帯で当該番組を視聴していた．このテレビ番組の視聴率の区間推定をしなさい．ただし，信頼係数は 95% とする．

（解答）　世帯がその番組を見ているか否かは，確率が p のベルヌーイ分布に従うとする．p の推定値は，観測個数 4000，視聴世帯数 300 を用いて，

$$\widehat{p} = \frac{300}{4000} = 0.075 \tag{9.29}$$

と推定される．したがって，信頼係数 95% より，標準正規分布の右裾確率 2.5% 点である $z_{0.025} = 1.96$ を使って，信頼区間の下限と上限を求めると，

$$0.075 \pm 1.96\sqrt{\frac{0.075(1-0.075)}{4000}} = [0.0668, 0.0832] \tag{9.30}$$

と推定される．信頼係数 95% の信頼区間は，$[6.68\%, 8.32\%]$ となる．

3 点推定の規範

母数を，観測値に依存せず，癖なく，無駄なく推定することが，望ましい推定量である．観測値をもとに，当てずっぽうに，母数を推定するといった方法も考えられよう．しかし，当てずっぽうに推定した値が，たまたま母数の値に近かったとしても，これはよい推定量とはいえない．推定量は確率変数であり，確率変数は分布をもつから，分布の性質として，癖なく，無駄なく推定できなければいけない．本節では推定量の規範を，説明しよう．

大きさ n の無作為標本を $\{X_1, X_2, \cdots, X_n\}$ とし，母数 θ の推定量を

$$T(X_1, X_2, \cdots, X_n) \equiv T(\mathbf{X}_n) \tag{9.31}$$

と表記する．簡単に，$\hat{\theta}$ と書く場合もある．推定したい母数は，一般的には θ とするが，平均は μ，分散は σ^2 と表記する．

不偏性

推定量 $T(\mathbf{X}_n)$ は確率変数の関数だから，推定量も確率変数である．したがって，推定量の期待値を考えることができる．推定量の期待値が母数 θ に一致することが，推定量の規範の 1 つになる．式では，

$$E[T(\mathbf{X}_n)] = \theta \tag{9.32}$$

がこの規範である．このとき，推定量 $T(\mathbf{X}_n)$ は，不偏 (unbiased) であるという．不偏性 (unbiasedness) をもつ推定量を，不偏推定量 (unbiased estimator) と呼ぶ．不偏性は癖のなさを意味する．θ の推定量の分布が図 9-1 のように左右対称であるなら，分布の中心が母数 θ に一致することが不偏性である．

FIGURE 図9-1 ● 不偏推定量の期待値は θ

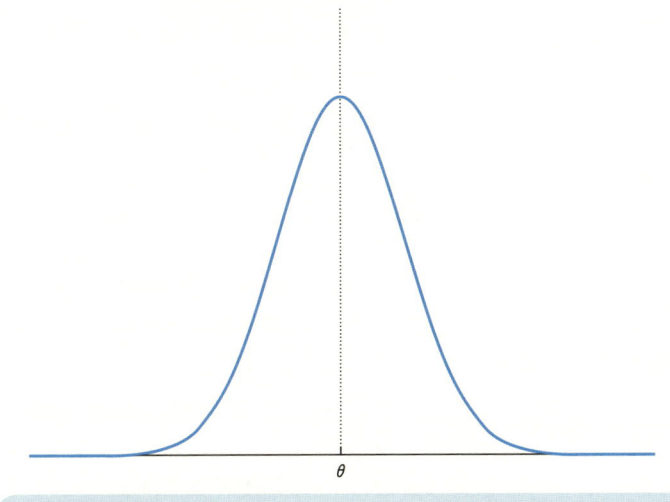

不偏推定量の期待値を計算すると推定される母数 θ になる。

例題9.6 ● 母平均 μ の不偏推定量 　EXAMPLE

大きさ n の無作為標本を $\{X_1, X_2, \cdots, X_n\}$，母平均を μ とする。したがって，$E(X_i) = \mu$。次の推定量が不偏であることを確かめなさい。

$$T_1(\mathbf{X}_n) = \frac{1}{n} \sum_{i=1}^{n} X_i \qquad (9.33)$$

$$T_2(\mathbf{X}_n) = \frac{1}{n+1}\left(X_1 + \sum_{i=1}^{n} X_i\right) \qquad (9.34)$$

(解答) 　T_1 の不偏性

$$E[T_1(\mathbf{X}_n)] = \frac{1}{n} \sum_{i=1}^{n} E(X_i) = \frac{1}{n} \sum_{i=1}^{n} \mu = \mu. \qquad (9.35)$$

T_2 の不偏性

$$E[T_2(\mathbf{X}_n)] = \frac{1}{n+1}\left(E(X_1) + \sum_{i=1}^{n} E(X_i)\right) = \frac{1}{n+1}\left(\mu + \sum_{i=1}^{n} \mu\right) = \mu. \qquad (9.36)$$

3 　点推定の規範

T_1 と T_2 は，ともに不偏である。どちらがより望ましいかは，効率性という観点から，後で比較する。

一致性　一致性 (consistency) は，θ の推定量 $T(\mathbf{X}_n)$ が，観測個数 n が大きくなるに連れ，θ に近づくという性質である。第8章3節，定理 8.5 (259頁) で説明した確率収束 $\operatorname{plim}_{n\to\infty}$ を使うと，

$$\operatorname*{plim}_{n\to\infty} T(\mathbf{X}_n) = \theta \tag{9.37}$$

と表記できる。$T(\mathbf{X}_n)$ を，一致推定量 (consistent estimator) という。

観測個数が無限大に増えるということは，標本が母集団に一致することに等しい。母集団全体を観測できるということは，母数もすべてわかることを意味する。ところが，推定量は，有限の標本から母数を当てる方法である。不一致な方法に固執すると，観測個数が無限大になっても，母数はわからず，誤った値にたどり着く。一致推定量であれば，観測個数が無限になれば，正しい値にたどり着くことになる。

潜水艦が潜望鏡で洋上を見ながら，ある地点をめざしているとしよう。潜望鏡が曲がっていなければ，観測を重ねることにより，目的の地点に達することができよう。しかし，潜望鏡が曲がっていれば，観測を重ねても，目的の地点には到達できない。つまり，不一致になる。この場合，母集団全体が観測できるとは，水上に上がりコンパスをもとに航海することであり，潜水艦は正しい地点に到達できる。

不偏性と同じく，一致性は，癖なく推定するという規範である。

例 9.1　推定量の一致性は，定理 8.5 (大数の法則) により証明することができる。大きさ n の無作為標本 $\{X_1, X_2, \cdots, X_n\}$ において，母平均は μ，母分散は σ^2 とする。$\bar{X} = \sum_{i=1}^{n} X_i/n$ とすると，定理 8.5 により，$\bar{X}$ は μ に確率収束する。

$$\operatorname*{plim}_{n\to\infty} \bar{X} = \mu$$

$\bar{X}$ は一致推定量である。

> **例 9.2**

証明はしないが，σ^2 の不偏推定量 S^2（(9.1) 式，定理 8.7：264 頁）も一致推定量である。

$$\plim_{n \to \infty} S^2 = \sigma^2$$

S^2 は，n 個の 2 乗和を，$n-1$ で割るが，2 乗に関する平均の形になっていることは理解できよう。したがって，定理 8.5 が使える。n で割っても，一致推定量であることに変わりない。

> **例 9.3**

成功確率の推定量 (9.25) 式で定義された $\hat{p}$ は，標本平均にほかならないので，p の不偏推定量になる。定理 8.5 により，

$$\plim_{n \to \infty} \hat{p} = p \tag{9.38}$$

が成り立ち，一致性をもつことがわかる。

効率性

不偏推定量が複数個あれば，分散が小さい推定量を選ぶ。分散が小さいということは，母数 θ に近い値を推定する確率が高いことを意味する。したがって，推定量 $\hat{\theta}$ は，θ に近い可能性が高い。これが**効率性** (efficiency) の規範である。無駄が少ないという意味をもつ。

分散が小さい推定量を，より**効率的な推定量**という。図 9-2 では，推定量 A は，推定量 B よりも分散が小さいから，より効率的である。

例題 9.7 ● 効 率 性　　　　　　　　　　　　　　　EXAMPLE

大きさ n の無作為標本を $\{X_1, X_2, \cdots, X_n\}$ とし，母平均は μ，母分散は σ^2 とする。したがって，$E(X_i) = \mu$，$V(X_i) = \sigma^2$。例題 9.6 で取り上げた不偏推定量 T_1 と T_2 の分散を計算し，効率性を比較しなさい。

（解答）　T_1 の分散は，通常の標本平均の分散であり，

$$V[T_1(\mathbf{X}_n)] = \frac{1}{n^2} \sum_{i=1}^{n} V(X_i) = \frac{\sigma^2}{n}. \tag{9.39}$$

T_2 には X_1 が 2 個入っており，また X_1 と他の確率変数は独立に分布す

3　点推定の規範　　297

> **FIGURE** 図 9-2 ● 推定量 A は推定量 B よりも効率的

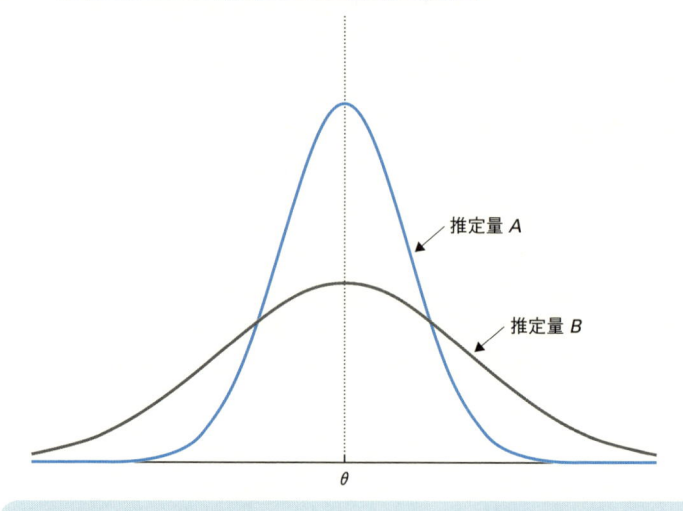

推定量 A の分散は推定量 B の分散よりも小さいので，推定量 A のほうが効率的である。

るので，

$$V[T_2(\mathbf{X}_n)] = \frac{1}{(n+1)^2}\left(V(2X_1) + \sum_{i=2}^{n} V(X_i)\right)$$

$$= \frac{1}{(n+1)^2}(4\sigma^2 + \sum_{i=2}^{n}\sigma^2) = \frac{n+3}{(n+1)^2}\sigma^2 \quad (9.40)$$

だから，

$$V[T_1(\mathbf{X}_n)] \leq V[T_2(\mathbf{X}_n)] \quad (9.41)$$

が成り立つ。等号は，$n=1$ のとき成り立つ。したがって，T_1 のほうが，T_2 よりも効率的である。

T_2 に余分な項が加わっているから，不偏性が保たれても，効率性が落ちる。こういった無駄をなくすことが望ましいというのが，効率性の規範である。

高度だが，諸条件のもとで，不偏推定量の分散の下限が，フィッシャー情報量（Fisher information）の逆数によって与えられる．証明には，クラメル=ラオの不等式（Cramer-Rao's inequality）が使われるが，このような説明の詳細は，数理統計学の成書を参考にしていただきたい．

平均2乗誤差（MSE）

θ の推定量 $T(\mathbf{X}_n)$，あるいは $\hat{\theta}$ が不偏性をもたないとき，推定量の期待値と θ の差を**バイアス**（偏り）という．式では，

$$\text{バイアス} = E(\hat{\theta}) - \theta$$

となる．バイアスは小さいほうがよい．不偏推定量のバイアスは 0 である．

バイアスと効率性を統合する概念として，**平均 2 乗誤差**（mean squared error：MSE）

$$\text{MSE}(\hat{\theta}) = E[(\hat{\theta} - \theta)^2] \tag{9.42}$$

がある．MSE は

$$\begin{aligned} \text{MSE}(\hat{\theta}) &= E[(\hat{\theta} - \theta)^2] \\ &= E[\{\hat{\theta} - E(\hat{\theta}) + E(\hat{\theta}) - \theta\}^2] \\ &= V(\hat{\theta}) + [E(\hat{\theta}) - \theta]^2 \end{aligned} \tag{9.43}$$

と分解できる．この分解では，$E(\hat{\theta}) - \theta$ が，確率変数でないことに注意．第 1 項は，$\hat{\theta}$ の分散であり，第 2 項はバイアスの 2 乗である．バイアスがない不偏推定量であれば，第 2 項は 0 になり，MSE は分散に一致する．MSE が大きい推定量は，分散かバイアスのどちらかが大きい推定量となるから，望ましいとは言えない．MSE は，癖と無駄を合算する基準である．

例題 9.8 ● σ^2 推定の平均 2 乗誤差

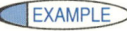

$N(\mu, \sigma^2)$ から求めた無作為標本 $\{X_1, X_2, \cdots, X_n\}$ をもとに, σ^2 の推定量 S^2 と

$$\hat{\sigma}^2 = \frac{1}{n} \sum_{i=1}^{n} (X_i - \bar{X})^2 \tag{9.44}$$

の平均 2 乗誤差を比較しなさい。

(解答) 第 8 章 5 節, 系 8.3 (265 頁) で述べたように, 自由度が k のカイ 2 乗確率変数の期待値は k, 分散は $2k$ である。定理 8.8 (267 頁) で示したように, (9.19) 式は, 自由度 $(n-1)$ のカイ 2 乗確率変数で, 系 8.3 により, U の平均は $(n-1)$, 分散は $2(n-1)$ となる。さらに, 定理 8.7 (264 頁) により, S^2 の期待値は σ^2 になる。そこで S^2 の分散を求めると,

$$V(S^2) = E\left[\left\{\frac{1}{n-1}\sum_{i=1}^{n}(X_i - \bar{X})^2 - \sigma^2\right\}^2\right]$$

$$= \left(\frac{\sigma^2}{n-1}\right)^2 E[\{U - (n-1)\}^2]$$

$$= 2\frac{\sigma^4}{n-1}$$

となる。これは, S^2 の MSE でもある。他方, $\hat{\sigma}^2$ の期待値は

$$E(\hat{\sigma}^2) = \frac{n-1}{n} E(S^2) = \frac{n-1}{n} \sigma^2$$

だから, バイアスは $(-1/n)\sigma^2$ となる。$\hat{\sigma}^2$ の分散は,

$$E\left[\frac{1}{n}\sum_{i=1}^{n}(X_i - \bar{X})^2 - \frac{n-1}{n}\sigma^2\right]^2 = \left(\frac{\sigma^2}{n}\right)^2 V(U)$$

$$= 2(n-1)\left(\frac{\sigma^2}{n}\right)^2.$$

したがって, MSE は, 分散 + バイアスの 2 乗で,

$$2(n-1)\left(\frac{\sigma^2}{n}\right)^2 + \left(\frac{\sigma^2}{n}\right)^2 = \frac{2n-1}{n^2}\sigma^4$$

となる。比べると, n が 3 以上であれば, S^2 の MSE のほうが大きい。あ

るいは，バイアスがある推定量 $\hat{\sigma}^2$ のほうが，MSE が小さくなる。$n+1$ で割った推定量の MSE を計算してみよう。

4 推定法

いままでは，場合々々により，推定量を個別に考案してきた。本節では，推定量を求める一般的な原則を説明する。

モーメント法　モーメント法 (method of moments) とは古くから用いられてきた推定法で，確率変数の累乗の期待値（積率，モーメント）を，確率変数の累乗の標本平均（標本モーメント）で推定し，求める推定量を得る方法である。

母集団の1次と2次のモーメントが

$$E(X_i) = \mu_1, \quad E(X_i^2) = \mu_2$$

であるとする。ただし，母分布を，正規分布のように特定する必要はない。母集団から無作為標本 $\{X_1, X_2, \cdots, X_n\}$ が得られたとすると，1次と2次の期待値（モーメント）を，確率変数の累乗の標本平均（標本モーメント）

$$\hat{\mu}_1 = \frac{1}{n}\sum_{i=1}^{n} X_i = \bar{X}, \quad \hat{\mu}_2 = \frac{1}{n}\sum_{i=1}^{n} X_i^2 \tag{9.45}$$

で推定する。分散 $V(X_i)$ は

$$V(X_i) = E(X_i^2) - E(X_i)^2 = \mu_2 - \mu_1^2 \tag{9.46}$$

だから，分散のモーメント法推定量は

$$\widehat{V}(X_i) = \hat{\mu}_2 - \hat{\mu}_1^2 = \frac{1}{n}\sum_{i=1}^{n} X_i^2 - \bar{X}^2$$

$$= \frac{1}{n}\sum_{i=1}^{n}(X_i - \bar{X})^2 \tag{9.47}$$

となる。(9.44) 式の $\hat{\sigma}^2$ に一致するが，この推定量は不偏ではない。しかし，一致性をもつことはすでに述べた。

平均周りのモーメントを使ってもよい。つまり，

$$E(X_i) = \mu \qquad (9.48)$$

$$E[(X_i - \mu)^2] = m_2 \qquad (9.49)$$

$$E[(X_i - \mu)^3] = m_3 \qquad (9.50)$$

$$E[(X_i - \mu)^4] = m_4 \qquad (9.51)$$

を，平均周りの標本モーメント

$$\widehat{\mu} = \frac{1}{n}\sum_{i=1}^{n} X_i = \bar{X} \qquad (9.52)$$

$$\widehat{m}_2 = \frac{1}{n}\sum_{i=1}^{n}(X_i - \bar{X})^2 \qquad (9.53)$$

$$\widehat{m}_3 = \frac{1}{n}\sum_{i=1}^{n}(X_i - \bar{X})^3 \qquad (9.54)$$

$$\widehat{m}_4 = \frac{1}{n}\sum_{i=1}^{n}(X_i - \bar{X})^4 \qquad (9.55)$$

で推定する．平均周りのモーメントを使うと，歪度と尖度は，各々 $m_3/m_2^{\frac{3}{2}}$，m_4/m_2^2 なので，

$$\frac{\widehat{m}_3}{\widehat{m}_2^{\frac{3}{2}}}, \quad \frac{\widehat{m}_4}{\widehat{m}_2^2} \qquad (9.56)$$

と推定できる．第1章 (1.35) 式と (1.37) 式では，分母の n が $n-1$ になっている．モーメント法では，分母は n であるが，n が大きければ，両者の違いは無視できる．

　モーメント法による推定量は，一般に一致性をもつが，不偏性はないことが多い．しかしながら，母集団の分布型を仮定する必要がないので，推定に当たっては使いやすい．計量経済学では，モーメント法の一種である一般化モーメント法 (generalized method of moments : GMM) が広く使われている．

　最尤推定法　　母数推定において，重要な推定法である最尤推定法 (maximum likelihood estimation) を説明する．

　複数の離散確率変数に関しては同時確率関数，連続確率変数に関しては同時密度関数が定義できる．同時確率関数および同時密度関数とは，母数を所与として，ある観察値が生じる同時確率（密度）を表すものである．逆に，これ

らの関数を，観察された値を所与とし，母数を未知数と考えれば，尤度関数になる。この関数の変数は母数であり，同時確率（密度）が高いほど，母数の値が尤（もっと）もらしいと理解する。このような直感にもとづいて，この**尤度** (likelihood) を最大化する母数値を推定値とするのが，**最尤推定法**である。以下，例として，ベルヌーイ試行の確率関数を使い，成功確率を最尤推定法で推定する。

■ **成功確率の最尤推定**　無作為標本 $\{X_1, X_2, \cdots, X_n\}$ の母分布は，成功確率 p で1，失敗すれば0をとるベルヌーイ試行とする。観察値が $(x_1, x_2, \cdots, x_n)$ であったとすると，**同時確率**は，p を所与として

$$P(X_1 = x_1, X_2 = x_2, \cdots, X_n = x_n | p)$$
$$= p(x_1, x_2, \cdots, x_n | p) = \prod_{i=1}^{n} p^{x_i}(1-p)^{1-x_i} \tag{9.57}$$

となる。簡略には，成功回数を，$z = \sum_{i=1}^{n} x_i$ と表記して

$$p(x_1, x_2, \cdots, x_n | p) = p^z (1-p)^{n-z} \tag{9.58}$$

と書くことができる。成功確率 p を推定するための**尤度関数** (likelihood function) は，同時確率 (9.58) 式を，$x_1, x_2, \cdots, x_n$ を所与として，p の関数と理解するから，

$$L(p | x_1, x_2, \cdots, x_n) = p^z (1-p)^{n-z} \tag{9.59}$$

となる。尤度関数 (9.59) 式を最大にする母数 p の値を，**最尤推定値**とする。最尤推定値を簡単に求めるために，尤度の自然対数を取り，**対数尤度関数**

$$\log L(p) = z \log p + (n - z) \log (1 - p) \tag{9.60}$$

とする。尤度の最大化と，対数尤度関数の最大化は同じ結果をもたらすので，(9.60) 式を最大化する p を，最尤推定値とする。最大化の1次条件は，(9.60) 式の p に関する微分が0になることである。そこで，1次条件を計算すると

$$\frac{\partial \log L}{\partial p} = \frac{z}{p} - \frac{(n-z)}{(1-p)} = 0 \tag{9.61}$$

となる。この式から未知数 p を求め x_i を X_i, $(i = 1, 2, \cdots, n)$ に置き換えると，最尤推定量は

$$\widehat{p}_{ML} = \frac{1}{n}\sum_{i=1}^{n} X_i \tag{9.62}$$

となる．この推定量は，標本平均に一致する．

尤度関数　　最尤推定法を一般的に説明しよう．同時確率（密度）関数は，母数を所与として，観測値が生じる確率（密度）を表す．逆に，この関数を，観測値を所与として，母数の関数であると考えれば，尤度関数になる．最尤推定法とは，観測値を所与として，尤度関数を最大化する母数を求める方法である．実際には，計算が簡便になるため，尤度の自然対数をとった対数尤度をもとに，最大化の計算をすることが多い．

連続確率変数の場合について，尤度関数を説明してみよう．無作為標本 $\{X_1, X_2, \cdots, X_n\}$ の母密度関数が，$f(x|\theta)$ であるとする．同時確率密度関数は，密度関数 $f(x_i|\theta)$ の積

$$f(x_1, x_2, \cdots, x_n|\theta) = \prod_{i=1}^{n} f(x_i|\theta) \tag{9.63}$$

で表される．尤度関数は，同時密度関数 (9.63) 式を，観察値 $(x_1, x_2, \cdots, x_n)$ を所与とし，母数 θ の関数であると考えるから，

$$L(\theta|x_1, x_2, \cdots, x_n) = \prod_{i=1}^{n} f(x_i|\theta) \tag{9.64}$$

となる．そして，尤度関数 (9.64) 式の自然対数を取ると，対数尤度関数，

$$\log L(\theta|x_1, x_2, \cdots, x_n) = \sum_{i=1}^{n} \log f(x_i|\theta)$$

が導かれる．

最尤推定量は，尤度関数 (9.64) 式において，観測値 $(x_1, x_2, \cdots, x_n)$ を確率変数 $(X_1, X_2, \cdots, X_n)$ に置き換え，その上で，対数尤度を通して，最大化する $\widehat{\theta}_{ML}$ を求める．

正規分布の母数の推定問題に対し，具体的に最尤推定法を見ていこう．

■ **正規分布の平均と分散の最尤推定**　　正規母集団 $N(\mu, \sigma^2)$ から，大きさ n の無作為標本 $\{X_1, X_2, \cdots, X_n\}$ を得たとする．平均 μ と分散 σ^2 を，最尤法で推定しよう．

$\{X_1, X_2, \cdots, X_n\}$ の同時密度関数は，独立性により各確率変数 X_i の密度

関数の積で表されて，次のようになる．

$$f(x_1, x_2, \cdots, x_n | \mu, \sigma^2) = \prod_{i=1}^{n} f(x_i | \mu, \sigma^2)$$

$$= \prod_{i=1}^{n} \left\{ \frac{1}{\sqrt{2\pi\sigma^2}} \exp\left(-\frac{(x_i - \mu)^2}{2\sigma^2}\right) \right\} \quad (9.65)$$

尤度関数は，同時密度関数において観測値を所与とし，母数の関数として見たものであるから，

$$L(\mu, \sigma^2 | x_1, x_2, \cdots, x_n) = \prod_{i=1}^{n} \left\{ \frac{1}{\sqrt{2\pi\sigma^2}} \exp\left(-\frac{(x_i - \mu)^2}{2\sigma^2}\right) \right\}$$

となる．そこで対数尤度関数は

$$\log L(\mu, \sigma^2) = \sum_{i=1}^{n} \left\{ -\frac{1}{2} \log(2\pi\sigma^2) - \frac{(x_i - \mu)^2}{2\sigma^2} \right\}$$

$$= -\frac{n}{2} \log(2\pi\sigma^2) - \frac{1}{2\sigma^2} \sum_{i=1}^{n} (x_i - \mu)^2 \quad (9.66)$$

となる．以下，対数尤度関数を最大化する母数 μ と σ^2 を求める．最大化の1次条件は，対数尤度関数 (9.66) 式を μ と σ^2 に関して微分し，0 と置いた連立方程式

$$\frac{\partial \log L}{\partial \mu} = \frac{1}{\sigma^2} \sum_{i=1}^{n} (x_i - \mu) = 0$$

$$\frac{\partial \log L}{\partial \sigma^2} = -\frac{n}{2\sigma^2} + \frac{1}{2\sigma^4} \sum_{i=1}^{n} (x_i - \mu)^2 = 0 \quad (9.67)$$

になる．連立方程式 (9.67) を解き，解の $(x_1, x_2, \cdots, x_n)$ を確率変数 $(X_1, X_2, \cdots, X_n)$ に置き換えると，最尤推定量，

$$\widehat{\mu}_{ML} = \frac{1}{n} \sum_{i=1}^{n} X_i$$

$$\widehat{\sigma}^2_{ML} = \frac{1}{n} \sum_{i=1}^{n} (X_i - \widehat{\mu}_{ML})^2 \quad (9.68)$$

が求まる．$\widehat{\sigma}^2_{ML}$ は，(9.44) 式に一致する．

BOOK GUIDE ● 文献案内

本章と第 10 章で説明する推定，仮説検定を中心に，進んだ学習のための文献を挙げておこう。

統計学の習得には問題演習が欠かせない。①は本書と同等レベルで多くの練習問題を含んだもの，②は本書よりも進んだ内容で問題演習が充実しているものである。

①宮川公男 [2015]『基本統計学（第 4 版）』有斐閣。
②野田一雄・宮岡悦良 [1990]『入門・演習 数理統計』共立出版。

推定や仮説検定の考え方の背後にある論理は，統計的推測理論として整理されているが，その全体を把握するには，③，④がよいだろう。④のほうがやや広範な話題を扱っている。

③竹村彰通 [1991]『現代数理統計学』創文社。
④稲垣宣生 [2003]『数理統計学（改訂版）』裳華房。

より専門的な数理統計の内容を求めるなら，海外の書物にあたることになる。以下に掲げるものは，版を重ねた定番ともいえる数理統計のテキストである。大学院レベルの計量分析を学ぶ際の基礎となるべきものである。

⑤Hogg, R. V., J. W. McKean, and A. T. Craig [2013] *Introduction to Mathematical Statistics*, 7th ed., Pearson.（豊田秀樹監訳 [2006]『数理統計学ハンドブック』朝倉書店，第 6 版の訳）
⑥Lehmann, E. L. and G. Casella [2003] *Theory of Point Estimation*, 2nd ed., Springer.
⑦Lehmann, E. L. and J. P. Romano [2008] *Testing Statistical Hypotheses*, 3rd ed., Springer.

EXERCISE ● 練習問題

9-1 以下の大きさ 12 の標本より，平均と分散を推定しなさい。

| 1.593 | 2.290 | 0.827 | 0.192 | 2.097 | 3.539 |
| 1.820 | −1.036 | 2.368 | −0.487 | 0.369 | −0.848 |

9-2 9-1 の数値が，正規母集団から採られた標本であるとして，平均 μ について，分散 σ^2 が既知で 1 の場合と，未知の場合について，95％ の信頼区間を推定しなさい。

9-3 9-1 の数値が，正規母集団から採られた標本であるとして，分散 σ^2 について，95％ の信頼区間を推定しなさい。

9-4 「Example9-2.txt」にある東証株価指数（TOPIX）の日次収益率のデ

ータから，実際に Excel などを使って平均と分散を計算し，例題 9.2 の結果と同じになることを確かめなさい．

9-5　正規分布 $N(\mu, \sigma^2)$ に従う母集団より大きさ n の無作為標本 $\{X_1, X_2, \cdots, X_n\}$ から，平均 μ を推定する問題で推定量 $T_3(\mathbf{X}_n)$ を

$$T_3(\mathbf{X}_n) = \frac{1}{n-1} \sum_{i=2}^{n} X_i$$

と置く．このとき，$T_3(\mathbf{X}_n)$ の不偏性を確かめ，$T_1(\mathbf{X}_n)$ および $T_2(\mathbf{X}_n)$ との効率性を比較しなさい．

9-6　平均 2 乗誤差の分解の公式 (9.43) を，実際にバイアスと平均 2 乗誤差の定義にさかのぼって，確かめなさい．

9-7　ある調査会社があるテレビ番組の視聴率を調査したところ，5000 世帯のうち 400 世帯が視聴しているとの調査結果を得た．この番組の視聴率に関して，95% と 99% の信頼区間を推定しなさい．

9-8　「Example9-2.txt」にある東証株価指数（TOPIX）の日次収益率のデータから，Excel などを利用することで，モーメント法により，歪度と尖度を計算しなさい．

9-9　母集団が指数分布

$$f(x|\lambda) = \lambda e^{-\lambda x}$$

に従っているとき，そこから大きさ n の標本 $\{X_1, X_2, \cdots, X_n\}$ を得た．この場合の指数分布の母数 λ を最尤推定しなさい．

9-10　[やや難] 成功確率のベイズ推定において，事前分布としてベータ分布 (9.72) 式を用い，また，ベイズの公式 (9.69) を使って事後分布を実際に計算すると (9.77) 式になることを確かめなさい（本章補論参照）．

補論：ベイズ推定法

これまでの推定法の説明は，伝統的な**頻度論**（frequentist）の立場に立っている．補論では，**ベイズ法**（Bayesian method）による推定法を説明する．

ベイズ法のエッセンスは，データを観察する前から，母数 θ の**事前分布**（prior distribution）を仮定することにある．そして，データを観察することに

より，観測前から想定していた母数の分布を，ベイズの公式（第5章4節を参照）を用いて，**事後分布**（posterior distribution）に更新する．

母数に対して何の先験的な情報ももたず，真っ白な状態で推定を行うのが，頻度論である．母数 θ に関して，分析者が事前にもつ知識を，分析に組み込もうとするアプローチがベイズ法である．

最近では，ベイズ的なモデルを，シミュレーションを使ったマルコフ連鎖モンテカルロ法（MCMC法）と組み合わせることが多い．計算機の能力が向上したために，シミュレーションを多用するこのようなベイズ法が，計算可能になり，実用に用いられるに至った．

> **ベイズ法**
>
> 標本から得る確率関数，あるいは尤度関数を，$p(x|\theta)$ としよう．母数 θ が事前分布 $\pi(\theta)$ に従うと仮定すると，第5章4節で説明したベイズの公式により，母数 θ の事後分布を
>
> $$\pi(\theta|x) = \frac{p(x|\theta)\pi(\theta)}{\int p(x|\theta)\pi(\theta)d\theta} \tag{9.69}$$
>
> と求めることができる．(9.69)式の右辺は，分子が条件つき密度と周辺密度の積で，(x,θ) の同時密度である．分母は，同時密度を θ に関して積分しているから，x の周辺密度になっている．第5章では，離散確率変数を考慮したので，分母が和になっていた．ここでは連続確率変数 θ を考えるため，積分になっている点に違いがある．
>
> ベイズ法は，母数 θ の事前分布 $\pi(\theta)$ を，標本の尤度を利用し，事後分布 $\pi(\theta|x)$ に更新する．最後に，事後分布を用いて，推論を行う．たとえば，θ のベイズ推定量は，事後分布に関する θ の期待値，
>
> $$\tilde{\theta} = E(\theta) = \int \theta \pi(\theta|x) d\theta \tag{9.70}$$
>
> とする．これを**事後平均**という．

例9.4 成功確率のベイズ推定　ベイズ推定法の基本を理解するために，ベルヌーイ試行の成功確率 p のベイズ推定を説明しよう．ベルヌーイ試行を n 回試行した場合の確率関数は，成功する回数を $z = \sum_{i=1}^{n} x_i$ と置くと，

$$p(x_1, x_2, \cdots, x_n | p) = \prod_{i=1}^{n} p^{x_i}(1-p)^{1-x_i} = p^z(1-p)^{n-z}, \quad 0 \leq p \leq 1 \quad (9.71)$$

となる。これは (9.59) 式でも見たように尤度関数でもある。ベルヌーイ分布に対応する事前分布として，ベータ分布

$$\pi(p) = \frac{1}{B(\alpha, \beta)} p^{\alpha-1}(1-p)^{\beta-1} \quad (9.72)$$

を使うことにしよう。主観をもとに分析者が選ぶ事前分布が，ベータ分布であるとしている。ただし，$B(\alpha, \beta)$ はベータ関数

$$B(\alpha, \beta) = \int_0^1 x^{\alpha-1}(1-x)^{\beta-1} dx, \quad \alpha, \beta > 0 \quad (9.73)$$

で，これはガンマ関数によって

$$B(\alpha, \beta) = \frac{\Gamma(\alpha)\Gamma(\beta)}{\Gamma(\alpha+\beta)} \quad (9.74)$$

と表現できる。ガンマ関数 $\Gamma(\alpha)$ は

$$\Gamma(\alpha) = \int_0^\infty x^{\alpha-1} e^{-x} dx, \quad \alpha > 0 \quad (9.75)$$

と定義される。ベータ分布から得る事前平均は

$$E(p) = \int_0^1 p\pi(p) dp = \frac{\alpha}{\alpha+\beta} \quad (9.76)$$

である。事前分布にベータ分布を用いると，事後分布もまたベータ分布になる。このように事前分布と事後分布が同じ型の分布になる分布を，自然共役分布 (natural conjugate distribution) と呼ぶ。ベルヌーイ分布の自然共役分布は，ベータ分布である。ベイズ法では，計算の便利さといった技術的な理由から，自然共役分布を事前分布に使うことが多い。ただし，主観をもとに選ぶという原則からずれているため，批判を受けることもある。この例で，ベイズの公式 (9.69) を使って事後分布を計算すると (チャレンジ！！)，

$$\pi(p|z) = \frac{1}{B(\alpha+z, \ \beta+n-z)} p^{\alpha+z-1}(1-p)^{\beta+n-z-1} \quad (9.77)$$

となる。確かに，ベータ分布になっている。そして，事後平均により θ のベイズ推定量を求めると，$w = (\alpha+\beta)/(\alpha+\beta+n)$ として，

補論：ベイズ推定法　　309

$$\widetilde{p} = E(p) = \int_0^1 p\pi(p|z)dp = \frac{\alpha + z}{\alpha + \beta + n}$$
$$= w\left(\frac{\alpha}{\alpha + \beta}\right) + (1 - w)\left(\frac{z}{n}\right) \tag{9.78}$$

となる。ベイズ推定量 $\widetilde{p}$ は，事前平均 (9.76) 式と，p の標本平均推定量 z/n の加重平均になっている。この結果でも，ベイズ法は，事前分布の情報に，標本の情報を加えて推定していることが確認できる。

表 付録：Example9-2.txt

日付	値	日付	値	日付	値
2005年11月21日	-0.267389453	2005年12月28日	0.971497836	2006年2月6日	0.253782012	2006年3月13日	1.649078741
2005年11月22日	-0.066795458	2005年12月29日	0.592586289	2006年2月7日	0.068305814	2006年3月14日	-0.531067422
2005年11月24日	-0.584723989	2005年12月30日	-0.844426794	2006年2月8日	-2.48649386	2006年3月15日	0.059413607
2005年11月25日	0.789552917	2006年1月4日	1.403043935	2006年2月9日	0.648251193	2006年3月16日	-1.311676374
2005年11月28日	0.895518659	2006年1月5日	0.719431848	2006年2月10日	-1.318800378	2006年3月17日	1.143546538
2005年11月29日	0.0738342	2006年1月6日	-0.014836575	2006年2月13日	-2.575312462	2006年3月20日	1.446239634
2005年11月30日	-0.542721033	2006年1月10日	-1.547312063	2006年2月14日	1.059258348	2006年3月22日	-0.110828947
2005年12月1日	1.524567484	2006年1月11日	0.805054371	2006年2月15日	-0.67249419	2006年3月23日	-0.371906656
2005年12月2日	1.521249112	2006年1月12日	0.709015774	2006年2月16日	0.436777149	2006年3月24日	0.54905567
2005年12月5日	0.870721469	2006年1月13日	-0.157455551	2006年2月17日	-1.610306924	2006年3月27日	0.266022065
2005年12月6日	-0.390729618	2006年1月16日	-0.688579741	2006年2月20日	-2.091067681	2006年3月28日	-0.067916129
2005年12月7日	0.454556212	2006年1月17日	-2.334618536	2006年2月21日	2.540431218	2006年3月29日	1.107457055
2005年12月8日	-1.88556159	2006年1月18日	-3.552153088	2006年2月22日	-0.192425929	2006年3月30日	0.880693955
2005年12月9日	1.424092726	2006年1月19日	2.855941905	2006年2月23日	1.908406713	2006年3月31日	0.085676911
2005年12月12日	1.638681	2006年1月20日	0.252721512	2006年2月24日	0.442186591	2006年4月3日	1.520644898
2005年12月13日	0.532114572	2006年1月23日	-2.271997214	2006年2月27日	0.549545044	2006年4月4日	-0.284793974
2005年12月14日	-1.48313316	2006年1月24日	1.532996934	2006年2月28日	0.217047993	2006年4月5日	-0.205967404
2005年12月15日	-1.164530231	2006年1月25日	0.373272194	2006年3月1日	-1.506087291	2006年4月6日	1.68217226
2005年12月16日	-0.182022778	2006年1月26日	1.522525003	2006年3月2日	-0.205640495	2006年4月7日	0.452325467
2005年12月19日	0.533751843	2006年1月27日	2.821753025	2006年3月3日	-1.188230423	2006年4月10日	-0.358320659
2005年12月20日	1.545534595	2006年1月30日	0.822487403	2006年3月6日	0.833487362	2006年4月11日	-0.403662825
2005年12月21日	1.377711101	2006年1月31日	0.38008274	2006年3月7日	-0.529540464	2006年4月12日	-1.553658137
2005年12月22日	0.092234306	2006年2月1日	-0.970929886	2006年3月8日	-0.762540728	2006年4月13日	0.050478109
2005年12月26日	0.672382912	2006年2月2日	0.985542121	2006年3月9日	2.182684391	2006年4月14日	0.017202624
2005年12月27日	-0.669940775	2006年2月3日	-0.179000802	2006年3月10日	0.380746625	2006年4月17日	-1.444964964

第10章 仮説検定

イェジー・ネイマン（1894-1981，写真）およびエゴン・シャープ・ピアソン（1895-1980）は，帰無仮説と対立仮説の2つの仮説を定式化し，また，検出力の概念を考案し，仮説検定論の基礎を完成に導いた。

KEYWORD
FIGURE
TABLE
COLUMN
EXAMPLE
BOOK GUIDE
EXERCISE

CHAPTER 10

INTRODUCTION

　仮説検定とは，分析対象に関する考え方を仮説として立てたときに，実際のデータを用いて，その考え方の妥当性を検証しようとする手続きである。仮説は，理論的に立てられることも経験的に立てられることもある。
　たとえとして，サイコロの1の目が出る確率を見てみよう。経験からいって，1の目が，6回に1回の割合で出ないのではないかといった疑問が生じうる。この場合は，目が出る確率が6分の1であるという（帰無）仮説を，統計的に検証する。方法としては，サイコロを振り，実際に1の目が出る割合（相対頻度，標本確率）を調べればよい。そして，標本確率が6分の1より非常に小さければ，または非常に大きければ，仮説は誤っているという結果になる。しかし，非常に小さい，大きいとはどのくらいの値をいうのだろうか。この疑問を解くのが統計的な検定法である。
　仮説の妥当性を統計的に検証する方法である仮説検定は，データ分析の根幹をなす。

> **KEYWORD**
>
> 仮説検定　帰無仮説　対立仮説　棄却　有意　採択　単純対立仮説　複合対立仮説　両側検定　片側検定　検定統計量　棄却域　境界値（臨界値）　有意水準（検定のサイズ）　第一種の過誤　統計的に有意　P値　第二種の過誤　検出力　検出力関数　検出力曲線　尤度比検定　尤度比　赤池情報量規準（AIC）

SECTION 1 検定とは

帰無仮説と対立仮説

　仮説検定（hypothesis testing）とは，仮説の妥当性を検証する方法である．何らかの現象に関して，疑問が生じれば，その疑問をもとに仮説を立てる．そして，データを集めて，統計的に仮説の妥当性を検討する．

　仮説には，**帰無仮説**（null hypothesis）と，帰無仮説の逆の内容をもつ**対立仮説**（alternative hypothesis）のペアがある．何らかの現象に関して疑問が生じたとして，その疑問は誤りであり問題ないというのが，帰無仮説である．一方，疑問は正しく，問題ありとするのが対立仮説になる．帰無仮説には，何もない（null），積極的なことはいえないというニュアンスがある．データにより帰無仮説が**棄却**（reject）されて，初めて検定が役立つことが多い．帰無仮説が棄却された場合，検定が**有意**（significant）であるという．あるいは，帰無仮説が捨てられるのだから，対立仮説が**採択**（accept）されるということもある．

　したがって，検定では，帰無仮説と，それを補完する対立仮説を設定する．仮説検定とは，観測されたデータを使って，分析の対象となる現象が帰無仮説に従っているか否かを判定する手続きのことである．

　次の問題に対しては，どのような仮説を立てればよいだろうか．
　(1)　サイコロの3の目は，公平に出るか否か？
　(2)　新しいテレビドラマの視聴率は，前クールの視聴率7%を超えたか否か？

(3) 同じ数学の試験で，A高校とB高校の平均点は等しいか否か？

これらについては，帰無仮説と対立仮説を以下のように設定すればよい。

(1) 3の目が公平に出るか否かを確かめるには，3の目が出る確率pについて，帰無仮説を$p = 1/6$，対立仮説を$p \neq 1/6$とする。

(2) 新ドラマの視聴率pが7%を超えたかどうかを調べるためには，帰無仮説を$p = 0.07$，対立仮説を$p > 0.07$と置く。

(3) 数学の試験では，A高校の平均点をμ_A，B高校の平均点をμ_Bとし，帰無仮説を$\mu_A = \mu_B$，対立仮説を$\mu_A \neq \mu_B$とする。

母数が1つの値に定まる対立仮説を，**単純対立仮説**（simple alternative hypothesis）という。母数が1つの値に定まらず，不等号あるいは，等号が成り立たないような対立仮説を，**複合対立仮説**（composite alternative hypothesis）という。(1)の例では，対立仮説を$p = 1/5$とすると，単純対立仮説になる。一方，対立仮説を$p \neq 1/6$とするなら，$p = 1/5$や$p = 1/7$など無数の値が対立仮説に含まれるので，複合対立仮説になる。

対立仮説の置き方によって，検定は**両側検定**（two-sided test）と**片側検定**（one-sided test）の2種に分けられる。(1)のように対立仮説が$p \neq 1/6$で，$p > 1/6$および$p < 1/6$と，実直線上，帰無仮説が定める点の両側に母数値が定まる検定を，両側検定という。(2)のように対立仮説が$p > 0.07$と，実直線上，帰無仮説が定める点の片側に母数値が定まる検定を，片側検定という。

検定統計量と棄却域

検定では，得られた**標本**をもとに，**検定統計量**（test statistic）を計算する。検定統計量は，検定の内容，仮説の取り方などにより定め方が変化するが，たとえば母平均に関する検定であれば，標本平均が検定統計量として使われることが多い。検定では，標本平均が，**帰無仮説で定められる母数値**μ_0**に近いか否か**が検定の基準となる。

検定統計量は標本をもとに計算されるので，標本統計量と同じく分布をもつ。したがって，この分布をもとにして，検定統計量の値が，帰無仮説で定められる母数値μ_0に近いか否かの判断をする。分布全体を眺めて，検定統計量の値がμ_0から離れていれば，帰無仮説を**棄却する**。μ_0に近ければ，帰無仮説は**棄却されない**。

検定では，帰無仮説から遠い領域を**棄却域**（rejection region）と定め，検

1 検定とは 315

統計量がこの領域に入れば，帰無仮説は棄却される．帰無仮説が棄却できない領域を，受容域と呼ぶこともある．棄却域と受容域の境目を，境界値あるいは臨界値（critical value）と呼ぶ．

原則としては，検定結果は，帰無仮説が棄却される，棄却できない，という用語で統一される．帰無仮説が受容される，という表現は，原則として用いない．なぜなら，たとえば帰無仮説が $\mu = 0$ だとすると，帰無仮説の周辺には，$\mu = -0.1$, $\mu = 0.1$, 0.2, などさまざまな値があるわけで，$\mu = 0$ だけを受け入れるということはおかしいからである．真の値は，$\mu = 0.01$ かもしれない．同じく，対立仮説が受容されるとか棄却されるという表現も，原則としては使わない．対立仮説が受容されるという表現の内容は，帰無仮説が棄却されることであり，また，対立仮説が棄却されるとは，帰無仮説が棄却できないという内容になるからである．

棄却域は，その面積を有意水準（significance level，あるいは検定のサイズ）と呼ぶが，これは通常，0.05，0.01，といった小さな確率に定められる．対立仮説が両側の場合は，棄却域は検定統計量の分布の両裾になるが，片側検定では，棄却域は検定統計量の分布の片裾に定められる．

帰無仮説から遠い領域を棄却域とするが，対立仮説が両側なら，遠い領域も帰無仮説の両側に定める．対立仮説が片側なら，遠い領域は帰無仮説の片側になる．

図 10-1 では検定統計量がベル型の分布をもつとしているが，帰無仮説は，分布の中央で表現されるとする．図 10-1（a）は片側検定の場合で，分布の中心から遠い右裾に棄却域がつくられる．この右裾の面積が有意水準で，0.05 とか 0.01 とする．図 10-1（b）は両側検定で，分布の中心から遠い両裾に棄却域がつくられる．両裾の面積の和が有意水準で，0.05 とか 0.01 とする．片方の裾の面積は，与えられた有意水準の半分の値になる．

> **有意水準**　帰無仮説のもとで導かれた検定統計量の分布において，棄却域の面積を有意水準と呼ぶ．検定では，有意水準を検定に先立ち固定する．

帰無仮説が正しいときに，帰無仮説を誤って棄却することを第一種の過誤（type I error）という．第一種の過誤が生じる確率と，有意水準は同義である．通常，有意水準としては，5% や 1% がよく使われる．式では，

> **FIGURE** 図 10-1 ● 片側検定と両側検定 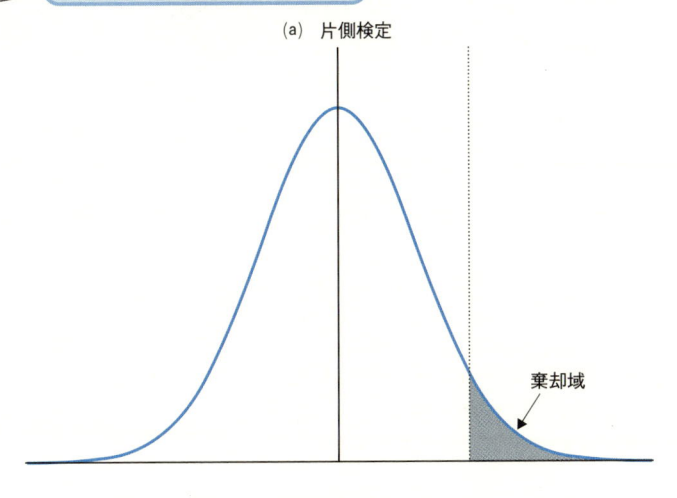
>
> (a) 片側検定
>
> 棄却域
>
> (b) 両側検定
>
> 棄却域　　　　棄却域
>
> グレーに塗った部分が棄却域である．同じ有意水準で考えると片側検定の棄却域のほうが，両側検定の右側棄却域よりも広くなる．

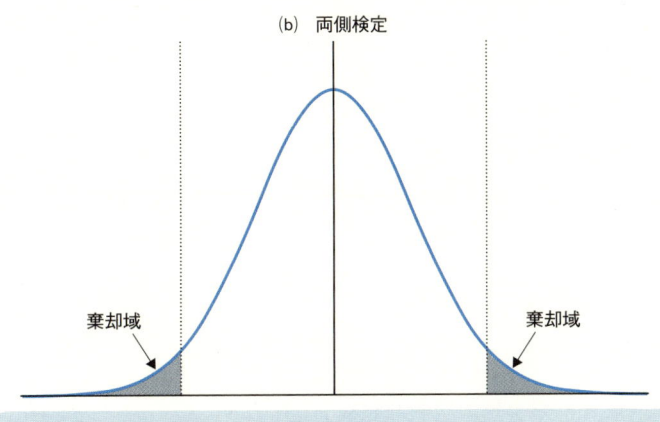

$$P(帰無仮説を棄却する \mid 帰無仮説が正しい) = \alpha \quad (10.1)$$

を満たす α をいう．

　帰無仮説が棄却されたときに，検定は**統計的に有意**(statistically significant)

1　検定とは　317

であるという。たとえば，2つの薬の効き目が同じか否かの検定をしたときに，効き目が同じであるという帰無仮説が有意水準5%で棄却されるなら，2つの薬の効き目は，統計的に有意に異なるという．

例10.1 3の目が出る確率の検定　　帰無仮説は，$p = 1/6$，対立仮説は，$p \neq 1/6$ とする．500回サイコロを振ったところ，90回3の目が出たとする．検定を考えよう．まず，検定統計量 T として，標本確率

$$T = \frac{3の目が出た回数}{サイコロを振った回数} \tag{10.2}$$

を選ぶ．標本確率が $1/6$ に近ければ帰無仮説が正しく，$1/6$ から遠い値を示せば，帰無仮説は棄却される．帰無仮説 $p = 1/6$ が正しいと仮定したときの，T の分布を，帰無仮説のもとでの，検定統計量の分布という．T は標本平均だから，標本平均の性質 (定理 8.1, 8.2 : 251, 252 頁) により，平均は，

$$E(T) = \frac{1}{6}$$

であり，分散は，

$$V(T) = \frac{1}{500}\left[\frac{1}{6} \times \left(1 - \frac{1}{6}\right)\right] = \frac{1}{3600}$$

となるので，標準化統計量は

$$Z = \frac{T - 1/6}{\sqrt{1/3600}} = 60\left(T - \frac{1}{6}\right) \tag{10.3}$$

と定義できる．さらに，観測個数も十分に大きいので，中心極限定理 (定理 8.6 : 260 頁) により，この統計量の分布は，$N(0,1)$ で近似できる．この近似を用い，有意水準が5%になるように，T に関する棄却域をつくる．分布の中心が帰無仮説に対応するから，中心から遠い，分布の両裾が棄却域になる．(10.3) 式と，標準正規分布の右裾 2.5% 点 1.96 を使うと，標準化統計量の両裾について

$$P(|Z| > 1.96) = 0.05 \tag{10.4}$$

という関係式を導くことができる。T は，$90/500 = 0.18$ なので，$Z = 0.8$，と計算でき，この Z は，棄却域に入らない。したがって，帰無仮説は棄却できない。

同じく，T に関する棄却域は，(10.4) 式を展開して，

$$T < \frac{1}{6} - \frac{1.96}{60} = 0.134, \quad \text{または}, \quad T > \frac{1}{6} + \frac{1.96}{60} = 0.199$$

となる。T は 0.18 なので，棄却域に入らない。したがって，帰無仮説は棄却できない。

検定の手順

以上をまとめると，帰無仮説と対立仮説が決まってからの検定の手順は以下のようになる。

(1) 検定統計量を定める。
(2) 有意水準を決定する。
(3) 帰無仮説のもとでの検定統計量の分布にもとづき，有意水準に対応する棄却域を求める。
(4) 観察されたデータを用い，検定統計量を計算する。
(5) 計算された検定統計量が棄却域に入るときは，帰無仮説を棄却する。棄却域に入らないときは，帰無仮説は棄却できない。

P 値

有意水準とともに P 値 (P-value) の概念も有用である。P 値とは，検定統計量 T の値が t_r だったときに，有意水準で見て，t_r が示す確率である。観測された有意水準ともいう。たとえば，θ_0 を既知の値として，帰無仮説が $\theta = \theta_0$，対立仮説が $\theta \neq \theta_0$ の両側検定においては，t_r より外側の確率

$$P(|T| > t_r | \theta = \theta_0) = p \tag{10.5}$$

が P 値である。式の中央にある縦線の後ろは，母数を θ_0 とするという条件を表現している。有意水準が p であれば，t_r が境界値になる。この P 値が，事前に選ばれた 0.05 とか 0.01 といった有意水準よりも小さいときは，帰無仮説が棄却されることになる。なぜなら，検定統計量 T が棄却域に入るからである。したがって，P 値を有意水準と比較して，検定を行うことができる。

この方法は，棄却域を定める必要がないため，便利である。また，最近は，

P値がコンピュータ・パッケージで自動的に計算されることが多いので，使い方に慣れると重宝する。

2 1母集団に関する検定

以下では，さまざまな検定法を紹介するが，この節では，1個の母集団から標本が採られているとする。その標本を用いて，母集団の平均や分散，つまり母平均や母分散，に関する検定をする。次の節では，母集団が2個あり，各母集団から採られた標本を用いて，2つの母集団に関する母平均や母分散に関する検定を行う。

まず1標本の場合では，大きさn個の無作為標本を$\{X_1, X_2, \cdots, X_n\}$とし，母平均を$\mu$と，母分散を$\sigma^2$としよう。検定は，母分布が正規分布$N(\mu, \sigma^2)$の場合と，母分布が未知である場合に分割される。

平均についての検定

母平均μについて，帰無仮説

$$\mu = \mu_0$$

を検定しよう。μ_0は帰無仮説のもとでの母平均の値で，既知である。対立仮説は，等号が成り立たず

$$\mu \neq \mu_0$$

のときと，不等式，たとえば

$$\mu > \mu_0$$

のときがある。等号が成り立たない場合は，検定は両側検定になる。不等式であれば，検定は片側検定になる。母分散σ^2が既知か未知かで，手法は2通りに分けられる。

ケース1：σ^2が既知で，両側検定

■ **正規母集団** 標本は正規母集団から採られたとする。平均μの推定量として，標本平均

$$\bar{X} = \frac{1}{n}\sum_{i=1}^{n} X_i$$

を使う．帰無仮説が正しいとすれば，標本平均を標準化した統計量

$$Z = \frac{\bar{X} - \mu_0}{\sqrt{\sigma^2/n}} \tag{10.6}$$

の標本分布は，定理 8.3（253 頁）により，$N(0,1)$ になる．対立仮説 $\mu \neq \mu_0$ が正しければ，標本平均は，μ_0 から遠い値を取るであろう．また Z では，0 から遠い値を取るであろう．そこで，有意水準を 5% に固定すると，棄却域は，$N(0,1)$ 分布の両裾に定められる．そのために，境界値 R を，

$$P(|Z| > R) = 0.05 \tag{10.7}$$

を満たすように決める．巻末付表 4 (b) を使えば，$R = 1.96$ なので，棄却域は

$$|Z| > 1.96 \tag{10.8}$$

と定められる．Z の値を観測値を用いて計算した場合は，これで検定は終わる．Z の値が原点から 1.96 以上離れていれば，帰無仮説を棄却するという意味である．

この式を，$\bar{X}$ に関する不等式に変換すると，分布の両裾

$$\bar{X} < \mu_0 - 1.96\frac{\sigma}{\sqrt{n}}, \quad \text{または，} \quad \mu_0 + 1.96\frac{\sigma}{\sqrt{n}} < \bar{X} \tag{10.9}$$

が棄却域となる．したがって，データから $\bar{X}$ を計算し，$\bar{X}$ が不等式を満たすときに，帰無仮説を棄却する．$\bar{X}$ が μ_0 から $1.96(\sigma/\sqrt{n})$ 以上離れていれば，帰無仮説を棄却するという意味である．

■ **母分布が未知**　母集団の分布がわからないとする．定理 8.6（中心極限定理）により，観測個数が十分大きければ，Z の分布は標準正規分布で近似できる．したがって，観測個数が十分に大きいなら，正規母集団の場合と検定法は変わらない．

ケース 2：σ^2 が既知で，片側検定

■ **正規母集団**　標本は正規母集団から採られたとする．帰無仮説は同じ．しかし，対立仮説が不等式 $\mu > \mu_0$ の場合の検定を考えよう．帰無仮説のもとでは，Z の分布は変わらない．対立仮説が正しいとすれば，標本平均は大きな値を取るであろう．Z も，原点から離れた値を取るであろう．そこで，有意水準を 5% とし，境界値 R を

$$P(Z > R) = 0.05 \tag{10.10}$$

を満たすように求めると，巻末付表4(b)より，1.645と求まる．Zに関する棄却域は

$$Z > 1.645 \tag{10.11}$$

となる．Zの値を計算する場合は，検定はこれで終わる．
　$\bar{X}$に関する棄却域は，不等式を変換して，

$$\bar{X} > \mu_0 + 1.645 \frac{\sigma}{\sqrt{n}}$$

となる．$\bar{X}$が不等式を満たすときに，帰無仮説を棄却する．

■ **母分布が未知**　母集団の分布がわからないとする．定理8.6（中心極限定理：260頁）により，観測個数が十分大きければ，Zの分布は標準正規分布で近似できるから，観測個数さえ十分にあれば，正規母集団と同じ手続きで検定を行う．

ケース3：σ^2が未知で，両側検定

■ **正規母集団**　標本は正規母集団から採られたとする．母分散 σ^2 が未知なら，σ^2 の代わりに標本分散

$$S^2 = \frac{1}{n-1} \sum_{i=1}^{n} (X_i - \bar{X})^2$$

を使う．σ^2 を S^2 に置き換えると，定理8.9（270頁）により，標本平均 $\bar{X}$ を標準化した検定統計量

$$T = \frac{\bar{X} - \mu_0}{\sqrt{S^2/n}} \tag{10.12}$$

は，帰無仮説 $\mu = \mu_0$ のもとで，自由度が $(n-1)$ の t 分布に従う．対立仮説は $\mu \neq \mu_0$ なので，ケース1と同じく，棄却域を原点から遠い領域に定める．5% の検定では，境界値 R を

$$P(|T| > R) = 0.05 \tag{10.13}$$

を満たすように決める．観測個数が10とすれば，巻末付表6より，自由度9の t 分布における右裾確率 2.5% の分位点，2.26が R で，棄却域は

$$|T| > 2.26 \tag{10.14}$$

となる。T を計算すれば，これで検定は終わる。分散が既知の場合よりも，境界値が大きな値になることがわかる。T が原点から 2.26 以上離れていれば，帰無仮説を棄却する，という意味である。

$\bar{X}$ に関する棄却域は，分布の両裾，

$$\bar{X} < \mu_0 - 2.26\frac{S}{\sqrt{n}}, \quad \text{または，} \quad \mu_0 + 2.26\frac{S}{\sqrt{n}} < \bar{X} \tag{10.15}$$

と導くことができる。$\bar{X}$ が μ_0 から $2.26(S/\sqrt{n})$ 以上離れていれば，帰無仮説を棄却するという意味である。

■ **母分布が未知** 母集団の分布がわからないとする。観測個数が十分大きければ，S^2 と母分散を同等に扱う。その結果，定理 8.6 により，T の分布は標準正規分布で近似でき，ケース 1 と同じ手続きで検定を行う。ケース 1 と同じ方法で検定すると，2.5% 分位点は 1.96 になるから，棄却域は正規母集団の場合より広くなり，帰無仮説は棄却されやすい。

ケース 4：σ^2 が未知で，片側検定

■ **正規母集団** 標本は正規母集団から採られたとする。帰無仮説は同じだが，対立仮説が不等式 $\mu > \mu_0$ である場合の検定を考えよう。帰無仮説のもとでの分布は変わらず，T は自由度 $n-1$ の t 分布に従う。有意水準を 5% とすると，棄却域を求めるには

$$P(T > R) = 0.05 \tag{10.16}$$

が成り立つ R を求める。観測個数 10 なら，自由度 9 の t 分布の表より，$R = 1.83$ となり，棄却域は

$$T > 1.83 \tag{10.17}$$

となる。ケース 2 より，境界値が大きな値になる。T を計算すれば，検定はこれで終わる。$\bar{X}$ の棄却域は，

$$\bar{X} > \mu_0 + 1.83\frac{S}{\sqrt{n}}$$

である。

■ **母分布が未知** 母集団の分布がわからないとする。観測個数が十分大きければ、S^2 と母分散を同等に扱うから、定理 8.6 により、T の分布は標準正規分布で近似でき、ケース 2 と同じ手続きで検定を行う。5% 分位点は巻末付表 4(b) より 1.645 になる。

例題 10.1 ● 平均に関する検定　　　　　　　　　　　　　EXAMPLE

$N(\mu,\sigma^2)$ から採られた大きさ 10 の無作為標本が、以下（例題 9.1 と同じ）のようになったとする。

$$3.4 \quad 4.5 \quad 1.9 \quad -1.6 \quad 4.4 \quad 0.8 \quad 3.2 \quad -0.3 \quad 0.8 \quad 3.7$$

(1) $\sigma^2=2$ のとき、帰無仮説 $\mu=2$ を、有意水準 5% で検定しなさい。ただし、対立仮説は、$\mu \neq 2$ とする。

(2) $\sigma^2=2$ のとき、帰無仮説 $\mu=3.5$ を、有意水準 5% で検定しなさい。ただし、対立仮説は、$\mu \neq 3.5$ とする。

(3) σ^2 が未知のとき、帰無仮説 $\mu=2$ を、有意水準 5% で検定しなさい。ただし、対立仮説は、$\mu \neq 2$ とする。

(解答) 標本平均 $\bar{X}$ は、例題 9.1（285 頁）において、$\bar{X} = 2.08$、と求まっている。この値を使う。

(1) 有意水準 5% だから、標準正規分布の右裾 2.5% 分位点 1.96 を使う。Z を計算すると、

$$Z = \frac{2.08 - 2}{\sqrt{2/10}} = 0.179$$

となる。これは、$(-1.96, 1.96)$ に入るから、帰無仮説は棄却できない。

$\bar{X}$ については、帰無仮説 $\mu = 2$ よりも 2.08 のほうが大きいから、大きいほうの境界値を計算する。

$$\mu_0 + 1.96 \frac{\sigma}{\sqrt{n}} = 2 + 1.96 \frac{\sqrt{2}}{\sqrt{10}} = 2.88$$

と計算できる。$2.08 < 2.88$ なので、$\bar{X}$ は棄却域に入らない。したがって、有意水準 5% では、帰無仮説は棄却されない。

(2) 有意水準 5% のときは、左裾 2.5% 分位点 -1.96 を使う。Z を計算すると、

$$Z = \frac{2.08 - 3.5}{\sqrt{2/10}} = -3.175$$

となる。これは、-1.96 より小さく $(-1.96, 1.96)$ に入らないので、帰無仮説は棄却される。

$\bar{X}$ については、帰無仮説 $\mu = 3.5$ よりも 2.08 のほうが小さいから、小さい側の境界値を計算すると

$$\mu_0 - 1.96 \frac{\sigma}{\sqrt{n}} = 3.5 - 1.96 \frac{\sqrt{2}}{\sqrt{10}} = 2.62$$

となる。2.08 は、左側の境界値よりも小だから、棄却域に入る。したがって、帰無仮説は有意水準 5% で棄却される。

(3) σ^2 の推定値は、例題 9.1 により、$S^2 = 4.375$ と計算される。これを使って検定統計量 T を計算すると

$$T = \frac{2.08 - 2}{\sqrt{4.375/10}} = 0.121 \tag{10.18}$$

となる。自由度 9 の t 分布の右裾 2.5% 分位点は 2.26 であり、0.121 は $(-2.26, 2.26)$ に入り、帰無仮説 $\mu = 2$ は棄却できない。

$\bar{X}$ については、帰無仮説 $\mu = 2$ よりも 2.08 のほうが大きいから、大きいほうの境界値を計算すると

$$\mu_0 + 2.26 \frac{S}{\sqrt{n}} = 2 + 2.26 \sqrt{\frac{4.375}{10}} = 3.50$$

となり、2.08 は棄却域に入らない。

成功確率 p に関する検定

ベルヌーイ試行の成功確率（母比率）p について、中心極限定理（定理 8.6）による検定法を説明する。成功したら 1、失敗したら 0 を取る成功確率 p のベルヌーイ試行から、大きさ n の無作為標本を採る。p_0 を既知、帰無仮説を $p = p_0$、対立仮説を $p \neq p_0$ として、5% の検定を説明しよう。母分布は既知でベルヌーイであるが、検定は、ケース 1 の母分布が未知の場合と同様となる。

第 9 章 2 節「成功確率の推定」の項で説明をしたように、ベルヌーイ母集団に関しては、標本平均は平均成功率 $\hat{p}$ であり、p の推定量となっている。そこで $\hat{p}$ をもとにして検定統計量をつくる。母平均は p だが、帰無仮説のもと

では p_0，母分散は，ベルヌーイ確率変数の性質として，$p(1-p)$ だから，帰無仮説のもとでは $p_0(1-p_0)$ となり，既知である．したがって，ケース 1 で求めた標準化統計量は

$$Z = \frac{(\widehat{p} - p_0)}{\sqrt{p_0(1-p_0)/n}} \tag{10.19}$$

となる．Z は，帰無仮説のもとで，中心極限定理（定理 8.6）により，$N(0,1)$ によって近似できる．後の手順は，ケース 1 と変わらない．対立仮説が不等式であれば，ケース 2 のとおりである．

例題 10.2 ● 内閣支持率の変化についての検定　　EXAMPLE

新たに F 内閣が発足し，支持率の調査を行ったところ，A 社の調査では，1000 人の回答者のうち，550 人が支持するとした．一方，B 社の調査では，100 人の回答者のうち，55 人が支持するとした．両調査の支持率は変わらない．前の内閣の支持率は 50% であったが，現内閣の支持率は上昇したであろうか．それぞれの調査会社の結果について，5% の有意水準で検定をしなさい．

（解答）　帰無仮説を $p = 0.50$，対立仮説を $p > 0.50$ とし，有意水準 5% で検定する．A 社の場合，観測個数 1000 で，検定統計量 Z は，

$$Z = \frac{550/1000 - 0.50}{\sqrt{0.50 \times (1 - 0.50)/1000}} = 3.16 \tag{10.20}$$

となる．片側検定であるため，標準正規分布の右裾 5% 点を求めると，1.645 になる．Z の値は $3.16 > 1.645$ と棄却域に入るため，帰無仮説は棄却される．すなわち，新内閣の支持率は上昇したと判断できる．B 社の場合，観測個数 100 で，Z は，

$$Z = \frac{55/100 - 0.50}{\sqrt{0.50 \times (1 - 0.50)/100}} = 1.0 \tag{10.21}$$

となる．この場合は，$1.0 < 1.645$ と棄却域に入らないため，有意水準 5% では，帰無仮説を棄却できない．つまり，前内閣よりも，支持率が上昇したとは判断できない．同じ支持率を出しながら，A 社の調査結果では支持率が上昇したと判断できるのに対し，B 社の調査結果では支持率が上昇したとは判断できない．結果が異なるのは，A 社の標本サイズが大きく，精度

が高くなっているためである。

分散についての検定

■ **正規母集団**　標本は正規母集団から採られたとする。母分散 σ^2 についての検定を考えよう。σ_0^2 を既知として，帰無仮説

$$\sigma^2 = \sigma_0^2$$

の検定を説明する。母平均の検定と同様であるが，対立仮説が不等式

$$\sigma^2 > \sigma_0^2$$

であれば片側検定，等号が成り立たず

$$\sigma^2 \neq \sigma_0^2$$

であれば，両側検定が必要となる。分散に関する検定であるから，直観的に，標本分散 S^2 を検定に使えばよいと予想できよう。検定統計量

$$W = (n-1)\frac{S^2}{\sigma_0^2} \tag{10.22}$$

の分布は，定理 8.8（267 頁）から，帰無仮説のもとで自由度 $n-1$ のカイ 2 乗分布になる。

最初に片側検定の説明をするが，対立仮説は σ^2 の大きな値だから，棄却域は，W の分布の右裾に定めればよいだろう。したがって，有意水準を α とすれば，W の棄却域は，右裾 $100\alpha\%$ 点 $\chi_\alpha^2(n-1)$ を使って，

$$W > \chi_\alpha^2(n-1) \tag{10.23}$$

となる。S^2 の棄却域は，式を変換して，

$$S^2 > \frac{\sigma_0^2 \chi_\alpha^2(n-1)}{n-1}$$

となる。

W に関する両側検定の $100\alpha\%$ 棄却域は，カイ 2 乗分布の右裾 $100(\alpha/2)\%$ 点 $\chi_{\alpha/2}^2(n-1)$ と，左裾 $100(\alpha/2)\%$ 点（右裾 $100(1-\alpha/2)\%$ 点 $\chi_{1-\alpha/2}^2(n-1)$）

を使って，

$$W < \chi^2_{1-\alpha/2}(n-1), \quad W > \chi^2_{\alpha/2}(n-1) \tag{10.24}$$

となる。

S^2 の棄却域は，W に関する棄却域を変換して，

$$S^2 < \frac{\sigma_0^2 \chi^2_{1-\alpha/2}(n-1)}{n-1}, \quad S^2 > \frac{\sigma_0^2 \chi^2_{\alpha/2}(n-1)}{n-1}$$

となる。

SECTION 3　2母集団に関する検定

平均の差の検定

2つの母集団の平均が同じか否かの検定を説明しよう。平均 μ_x，分散 σ_x^2 の母集団から大きさ m の無作為標本 $\{X_1, X_2, \cdots, X_m\}$，平均 μ_y，分散 σ_y^2 の母集団から大きさ n の無作為標本 $\{Y_1, Y_2, \cdots, Y_n\}$ を求めるが，2つの母分布は独立とする。帰無仮説は $\mu_x = \mu_y$，対立仮説を

$$\mu_x \neq \mu_y$$

として両側検定を行う。具体的な例としては，A大学とB大学の学生について，身長の差はあるか否か，男性と女性の賃金に差はあるか否か，などの問題を考えることができる。片側検定の設定は容易である。

それぞれの標本平均を

$$\bar{X} = \frac{1}{m}\sum_{i=1}^{m} X_i, \quad \bar{Y} = \frac{1}{n}\sum_{i=1}^{n} Y_i \tag{10.25}$$

と置けば，平均の差を検定するために，標本平均の差

$$D = \bar{X} - \bar{Y} \tag{10.26}$$

を利用することは自然であろう。平均は

$$E(D) = \mu_x - \mu_y$$

となる．帰無仮説のもとで期待値は 0 であり，D は 0 に近いと予想される．

この検定は，母分散が既知と未知の場合に分けられ，母分散が未知の場合については，さらに，2 母分散が等しい場合と異なる場合に分けられる．以下，場合分けをして検定方法を述べよう．

ケース 1：母分散が既知の場合

■ **正規母集団** 母分布を，$N(\mu_x, \sigma_x^2)$, $N(\mu_y, \sigma_y^2)$ とすると，D の分布は，系 7.1 (238 頁) により，正規分布になる．標準化した検定統計量は

$$Z = \frac{D}{\sqrt{V(D)}} = \frac{\bar{X} - \bar{Y}}{\sqrt{(\sigma_x^2/m) + (\sigma_y^2/n)}} \tag{10.27}$$

で，帰無仮説のもとで，Z は $N(0,1)$ に従う．σ_x^2 と σ_y^2 が既知であることに注意しよう．対立仮説が正しければ，D は期待値 0 から遠い値を取るだろうから，棄却域は分布の両裾に定める．巻末付表 4(b) により，有意水準を 5% とすれば，右裾 2.5% 点は 1.96 になる．棄却域は

$$|Z| > 1.96 \tag{10.28}$$

とすればよい．$\bar{X} - \bar{Y}$ に関する棄却域を求めることも容易である．

■ **母分布が未知** 母分布はわからないとする．観測個数 m と n が十分大きいなら，中心極限定理を用いることができる．実際の検定手続きは，正規母集団の場合と変わらない．

（証明） D は正規分布に従うから，分散を導こう．系 7.1 を検討すれば，帰無仮説のもとで D の分散は，

$$V(D) = \frac{\sigma_x^2}{m} + \frac{\sigma_y^2}{n} \tag{10.29}$$

となる．$\bar{X}$ と $\bar{Y}$ が独立に分布するから，$\bar{X}$ と $\bar{Y}$ の分散を求めて足しても同じ結論になる．■

> ケース 2：母分散が未知で $\sigma_x^2 = \sigma_y^2$ の場合

■ **正規母集団** 母分布を，$N(\mu_x, \sigma_x^2)$，$N(\mu_y, \sigma_y^2)$ とする。母分散が未知なら，共通な分散 σ^2 を，すべての観測値を用い

$$S^2 = \frac{1}{m+n-2}\left[\sum_{i=1}^{m}(X_i - \bar{X})^2 + \sum_{i=1}^{n}(Y_i - \bar{Y})^2\right] \quad (10.30)$$

と推定する。$(m+n-2)$ で割るのは，$(m+n-2)S^2/\sigma^2$ が，自由度 $(m+n-2)$ のカイ 2 乗分布に従うからである。直感的には，2 つの標本平均 $\bar{X}$ と $\bar{Y}$ を使っているために，自由度が 2 減少すると理解すればよい。(10.27) 式の σ_x^2 と σ_y^2 に S^2 を代入すると，検定統計量

$$T = \frac{\bar{X} - \bar{Y}}{S\sqrt{((1/m) + (1/n))}} \quad (10.31)$$

が定義できる。検定統計量 T は，帰無仮説のもとで，自由度が $m+n-2$ の t 分布に従う。対立仮説が等号の成り立たない場合，対立仮説が正しければ，T は，プラスマイナスはわからないが，原点から遠い値を取るだろう。したがって，棄却域は，t 分布の両裾に決めればよい。有意水準を $100\alpha\%$ とするなら，自由度 $m+n-2$ の t 分布の右裾 $100(\alpha/2)\%$ 点を使って，

$$|T| > t_{\alpha/2}(m+n-2)$$

が棄却域となる。$\bar{X} - \bar{Y}$ に関する棄却域を求めることも容易である。

■ **母分布が未知** 母分布はわからないとする。観測個数 n と m が十分大きいなら，中心極限定理を用いて検定を行う。実際の検定手続きは，正規母集団の場合と変わらないが，t 分布ではなく，標準正規分布の分位点を使う。

> ケース 3：母分散が未知で $\sigma_x^2 \neq \sigma_y^2$ の場合

$\{X_1, X_2, \cdots, X_m\}$ と $\{Y_1, Y_2, \cdots, Y_n\}$ の母分散である σ_x^2 と σ_y^2 を個々に

$$S_x^2 = \frac{1}{m-1}\sum_{i=1}^{m}(X_i - \bar{X})^2, \quad S_y^2 = \frac{1}{n-1}\sum_{i=1}^{n}(Y_i - \bar{Y})^2 \quad (10.32)$$

と推定し，(10.27) 式に代入すれば，検定統計量

$$Z = \frac{\bar{X} - \bar{Y}}{\sqrt{(S_x^2/m) + (S_y^2/n)}} \quad (10.33)$$

が構成される。正規母集団の場合でも，分散が既知である場合と違って，Z

の分布はわからない．しかし，観測個数 m および n がともに十分大きいならば，定理 8.6（中心極限定理：260 頁）により，Z は近似的に標準正規分布に従う．母分布が未知の場合でも同様である．

有意水準 5% なら，この場合は両側検定なので，標準正規分布の右裾 2.5% 点 1.96 を使って，棄却域を $|Z| > 1.96$ とすればよい．$\bar{X} - \bar{Y}$ に関する棄却域も容易に求まる．

母分布が未知の場合でも，中心極限定理による近似を使うので，検定は変わらない．

分散比の検定

正規母集団を前提とし，σ_x^2 と σ_y^2 が等しいか否かについての検定を説明する．帰無仮説は，$\sigma_x^2 = \sigma_y^2$，対立仮説は，等号が成り立たない

$$\sigma_x^2 \neq \sigma_y^2$$

とする．σ_x^2 と σ_y^2 の推定量は，ケース 3 の S_x^2 と S_y^2 を使う．帰無仮説のもとでの分布は，$(m-1)S_x^2$ と $(n-1)S_y^2$ を共通な分散 σ_0^2 で割れば，それぞれ，$\chi^2(m-1)$, $\chi^2(n-1)$ 確率変数になる．そこで検定統計量

$$F = \frac{S_x^2}{S_y^2} \tag{10.34}$$

を考えると，F は，帰無仮説のもとでカイ 2 乗確率変数の比になるので，第 8 章 5 節「分散比」の項（272 頁）の分散比の分布より，自由度 $(m-1, n-1)$ の F 分布をもつ．帰無仮説のもとでは，分散比は 1 に近い値を取ると予想されるから，棄却域は F が 1 から離れた分布の両裾につくられる．有意水準を α とすれば，自由度 $(m-1, n-1)$ の F 分布の右裾 $100(\alpha/2)\%$ 点 $F_{\alpha/2}(m-1, n-1)$ と，左裾 $100(\alpha/2)\%$ 点，あるいは右裾 $100(1-\alpha/2)\%$ 点 $F_{1-\alpha/2}(m-1, n-1)$ を使って，棄却域は

$$F < F_{1-\alpha/2}(m-1, n-1), \quad F > F_{\alpha/2}(m-1, n-1) \tag{10.35}$$

となる．

2 つの母比率の差の検定

1 か 0 の 2 値を取るベルヌーイ母集団が 2 種類あるとする．第 1 の母集団では，成功確率（母比率）p_1，第 2 の母集団は，成功確率 p_2 とする．2 つの母比率が等しいか否か

を検定しよう．帰無仮説は $p_1 = p_2$，対立仮説は $p_1 \neq p_2$ とする．

各母平均は，ベルヌーイ確率変数の性質により，成功確率に一致する．母分散は，$p_1(1-p_1)$ と $p_2(1-p_2)$ である．帰無仮説のもとでの共通な確率を，未知の値 p とする．帰無仮説のもとで，共通な母分散は $p(1-p)$ となる．

この検定は，共通な母分散が未知な場合の，母平均の差に関する検定，ケース 2 と同様となる．

$p(1-p)$ の推定は，2 標本を用いて，共通な確率を

$$\widehat{p} = \frac{\sum_{i=1}^{m} X_i + \sum_{i=1}^{n} Y_i}{m+n} \tag{10.36}$$

と推定して求める．ケース 2 に代入すれば，検定統計量は

$$Z = \frac{\bar{X} - \bar{Y}}{\sqrt{\widehat{p}(1-\widehat{p})}\sqrt{(1/m)+(1/n)}} \tag{10.37}$$

となる．Z の分布は，観測個数が十分大きければ，帰無仮説のもとで，標準正規分布によって近似することができる．以下の手続きは，ケース 2 と変わらない．5% 検定であれば，標準正規分布の右裾 2.5% 点が 1.96 なので，棄却域を $|Z| > 1.96$ と定める．

例 10.2 表は 2007（平成 19）年 7 月の参議院選挙区選挙において，千葉県（改選議席数 3，立候補者数 8）と東京都（改選議席数 5，立候補者数 20）での，投票者数と棄権者数である（単位：万人で四捨五入，出所：総務省）．

	投票者数	棄権者数	計	投票率
千葉県	274	223	497	55.1%
東京都	604	440	1044	57.9%

千葉県と東京都の投票率が同じかどうかを検定しよう．標本の大きさは $m = 497$ 万，$n = 1044$ 万であり，推定された母比率は

$$\bar{X} = \frac{274}{497} = 0.551, \quad \bar{Y} = \frac{604}{1044} = 0.579, \quad \widehat{p} = \frac{274+604}{497+1044} = 0.57$$

となる．先の検定統計量 (10.37) を計算すると

$$Z = \frac{0.551 - 0.579}{\sqrt{0.57 \times (1-0.57)}\,(1/4970000 + 1/10440000)} = -103.78 \tag{10.38}$$

となる。有意水準1%の両側検定を見ると，標準正規分布の0.5%点は2.576であり，$|Z| = 103.78 > 2.576$なので，有意水準1%で帰無仮説は棄却される。投票率の差は小さいが，投票者数が非常に多いので，差は有意である。

4 相関をもつ2変数の検定

平均の差の検定

■ **2変数正規母集団** X_i と Y_i, $(i = 1, 2, \cdots, n)$ がペアになっている場合の検定を説明しよう。無作為標本を，$\{(X_1, Y_1), (X_2, Y_2), \cdots, (X_n, Y_n)\}$ と表現する。このような標本は，双子の身長，関連会社AとBの収益率のように，関連のある変数に関する性質を分析するときに，必要である。

各ペア (X_i, Y_i) は，2変数正規分布に従い，平均と分散は各々 $\mu_X, \mu_Y, \sigma_X^2, \sigma_Y^2$，とする。2変数正規分布だから，$X_i$ と Y_i には相関 ρ があるとしておく。検定では，母平均に関して，等号

$$\mu_X = \mu_Y$$

が成立するか否かを調べる。

このような状況は，双子の身長は同じか否か，A社と，関連会社であるB社の収益率は同じか否か，などといった疑問を分析する場合に必要となる。双子の身長には相関が予想されるし，関連会社の収益率は独立ではないであろう。

このケースは2変数の問題のように見えるが，検定では，各ペアの差

$$V_i = X_i - Y_i, \quad i = 1, 2, \cdots, n$$

を分析の基本とする。このように，差を新たな変数と定義すると，V_i は正規分布をもち，母平均は帰無仮説のもとで0，分散は何らかの未知定数になる。したがって，これは，本章2節で説明した1母集団に関する平均の検定法，ケース3 (322頁)，あるいはケース4 (323頁) に一致する。

■ **母分布が未知**　母分布がわからないとする。この場合は中心極限定理（定理 8.6）を利用することになり，1 母集団に関する平均の検定法，ケース 3，あるいはケース 4 の母分布が未知である場合の検定法に一致する。

相関係数の検定　母集団は同じ 2 変数正規分布であるとし，(6.44) 式で定義された相関係数

$$\rho = \frac{Cov(X,Y)}{\sqrt{V(X)V(Y)}} = \frac{\sigma_{X,Y}}{\sigma_X \sigma_Y}$$

が，0 であるという帰無仮説の検定を紹介する。相関係数は，2 変数間の結びつきを測る母数で，母共分散を，母標準偏差の積で割った値である。

無作為標本を用いた相関係数の推定量は，(2.18) 式や (4.2) 式で定義されている標本相関係数 r が使われる。証明はしないが，これは，（母）相関係数の一致推定量になっている。検定の対立仮説は，

$$\rho \neq 0$$

である。この検定では，検定統計量は

$$T = \sqrt{n-2} \frac{r}{\sqrt{1-r^2}} \tag{10.39}$$

が使われる。T は，帰無仮説のもとで，自由度が $n-2$ の t 分布に従って分布する。

この検定は，第 4 章で説明された回帰，ならびに第 11 章で説明される回帰に関する検定に結びつけることができる。(11.3) 式にならい，2 つの確率変数 (X_i, Y_i) の間に，人工的な回帰式を

$$Y_i = \alpha + \beta X_i + u_i$$

と設定する。誤差項 u_i については，互いに独立な正規確率変数であるとしておく。このような回帰式においては，係数 b の t 検定統計量が，(11.27) 式で定義されているが，(10.39) 式は，(11.27) 式に一致する。帰無仮説のもとでの分布も，もちろん同一である。

■ **母分布が未知**　母分布が未知なら，中心極限定理（定理 8.6）を利用することになり，観測個数が十分大きければ，帰無仮説のもとで，T の分布は標準正規分布で近似できる。後の検定手続きは，平均の検定などと変わらない。

分割表における独立性検定

複数の要因に関する同時確率を，行と列に分けて表にしたものが分割表である．分割表はすでに第2章で説明されたが，本節では分割表において，行と列の要因が独立か否かの検定，いわゆる独立性の検定を解説する．

2行2列 (2×2) の分割表において，要因 X と要因 Y の独立性を検定したい．各変数は2つの事象しか取らず，また，各事象の値を便宜的に 1, 2 として，同時確率を

	$X=1$	$X=2$	計
$Y=1$	p_{11}	p_{12}	$p_{1.}$
$Y=2$	p_{21}	p_{22}	$p_{2.}$
計	$p_{.1}$	$p_{.2}$	

と書く．周辺確率，行和あるいは列和で，$p_{i.} = p_{i1} + p_{i2}, p_{.i} = p_{1i} + p_{2i}$, $(i = 1, 2)$ と定義される．帰無仮説は X と Y が独立，対立仮説は X と Y が独立でないとするが，式で示せば，帰無仮説は

$$P(X=i, Y=j) = P(X=i)P(Y=j), \quad i=1,2, \quad j=1,2$$

となる．2変数が独立であれば，同時確率は周辺確率の積になる．

$$p_{ij} = p_{i.}p_{.j}, \quad i=1,2, \quad j=1,2 \tag{10.40}$$

と表現することもできる．

大きさ n の標本をもとに，各セルの頻度を求めると，次のようになったとしよう．

	$X=1$	$X=2$	計
$Y=1$	n_{11}	n_{12}	$n_{1.}$
$Y=2$	n_{21}	n_{22}	$n_{2.}$
計	$n_{.1}$	$n_{.2}$	n

行和および列和は，$n_{i.} = n_{i1} + n_{i2}, n_{.i} = n_{1i} + n_{2i}, (i = 1, 2)$ である．この頻度を使うと，各確率の推定量は相対頻度（標本確率）

$$\widehat{p}_{i.} = \frac{n_{i.}}{n}, \quad \widehat{p}_{.j} = \frac{n_{.j}}{n}, \quad \widehat{p}_{ij} = \frac{n_{ij}}{n} \tag{10.41}$$

となる．帰無仮説 (10.40) 式は，同時確率と周辺確率の積が等しいという意味

をもつから，検定には標本同時確率と標本周辺確率の積の差を使うのが自然であろう．検定統計量 Q を定義すると，

$$Q = n \sum_{i=1}^{2} \sum_{j=1}^{2} \frac{(\widehat{p}_{ij} - \widehat{p}_{i.}\widehat{p}_{.j})^2}{\widehat{p}_{i.}\widehat{p}_{.j}} \tag{10.42}$$

となる．分子は，帰無仮説が正しければ小さな値になり，誤っていれば，大きな値になることが予想される．したがって，棄却域は，Q の大きな値の領域に置く．

観測個数が十分に大きければ，帰無仮説の下で，Q は自由度 $(2-1)(2-1) = 1$ のカイ 2 乗確率変数で近似できる．そこで，有意水準に対応した境界値を，自由度 1 のカイ 2 乗分布より計算する．有意水準 5% ならば 3.84，1% ならば 6.63 となる．明らかだが

$$P(Q > 6.63) = 0.01$$

となる．

例 10.3 給与所得世帯と年金所得世帯の旅行数　　表は，内閣府消費実態調査によるが，2007 年 7〜9 月の国内旅行実績を示したものである．給与所得世帯と年金所得世帯ごとに，国内旅行をした世帯数と，しなかった世帯数が分割表で示されている．

	なし	あり	計
給与所得	1526	1060	2586
年金所得	1177	462	1639
計	2703	1522	4225

この分割表から，国内旅行の有無と，所得の取り方が独立か否かの検定をする．有意水準 1% の境界値は 6.63 だから，検定統計量 Q が 6.63 を超えたときに，帰無仮説を棄却する．先の表から，標本確率は

$$\widehat{p}_{11} = \frac{1526}{4225}, \quad \widehat{p}_{12} = \frac{1060}{4225}, \quad \widehat{p}_{21} = \frac{1177}{4225}, \quad \widehat{p}_{22} = \frac{462}{4225}$$
$$\widehat{p}_{1.} = \frac{2586}{4225}, \quad \widehat{p}_{2.} = \frac{1639}{4225}, \quad \widehat{p}_{.1} = \frac{2703}{4225}, \quad \widehat{p}_{.2} = \frac{1522}{4225}$$

となるから，検定統計量 Q を計算すると，$Q = 71.3$．$71.3 > 6.63$ なので，

年金所得世帯と給与所得世帯間に差はないという帰無仮説は，1% で棄却される。

第2章5節で紹介されたように，一般に l 行 m 列の分割表があったときに，行の要因と列の要因が独立か否かを調べる検定は，標本周辺確率を用いて，次の検定統計量

$$Q = n \sum_{i=1}^{l} \sum_{j=1}^{m} \frac{(\widehat{p}_{ij} - \widehat{p}_{i.}\widehat{p}_{.j})^2}{\widehat{p}_{i.}\widehat{p}_{.j}}, \quad \widehat{p}_{i.} = \frac{\sum_{j=1}^{m} n_{ij}}{n}, \quad \widehat{p}_{.j} = \frac{\sum_{i=1}^{l} n_{ij}}{n} \quad (10.43)$$

で行う。あるいは，

$$Q = \sum_{i=1}^{l} \sum_{j=1}^{m} \frac{(n_{ij} - (n_{i.}n_{.j})/n)^2}{(n_{i.}n_{.j})/n} \quad (10.44)$$

(ただし，$n_{i.} = \sum_{j=1}^{m} n_{ij}, n_{.j} = \sum_{i=1}^{l} n_{ij}$) で計算しても同じである。そして，それぞれの要因が独立であるという帰無仮説のもとでは，Q の分布は，自由度 $(l-1)(m-1)$ のカイ2乗分布に従う。有意水準に対応した棄却域は，境界値の右側につくる。

5 検出力

検定統計量は，帰無仮説が正しいときに，帰無仮説が棄却されにくい性質をもつことが望ましい。また，対立仮説が正しいときには，帰無仮説が棄却されやすい性質をもつことが望ましい。この原則に従って，検定統計量を選ぶ。検定統計量が決まれば，検定統計量の値を計算する。そして，与えられた有意水準に対応する棄却域に検定統計量が入れば，帰無仮説を棄却する。この場合，検定は有意 (significant) であったと判断する。

第一種の過誤と第二種の過誤

帰無仮説が正しいときに，帰無仮説を棄却することを第一種の過誤 (type I error) という。第一種の過誤の確率は，有意水準 (検定のサイズ) であり，自由に選ぶことができる。

これに対して，対立仮説が正しいのに，対立仮説を棄却することを，第二種

の過誤（type II error）という．対立仮説を棄却するとは，帰無仮説を棄却しないことである．第二種の過誤の確率 β は，次式のようになる．

$$\beta = P(対立仮説を棄却する \mid 対立仮説が正しい) \qquad (10.45)$$

有意水準を 5% から 1% に下げると，第一種の過誤の確率 α を小さくすることができ，正しい帰無仮説を誤って棄却する可能性が減る．これは望ましい．しかし，他方で，有意水準を下げると，帰無仮説を棄却する確率が小さくなるのだから，対立仮説を受け入れる可能性が減少し，すなわち対立仮説を棄却する可能性が増大し，β が高くなる．これはできるなら避けたい．このように α と β の間には，トレードオフの関係がある．統計学では，α を固定し，β を小さくする検定統計量を求める．

検出力関数

検出力（power）を説明しよう．検出力は，

$$P(帰無仮説を棄却 \mid 対立仮説が正しい)$$
$$= P(対立仮説を受容 \mid 対立仮説が正しい)$$
$$= 1 - \beta$$

と定義される．厳密に言えば，検出力は，対立仮説が正しいときに，帰無仮説を棄却する確率である．検定方式により，検定統計量の分布は変化するが，α を共通に取れば，β が小さい検定方式が望ましい．だから，検出力が大きいほど，望ましい検定になる．

対立仮説において，母数が 1 点に決まる場合は，対立仮説下での検定統計量の分布は 1 つしかないから，検出力は 1 つの値に決まる．しかし，対立仮説下で，母数が多数の値を取る場合は，対立仮説下の個々の母数値に対して検定統計量の分布が決まる．したがって，各分布に関して，検出力を計算することができる．個々の母数値に対して別個に検出力が決まるので，検出力関数 (power function) という．

母数 θ に関して，帰無仮説 $\theta = \theta_0$，複合対立仮説 $\theta > \theta_0$，第一種の過誤が起こる確率 α の検定を考えよう．検定統計量 T に関して，棄却域 R は，

$$P(T \in R \mid \theta = \theta_0) = \alpha \qquad (10.46)$$

を満たすように定められる。帰無仮説のもとで，T が R に入る $(T \in R)$ 確率が，α に一致するという意味をもつ。他方，対立仮説が正しいとき，θ_0 より大きければ，θ はどんな値を取ってもよい。そこで，θ_0 より大きい特定の値 θ_1 を選ぶとしよう。母数が θ_1 のときの検定統計量の分布を求め，検出力を計算するが，検出力は

$$\gamma(\theta_1) = P(T \in R | \theta = \theta_1) \tag{10.47}$$

となる。検出力は，対立仮説下で，T が R に入る確率である。

ここで，θ_1 を動かすと，検出力が次々と求まる。検出力は θ の関数と考えられるので，$\gamma(\theta)$ と書ける。この関数をグラフにすれば，**検出力曲線** (power curve) になる。

例 10.4 　片側検定の検出力関数　　正規母集団から大きさ 25 の標本 $\{X_1, X_2, \ldots, X_{25}\}$ を得たとする。平均 $\mu = 0$ を帰無仮説とし，対立仮説を $\mu > 0$ とする右片側検定の検出力関数を計算しよう。ただし，有意水準は 5%，$\sigma^2 = 4$ は既知とする。検定統計量 T は

$$T = \frac{\sqrt{n}(\bar{X} - 0)}{\sigma} = \frac{5\bar{X}}{2} \tag{10.48}$$

であり，帰無仮説のもとで標準正規分布をもつ。T に対する 5% 棄却域は，右裾 5% 点 1.645 を使って，巻末付表 4(b) より $T > 1.645$ となる。次に，対立仮説 $\mu = \mu_1 > 0$ を固定したときの検出力を求めよう。対立仮説のもとでは，$5(\bar{X} - \mu_1)/2$ が標準正規分布をもつ。そこで，(10.47) 式より，対立仮説が正しいときの棄却域の確率を求めると，

$$\gamma(\mu_1) = P\left(\frac{5\bar{X}}{2} > 1.645 \Big| \mu = \mu_1\right) \tag{10.49}$$

$$= P\left(\frac{5(\bar{X} - \mu_1)}{2} > 1.645 - \frac{5}{2}\mu_1 \Big| \mu = \mu_1\right) \tag{10.50}$$

$$= 1 - P\left(\frac{5(\bar{X} - \mu_1)}{2} \leq 1.645 - \frac{5}{2}\mu_1 \Big| \mu = \mu_1\right) \tag{10.51}$$

$$= 1 - \Phi\left(1.645 - \frac{5}{2}\mu_1\right) \tag{10.52}$$

図 10-2 ● 検出力曲線

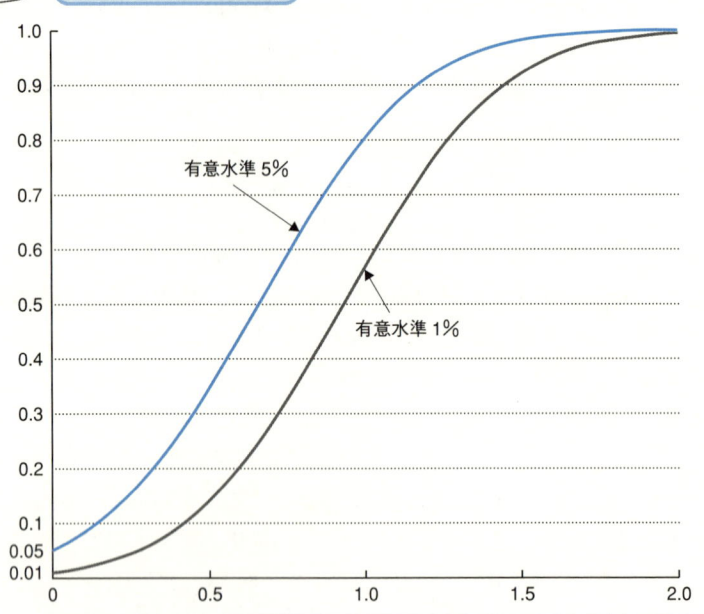

例 10.4 の検出力関数をグラフにしたものである。有意水準 5% の検定のほうが検出力が大きい。

となる。$\Phi(\cdot)$ は標準正規分布関数である。さまざまな μ_1 に関して検出力を計算する。図 10-2 は，上記の例の，有意水準 5% と 1% のときの検出力曲線を示したものである。ブルーの曲線が 5% であり，グレーの曲線が 1% の検出力曲線である。5% の検出力曲線を取ると，帰無仮説 $\mu = 0$ のときは検出力は 5% であるが，帰無仮説から μ が離れていくにつれて，検出力が増加することが見て取れる。$\gamma(\theta)$ は，θ に関する増加関数になる。

EXERCISE ● 練習問題

10-1 以下の例題 9.1 と同じ数値例について，平均 $\mu = 2$ を帰無仮説とする両側検定を，有意水準 5% と 1% で行いなさい。

| 3.4 | 4.5 | 1.9 | −1.6 | 4.4 | 0.8 | 3.2 | −0.3 | 0.8 | 3.7 |

10-2 前の問題と同じ数値例で，分散 $\sigma^2 = 4$ を帰無仮説とし，$\sigma^2 > 4$ を対立仮説とする片側検定を，有意水準 5% と 1% で行いなさい．

10-3 大きさ 10 の 2 標本において，正規母集団の仮定のもとで，(1)平均が同じである，(2)分散が同じである，の 2 仮説を，各々有意水準 5% で検定しなさい．

標本 1	0.176	1.182	1.036	1.396	0.199
	2.765	0.174	2.384	−1.174	0.800
標本 2	0.520	0.562	0.655	−0.128	0.244
	0.127	−0.549	0.438	1.024	0.849

10-4 サイコロを 400 回振ったときに，6 の目を数えたら 70 回あった．6 の目が出る確率が 1/6 か否かを，有意水準 5% と 1% で検定しなさい．また，40 回振ったときに 6 の目が 7 回出たとして，同じ検定を行いなさい．

10-5 ある工場では，不良品率は 5% としている．あるとき，この工場の製品を 120 個サンプル調査し，そのうち，不良品は 9 個であった．不良品率が 5% であるか否かを，有意水準 5% で検定しなさい．

10-6 統計学が好きか否かについて，京都の大学生 200 人にアンケートをとったところ，22 人が好きと答えた．一方，同じアンケートを，千葉の大学生 150 人でとったところ，13 人が好きと答えた．統計学の好きな学生の比率は両者で同じか否かを，有意水準 1% で検定しなさい．

10-7 2006 年 3 月 9 日に，日本銀行は量的金融緩和政策を解除した．例題 9.2 の株価リターンのデータ「Example9-2.txt」を使って，3 月 8 日までと，3 月 9 日以降で，(1)平均が変化したか，(2)分散が変化したか，について，各々有意水準 5% の両側検定を行いなさい．ただし，正規母集団を仮定する．

10-8 ある駐車場に入る車の台数は，ポアソン分布に従っているとする（ポアソン分布は第 7 章を参照のこと）．1 分間に平均 0.1 台が入ると考えられているが，台数が平均 0.1 より増えたなら，駐車場を増設することを検討している．ある日の午後 2 時から 5 時までの 3 時間の台数を数えると，22 台であった．1 分当たりの平均台数 $\lambda = 0.1$ を帰無仮説として，台数が増加したか否かを，有意水準 5% で検定しなさい．ただし，母数 λ のポアソン分布に従う n 個の確率変数の標本平均 $\bar{X}$ は，中心極限定理により，$N(\lambda, \lambda/n)$ で近似できる．

10-9 以下の分割表は，第 2 章で扱った合計 20 人の男女に，喫煙・非喫煙のアンケート調査を行った結果をまとめたものである．喫煙と非喫煙の割合が，男女で独立か否かの検定をしなさい．

	喫煙	非喫煙
男性	3	5
女性	4	8

10-10 以下は，内閣府による平成19年3月の消費動向調査で，29歳以下の単身者世帯の男性と女性に，これからの暮らし向きをたずねたアンケートから作成したものである．男女が独立になっているかを，分割表の独立性の検定を使って，検定しなさい．

男女の暮らし向きについてのアンケート結果

	良くなる	やや良くなる	変わらない	やや悪くなる	悪くなる
男性	5	26	83	15	5
女性	3	13	58	5	1

10-11 例 10.4 の場合，母分散 4 の正規母集団から得られた大きさ 25 の標本を使って，平均 $\mu = 0$ を帰無仮説，$\mu > 0$ を対立仮説とする検定を行う．有意水準 1% の検出力関数を求めなさい．ただし，標準正規分布関数を $\Phi(\cdot)$ とする．

10-12 母平均 0 の正規母集団から得られた大きさ 25 の標本を使って，$\sigma^2 = 4$ を帰無仮説とし，$\sigma^2 > 4$ を対立仮説とする検定を行う．有意水準 5% の検出力関数を求めなさい．ただし，自由度 n のカイ 2 乗分布の分布関数を $F_\chi^{(n)}(\cdot)$ とする．

補論：尤度比検定と赤池情報量規準

尤度比検定　　対立仮説が**単純対立仮説** $\theta = \theta_1$ の場合，帰無仮説のもとで求まる<u>尤度</u>と，対立仮説のもとで求まる尤度の比を使った<u>尤度比検定</u> (likelihood ratio test) が，検出力が最も高い<u>最強力検定になる</u>（ネイマン=ピアソンの基本補題）．

尤度比検定の説明をしよう．最初に，連続確率分布に関する尤度関数を復習する．確率変数 $\{X_1, X_2, \cdots, X_n\}$ が互いに独立で，密度関数 $f(x|\theta)$ をもつとしよう．このとき，<u>同時密度関数</u>は，密度関数 $f(x_i|\theta)$ の積

$$f(x_1, x_2, \cdots, x_n|\theta) = \prod_{i=1}^{n} f(x_i|\theta) \tag{10.53}$$

になる。尤度関数は，同時密度関数を θ の関数に見立てたものなので，

$$L(\theta|x_1, x_2, \cdots, x_n) = \prod_{i=1}^{n} f(x_i|\theta) \tag{10.54}$$

となる。

　帰無仮説 $\theta = \theta_0$，対立仮説 $\theta \neq \theta_0$ の検定を考える。この場合，帰無仮説のもとの尤度は $L(\theta_0)$ となる。対立仮説が $\theta \neq \theta_0$ の場合は，θ の最尤推定量 $\widehat{\theta}_{ML}$ を求めれば，尤度は $L(\widehat{\theta}_{ML})$ となる。

　検定では，2つの尤度を計算する。2つの尤度の間には，

$$L(\theta_0) \leq L(\widehat{\theta}_{ML})$$

という関係がある。最尤推定量が θ_0 に一致すれば，等号が成立する。通常は，不等号が成立している。検定では，帰無仮説が正しいなら，2つの尤度はほぼ同じ値になるだろう。帰無仮説が正しくないなら，最尤推定を行った尤度 $L(\widehat{\theta}_{ML})$ のほうが，帰無仮説を前提とした尤度 $L(\theta_0)$ よりも，はるかに大きくなる。そこで，2つの尤度の比を

$$\lambda = \frac{L(\theta_0)}{L(\widehat{\theta}_{ML})} \tag{10.55}$$

と置く。すると，尤度比 (likelihood ratio) λ は帰無仮説が正しいときに1に近くなるが，対立仮説が正しいときには，1よりも小さい値を取る。尤度比 λ を検定統計量とし，棄却域を，λ の小さい値の領域に設定する。この検定を，尤度比検定と呼ぶ。

　第9章の最尤推定法では，対数尤度を用いたが，検定でも，尤度比の自然対数を取った対数尤度比を使う。(10.55) 式の自然対数を取って，-2 倍した

$$Q = -2\log\lambda = -2\left\{\log L(\theta_0) - \log L(\widehat{\theta}_{ML})\right\} \tag{10.56}$$

を検定統計量に用いる。尤度比 λ は1以下であるから，Q は正になる。対数変換は単調変換であるから，λ の小さい値の領域と，Q が大きい値の領域は同じである。

　棄却域を定めるためには，次の定理が有用である。漸近分布とは，観測個数

が大きいときの近似分布のことである。

定理 10.1 帰無仮説のもとで母数間に k 個の制約があり，対立仮説では，制約がないものとする．(10.56) の尤度比検定統計量 $Q = -2\log\lambda$ の漸近分布は，帰無仮説のもとで，自由度 k のカイ 2 乗分布に従う．

帰無仮説が $\theta = \theta_0$，対立仮説が無制約なら，これは 1 制約を検定することになるので，帰無仮説のもとで，Q は近似的に自由度 1 のカイ 2 乗分布に従う．そこで，自由度 1 のカイ 2 乗分布の分位点を用いて，有意水準に対応する境界値と棄却域を定める．有意水準が 5% ならば，巻末付表 5 より右裾 5% の点 3.84 が境界値になり，Q が 3.84 よりも大きいときに，帰無仮説を棄却する．ただし，この検定は，観測個数が十分大きいことを前提とした，大標本検定である．

赤池情報量規準（AIC） 尤度比検定では，帰無仮説が対立仮説の中に入れ子のように入っていたが，検定の考えから離れて，対数尤度をモデル選択の規準に用いたのが赤池情報量規準（Akaike information criterion：AIC）

$$\mathrm{AIC} = -2 \times 最大対数尤度 + 2 \times パラメータ数$$

である．与えられたモデルの尤度を最大にする母数値を $\widehat{\theta}_{ML}$ とし，母数（パラメータ）の数を k とすると，

$$\mathrm{AIC} = -2\left\{\log L(\widehat{\theta}_{ML})\right\} + 2k$$

となる．複数の統計モデルを推定したときに，AIC の小さいモデルを選択するというのが，AIC 規準である．

AIC の場合，パラメータ数が第 2 項のペナルティとして入っているのが特徴である．より簡単なモデルが望ましいという節約の原理を意味している．

AIC は，第 12 章で扱う時系列の次数を選択するときなど，幅広く応用に使われている．

> COLUMN **10-1** AIC と赤池弘次博士

赤池弘次博士 (1927-2009) が考案した赤池情報量規準 (AIC) は，広く世界で使われている。統計学の発展において，革新的な論文だけが集められた論文集，*Breakthroughs in Statistics* に含まれている日本人研究者は，赤池弘次博士だけである。

赤池弘次（左，伊庭幸人〔統計数理研究所教授〕撮影）と *Breakthroughs in Statistics*, Volume I（右）

　観測されたデータから，現象の理解や予測に用いるモデルを構築する際には，データへの当てはまりのよさを求めるなら，複雑なモデルを使えばよい。しかしながら，複雑すぎるモデルは，本来の目的には有用とはいえない。AIC は，情報理論を援用することで，合理的な根拠をもって，モデルの複雑さを定量化することに成功した。そして，モデル選択に，新しい考え方をもたらした。

　赤池弘次博士は 1952 年に統計数理研究所に入所し，以後，1994 年まで 42 年間にわたり同研究所に在籍した。最後の 9 年は，研究所長を務めている。2006 年に京都賞を受賞した際の記念シンポジウムが，『赤池情報量規準 AIC』として出版されている。

（参考文献）　Akaike, H. (1973) "Information Theory and an Extension of the Maximum Likelihood Principle, *Proc. 2nd International Symposium on Information Theory*, B. N. Petrov and F. Csaki (eds.), pp.267-281, Akademiai Kiado, Budapest. (Reproduced in *Breakthroughs in Statistics*, Vol. I, Foundations and Basic Theory, 2nd ed, 1993, S. Kotz and N. L. Johnson eds., pp.610-624, Springer-Verlag, New York.）赤池弘次・甘利俊一・北川源四郎・樺島祥介・下平英寿，室田一雄・土谷隆編［2007］『赤池情報量規準 AIC ——モデリング・予測・知識発見』共立出版．小西貞則・北川源四郎［2004］『情報量規準』朝倉書店．

第11章 回帰分析の統計理論

「キリストの洗礼」は1472年頃のヴェロッキオの作品であるが，絵の一部である左の天使は20歳くらいだった弟子レオナルド・ダヴィンチが描いたと伝えられている。天使の光輪は楕円である。絵を拡大して方眼紙に貼り，楕円周の座標値を求め，楕円を最小2乗法で推定すると，確かにダヴィンチの楕円のほうが正確なことがわかる。

CHAPTER 11

- KEYWORD
- FIGURE
- TABLE
- COLUMN
- EXAMPLE
- BOOK GUIDE
- EXERCISE

INTRODUCTION

第4章では，2変数間の関係を測る尺度としての相関係数を拡張して，回帰分析を解説した。そして，2変数の関係を定める回帰係数の求め方と，それに関連する諸性質を学んだ。

本章では，最小2乗法の理論的性質を検討し，推定値の精度，母係数（パラメータ）に関する仮説検定，信頼区間を学ぶ。さらに，説明変数が2個以上含まれる重回帰式の推定法，それに関する諸問題を，具体的なデータを用いて学ぶ。諸問題には，適切な説明変数の選択に必要な自由度修正済決定係数，F統計量，相関の高い説明変数群の問題（多重共線性），説明変数の影響力の指標（ベータ係数），ダミー変数などが含まれる。最後に，Excelを使った，重回帰分析の手続きを解説する。

> **KEYWORD**
> 回帰直線　最小2乗推定量　標準的線形回帰モデル　不偏性　ガウス=マルコフの定理　最良線形不偏推定量（最小分散線形不偏推定量）　一致性　P値　重回帰モデル　偏回帰係数　自由度修正済決定係数　変数選択（モデル選択）問題　多重共線性　ベータ係数　ダミー変数　不均一分散　自己相関　1次条件

SECTION 1　回帰モデルと誤差項

回帰直線　　確率変数 Y の母平均が，

$$E(Y) = \alpha + \beta x \tag{11.1}$$

となり，他の変数 x の1次式によって決まるとする．この期待値を，Y の x への回帰直線と呼ぶ．Y の平均に関するこの性質は，平均が0の確率変数 u を導入して，

$$Y = \alpha + \beta x + u \tag{11.2}$$

と表してもよい．Y に関する大きさ n の無作為標本 $\{Y_1, Y_2, \cdots, Y_n\}$ については，この表現は

$$Y_i = \alpha + \beta x_i + u_i, \quad i = 1, 2, \cdots, n \tag{11.3}$$

となる．

回帰の誤差項　　確率変数 u_i は，Y_i を x_i の1次式で表した場合の誤差だから，回帰の誤差項と呼ばれる．このように，u_i を誤差項とするならば，誤差項の要素として

(1) x 以外の変数
(2) 非線形式の可能性
(3) データ $\{(x_1, y_1), (x_2, y_2), \cdots, (x_n, y_n)\}$ に含まれる観測誤差

などが, 挙げられよう. 誤差項 u は, これらの諸要因を合成したものであると解釈できる.

Y は観測可能であるが, u は観測できない. 第4章では, 観測値 y_i に対して, 最小2乗推定値 (a, b) を使って回帰値

$$\widehat{y_i} = a + bx_i$$

を計算した. 回帰値が求まれば, 残差

$$e_i = y_i - \widehat{y_i}$$

が計算できる. この残差を, 誤差項 u_i の観測値であると理解する.

最小2乗推定量　2変数データ $\{(x_1, y_1), \cdots, (x_n, y_n)\}$ から求めた回帰係数の最小2乗推定値は, 第4章 (4.8) 式および (4.9) 式で与えられているが

$$b = \frac{\sum_{i=1}^{n}(x_i - \bar{x})(y_i - \bar{y})}{\sum_{i=1}^{n}(x_i - \bar{x})^2}$$

$$a = \bar{y} - b\bar{x}$$

であった. 回帰式 (11.2) に最小2乗法を適用すると, 回帰係数 α, β の推定法は, 確率変数 Y_i を使って

$$\widehat{\beta} = \frac{\sum_{i=1}^{n}(x_i - \bar{x})(Y_i - \bar{Y})}{\sum_{i=1}^{n}(x_i - \bar{x})^2} \tag{11.4}$$

$$\widehat{\alpha} = \bar{Y} - \widehat{\beta}\bar{x} \tag{11.5}$$

となる. この $\widehat{\beta}$ および $\widehat{\alpha}$ は, 確率変数 Y_i の関数であるから, やはり確率変数である. つまり, (11.4) 式および (11.5) 式は α と β を推定するルールを意味するから, 推定量である. 最小2乗推定量 (least squares estimator) と呼ばれる. 推定量は確率変数であるので分布をもつ.

線形回帰モデルの標準的仮定　回帰式には, 次の仮定を置く.
(1)　x は確率変数でなく, 値は確定している.
(2)　誤差項 $u_i, (i = 1, 2, \cdots, n)$ は, 次の性質を満たす.

1　回帰モデルと誤差項　349

(2-a) 平均は 0 : $E(u_i) = 0$
(2-b) 分散は σ^2 で一定 : $V(u_i) = \sigma^2$
(2-c) u_i と u_j は無相関 : $Cov(u_i, u_j) = 0$
(2-d) 正規分布に従う : $u_i \sim N(0, \sigma^2)$

仮定 (2-a) により，

$$E(Y_i) = \alpha + \beta x_i$$

となる。(2-b) により，

$$V(Y_i) = E(Y_i - E(Y_i))^2 = E(u_i)^2 = \sigma^2$$

であり，Y_i の分散は，x_i にかかわらず一定である。(2-c) により，$Y_1, Y_2, \cdots, Y_n$ は，互いに無相関である。(2-d) は，推定量の標本分布を導出する際に必要となる。標本が大きい場合には，中心極限定理 (定理 8.6 : 260 頁) を援用するから，(2-d) は必要でなくなる。

誤差項の正規性　誤差項が，正規分布に従うという仮定は，はたして正当だろうか。

誤差項は，回帰モデルにおいて，x だけでは説明しきれない他の多くの要因 ($\varepsilon_1, \varepsilon_2, \cdots, \varepsilon_m$) の合成体と理解される。この諸要因は，互いに無関係であり，飛び抜けて大きな影響をもつ要因もないとする。また，これらの諸要因は，その数 m が増えるに連れ，個々の影響も相対的に小さくなるとする。これらの性質をもつ u_i は，

$$u_i = \frac{1}{m}\varepsilon_1 + \frac{1}{m}\varepsilon_2 + \cdots + \frac{1}{m}\varepsilon_m = \frac{1}{m}\sum_{i=1}^{m}\varepsilon_i \qquad (11.6)$$

と表現できよう。第 8 章で説明された中心極限定理によれば，m が大きいとき，u_i は正規分布に従う。

不確実性を扱う回帰モデルでは，説明変数以外に，特定できない多くの要因があると想定するのは自然であろう。この意味で，正規分布の仮定は合理的である。(2-d) のもとで，Y_i の確率分布は

$$N(\alpha + \beta x_i, \ \sigma^2) \qquad (11.7)$$

となる。Y_i は，平均が他の変数 x_i によって変化する。

図 11-1 ● 回帰直線と誤差項の分布

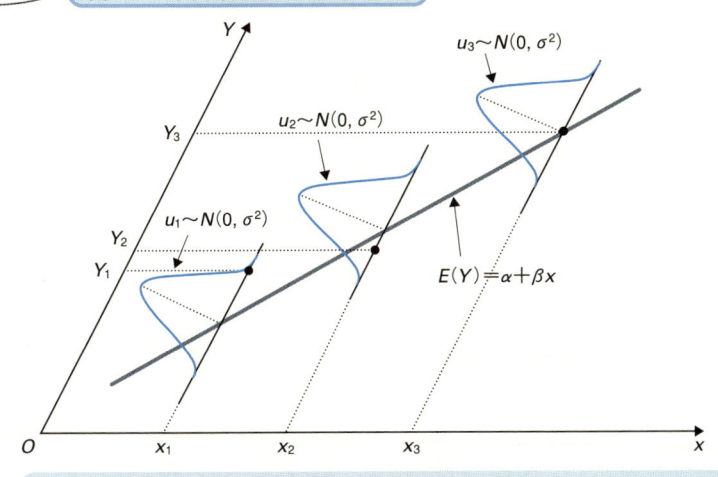

3組の観測点 (x_i, y_i)，回帰直線，誤差項の分布の関係。

図 11-1 では，3 組の観測点 $(x_i, y_i), (i = 1, 2, 3)$ と，回帰直線 $E(Y_i) = \alpha + \beta x_i$ が描かれている．さらに，それぞれの観測点では，仮定 (2-d) を満たす誤差項の分布が上書きされている．

x_1 に対する Y_1 の確率分布は，回帰直線上の点 $E(Y_1) = \alpha + \beta x_1$ を平均として，分散が σ^2 の正規分布になる様子を示している．確率分布が正規分布であることから，平均での確率密度が最も高い．Y_1 の観測値として最も出現が期待される値は，回帰直線上の $\alpha + \beta x_1$ 周辺の値である．

正規分布は平均を中心にして左右対称だから，回帰値 $\hat{y}_i$ は，観測値 y_i を過小に推定する可能性と，逆に過大に推定する可能性が等しい．

図 11-1 の場合，観測点 (x_1, y_1) は回帰直線より上側にあり，逆に，回帰値は y_1 を過小に評価している．(x_2, y_2) では，回帰値は y_2 を過大に評価している．(x_3, y_3) は，おおむね回帰直線上にある．

分布の広がり方は分散 σ^2 で定まるが，仮定 (2-b) により，正規分布の広がり具合はすべての観測値について同じになる．仮定 (2-c) により，それらの分布は互いに無関係に定まる．

1 回帰モデルと誤差項

仮定(1)および(2)が置かれた確率モデル(11.3)式を，**標準的線形回帰モデル**と呼ぶ．

2 最小2乗推定量の分布と性質

標本分布

u_i に関する仮定のもとで，最小2乗推定量 $\widehat{\beta}$ および $\widehat{\alpha}$ は，次の性質をもつ．証明は本章の補論「最小2乗推定量の分布」の項に与えられる．

誤差項の仮定 (2-a), (2-b) のもとで，

$$E(\widehat{\beta}) = \beta \tag{11.8}$$

$$V(\widehat{\beta}) = \frac{\sigma^2}{M_{xx}}, \quad M_{xx} = \sum_{i=1}^n (x_i - \bar{x})^2 \tag{11.9}$$

$$E(\widehat{\alpha}) = \alpha \tag{11.10}$$

$$V(\widehat{\alpha}) = \sigma^2 \left(\frac{1}{n} + \frac{\bar{x}^2}{M_{xx}} \right) \tag{11.11}$$

となる．さらに，仮定 (2-d) を追加すると，$\widehat{\beta}$ と $\widehat{\alpha}$ の分布は，各々

$$N\left(\beta, \frac{\sigma^2}{M_{xx}}\right) \tag{11.12}$$

$$N\left(\alpha, \sigma^2\left(\frac{1}{n} + \frac{\bar{x}^2}{M_{xx}}\right)\right) \tag{11.13}$$

となる．

性　質

(1) 不偏性　(11.8)式と(11.10)式で示されるように，推定量の期待値は真の値に等しい．この性質を**不偏性**(unbiasedness)，推定量は，不偏推定量といわれる．

抽出された標本から求まる推定値は，真の値とは異なる．不偏性は，繰り返して標本を抽出できるならば，標本ごとに繰り返し求まる推定値の平均は，真の値に等しいという意味をもつ．

(2) 線形推定量　最小2乗推定量が，確率変数 Y_i の線形関数，

$$\widehat{\beta} = w_1 Y_1 + w_2 Y_2 + \cdots + w_n Y_n$$

と表されること。ここでウェイト w_i は，説明変数 $\{x_i\}$ によって定まる。

(3) <u>最良線形不偏性</u>　最小 2 乗推定量と，任意の線形かつ不偏な推定量 $\widehat{\alpha}^*$, $\widehat{\beta}^*$ を比較すると

$$V(\widehat{\beta}) < V(\widehat{\beta}^*), \quad V(\widehat{\alpha}) < V(\widehat{\alpha}^*) \tag{11.14}$$

が成立し，最小 2 乗推定量の分散が最も小さくなる。最小 2 乗推定量に関するこの性質は，<u>ガウス=マルコフの定理</u>（Gauss-Markov theorem）として知られている。標準的線形回帰モデルの場合には，最小 2 乗推定量は<u>最小分散線形不偏推定量</u>とか<u>最良線形不偏推定量</u>（best linear unbiased estimator：BLUE）といわれる。

(4) <u>一致性</u>　$\widehat{\beta}$ の分散は，

$$\frac{\sigma^2}{M_{xx}} = \frac{\sigma^2}{\sum_{i=1}^{n}(x_i - \bar{x})^2}$$

であり，標本の大きさ n が大きくなるに連れ，分母が大きくなり，分散は 0 に近づく。n が大きくなるに連れて，標本分布は平均 β の周りに集中する。無限大では，平均 β に一致する。この性質は<u>一致性</u>（consistency）と呼ばれるが，最小 2 乗推定量は，一致推定量である。$\widehat{\alpha}$ についても，n が大きくなるに連れ分散は 0 に近づくから，α の一致推定量である。

σ^2 の不偏推定量　回帰係数の最小 2 乗推定量を使って，誤差項の分散 σ^2 の推定量を，

$$\widehat{\sigma}^2 = s^2 = \frac{\sum_{i=1}^{n} e_i^2}{n-2} \tag{11.15}$$

と定義する。証明は与えないが，s^2 は

$$E(s^2) = \sigma^2 \tag{11.16}$$

となり，σ^2 の不偏推定量となる（標本分散の場合は，母平均を推定するので，$n-1$ で割った。単回帰では，母係数を 2 個推定しているので，$n-2$ で割る）。

2　最小 2 乗推定量の分布と性質　353

回帰係数推定量の分散推定量

(11.9) 式と (11.11) 式で定義された回帰係数推定量の分散は，未知の σ^2 を含んでいる．これを s^2 で推定すると，回帰係数推定量の分散の推定量は

$$\widehat{V(\widehat{\beta})} = \frac{s^2}{M_{xx}} \tag{11.17}$$

$$\widehat{V(\widehat{\alpha})} = s^2 \left(\frac{1}{n} + \frac{\bar{x}^2}{M_{xx}} \right) \tag{11.18}$$

となる．

3 信頼区間と仮説検定

信頼区間

推定量の標本分布の性質を利用して，回帰係数の信頼区間を導出しよう．仮定 (2-d) のもとでは，(11.12) 式により，最小 2 乗推定量を

$$Z_{\widehat{\beta}} = \frac{\widehat{\beta} - \beta}{\sqrt{\sigma^2 / M_{xx}}} \tag{11.19}$$

と，平均 0，分散 1 に標準化すれば，標準正規分布 $N(0,1)$ をもつ．第 10 章で見たように，未知係数に関する信頼区間を導くためには，上式に現れる σ^2 の値を推定する必要がある．(11.19) 式に推定量 (11.15) 式を代入すると，

$$t_{\widehat{\beta}} = \frac{\widehat{\beta} - \beta}{\sqrt{s^2 / M_{xx}}} \tag{11.20}$$

は，自由度 $n - 2$ の t 分布に従うことが知られている．これらの関係を利用すれば，$t_{0.025}(n-2)$ を自由度 $(n-2)$ の t 分布の上側 2.5% 点として

$$P\left(-t_{0.025}(n-2) \leq t_{\widehat{\beta}} \leq t_{0.025}(n-2)\right) = 0.95 \tag{11.21}$$

が成立する．母数 β に関する 95% 信頼区間は，この式を変形してつくる．実際，不等式を 1 つずつ整理すれば，$t_{\widehat{\beta}}$ に関する不等式は，β に関する不等式

$$P\left(\widehat{\beta} - t_{0.025}(n-2)\sqrt{\frac{s^2}{M_{xx}}} \leq \beta \leq \widehat{\beta} + t_{0.025}(n-2)\sqrt{\frac{s^2}{M_{xx}}}\right) \tag{11.22}$$

になる．これが，95% 信頼区間である．β の区間だけを示すと，

$$\left[\widehat{\beta} - t_{0.025}(n-2)\sqrt{\frac{s^2}{M_{xx}}},\ \widehat{\beta} + t_{0.025}(n-2)\sqrt{\frac{s^2}{M_{xx}}}\right] \tag{11.23}$$

となる．α に関しては，同様な変換をして，

$$\left[\widehat{\alpha} - t_{0.025}(n-2)\sqrt{s^2\left(\frac{1}{n}+\frac{\bar{x}^2}{M_{xx}}\right)},\ \widehat{\alpha} + t_{0.025}(n-2)\sqrt{s^2\left(\frac{1}{n}+\frac{\bar{x}^2}{M_{xx}}\right)}\right] \tag{11.24}$$

となる．分散の表現が異なっていることに注意する．

仮説検定

回帰モデル

$$Y_i = \alpha + \beta x_i + u_i \tag{11.25}$$

において，係数の特定の値が，データによって支持されるか否か調べたいとしよう．β_o を特定の係数値として，仮定 (2-d) のもとで，帰無仮説 H_0 と対立仮説 H_1 を

$$H_0 : \beta = \beta_o, \quad H_1 : \beta \neq \beta_o \tag{11.26}$$

とする両側検定を考える．

　帰無仮説下の値として，$\beta_o = 0$ は，とくに重要な値であり，回帰におけるルーティンの検定として扱われる．すなわち，回帰式 (11.25) は，x を原因として Y を結果とする関係を定めており，この因果関係が成立するためには，β が 0 でないことが必要である．もし β が 0 なら，回帰式は

$$Y_i = \alpha + u_i$$

となり，x は Y に影響を与えない．Y は，平均が一定の確率変数になる．

　仮説検定は，第 10 章の説明に従って行う．検定統計量の値を

$$t^*_{\widehat{\beta}} = \frac{\widehat{\beta} - \beta_o}{\sqrt{s^2/M_{xx}}} \tag{11.27}$$

とすれば，

$$\left|t_{\widehat{\beta}}^*\right| \geq t_{0.025}(n-2) \tag{11.28}$$

のとき，帰無仮説 H_0 を，有意水準 5% で棄却する．α_o に関しても，仮説を

$$H_0: \alpha = \alpha_o, \quad H_1: \alpha \neq \alpha_o \tag{11.29}$$

検定統計量を

$$t_{\widehat{\alpha}}^* = \frac{\widehat{\alpha} - \alpha_o}{\sqrt{s^2\left(1/n + \bar{x}^2/M_{xx}\right)}} \tag{11.30}$$

とすれば，手続きは変わらない．
一般には，検定の有意水準をあらかじめ γ% と設定し，自由度 $(n-2)$ の t 分布表から，検定の境界値 $t_{n-2}(\gamma/2)$ をみつけ，

$$\left|t_{\widehat{\beta}}^*\right| > t_{\gamma/2}(n-2)$$

のときに帰無仮説を棄却する．このとき，$\widehat{\beta}$ は，γ% で有意であるという．

P 値　　検定の両側の P 値は，$\widehat{\beta}$ の場合，

$$2 \times P(t > \left|t_{\widehat{\beta}}^*\right|) \tag{11.31}$$

と定義される．これは，自由度 $(n-2)$ の t 分布において，$\left|t_{\widehat{\beta}}^*\right|$ を超える確率の 2 倍である．P 値は，観測された有意水準とも呼ばれる．

通常の検定の手続きでは，たとえば 5% の有意水準を設定し，検定を行う．しかし，有意水準を 1% に変更すると，1% の t 分布表を参照して，改めて検定をし直して結果を求める．

P 値が求まり，その値がたとえば 0.01 より小さければ，有意水準が 5% であっても 1% であっても，検定は有意であると判定できる．

後述するように，Excel では，t 検定の P 値が出力されるので，t 分布表を参照せずに，任意の有意水準の検定を行うことができる．

4 重回帰モデル

被説明変数 Y を説明する要因は，x だけとは限らない．一般には，

$$Y = \alpha + \beta_1 x_1 + \beta_2 x_2 + \cdots + \beta_p x_p + u \tag{11.32}$$

のように，p 個の説明変数を，モデルに入れてもよい．説明変数および誤差項 u に，単回帰の際の仮定が課せられると，これは **重回帰モデル** と呼ばれる．未知パラメータ $(\alpha, \beta_1, \beta_2, \cdots, \beta_p)$ は，単回帰モデルと同様に，**残差平方和**

$$\min \sum_{i=1}^{n} e_i^2 = \sum_{i=1}^{n} (Y_i - \widehat{\alpha} - \widehat{\beta}_1 x_{1i} - \widehat{\beta}_2 x_{2i} - \cdots - \widehat{\beta}_p x_{pi})^2 \tag{11.33}$$

を最小にするように推定される．正規方程式は，

$$\sum_{i=1}^{n} (Y_i - \widehat{\alpha} - \widehat{\beta}_1 x_{1i} - \widehat{\beta}_2 x_{2i} - \cdots - \widehat{\beta}_p x_{pi}) = 0 \tag{11.34}$$

$$\sum_{i=1}^{n} x_{1i}(Y_i - \widehat{\alpha} - \widehat{\beta}_1 x_{1i} - \widehat{\beta}_2 x_{2i} - \cdots - \widehat{\beta}_p x_{pi}) = 0 \tag{11.35}$$

$$\vdots$$

$$\sum_{i=1}^{n} x_{pi}(Y_i - \widehat{\alpha} - \widehat{\beta}_1 x_{1i} - \widehat{\beta}_2 x_{2i} - \cdots - \widehat{\beta}_p x_{pi}) = 0 \tag{11.36}$$

の $(1+p)$ 本の式になる．この連立方程式の解として，最小2乗推定量 $(\widehat{\alpha}, \widehat{\beta}_1, \widehat{\beta}_2, \cdots, \widehat{\beta}_p)$ が得られる．

係数推定量については，$\widehat{\alpha}$ は切片であるから，単回帰モデルと同じ意味をもつ．各説明変数の係数 β_k は，x_{ki} を除いた $(p-1)$ 個の説明変数を固定して，x_{ki} だけを1単位変化させたときの，Y_i の変化量を表す．β_k は，**偏回帰係数** と呼ばれる．

本章6節で解説するが，Excel を用いた実際の計算は，データの範囲を指定するだけで，容易に実行できる．

自由度修正済決定係数 $\bar{R}^2$　回帰の適合度を測る決定係数は，第4章 (4.27) 式で

$$R^2 = 1 - \frac{\sum_{i=1}^{n} e_i^2}{\sum_{i=1}^{n} (y_i - \bar{y})^2} \tag{11.37}$$

と定義された。第2項は，残差平方和と全変動の比である。重回帰モデルでも，残差平方和は定義できるから，同じ公式に従って，決定係数を計算する。しかし，証明はしないが，残差平方和は，説明変数の数 p を増やすと，単調に小さくなるという性質をもつ。これに対して，分母の Y の全変動は一定であるので，p を大きくすると，R^2 は単調に大きくなる。

p 個の説明変数の候補 $x_1, \cdots, x_p$ の中から，適切な説明変数のセットを選択する方法を考える。この問題において，決定係数を基準とするなら，上述のように，説明変数を最も多く入れたモデルが常に決定係数が高く，適合度が高くなる。しかし，観測個数は限られているから，推定すべき回帰係数の数が増えると，推定の精度が落ちていく。したがって，残差平方和の減少と，悪化する推定精度のバランスに配慮した，適合度の指標が必要となる。

実際には，**自由度修正済決定係数**が使われる。この尺度は，決定係数の定義における残差平方和および全変動を，それぞれの自由度 $(n - p - 1)$ および $(n - 1)$ で割って，

$$\bar{R}^2 = 1 - \frac{\sum_{i=1}^{n} e_i^2 / (n - p - 1)}{\sum_{i=1}^{n} (y_i - \bar{y})^2 / (n - 1)} \tag{11.38}$$

によって適合度を測る。(11.38) 式は，説明変数を追加すれば減少する残差平方和を，減少する自由度 $(n - p - 1)$ との相対比較において評価している。

自由度修正済決定係数は，次式のように決定係数を用いて書き換えることができる。

$$\bar{R}^2 = 1 - (1 - R^2) \frac{n - 1}{n - p - 1} \tag{11.39}$$

実際の分析では，分析の前に複数の説明変数の候補があり，被説明変数を説明する変数セットを選択する問題が生じるが，これを**変数選択問題**あるいは**モデル選択問題**という。

回帰式の適合度検定

決定係数あるいは自由度修正済決定係数は，データの変動のうち，回帰式が説明する割合を示す指標であるが，回帰のよさ，悪さを決める絶対的な基準はない。たとえば，決定係数が 90% であればよい回帰なのか，60% でも十分なのかなどについて

は，何ら解答を与えない．このような良し悪しの基準として，検定を利用する．

p 個の説明変数すべてが Y に影響を与えない，という帰無仮説

$$H_0 : \beta_1 = \beta_2 = \cdots = \beta_p = 0 \tag{11.40}$$

を設定して，仮説検定を行う．対立仮説は，「帰無仮説が成立しない」のだから，1個の係数が0でなくとも帰無仮説は棄却される．検定統計量は，決定係数を用いて

$$F^* = \frac{R^2}{1-R^2} \frac{n-p-1}{p} \tag{11.41}$$

で定義される．仮説検定では，H_0 のもとで，(11.41)式が自由度 $(p, n-p-1)$ の F 分布をする性質を利用するが，手続きは，以下のようになる．

検定の有意水準をあらかじめ $\gamma\%$ と設定し，自由度 $(p, n-p-1)$ の F 分布表から検定の境界値 $f(\gamma)$ をみつけ，

$$F^* > f(\gamma) \tag{11.42}$$

のときに帰無仮説を棄却する．したがって，境界値は F 分布の右裾 $\gamma\%$ 点である．t 検定と同様，F 検定のP値は，F^* を超える確率

$$P(F > F^*) \tag{11.43}$$

で定義される．後述するように，F 検定のP値は，Excelによる回帰分析では自動的に出力される．

店舗データの重回帰分析　以上の分析法を，第4章で扱ったデータに適用してみよう．

第4章の図4-2（109頁）で，売上高との相関を検討した結果，売上高 (y) の説明変数として，最初に従業員数 (x_1) と店舗面積 (x_2)，次に店舗数 (x_3) を追加して重回帰分析を行う．推定結果は，以下のようになる．

(1) 重回帰Ⅰ：売上高と（従業員数＋店舗面積）

$$\widehat{y_i} = -23367.7 + 80.809 x_{1i} + 2863.688 x_{2i}$$
$$(-0.51, 0.616)\ (8.24, 0.000)\ (3.06, 0.007)$$
$$\bar{R}^2 = 0.916, \quad F = 105.1(0.000)$$

(2) 重回帰Ⅱ：売上高と（従業員数＋店舗面積＋店舗数）

$$\widehat{y_i} = -33057.7 + 87.121 x_{1i} + 1249.883 x_{2i} + 830.289 x_{3i}$$
$$(-0.70, 0.496)\ (7.0, 0.000)\ (0.60, 0.560)\ (0.86, 0.403)$$
$$\bar{R}^2 = 0.915, \quad F = 69.2(0.000)$$

回帰係数推定値の下に記載した（　）内の2つの数値は，各々，係数推定値に対するt値とP値を表す．Fは，回帰式の適合度検定のためのF値であり，（　）内はP値とする．

いずれの回帰式も，自由度修正済決定係数が9割を超えており，説明力が良好であるといえる．

従業員数x_1に店舗面積x_2を追加した重回帰Ⅰでは，自由度修正済決定係数は0.916である．これに対し，店舗数x_3を追加した重回帰Ⅱでは，$\bar{R}^2$が0.915に減少している．つまり，追加した説明変数の効果が表れず，逆に適合度を下げる結果になっている．

次に，重回帰Ⅰにおいて，店舗面積x_2の係数推定値$\widehat{\beta_2}$のt値が3.06（P値は0.007）であり，検定は1%で有意である．店舗面積x_2は売上に影響を与えない（$H_0 : \beta_2 = 0$）という帰無仮説は，有意水準1%で棄却される．

重回帰Ⅱにおいては，同係数のt値が0.60（P値は0.560）となり，帰無仮説を棄却できない．追加した店舗数x_3についても，t値が0.86（P値は0.403）で，同様に有意ではない．これは，店舗面積と店舗数には相関関係があり，売上を説明する要因としては，2変数は同時には機能しないのが原因である．

実際に，表4-1（108頁）のデータからx_2とx_3の標本相関係数を計算すると，0.853となる．このように，相関関係の強い変数の組を説明変数として回帰式に入れた場合，いずれか一方，あるいは両方とも有意に推定されなくなる場合がある．この問題は，多重共線性（multi-colinearity）と呼ばれている．本

来は，同じ情報しかもたらさない2変数を，別の説明変数として扱い，無理に回帰式に入れることから生じる問題である．しかし，店舗面積と店舗数の間に見出された高い相関は，事前には予期できない結果であった．

5 重回帰の諸問題

多重共線性　　実例で見た多重共線性を，詳しく検討しよう．k を既知の定数として，2個の説明変数の間に厳密な比例関係 $x_1 = kx_2$ があったとしよう．そのとき，これらを説明変数とする重回帰式は

$$\begin{aligned} Y_i &= \alpha + \beta_1 x_{1i} + \beta_2 x_{2i} + u_i \\ &= \alpha + (k\beta_1 + \beta_2)x_{2i} + u_i \\ &\equiv \alpha + cx_{2i} + u_i \end{aligned} \quad (11.44)$$

となり，変数 x_1 は回帰式に表れない．上式の回帰を行うと，変数 x_2 に掛かる係数の推定値 $\hat{c}$ は得られるが，$\hat{c} = (k\beta_1 + \beta_2)$ を満たす $\hat{\beta}_1$ と $\hat{\beta}_2$ は，推定できない．この場合，完全な多重共線性といわれる．

2個の説明変数間の比例関係が近似的な場合には，$\hat{\beta}_1$ および $\hat{\beta}_2$ は計算できるが，これらの推定値の標準偏差が大きくなる．この性質は，この重回帰における，係数推定量の分散公式

$$V(\hat{\beta}_k) = \frac{\sigma^2}{\sum_{i=1}^n (x_{ki} - \bar{x}_k)^2 (1 - r_{x_1 x_2}^2)}, \quad k = 1, 2 \quad (11.45)$$

から理解できる．ここで $r_{x_1 x_2}$ は，x_1 と x_2 の標本相関係数である．多重共線性があるなら，$r_{x_1 x_2}^2$ が1に非常に近い値となるから，分母は0に近くなり，$V(\hat{\beta}_k)$ は大きくなる．

σ^2 を s^2 で置き換えると，$\hat{\beta}_1$ と $\hat{\beta}_2$ の分散の推定値 $\hat{V}(\hat{\beta}_1)$ と $\hat{V}(\hat{\beta}_2)$ が大きな値になり，付随して計算される t 値は，値が小さくなるだろう．

y の x_1 への単回帰 $Y = \alpha + \beta_1 x_1$，および x_2 への単回帰 $Y = \alpha + \beta_2 x_2$ を推定すると，回帰係数の最小2乗推定値 $\hat{\beta}_1$ および $\hat{\beta}_2$ の t 値がともに有意になるが，(x_1, x_2) への重回帰では，t 値が有意にならないことがある．このよ

うな場合は，説明変数間の多重共線性が疑われる。

説明変数は，説明変数間に相関のないものを利用したほうが，個々の説明変数の効果を見るためには，望ましい。

説明変数のベータ係数

利用した変数の，影響力の測り方を説明しよう。回帰係数は，他の変数を固定して，係数が掛かる説明変数が1単位増加したときの，被説明変数へ与える影響の大きさを表す。つまり，推定された回帰式

$$\widehat{y} = \widehat{\alpha} + \widehat{\beta}_1 x_1 + \widehat{\beta}_2 x_2 \tag{11.46}$$

において，x_2 を固定して，x_1 のみを1単位変化させて $x_1' = x_1 + 1$ とし，対応する y の値を y' とする。回帰値は

$$\widehat{y}' = \widehat{\alpha} + \widehat{\beta}_1 x_1' + \widehat{\beta}_2 x_2 \tag{11.47}$$

と求まる。ここで，変化後の (11.47) 式から，変化前の (11.46) 式を引くと，

$$\Delta y = \widehat{y}' - \widehat{y} = \widehat{\beta}_1 (x_1' - x_1) = \widehat{\beta}_1 \tag{11.48}$$

となり，被説明変数の変化分が係数に一致する。これは第4章で説明した，3個以上の変数に関する偏相関係数と似た性質であるから，係数は偏回帰係数と呼ばれる。「偏」とは部分的という意味であり，当該のペア (y, x_1) の関係を測定する際に，他の変数は固定して，部分的な評価を行うことを意味する。

しかし，x_1 の測定単位によって，付随する回帰係数 β_1 の大きさが変化するから，偏回帰係数は，説明変数 x が y に与える影響度の尺度として問題がある。たとえば，x_1 のデータをすべて10分の1にし，$x_1/10$ を新たな説明変数として推定をした場合，係数推定値は $10\widehat{\beta}$ となる。これは，$\widehat{\beta}_1 x_1 = 10\widehat{\beta} \times x_1/10$ の関係があることから，容易に確認できる。

測定単位などに依存しない尺度として，ベータ係数

$$\beta_i^* = \widehat{\beta}_i \frac{\sqrt{V(x_i)}}{\sqrt{V(y)}} \tag{11.49}$$

が提案されている。ベータ係数は，変数の標準偏差を単位とした影響力の指標である。回帰値の表現を変えると，

$$\frac{\widehat{y}}{\sqrt{V(y)}} = \frac{\widehat{\alpha}}{\sqrt{V(y)}} + \beta_1^* \frac{x_1}{\sqrt{V(x_1)}} + \beta_2^* \frac{x_2}{\sqrt{V(x_2)}}$$

と書ける。この式で，他を固定して，x_1 が1標準偏差分，つまり $\sqrt{V(x_1)}$ 変化すると，$y/\sqrt{V(y)}$ の変化は，β_1^* になる。

例題 11.1 ● 従業員数と店舗面積の売上高への影響度 EXAMPLE
店舗データの重回帰Ⅰにおいて，x_1（従業員数），および x_2（店舗面積）のベータ係数を求め，それらの影響度を判断しなさい。

（解答）

$$\beta_1^* = 80.809 \frac{823.98}{88842.51} = 0.7495$$
$$\beta_2^* = 2863.688 \frac{8.6453}{88842.51} = 0.27867$$

と計算され，従業員数 x_1 のベータ係数 β_1^* が，店舗面積 x_2 のベータ係数 β_2^* より大きくなり，従業員数の変化のほうが影響度が大きい。

ダミー変数　　回帰式の説明変数には，数量化された変数ばかりではなく，性質を表す変数を入れることも可能である。これは，ダミー変数と呼ばれる。調査対象が女なら1，男なら0といったように，人工的な整数値を与える例が上げられる。以下では，ダミー変数を含む重回帰式を説明する。

ダミー変数には，定数項ダミーと係数ダミーがある。

(1) **定数項ダミー**　　ダミー変数 D を説明変数の1つとする重回帰式

$$Y_i = \alpha + \beta_1 x_{1i} + \beta_2 D_i + u_i$$

に，最小2乗法を適用する。D_i はダミー変数であり，i 番目の対象が女のとき1，男のとき0とする。推定された回帰式は

5　重回帰の諸問題　　363

$$\widehat{Y}_i = \widehat{\alpha} + \widehat{\beta}_2 D_i + \widehat{\beta}_1 x_{1i}$$
$$= \begin{cases} (\widehat{\alpha} + \widehat{\beta}_2) + \widehat{\beta}_1 x_{1i} & : D_i = 1 \\ \widehat{\alpha} + \widehat{\beta}_1 x_{1i} & : D_i = 0 \end{cases}$$

となり，$D_i = 1$ の場合と，$D_i = 0$ の場合の定数項を，別々に推定できる．

(2) 係数ダミー　　新たな説明変数を $z_i = D_i \times x_{1i}$ として，

$$Y_i = \alpha + \beta_1 x_{1i} + \beta_2 z_i + u_i$$

を推定する．推定された式は

$$\widehat{Y}_i = \widehat{\alpha} + \widehat{\beta}_1 x_{1i} + \widehat{\beta}_2 z_i$$
$$= \begin{cases} \widehat{\alpha} + (\widehat{\beta}_1 + \widehat{\beta}_2) x_{1i} & : D_i = 1 \\ \widehat{\alpha} + \widehat{\beta}_1 x_{1i} & : D_i = 0 \end{cases}$$

となる．対象が男か女かにより，異なる x_1 係数を推定できる．

例 11.1　組立作業の能力評価　　熟練度に比例して不良品の個数は減少すると考え，不良品の個数を経験月数で説明する回帰分析を行う（データは表 11-1 に与えられている）．さらに，新しく作業員を採用する際に，男女の差があるか否かを調べたいとする．ただし，熟練度に比例する不良品個数の割合は，性別に影響されないとする．図 11-2 は，経験月数と不良品個数の散布図であり，各データの点の周辺には性別を表わす数字が示されている．

この例では，ダミー変数

$$D_i = \begin{cases} 0 : 男 \\ 1 : 女 \end{cases}$$

を導入し，経験月数 x_i，および D_i を説明変数とする重回帰式

$$Y_i = \alpha + \beta_1 x_i + \beta_2 D_i + u_i \tag{11.50}$$

を設定する．最小2乗法を適用すると

TABLE 表 11-1 ● 経験月数と不良品製造個数：性別の違い

従業員	不良品個数	経験月数	性別
1	10	60	1
2	11	55	1
3	12	35	1
4	5	96	1
5	13	35	1
6	8	81	1
7	6	99	0
8	13	43	0
9	7	98	0
10	9	91	0
11	8	95	0
12	12	70	0

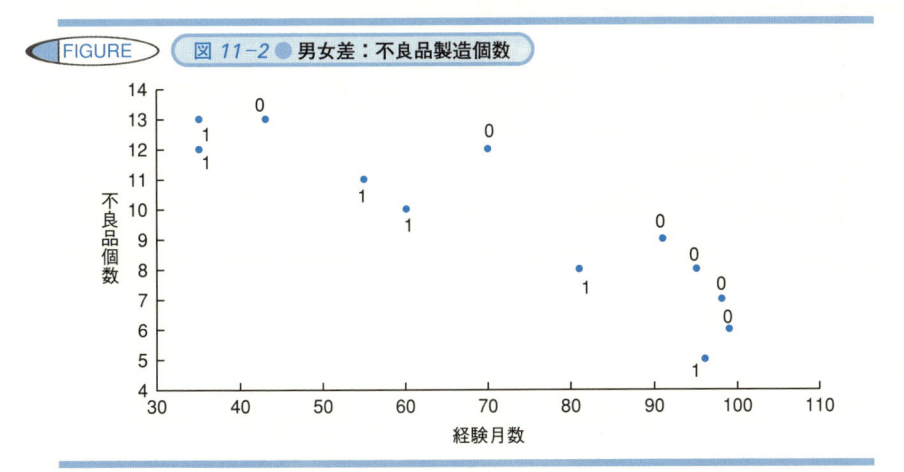

FIGURE 図 11-2 ● 男女差：不良品製造個数

$$\widehat{Y}_i = \begin{cases} \widehat{\alpha} + \widehat{\beta}_2 + \widehat{\beta}_1 x_{1i} & : D_i = 1 \\ \widehat{\alpha} + \widehat{\beta}_1 x_{1i} & : D_i = 0 \end{cases}$$

となることがわかる。データを利用して，上記式を推定した結果

> **COLUMN** *11−1 確率を予測する：ロジット・モデル*

　回帰モデル $Y=\alpha+X\beta+e$ において，従属変数 Y が確率のことがある。たとえば，企業の倒産確率を説明するモデルを立てて，企業の評価をしたい場合が挙げられる。消費者が，複数のブランドから，特定のブランドを選択する可能性（確率）を知りたい場合も当てはまる。通常は，確率の原因と思われる変数を説明変数，確率を従属変数として，回帰モデルを設定する。しかし，従属変数が確率であることから，回帰値が 0 と 1 に挟まれるような，特別なモデルが必要となる。

　消費者のブランド選択の場合には，ブランド A を購入した場合に得られる効用 V_A と，ブランド B から得られる効用 V_B を比較して，消費者は，大きいほうを選択すると仮定する。この効用は，価格 p のような説明変数で大部分説明されるとしよう。また，説明しきれない部分を確率的誤差項 e_A, e_B とし，回帰モデルのように，

$$V_A = p_A\beta + e_A$$

および

$$V_B = p_B\beta + e_B$$

と表現する。β は回帰係数であり，価格に対する反応を示す。この表現を使えば，ブランド A が選択される確率は

$$\begin{aligned} P(A) &= P(V_A > V_B) = P(p_A\beta + e_A > p_B\beta + e_B) \\ &= 1 - P\{e \leq -(p_A - p_B)\beta\} \\ &= 1 - F_e\{-(p_A - p_B)\beta\} \end{aligned}$$

と表される。ここで $e = e_A - e_B$ であり，F_e は e の分布関数とする。e の分布を

$$\widehat{y}_i = 18.8 - 0.117 x_i - 1.948 D_i$$
$$(18.4, 0.000)\ (-10.0, 0.000)\ (-3.45, 0.007)$$
$$\bar{R}^2 = 0.901, \quad F = 51.3(0.000)$$

と計算された。各統計指標は，有意水準 1% で有意な結果になる。したがって，製造過程における不良品製造個数は男女で差がある。定数項は男で

正規分布と似ている極値分布と仮定すると，A を選択する確率は

$$P(A) = \frac{\exp(p_A\beta)}{\exp(p_A\beta) + \exp(p_B\beta)} = \frac{1}{1+\exp\{-(p_A - p_B)\beta\}}$$

となる．関係式，$P(B)=1-P(A)$ を使っている．

これはロジット・モデルと呼ばれ，選択したブランドのデータ $\{A, B, B, \cdots A\}$ と，対応する価格データ (p_A, p_B) から反応パラメータ β を推定する．

誤差項 e に正規分布を仮定したモデルは，プロビット・モデルと呼ばれるが，選択確率は積分表現を含み，上記のように明示的には書けない．

企業倒産確率の場合には，倒産の可能性を示す指標を V として，それが企業の財務情報，たとえば (f_1, f_2) によって $V = f_1\beta_1 + f_2\beta_2 + e$ と表され，V が負のときに倒産するような変数とする．そのとき倒産確率は

$$P(倒産) = P(V<0) = F_e\{-(f_1\beta_1 + f_2\beta_2)\}$$

と表され，誤差項 e の分布の仮定によって，上述のモデルが適用可能となる．

ブランド効用や倒産指標は，いずれも直接には観測できない潜在変数である．こういったモデルのパラメータ推定には，最尤法が用いられてきたが，ベイズ統計による新しい推定法により操作性が拡大し，消費者や企業の細かい行動を説明するモデルとして，盛んに応用されるようになった．

18.8，女で 16.9 となり，約 2 個，女性のほうが不良品製造個数が少ない．

標準仮定の不成立

本章 1 節で説明したが，標準的正規線形回帰モデルに最小 2 乗法を適用した場合，最小 2 乗推定量が望ましい性質をもつためには，誤差項 $u_i, (i=1,2,\cdots,n)$ は，仮定

(2-a) $\quad E(u_i) = 0$

(2-b)　$V(u_i) = \sigma^2$

(2-c)　$Cov(u_i, u_j) = 0, \quad i \neq j$

を満たす必要がある。これらのうち、仮定 (2-a) は、Y の平均を調整すれば、回帰式は常に満たす。しかし、仮定 (2-b) および (2-c) は、満たされない状況がしばしば生じる。また、仮定 (2-b)，(2-c) は、推定量の性質に深く関わっている。

仮定 (2-b) が成立しない状況は、不均一分散 (heteroscedasticity) と呼ばれる。仮定 (2-c) が成立しない状況は、自己相関 (auto-correlation) と呼ばれる。これらの仮定が成立しているか否かの検定法、成立しない場合に発生する問題、その対処法などは、本書の水準を超えるので、章末に挙げた計量経済学の参考文献を参照されたい。

SECTION 6　Excel による重回帰分析

図 4-6 (127 頁) の形式で、Excel データが用意されているとき、売上高を y、従業員数を x_1、店舗面積を x_2 とする重回帰を計算する。

ツールバーの「データ」→「データ分析」→「回帰分析」までは単回帰と同じである。ウィンドウ (図 11-3) でのデータ入力範囲が異なり、「入力 X 範囲 (X)」において、D 列の従業員数と、E 列の店舗面積を範囲指定する。マウスを使い、セル D3 から E23 までをドラッグすれば、範囲指定ができる。

説明変数の入力範囲指定は、この例のように、データは互いに隣合せで用意されていなければならない。たとえば、説明変数 x_2 として、店舗面積ではなく、F 列の店舗数を指定したい場合には、シートの別の場所にコピーして、従業員数と店舗数のデータ列が、互いに隣接するように置く。

図 11-3 にあるようにチェックを入れ、[OK] をクリックして重回帰を実行すると、計算結果が別のシートに出力される。

図 11-4 は、単回帰の場合と基本的に同じだが、回帰係数の計算結果を示す上から 3 つ目の表を見ると、店舗面積に関する回帰係数の推定値および統計量が、新たに 1 行追加されている。

計算結果の読み方を、本章で説明した内容と対比して見てみよう。

図 11-3 ● 重回帰分析の入力

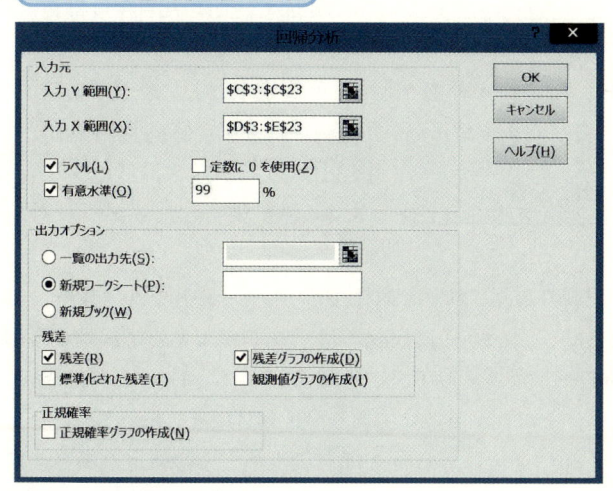

（回帰分析ダイアログボックス）

入力元
- 入力 Y 範囲(Y): $C$3:$C$23
- 入力 X 範囲(X): $D$3:$E$23
- ☑ ラベル(L)　☐ 定数に 0 を使用(Z)
- ☑ 有意水準(O) 99 %

出力オプション
- ○ 一覧の出力先(S):
- ● 新規ワークシート(P):
- ○ 新規ブック(W)

残差
- ☑ 残差(R)　☑ 残差グラフの作成(D)
- ☐ 標準化された残差(T)　☐ 観測値グラフの作成(I)

正規確率
- ☐ 正規確率グラフの作成(N)

図 11-4 ● 重回帰分析の結果

	A	B	C	D	E	F	G	H	I
1	概要								
2									
3		回帰統計							
4	重相関 R	0.96186153							
5	重決定 R2	0.92517761							
6	補正 R2	0.91637498							
7	標準誤差	114895.748							
8	観測数	20							
9									
10	分散分析表								
11		自由度	変動	分散	観測された分散比	有意 F			
12	回帰	2	2.77492E+12	1.38746E+12	105.1023588	2.69E-10			
13	残差	17	2.24418E+11	13201032997					
14	合計	19	2.99934E+12						
15									
16		係数	標準誤差	t	P-値	下限 95%	上限 95%	下限 99.0%	上限 99.0%
17	切片	-23367.7067	45757.32159	-0.510687818	0.616137263	-119907	73171.8	-155983	109247.6
18	従業員数	80.8098712	9.808580156	8.238692032	2.4403E-07	60.11558	101.5042	52.38234	109.2374
19	店舗面積	2863.68762	934.8440957	3.063278287	0.007036557	891.339	4836.036	154.2939	5573.081
20									
21									
22									
23	残差出力								
24									
25	観測値	予測値: 売上高（百）	残差						
26	1	908427.024	-104307.0244						

6　Excel による重回帰分析

回帰統計　出力シートの最上にある「回帰統計」の表に，本章4節で説明した自由度修正済決定係数 $\bar{R}^2$ が，補正 R2 という名前で出力されている．この例では，0.916 である．自由度調整をしない決定係数 R^2 は，重決定 R2 と記されているが，この値は 0.925 である．自由度修正済決定係数のほうが，値が小さい．

分散分析表　図11-4の上から2番目の「分散分析表」は，本章4節で説明したモデルの適合度検定の結果を示す．

E 列に記載の観測された分散比 105.10 は，説明変数の組 (x_1, x_2) が Y に影響を与えない，という帰無仮説に対する F 値である．B 列は自由度，C 列は回帰変動 ESS，残差変動 RSS，全変動である．D 列は ESS と RSS を自由度で割った値，その比が分散比であり，E 列目に与えられる．

検定の手順に従えば，たとえば有意水準 5% の検定の場合，自由度 $(2, 17)$ の F 分布表から境界値を求める．求まった境界値より 105.10 が大なら，帰無仮説を棄却する．しかし，本章4節で説明したように，この表では右端に，F 検定の P 値が，有意 F，「2.69E−10」と出力されている．これは，1% よりはるかに小だから，帰無仮説は棄却される．

t 値，P 値，信頼区間　3つ目の表に，係数推定値およびその関連統計量が記載されている．新たに追加された説明変数の係数推定値は，係数の列に，2863.7 と計算されている．

C 列は標準誤差だが，回帰係数の分散推定値の平方根，$\sqrt{\hat{V}(\hat{\beta})}$ である．D 列は t 値，E 列は P 値である．

従業員数 x_1 の係数推定値の t 値は，8.2 と大きく，P 値は，2.44E−07 = 2.44×10^{-7} と非常に小さい．有意水準が 1% でも，帰無仮説は棄却できる．店舗面積 x_2 に掛かる回帰係数の t 値は 3.06，P 値が 0.007 だから，この係数は 1% 検定で有意である．それに対して，切片の t 値は −0.51，P 値は 0.616 であり，有意水準 5% でも棄却できない．

同じ表の F 列と G 列には，回帰係数の信頼区間の下限および上限が，下限 95%，上限 95% と，出力されている．たとえば，x_1 係数の 95% 信頼区間は $[60.12, 101.50]$，x_2 係数に対する区間は $[891.3, 4836.0]$ となる．

H 列と I 列には，99% 信頼区間が出力されている．x_1 係数については

$[52.38, 109.23]$, x_2 係数については $[154.29, 5573.08]$ となる。

> **残差出力**

その次の表には残差 $\{y_i - \widehat{y}_i,\ i = 1, \cdots, 20\}$ が出力されている。観測値番号 i を x 軸, 残差 e_i を y 軸として, 散布図も描かれるが, これは残差プロットと呼ばれる。残差プロットを見れば, どの辺りでデータと回帰値がずれているか, あるいは逆に, よく説明されているかを, 視覚的に判断できる。本章 5 節で解説した, 不均一分散を判断する手がかりにもなる。

> **BOOK GUIDE** ● 文献案内

経済・経営の分野を念頭に置いた回帰分析の統計理論の参考文献は, 計量経済学という分野のテキストが適切であり, 下記の文献などが参考となろう。
 ①山本拓・竹内明香 [2013]『入門計量経済学——Excel による実証分析へのガイド』新世社。
 ②伴金美・中村二朗・跡田直澄 [2006]『エコノメトリックス（新版）』有斐閣。
 ③森棟公夫 [2005]『基礎コース 計量経済学』新世社。
 ④田中勝人 [2010]『計量経済学（第 2 版）』岩波書店。
 ⑤浅野晳・中村二朗 [2009]『計量経済学（第 2 版）』有斐閣。

> **EXERCISE** ● 練習問題

11-1 本章 4 節における重回帰分析の結果について
 (1) 切片の統計的有意性について議論しなさい。
 (2) Excel を利用して, 切片を含まない回帰モデルを推定しなさい（ヒント：切片を含まない回帰モデル $Y_t = \beta_1 X_{1t} + \beta_2 X_{2t} + e_t$ の推定は,「データ分析」→「回帰分析」の画面において, 入力 Y 範囲, 入力 X 範囲の次の行にある,「定数に 0 を使用」のオプションにチェックを入れて実行する）。
 (3) 切片を含まないモデルを推定して, 回帰係数の有意性, 多重共線性などを検討して, 最適な回帰モデルを選び, それから得られる結論を議論しなさい。

11-2 次頁のデータは, 10 の世帯に関する年間食費支出額と, 年収および家族人数のデータである。これに関して, 年間食費支出額 (Y) を, 年収 (x_1) と, 家族人数 (x_2) の 2 変数で説明する重回帰モデル

$$Y = \alpha + \beta_1 X_1 + \beta_2 X_2 + u$$

を Excel を用いて推定し，結果について検討しなさい．

食費支出額の決定

家計	食費支出額（10万円）	年収（百万円）	家族人数
1	29	11	6
2	13	3	2
3	21	4	1
4	23	7	3
5	29	9	5
6	28	8	4
7	16	5	2
8	20	7	2
9	26	8	3
10	25	7	2

補論：数学付録

　この補論では，単回帰式における最小2乗推定量の導出と，その分布をまとめて説明する．第4章と異なり，推定量の導出には，標準的な最小化法を用いるが，この手法は重回帰式における推定量に一般化できる．第4章では，y_i を観測値とするが，この章のように確率変数 Y_i としても，手続きはまったく変わらない．

最小化の1次条件と正規方程式

　正規方程式 (4.6) 式および (4.7) 式を，a および b に関する残差平方和の最小化によって導く．最小化の必要条件として，RSS の a と b に関する偏微分を0と置くが，これは **1次条件** と呼ばれる．一般の回帰における正規方程式，(11.34)，(11.35)，(11.36) 式も，同じ手続きによって，導くことができる．

　偏微分とは，変数は a と b の2つがあるが，他方を固定しておいて，一方の微分を求めることである．たとえば，a に関する1次条件は，

$$\frac{\partial \text{RSS}}{\partial a} = 0$$

となる．b を固定して，a に関する微分を求めると理解してよい．実際に，偏

微分を求めてみよう。RSS は n 項から成立するので, i 番目の項だけを取り上げると, b を固定するので

$$\frac{\partial (y_i - a - bx_i)^2}{\partial a} = (-2)(y_i - a - bx_i)$$

となる (a に関する微分になっている)。このような項が n 個ある。和を取ると,

$$\frac{\partial \text{RSS}}{\partial a} = (-2)\sum_{i=1}^{n}(y_i - a - bx_i) = 0 \qquad (11.51)$$

となる。この式を整理すれば, (4.6) 式が導かれる。

次に, b に関する1次の条件は,

$$\frac{\partial \text{RSS}}{\partial b} = 0$$

となる。i 番目の項だけを取り上げると, a を固定して

$$\frac{\partial (Y_i - a - bx_i)^2}{\partial b} = (-2x_i)(y_i - a - bx_i)$$

となる (b に関する微分になっている)。このような項が n 個あるので, 和を取ると,

$$\frac{\partial \text{RSS}}{\partial b} = (-2)\sum_{i=1}^{n}(y_i - a - bx_i)x_i = 0 \qquad (11.52)$$

となる。この式を整理すれば, (4.7) 式が導かれる。

最小化の 2 次条件

最小化のための1次条件は, 正規方程式に一致する。そして, この両式を満たす a と b が, 推定値となる。ところが, 数学的には, この解が, RSS の最小値をもたらすのか, 最大値をもたらすのかの判別ができない。ここで, 2次関数では, 最大値も最小値も, 接線の勾配が 0 になる点として求められることを思い起こそう。2次関数に関する条件を 2 変数の関数に拡張したのが, 上に示された最小化の1次条件である。

1次条件の解が最小値であるためには, 2次条件が成立することを確認しないといけない。最小化の2次条件は, 変数に関する 2 次の偏微分行列の性質により定まる。2次の偏微分は, 1次の偏微分式を再度偏微分して求める。実際に計算すると,

$$\frac{\partial^2 \text{RSS}}{(\partial a)^2} = 2n$$

$$\frac{\partial^2 \text{RSS}}{(\partial b)^2} = 2\sum_{i=1}^{n} x_i^2$$

$$\frac{\partial^2 \text{RSS}}{\partial b \partial a} = 2\sum_{i=1}^{n} x_i$$

となる。偏微分の行列は，対称行列で

$$\begin{pmatrix} \dfrac{\partial^2 \text{RSS}}{(\partial a)^2} & \dfrac{\partial^2 \text{RSS}}{\partial a \partial b} \\ \dfrac{\partial^2 \text{RSS}}{\partial b \partial a} & \dfrac{\partial^2 \text{RSS}}{(\partial b)^2} \end{pmatrix} = 2 \begin{pmatrix} n & \sum_{i=1}^{n} x_i \\ \sum_{i=1}^{n} x_i & \sum_{i=1}^{n} x_i^2 \end{pmatrix}$$

となる。この行列が，正値定符号になることが，最小化のための 2 次条件である。第 13 章の補論（443 頁）に，固有値および正値定符号行列の説明があるので，参照されたい。

正値定符号とは，その行列の固有値が正であることに等しい。あるいは，任意のベクトルを前後から掛けた 2 次形式をつくると，2 次形式が常に正であることと，正値定符号であることは同値である。後者を示そう。

2 次形式は，

$$\begin{pmatrix} v & w \end{pmatrix} \begin{pmatrix} n & \sum_{i=1}^{n} x_i \\ \sum_{i=1}^{n} x_i & \sum_{i=1}^{n} x_i^2 \end{pmatrix} \begin{pmatrix} v \\ w \end{pmatrix}$$

だが，これが正になることを示すのだから，ベクトルの要素を 0 でない変数，たとえば v で割っても性質は変わらない。そうすると，2 次形式は

$$\begin{pmatrix} 1 & z \end{pmatrix} \begin{pmatrix} n & \sum_{i=1}^{n} x_i \\ \sum_{i=1}^{n} x_i & \sum_{i=1}^{n} x_i^2 \end{pmatrix} \begin{pmatrix} 1 \\ z \end{pmatrix}$$

$$= n + 2 \left(\sum_{i=1}^{n} x_i \right) z + \left(\sum_{i=1}^{n} x_i^2 \right) z^2$$

となる。これは，z に関する 2 次関数である。この 2 次関数が常に正であるこ

とを証明すればよいが，判別式を求めて整理すれば，

$$D = -n^2 \sum_{i=1}^{n} (x_i - \bar{x})^2$$

となり，明らかに負になる．つまり，2次関数は x 軸より上にある．

最小2乗推定量の分布 ここでは，Y_i を確率変数として，(11.8) から (11.13) 式で示された，最小2乗推定量の期待値，分散，および標本分布を導く．β の最小2乗推定量 (11.4) 式は，$\sum_{i=1}^{n}(x_i-\bar{x})\bar{Y}=0$ だから，

$$\widehat{\beta} = \frac{\sum_{i=1}^{n}(x_i-\bar{x})Y_i}{\sum_{i=1}^{n}(x_i-\bar{x})^2} \tag{11.53}$$

と簡単化して表現できる．ウェイトを

$$w_i = \frac{x_i - \bar{x}}{\sum_{j=1}^{n}(x_j-\bar{x})^2}, \quad i = 1, \cdots, n \tag{11.54}$$

と定義すると，最小2乗推定量 $\widehat{\beta}$ は

$$\widehat{\beta} = \sum_{i=1}^{n} w_i Y_i \tag{11.55}$$

と書かれ，線形推定量になっている．本章1節で説明した回帰モデルの標準的仮定(1)により説明変数は既知であるから，ウェイト w_i も既知となる．また，ウェイトには，次の性質がある．容易であるので各自確認すること．

$$\sum_{i=1}^{n} w_i = 0 \tag{11.56}$$

$$\sum_{i=1}^{n} w_i x_i = 1 \tag{11.57}$$

$$\sum_{i=1}^{n} w_i^2 = \frac{1}{\sum_{i=1}^{n}(x_i-\bar{x})^2} \tag{11.58}$$

これらのウェイトに関する性質を利用すると

補論：数学付録　375

$$\widehat{\beta} = \sum_{i=1}^{n} w_i Y_i$$

$$= \sum_{i=1}^{n} w_i(\alpha + \beta x_i + u_i)$$

$$= \alpha \sum_{i=1}^{n} w_i + \beta \sum_{i=1}^{n} w_i x_i + \sum_{i=1}^{n} w_i u_i$$

$$= \beta + \sum_{i=1}^{n} w_i u_i \tag{11.59}$$

となる．両辺の期待値を取れば，誤差項の仮定 (2-a) より

$$E(\widehat{\beta}) = \beta + \sum_{i=1}^{n} w_i E(u_i) = \beta \tag{11.60}$$

が得られ，不偏性 (11.8) 式が証明される．分散は

$$V(\widehat{\beta}) = E(\widehat{\beta} - \beta)^2$$

$$= E\left(\sum_{i=1}^{n} w_i u_i\right)^2$$

$$= \sum_{i=1}^{n} w_i^2 E(u_i^2) + \sum_{i \neq j} w_i w_j E(u_i u_j)$$

となる．誤差項の仮定 (2-b)，(2-c)，さらに，ウェイトの性質 (11.58) を利用すると

$$V(\widehat{\beta}) = \sigma^2 \sum_{i=1}^{n} w_i^2 = \frac{\sigma^2}{\sum_{i=1}^{n}(x_i - \bar{x})^2} \tag{11.61}$$

と，(11.9) 式が求まる．

最後に分布の評価を行う．第 7 章補論 A，定理 7.6（237 頁）などで示されるように，「c_i を定数とすると，独立に分布する正規確率変数 $v_i, (i = 1, 2, \cdots, n)$ の線形結合 $\sum_{i=1}^{n} c_i v_i$ の分布は，やはり正規分布である」という性質があり，正規分布の再生性と呼ばれる．(11.59) 式で示したように，$\widehat{\beta}$ は，正規分布に従う u_i の線形結合である．(2-d) が仮定されれば，正規分布の再生性により，$\widehat{\beta}$ は，正規分布に従う．平均と分散は上で与えられたので，(11.12) 式が証明される．

切片の最小 2 乗推定量 $\widehat{\alpha}$ についても同様であるので，証明は，省略する．

> **最良線形不偏推定量
> （BLUE）**

最後に，β に関する最小分散線形不偏推定量が $\hat{\beta}$ であるというガウス=マルコフの定理の，証明方法の概略を説明しておこう。線形な推定量とは，(11.55) 式で見たように

$$b = \sum_{i=1}^{n} f_i Y_i$$

と表現できる Y_i の 1 次関数のことである。ただし，係数 f_i はすべて所与とする。これが推定量である。たとえば，f_i として $(1/n)$ を利用すると，b は標本平均 $\bar{Y}$ となる。しかし，$\bar{Y}$ を β の推定量として使う人はいない。このように，線形推定量というだけでは，b の範囲は余りにも広すぎるから，b は β の不偏推定量である，という追加の条件を課す。この条件により，(11.56) 式と (11.57) 式で見たように，

$$\sum_{i=1}^{n} f_i = 0, \quad \sum_{i=1}^{n} f_i x_i = 1$$

という追加的な制約が生まれる。この追加制約のもとで，b を展開すると，

$$b = \beta + \sum_{i=1}^{n} f_i u_i$$

となる。b の分散を計算すると，

$$V(b) = \sigma^2 \sum_{i=1}^{n} f_i^2$$

となる。これが，一般の線形不偏推定量の分散である。そして，証明はしないが，この分散を最小にする f_i が，w_i になる。

補論：数学付録　377

第12章 時系列分析の基礎

ジョン・グラーント (1620-1674) は *Observations upon the Bills of Mortality* (1665年) において，ロンドンにおける死亡者数の時系列データより男女比を調べる。しかし，これはロンドンの経済事情に影響を受けるとして，次に出生数を通して男女比を調べ，一夫一婦制の正当性などを説く。　　　　　　　（一橋大学社会科学古典資料センター所蔵）

CHAPTER 12

KEYWORD
FIGURE
TABLE
COLUMN
EXAMPLE
BOOK GUIDE
EXERCISE

本章では，変数の時間的な変化を分析の対象に置く。時間的な変化が観測される変数を時系列変数と呼び，X_t ($t=1, 2, \cdots, n$) と表記する。このような系列の分析は，系列をプロットすることから始まる。もとの系列を原系列というが，最初に原系列をプロットして，その特色を検討する。次に，経済分析では原系列の対数値や，原系列の階差 ($X_t - X_{t-1}$) 系列のプロットを描く。階差は差分ともいわれるが，増加分あるいは減少分である。階差系列を検討することにより，平均や分散の変化を見出すことができる。原系列の変化率をプロットすることもある。このようなプロットにより，原系列に隠されている特性を検証する。

時系列分析法の中で最もよく使われるのが自己回帰法である。また，自己回帰法と同様によく使われる移動平均法では，ノイズのラグ値が分析に使われる。

INTRODUCTION

> **KEYWORD**
>
> 時系列変数　原系列　トレンド　階差系列　階差演算子　対前年増加率　離散型成長率　連続型成長率　自己相関係数（AC）　標本AC係数　ラグ　標本AC関数　ホワイト・ノイズ　標本自己共分散　母自己相関係数　母自己共分散　定常性の条件　境界　構造式アプローチ　自己回帰式（AR）　ノイズ　ショック　イノベーション　ラグつき変数　自己回帰係数　ブラック・ボックス　定常性　初期値　自己回帰過程の移動平均化　エラーショック表現　無限次移動平均　最小AIC規準　標本偏自己相関（PAC）係数　偏り（バイアス）　フィルター　診断検定　構造変化　異常値　移動平均（MA）過程　反転　反転可能性条件　多項式の根　自己回帰移動平均（ARMA）　母偏自己相関関数　母自己相関関数　差分　和分過程　単位根検定

SECTION 1　時系列プロット

　時系列分析では，まず原系列をプロットして，時系列の性質を検討する。次に原系列の対数値や，差分値をプロットする。原系列の変化率をプロットして，原系列の特性を分析することもある。

　例として，内閣府経済社会総合研究所のホームページから取り出したGDP系列を利用する。データは本章の補論に与えられている。

> **原系列**

　実質GDP系列は，1955～2004年までの50期で，図12-1では，1956年以降の原系列が示されている。原系列は単調な増加線になる。目盛りは左軸に取られており，単位は10億円である。1956年は53兆円ほどの値を示し，1996年はおおよそ500兆円になっている。バブル崩壊期の停滞をすぎて，2004年には530兆円になる。日本の実質GDPがこの期間に，10倍になるまで増加してきたことが理解できよう。

　時系列分析では，トレンドという用語がしばしば使われる。この場合のトレンドとは，観測時点tの1次式を意味する。GDPでいえば，GDPが西暦年数の1次式の性質をもち，プロットが直線に近い様子を示すことである。

FIGURE 　図 12-1 ● 実質 GDP と対数実質 GDP

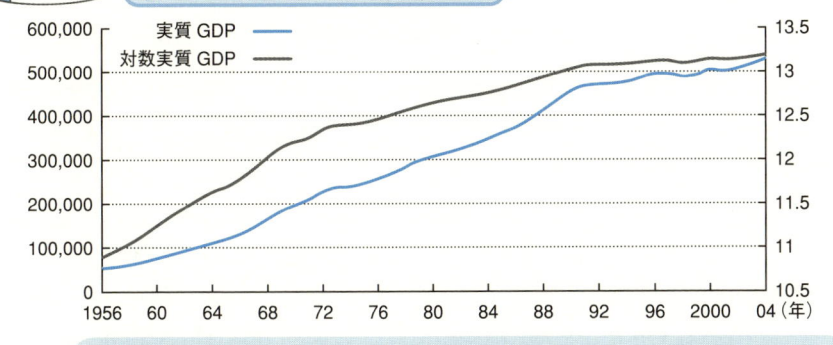

実質 GDP は左軸を目盛りとし，単位は 10 億円とする。対数系列は右軸を目盛りとする。

時系列にトレンドが含まれていれば，おおよそ右上がりあるいは右下がりの図がもたらされる。図 12-1 の実質 GDP は滑らかな右上がりになっており，この期間にはトレンドが見られる。

対数系列

原系列を検討すると，時間とともに系列の変動幅が徐々に大きくなることがある。そのような系列は，対数値をプロットして，変化の具合を調べることが多い。不均一分散を緩和するという目的で使われる。GDP の例では，もともとの系列が単調であるのでこのような対数変換は必要でないと考えられる。実際，対数変換したGDP をプロットすると非常に滑らかな図形となる。図 12-1 では，右軸を座標として，自然対数値をプロットする。

階差系列

GDP の原系列にはトレンドが含まれる。トレンドの変化を検出する場合は，原系列を検討するより，原系列の階差あるいは差分を取った階差系列に関する図を検討するほうが特色が把握しやすい。式を使って説明すると，ε_t を平均が 0，分散 σ^2 の互いに独立な確率変数として，時系列 X_t が単純なトレンド（観測時 t の 1 次式と誤差項 ε_t の和）

$$X_t = \mu + t\alpha + \varepsilon_t \tag{12.1}$$

1　時系列プロット　381

と表現できるならば，階差系列は

$$\Delta X_t = X_t - X_{t-1} = \alpha + (\varepsilon_t - \varepsilon_{t-1}) \tag{12.2}$$

となり，平均は定数になる．ここで Δ は階差演算子（オペレーター）と呼ばれる．もし階差プロットが一定の値を中心として振動するならば，原系列には1つのトレンドがあるといえる．図12-2のグレーの線はGDP階差系列のプロットだが，階差の計算は1956年から始まるので，1955年の観測値が欠如している．目盛りは左軸を使う．1970年までは階差の中心は増加傾向を示す．1970年から1990年は共通の中心をもつようである．1990年以後は負の平均をもっているようだ．また，階差の絶対額も −6.5兆円（1998年）から23兆円（1990年）までばらついており，全体として，安定した時系列であるとは考えられない．階差の変動が何らかの定数を中心にしているようにも見えない．

成長率　　図12-2のブルーの線は成長率だが，成長率は対前年増加率のことであり

$$r_t = \frac{\text{GDP}_t}{\text{GDP}_{t-1}} - 1, \quad t = 1956, 1957, \cdots, 2004 \tag{12.3}$$

と定義される．この成長率を離散型成長率と呼ぶ．株式の成長率など観測個数の多い系列については，株式価格を X_t とすれば，自然対数を用い，

$$\log \frac{X_t}{X_{t-1}} = \log(X_t) - \log(X_{t-1}) \tag{12.4}$$

と定義する．連続型成長率という．成長率が小さな値を取るときは，2つの成長率には違いは見られず，ほとんど同じ値になる．後者は $\log(X_t)$ と $\log(X_{t-1})$ の差になっているので，図12-1で示されている対数系列の階差系列にほかならない．階差の系列が成長率という新しい意味をもたらすので，分析上便利なことが多い．

　成長率は実質GDPの増加分あるいは減少分の割合を意味する．図12-2では成長率の計算も1956年から始まるので，1955年の観測値が欠如している．目盛りは右軸に示されるが，1973年まではほとんどの年において成長率が8%を中心として変動していることがわかる．1974年はオイルショックにより成長率が負の値を取る．1975年以後は4%を中心として変動しているようだ．1980年代後半はバブル景気の高成長率が見られ，1990年代はバブルの崩

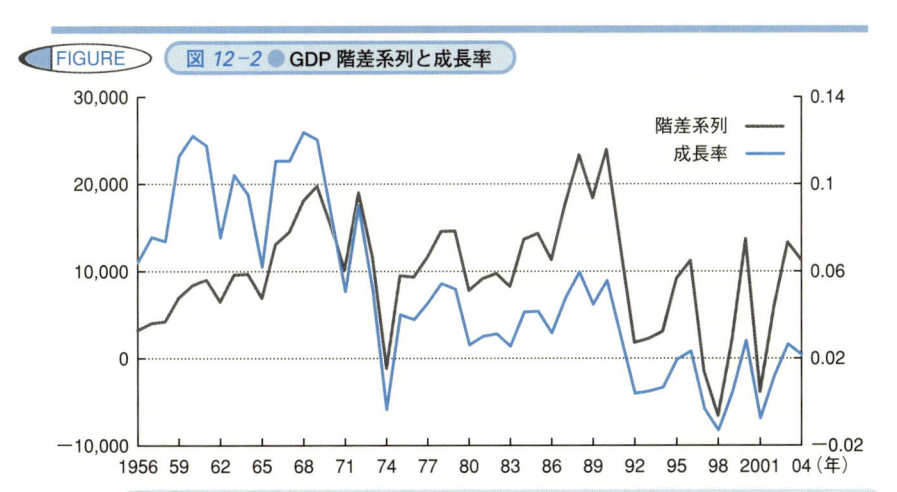

> **FIGURE**　図 12-2 ● GDP 階差系列と成長率

階差系列は左軸を目盛りとし，単位は 10 億円。成長率は右軸を目盛りとする。

壊期となる。

　成長率の平均も安定していない。しかし，階差系列に比べれば変動範囲が −0.02 から 0.14 であり，変動幅がとくに大きいとはいえない。階差系列と比べれば，日本経済の動向をよりよく表現しているともいえる。とくに 1950 年代後半は GDP 水準が低いから，階差系列は大きな絶対値を取らないが，成長率に変換すれば他の期間と比較しうる値になる。成長率は，差分を GDP_{t-1} で割った値に等しいので，2 系列の波はよく似た形状になっている。

　階差系列と成長率の図形による分析をもとに，以下では成長率を中心に推定を行う。

SECTION 2　自己相関

標本自己相関係数　　同じ系列の中で，観測値の時間的な依存度を測る測度として自己相関係数（auto-correlation coefficient：AC，以下，この省略を使う）が知られている。標本 AC 係数は，原系

2　自己相関　383

列と，原系列をある期間ずらした系列の間で計算された標本相関係数である。そしてこの標本相関係数を，ずらした期間幅の順序に整理したものが標本 AC 関数である。たとえば原系列を $\{X_1, X_2, \cdots , X_n\}$ とすれば，原系列を 1 期ずらした系列は $\{$なし$, X_1, X_2, \cdots , X_{n-1}\}$ となる。明らかなように原系列を 1 期ずらしたために，ずらした系列には最初の観測値が存在しなくなる。そして原系列と 1 期ずらした系列の間の相関係数を求めれば，1 次の標本 AC 係数が求まる。この計算では，観測個数が 1 個減ることに注意しよう。ずらした系列を，ラグ系列と表現する。この手続きに従って 1 期ずつ期間をずらしていき，標本 AC 係数を次々求めていく。そして求められた標本 AC 係数をずれ幅の順に整理して，標本 AC 関数と呼ぶ。

標本 AC 係数がすべて 0 であれば，その系列の時間的な結びつきはまったく存在しないことがわかる。典型的な例が，後出の (12.8) 式で説明されるホワイト・ノイズ（平均が 0，分散が一定，かつ互いに独立に分布する確率変数）である。逆に，標本 AC 係数が 0 でなければ，その系列は時間的に依存しており，この依存構造を分析する必要が生じる。

ラグ期間が k である k 次の標本 AC 係数は，

$$\mathrm{AC}(k) = \frac{\sum_{t=k+1}^{n}(X_t - \bar{X})(X_{t-k} - \bar{X})}{\sqrt{\sum_{t=1}^{n}(X_t - \bar{X})^2 \sum_{t=k+1}^{n}(X_{t-k} - \bar{X})^2}} \qquad (12.5)$$

$$\fallingdotseq \frac{\sum_{t=k+1}^{n}(X_t - \bar{X})(X_{t-k} - \bar{X})}{\sum_{t=1}^{n}(X_t - \bar{X})^2}$$

と定義される。$\bar{X}$ は，すべての観測値を用いた標本平均，分子を $(n-k)$ で割った値は標本自己共分散と呼ばれる。通常の相関係数とは分母が異なっているが，これは相関係数の分母に入るべき $(X_t - \bar{X})^2$ の総和と，$(X_{t-k} - \bar{X})^2$ の総和が大まかには同じであると考えられるからである。分子の計算では，$(n-k)$ 個の観測値が利用されるが，分母ではすべての観測値が使われる。

時系列のプロットを検討したならば，次にこの時系列の標本 AC 関数を求め，時系列の時間的な依存度を調べる。標本 AC 関数は標本 AC 係数を時間差の順に並べた数値列だが，要素となる標本 AC 係数が，系列の時間的な結びつきを検討するのに必要な基礎的な値になる。たとえば，今期の値と次期の値は似ている，と考えられることが多いだろうが，似ているという現象を数値

で示すのが標本 AC 係数である．同じく，今期と 2 期先の値は似ているだろうか，3 期先の値はどうなるか．こういった疑問に対する答えを提供するために，標本 AC 係数を次々計算して，標本 AC 関数を求める．

母自己相関係数　標本 AC 係数の背後にあるのは母自己相関係数（真の自己相関係数）で，理論的な値である母自己相関係数を推定する方法が標本 AC 係数である．母平均や母分散と同様に，真の値は

$$\rho(k) = \frac{Cov(X_t, X_{t-k})}{V(X_t)} \tag{12.6}$$

と定義される．分子は母自己共分散，分母は母分散である．もし，X_t と X_{t-k} が独立に分布するなら，分子の母自己共分散は 0 になるから，母自己相関係数も 0 である．これがホワイト・ノイズの場合である．このような理論的な自己共分散や分散は，十分に t が大きければ，観測時点 t に依存しないという前提条件が置かれる．母自己共分散は時間差 k にのみ依存し，分散は定数になる，このような条件を定常性の条件という．

標本自己相関係数の分散　データの分析に際しては，k 次の母自己相関係数が 0 であるという帰無仮説を検定することも必要である．検定には標本自己相関係数の分散が必要となるが，k 次の標本自己相関係数の分散は，k 次の自己相関が 0 であるという帰無仮説のもとで，

$$V(\text{AC}(k)) = \frac{1}{n} \left(1 + 2 \sum_{j=1}^{k-1} \rho(j)^2 \right) \tag{12.7}$$

にもとづいて推定できる（$k-1$ 次までの母自己相関は，0 とされない）．この値の推定は，$\rho(j)$ を $\text{AC}(j)$ に代えて行う．統計量の値は k とともに増加していく．

1 次の母自己相関係数が 0 であるという帰無仮説の検定では，$V(\text{AC}(1))$ は n 分の 1 である．図 12-3 では標準偏差をもとにして，その 2 倍を x 軸の上下にプロットしてある．いわゆる 2 シグマ（2 倍の標準偏差）である．これは各自己相関係数が有意であるかどうかを検定するための境界を示している．そして標本 AC 係数がこの境界を超えれば有意であり 0 でない．この境界内にとどまれば有意でないから「0 でないといえない」と判断する．この両側検定の有

2 自己相関 385

図 12-3 標本 AC 関数と 2 シグマ

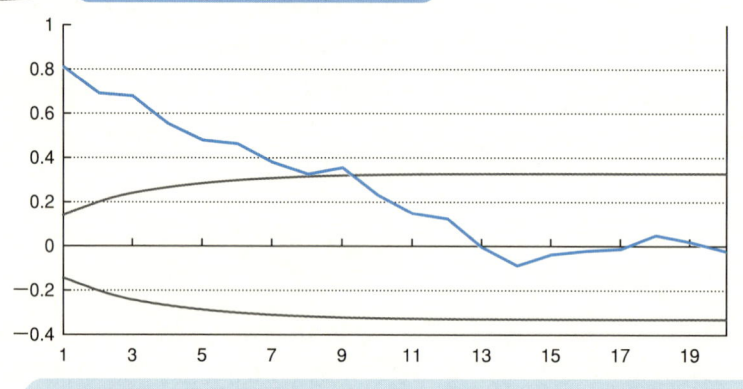

2 シグマ線は $\rho(k)=0$ の検定に使うが，$k-1$ 次までの自己相関係数は自由とする。

意水準は 5％ である。1％ の有意性検定ならば，標準偏差の 2.6 倍を境界とする。

例 12.1 GDP 系列に関する AC 関数を 20 次まで図示すると，図 12-3 のようになる。9 次までの AC は 2 シグマを超えており，有意である。したがって，GDP 系列は時間差が小さければ相関が高いと判断できる。また，10 次以上では，相関は無視できるだろう。とくに時点が離れるほど相関は低くなり，高次では無視できる。このような性質より，少なくとも個々の観測値が互いに独立であるホワイト・ノイズの性質はもっていないことがわかる。10 次までの値は次のようになる。

$$(0.81, 0.69, 0.68, 0.55, 0.48, 0.46, 0.38, 0.33, 0.35, 0.23)$$

SECTION 3　自己回帰（AR）法

線形回帰分析では諸変数を説明要因として，経済的な意味を備えた回帰式に

386　第 12 章　時系列分析の基礎

> **COLUMN** 12-1 時系列分析でノーベル経済学賞
>
> 時系列分析に関わる学者でクライブ・グレンジャー教授（1934-2009）の名前を知らないものはいないだろう。グレンジャー教授は斬新なアイデアで時系列分析に関するさまざまな研究成果を残しており，2003年にはノーベル経済学賞を受賞している。もともと有名な学者ではあったが，ノーベル賞の受賞の影響はやはり大きい。たとえば，グレンジャー教授が博士号を取得した出身校，イギリスのノッティンガム大学では，彼のノーベル賞受賞をきっかけに，経済学部の建物を「クライブ・グレンジャー・ビルディング」と名づけている。さらに，時系列分析の研究・教育拠点として「グレンジャー・センター」を設立し，時系列分析の研究の推進や研究交流の場に力を注いでいる。新しく建てた建物に名前を付けるのならまだしも，既存の建物の名前を変えてしまうとは，いやはや，ノーベル賞受賞の影響はやはり大きなものだと感服せざるをえない。
>
> クライブ・グレンジャー
> （写真提供：AFP＝時事）
>
> 一方，グレンジャー教授が長年，研究・教育の拠点としているカリフォルニア大学サンディエゴ校ではどうか。聞くところによると，グレンジャー教授はノーベル賞受賞をきっかけに，経済学部の建物のすぐ目の前に彼専用の駐車スペースをもらったそうだ。一番便利な場所に専用の駐車場をプレゼントするとは，ユーモアもあり，実用的でおもしろい。日本ではちょっと発想しにくいこのお祝い，いかにも車社会のアメリカらしいではないか。

よって被説明変数 X_t の値が定まると考えた。このような考え方は，回帰式が経済構造の骨組みを示しているという意味で，**構造式アプローチ**といわれる。しかし，時系列分析では被説明変数 X_t の変化は，同じ変数の過去の値，たとえば X_{t-1} によって説明されるとする。説明変数として同じ変数の過去の観測値（ラグ値）だけが選ばれている回帰式を，自己回帰式と呼ぶ。

1次の自己回帰式　説明変数が被説明変数の過去の値（ラグ値）になっている回帰式を**自己回帰式**（auto-regression：**AR**）と呼ぶ。日本の国内総生産（GDP）に自己回帰式を当てはめよう。変数 X_t が t 年のGDPであるとすると，簡単な1次の自己回帰式（AR(1)

は

$$X_t = c + \phi X_{t-1} + \varepsilon_t \tag{12.8}$$

となる．この式では，被説明変数 X_t の変動が，1期前の観測値 X_{t-1} によって説明されると考えられている．ε_t は回帰式の誤差項に似ており，X_{t-1} によっては説明しえない変動をまとめて示す．ただし，時系列分析では ε_t は誤差項ではなく，**ノイズ**（noise），**ショック**（shock），あるいは**イノベーション**（innovation）と呼ぶ．いずれも確率的な変動を意味するが，本章ではノイズという．ノイズは，平均が 0，分散は一定，かつ互いに独立に分布する確率変数であると仮定される．このような標準的なノイズを，**ホワイト・ノイズ**と呼ぶ．この仮定は，回帰式の誤差項に関する標準的な仮定と変わらない．変数の過去の値 X_{t-1} を**ラグつき変数**という．自己回帰式における回帰係数 ϕ を，1次の**自己回帰係数**と呼ぶ．係数に関しては，$|\phi| < 1$ という条件が課せられる．

　経済分析において自己回帰式とは，分析の対象となっている変数の変動を近似するために利用される．自然科学では現象の発生メカニズムとして，自己回帰式が考えられることもあろう．しかし経済分析では，今期の GDP が 1 期前の GDP とノイズによって生成されると考えるのは荒唐無稽で，もしこのような生成メカニズムが正しいなら，生産活動が行われなくとも，今期の GDP は前期の GDP によって生産されるということになる．

　経済現象では，さまざまな要因が，未知で複雑，かつ絶え間なく変化するメカニズムに投入（インプット）され，そしてこのメカニズムが GDP を産出（アウトプット）すると理解される．このメカニズムを簡潔な式の体系で表現しようとするのが**構造式アプローチ**である．時系列分析ではこのメカニズムを，あまりに複雑で捉えることができない**ブラック・ボックス**とみなす．そして，経済構造の骨組みを分析せず，アウトプットだけを捉え，その変動を近似しようと試みる．このような大胆な単純化のおかげで，経済変数に関する時系列予測は利用可能になり，時系列分析は容易な分析法として広く利用されるに至った．しかし一方で，経済構造を無視するという批判を受けることもある．

| AR 過程のノイズによる表現 |

1 次の自己回帰式 (12.8) は，定数項を分解して

$$X_t - \mu = \phi (X_{t-1} - \mu) + \varepsilon_t \tag{12.9}$$

と書くこともできる。(12.8) 式と (12.9) 式を合わせれば，定数項は

$$c = (1 - \phi)\mu \tag{12.10}$$

と定義されることがわかる。定数項は系列 X の平均 μ と自己回帰係数 ϕ で決まる。また，X_t の平均と X_{t-1} の平均は，定常性により値が変わらないとする。この式は

$$\mu = \frac{c}{1 - \phi}$$

と書いてもよい。他方，変数を X_t から $X_t - \mu$ に変換しても，自己回帰係数 ϕ は変化しない。

(12.8) 式はすべての t について成立するから，X_0 を 0 期の値として，$t = 1$ について，

$$X_1 = c + \phi X_0 + \varepsilon_1$$

が成立する。X_0 は観測期間以前の値なので，初期値という。第 2 期の変数は，

$$X_2 = c + \phi X_1 + \varepsilon_2 = (1+\phi)c + (\varepsilon_2 + \phi\varepsilon_1) + \phi^2 X_0$$

となる。ϕ の絶対値は 1 より小とし，同じ操作を繰り返していくと，第 t 期は

$$X_t = \mu + (\varepsilon_t + \phi\varepsilon_{t-1} + \cdots + \phi^{t-1}\varepsilon_1) + \phi^t X_0$$
$$\mu = (1 + \phi + \cdots + \phi^{t-1})c \fallingdotseq \frac{c}{1-\phi}$$

となる。μ は，X_t の平均である。t が十分大きいならば ϕ^t を 0 とみなしてよいから，X_t は

$$X_t = \mu + u_t \tag{12.11}$$
$$u_t = \varepsilon_t + \phi\varepsilon_{t-1} + \phi^2\varepsilon_{t-2} + \cdots \tag{12.12}$$

と表現できる。この表現により，X_t は平均 μ を除いて，無限次のホワイト・

3 自己回帰（AR）法

ノイズの系列によって生成されていることがわかる。ε_t の系列は X_t の重要な要素になっているわけで，それゆえ，ε_t は誤差項とは呼ばれず，ノイズなど他の名称で呼ばれる。

(12.11) 式を，自己回帰過程の移動平均化と呼ぶ。変数がノイズのみで表されているので，エラーショック表現ともいわれる。一般の自己回帰式も，定常性の条件が満たされていれば，このような無限次移動平均あるいはエラーショック表現を導くことができる。AR(1) では $|\phi| < 1$ が定常性の条件になる。したがって，定常性の条件は，時系列変数の理論的な平均や分散が観測時点に依存しないための条件であり，また他方で，自己回帰式を無限次の移動平均で表現するための条件にもなっている。

高次の自己回帰式

1次の自己回帰式を一般化することは容易である。p 次式 AR(p) は

$$X_t = c + \phi_1 X_{t-1} + \phi_2 X_{t-2} + \cdots + \phi_p X_{t-p} + \varepsilon_t \tag{12.13}$$

$t = p+1, p+2, \cdots, n$，だが，この式は最小2乗法で推定できる。以下，推定における基本的な注意を列挙しておこう。

(1) p 個のラグ変数を使うために，初期値に観測値が p 個必要で，観測個数は p 個減少する。したがって，(12.13) 式の推定であればラグつき変数が定数項を含めて $p+1$ 個あるから，残差平方和や t 統計量の自由度は，

$$n - p - (p+1) = n - 2p - 1$$

となる。ラグを1つ増やせば自由度が2減ることに注意しよう。

(2) 式のフィット（適合度）のよさは，各自己回帰係数に関する t 値と，式全体の決定係数 R^2 を用いて検討する。

(3) t 検定により，特定の項，たとえば X_{t-s} を排除する場合，s 次より低次のラグはすべて残し，高次のラグはすべて除くように式を定める。式は，

$$X_t = c + \phi_1 X_{t-1} + \phi_2 X_{t-2} + \cdots + \phi_{s-1} X_{t-(s-1)} + \varepsilon_t$$
$$t = s, s+1, \cdots, n \tag{12.14}$$

となる。X_{t-s} は除去するが高次の項である $X_{t-(s+1)}$ は残す，といった

判断はしないのが普通である。

(4) 残差に関する検定では，4節で説明される残差に関する自己相関関数，ふろしき検定などを使う。本書では説明しないが，回帰式の推定で使われるダービン=ワトソン検定は，ラグつき変数が右辺に入る場合は使えないことが知られている。

推定例と次数の選択 成長率に関する4次の自己回帰式 AR(4) の推定結果を示そう。ラグの次数は時点 t を除いて，下付添え字で示す。推定期間は 1960~2004 年で，

$$r = 0.03 + 0.71 r_{-1} - 0.12 r_{-2} + 0.42 r_{-3} - 0.16 r_{-4}. \quad (12.15)$$
$$\quad (1.5) \quad (4.8) \quad (-0.72) \quad (2.4) \quad (-1.0)$$

この式では，各ラグ項の係数とともに，係数の t 値が ( ) の中に与えられる。観測個数 45，決定係数は 0.721，RSS は 0.0182，対数尤度は 111.94，AIC は -4.753 となる。t 値は各係数が 0 という帰無仮説を検定するために使われるが，線形回帰の場合と異なり，帰無仮説のもとでの t 統計量の分布は，近似的に標準正規分布になる。したがって，c, r_{-2}, r_{-4} は有意にならない。最高次の項が有意でないので，次数を下げて推定を繰り返す。AIC は第 10 章補論「赤池情報量規準（AIC）」(344 頁) に説明が与えられているが，モデルの総括的な比較基準で，最小値を与えるモデルが最も望ましいと考えられる。

3次の自己回帰式 AR(3) は，推定期間が 1959~2004 年で

$$r = 0.03 + 0.68 r_{-1} - 0.09 r_{-2} + 0.30 r_{-3} \quad (12.16)$$
$$\quad (1.0) \quad (4.6) \quad (-0.48) \quad (2.0)$$

観測個数 46，決定係数は 0.698，RSS は 0.0209，対数尤度は 111.72，AIC は -4.683 となる。決定係数は少し下がり，RSS は増加する。係数推定値には大きな変化は見られないといってよいだろう。

2次の自己回帰式 AR(2) は，推定期間が 1958~2004 年で

$$r = 0.04 + 0.72 r_{-1} + 0.12 r_{-2} \quad (12.17)$$
$$\quad (2.0) \quad (4.8) \quad (0.82)$$

観測個数 47，決定係数は 0.672，RSS は 0.0229，対数尤度は 112.50，AIC は -4.660 となる。決定係数は少し下がり，RSS は増加する。r_{-2} の係数推定値が変化している。

1次の自己回帰式 AR(1) は，推定期間が 1957〜2004 年で

$$r = 0.05 + 0.82 r_{-1} \qquad (12.18)$$
$$(2.5) \ \ (9.6)$$

観測個数 48，決定係数は 0.667，RSS は 0.0235，対数尤度は 114.81，AIC は -4.701 となる。決定係数は少し下がり，RSS は増加する。係数推定値の変化は少ない。最小 AIC 規準によれば，AR(4) が選ばれる。

多くの例では観測個数は 100 を超えるが，その場合は対数尤度が重要な情報を与える。観測期間が共通であれば，対数尤度は右辺に入るラグ項が少ないほど値が減少する。この例では観測個数が少なく，またラグ項の数とともに観測期間が変わるため，ラグ項が少ないほど尤度が増加するという常識とは逆の結果になっている。尤度比検定を応用するためには，観測期間を，たとえば 1960 年以後に統一しないといけない。第 10 章の (10.55) 式，ならびに定理 10.1 を参照せよ。

自己回帰式の推定はこのように最小 2 乗法を各式に応用するだけで非常に容易である。しかし，自己回帰の次数を決める際には，各式の推定結果だけでなく，残差の性質を検討する必要がある。とくに残差に系列相関が残っていない式を選択することが必要であり，そのためにさまざまな検討を加える。ここでは，原系列，4 次の自己回帰式によりフィットした値，原系列とフィット値の差である残差を図 12-4 に示す。残差系列は図の下部に示され，右軸に目盛りが取られるが，系列相関は見られない。残差がとくに大きな値を示すのは 1974 年である。この年の残差は 2 シグマを超えているが，オイルショックの年でもありやむをえない結果であろう。次に大きな値を示すのは 1968 年だが，2 シグマには達していない。

> 標本偏自己相関（PAC）係数

自己回帰式の推定において，最高次の項の係数推定値は，標本偏自己相関（partial auto-correlation: PAC）係数と呼ばれる。自己回帰式の望ましい次数を選ぶ際には，この PAC が重要な役割を果たす。自己回帰式の次数を選択する際は，個々のラグ変数の t 値よりも，最高次係数の t 値をその判断材料にする。最高次のラグが有意であれば，それ以下のラグ次数がたとえ有意でなくとも，AR 式に低次の項を残しておく。

選ばれる式はできるだけ簡潔であることが望ましいが，回帰式は説明変数が

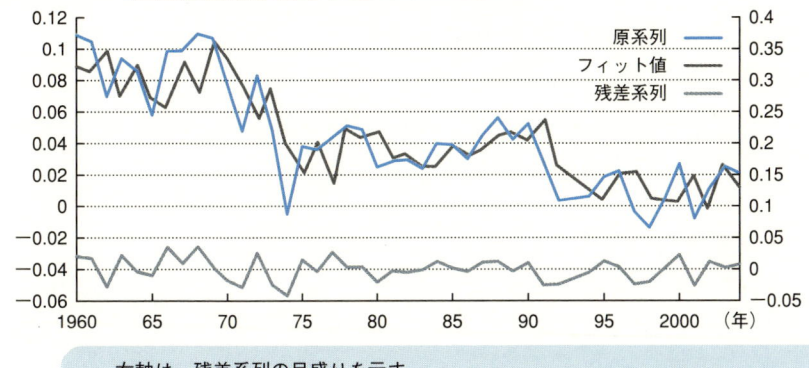

図 12-4 原系列，フィット値，残差の系列

右軸は，残差系列の目盛りを示す。

少なすぎると推定に偏り（バイアス）を生じる。説明変数が多すぎると，回帰式に推定上の偏りはないが，推定に無駄が生じ，有効性が失われる。観測期間が大であれば，偏りを避けるために少々次数を高くしておいたほうが安心である。

推定結果を並べると，1次から4次までの自己回帰式の，最高次ラグ項の係数は，

$$\{0.82(9.6), 0.12(0.82), 0.30(2.0), -0.16(-1.1)\} \qquad (12.19)$$

となる。これが1次から4次までのPACである。（ ）内に示したのは，最小2乗推定から得た各係数推定値のt値である。(12.18)式の値0.82は，すでに述べたACと一致する。なぜなら，途中のラグ項がないからである。この4個のPACに関してt検定を行うと，4次のPACは有意でないが，3次のPACが有意になる。しかし，観測個数が50しかないので，次数が1つ高いAR(4)式(12.15)を望ましい自己回帰式として選んでおこう。(12.15)式では，t検定を応用すれば2次のラグ項も有意でないと判断される。しかし，自己回帰式の推定においては，4次の式を選ぶ場合は，4次より次数の低い中間のラグ項を除去することはない。

PACの計算法

PACの計算法をAR(4)式 (12.15) について説明する。すでに述べたように，4次のラグ項係数の最小2乗推定値が4次のPAC, PAC(4) になっている。したがって，計算方法に関心がなければ，PAC(4) はAR(4) 式の推定によって求まると理解しておけばよい。比較のため，AC(4) の計算法を示すと，回帰式

$$r_t = a + b_4 r_{t-4} + 誤差$$

の b_4 係数の推定値となる。中間ラグの有無に違いがある。

改めてPACの計算法を示すと，次のようになる。まず r_{t-4} から，中間ラグ項の相関を除去する。これは，人工的な回帰式

$$r_{t-4} = a + b_1 r_{t-1} + b_2 r_{t-2} + b_3 r_{t-3} + 誤差$$

を設定して，この式を最小2乗法で推定し，残差を求めればよい。つまり，残差 r^*_{t-4} を

$$r^*_{t-4} = r_{t-4} - \widehat{b}_0 - \widehat{b}_1 r_{t-1} - \widehat{b}_2 r_{t-2} - \widehat{b}_3 r_{t-3} \tag{12.20}$$

という形式で求める。同様に，被説明変数 r_t から，中間ラグ項の相関を除去する。これも，同様の回帰計算を行い

$$r^*_t = r_t - \widehat{c}_0 - \widehat{c}_1 r_{t-1} - \widehat{c}_2 r_{t-2} - \widehat{c}_3 r_{t-3} \tag{12.21}$$

と残差を求める。そして，これらの残差2系列間の標本相関係数を計算すれば，PAC(4) が

$$\begin{aligned}\text{PAC}(4) &= \frac{\sum_{t=5}^n r^*_t r^*_{t-4}}{\sqrt{\sum_{t=5}^n (r^*_t)^2 \sum_{t=5}^n (r^*_{t-4})^2}} \\ &\fallingdotseq \frac{\sum_{t=5}^n r^*_t r^*_{t-4}}{\sum_{t=5}^n (r^*_{t-4})^2}\end{aligned} \tag{12.22}$$

と求まる。2行目は r_{t-4} の最小2乗推定量になっている。第1式における分母の平方根中の2項を，類似性を使って簡便化すると第2式になる。また，分子の r^*_t は，最小2乗推定法の特性により r_t に置き換えることができ，計算が簡単になる。

> **FIGURE** 図 12-5 ● 標本 PAC 関数と，2 シグマ線

> 2 シグマ線は，すべての自己相関が 0 であるという帰無仮説のもとで計算されている。

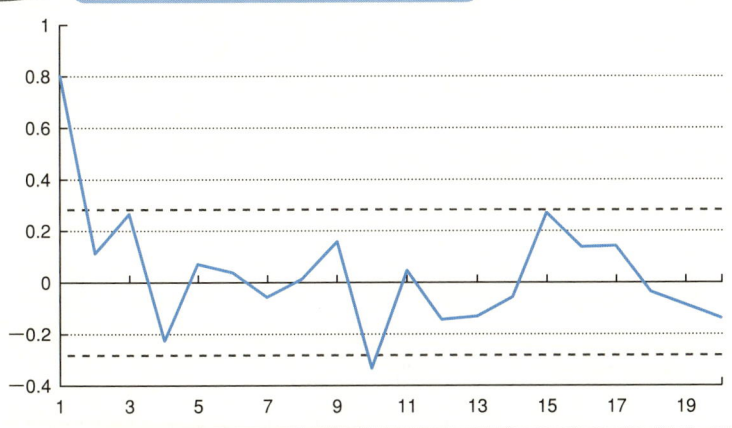

　多くの計算ソフトでは計算時間を短くするため簡略法が用いられており，得られる数値結果は必ずしも最小 2 乗推定値に一致しない。次は，計量分析用の計算ソフトである EViews で求めた 10 次までの PAC だが，(12.15) 式などの最小 2 乗推定値と異なる値を示している。

$$\{0.81, 0.11, 0.25, -0.23, 0.07, 0.05, -0.05, 0.02, 0.14, -0.35\}$$

ここで，以下の点に注意しよう。
(1) (12.18) 式から得る PAC(1) の値 0.82（あるいは上の行の 0.81）は，すでに述べた AC(1) と一致する。なぜなら中間ラグ項がないからである。
(2) 後で説明する診断検定に伴う残差の PAC では，PAC の分散は $(1/n)$ であり，線形回帰から求まる係数の標準偏差と異なる値になる。この例では，$n = 49$ とすると，標準偏差は 0.143 となる。

　標本 PAC 関数をプロットすると図 12-5 のようになる。2 シグマは，分散を $(1/n)$ として $(2/\sqrt{n})$ の点線で示した。2 シグマの値は 0.286 である。図 12-5 からは，3 次項 0.25 が有意でないが，(12.19) 式では 0.30 で，t 値は 2.0

3 自己回帰（AR）法 395

であり有意になる。PAC(4) も，図 12-5 では −0.23，(12.19) 式では −0.16 で，計算法の違いにより，値がかなり違う。10 次に有意な PAC がみつかるが，観測個数が少ないため，10 次の自己回帰式は項の数が多すぎると考えられる。ここでは，AR(4) を望ましい式としよう。

SECTION 4 　自己回帰推定の診断

　自己回帰式は，変数の原系列を特定のモデルで変換し，ホワイト・ノイズに近い性質をもつ残差を導くという役割を果たす。たとえば，原系列 r_t は時間に関して独立ではなく，互いに相関している。しかし，真のモデルが，たとえば AR(4) とわかれば，AR(4) 式から得た残差は，ホワイト・ノイズの性質をもつ。自己回帰式は，標準的な条件を満たさない時系列変数を，ホワイト・ノイズに変換していると理解するわけである。この変換をフィルター（濾過）と呼ぶこともある。汚れた水も，フィルターを通せばきれいな水に変えることができる。

　実際の時系列分析においては真のフィルターは未知であるから，すでに説明してきた方法で自己回帰式の推定を行う。次に選択された自己回帰式について，残差を計算する。そして計算された残差が，ホワイト・ノイズの条件を満たすかどうか検討する。これを診断検定 (diagnostic test) という。ここでは，(1) 残差のプロット，(2) 残差の標本自己相関 (AC) 関数，(3) ふろしき検定，を説明する。

残差のプロット

　時系列の平均や誤差の分散が観測期間の途中で変化することを構造変化 (structural change) という。このような構造変化は，残差のプロットを検討することにより検出することができる。残差が特定の観測点において異常に大きい値あるいは小さな値をとる異常値についても，同じく残差のプロットから検出できる。前掲の図 12-4 では AR(4) の残差を図示したが，この図からは平均の変化などの構造変化を見出すことはできない。散らばりの幅については，はっきりした変化の傾向は見られないが，はたして全期にわたり同じ分散を示しているかどうか疑問が残る。一般的にいって，残差分散の均一性を視覚的に判定したり統計的に検

定することは容易でない。

残差の標本 AC 関数

第 2 の診断は残差系列から計算した標本 AC 関数によるもので，統計的な検定を伴う。あらかじめ決めておいた期間について残差の AC を計算し，プロットする。このプロットにもとづいて残差に残っている時系列構造を検出しようとする。ホワイト・ノイズの AC 関数はすべての次数で 0 に近い値を示すが，これが時系列構造を検出する基準になる。何らかの時系列構造が残差に残っていれば，AC 関数はスパイク（尖り）を示し，0 とは有意に異なる値を示すはずである。スパイクが規則性を示すなら，なおさらである。残差がホワイト・ノイズであるという帰無仮説のもとでは，$\rho(k) = 0, (k = 1, 2, \cdots)$，

$$V(\text{AC}) = \frac{1}{n} \tag{12.23}$$

となる（(12.7) 式とは異なる。ここではすべての AC が 0 という仮説のもとで計算される）。だから 5% 検定の境界値は $\pm 1.96/\sqrt{n}$ あるいは $\pm 2/\sqrt{n}$ であり，この限界を超える AC は有意であると判定される。図 12-6 の AC プロットでは，有意な AC 値はまったく見られない。

　残差に関する標本 AC 係数の t 値は，標本 AC 係数に $\sqrt{n}$ をかけても求められる。この t 値による検定は，図 12-6 において AC が上下の有意性境界を超えるか否かの判定と同じである。

　自己回帰式の選択においては，原系列に関する標本 AC 関数のみならず標本 PAC 関数が分析に用いられたが，診断検定では残差に関する標本 AC 関数のみが使われる。これは残差系列に何らかの相関が残っていれば，残差の標本 AC 関数に反映され，有意な AC がみつかるからである。残差に関しては，標本 AC 関数は PAC 関数と非常によく似た変動を示すという経験にもとづいている。

ふろしき検定

診断検定ではふろしき統計量が重要である。推定された時系列過程の残差から計算された標本 AC 係数の平方和が統計量である。平方和を取る範囲は検定に先だって，たとえば k と決めておく。ふろしき統計量は，k 次までの AC 係数の推定値を使って

図 12-6 ● 残差の AC 関数と 2 シグマ

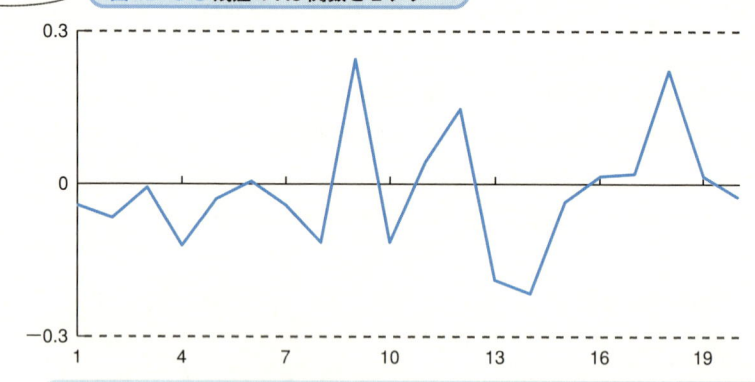

2 シグマ線は，すべての自己相関が 0 であるという帰無仮説のもとで計算されている。

$$Q(k) = n \sum_{i=1}^{k} \mathrm{AC}(i)^2, \text{ または} \quad Q^*(k) = n(n+2) \sum_{i=1}^{k} \frac{1}{n-i} \mathrm{AC}(i)^2 \quad (12.24)$$

と定義される。Q は Box-Pierce（ボックス=ピアース）検定，そして Q^* は Ljung-Box（リュン=ボックス）検定と呼ばれるが，実際の計算では両者に大きな差異は見出せない。Q はすべての母自己相関係数が 0 という帰無仮説のもとで漸近的にカイ 2 乗分布に従う。自由度は k から自己回帰の次数を引いた値である。この自由度は往々にして混乱されるが，定数項がモデルに含まれていても，自由度には影響しない。他方，残差ではなく，原系列に関して求めた Q 統計量では，係数を推定する必要がないので自由度は k になる。

　この検定ではすべての母自己相関係数が 0 であるという帰無仮説をもつが，対立仮説はとくに指定されていない。検定統計量の定義より，ある AC が大きな値をもつと，検定統計量の値が大きくなり，帰無仮説は棄却される可能性が高くなる。この現象は，異常値，不均一分散あるいは何らかの構造変化によっても生じることが予想される。したがってふろしき検定では，帰無仮説のモデルから何らかの乖離を含むモデルを対立仮説として考える。その乖離の内容は自由に考えてよいから，ふろしき検定と呼ばれるのである。

　AR(4) から計算された残差を回帰診断するため，ふろしき統計量とその有

意水準（P値）を8ラグ分まで示す。Q^*統計量は，kが5で自由度が1になり，検定統計量として意味をもつ。P値はすべての次数について5%を切ることはない。一般的に，残差に関するPACとACは極似するが，AR(4)の残差系列についても両者にほとんど差異がない。したがって残差には，ARおよび次節で説明するMA過程は残っていないと判断できる。

次数	1	2	3	4	5	6	7	8
Q^*	0.10	0.34	0.34	1.28	1.33	1.33	1.47	2.04
P	*	*	*	*	0.25	0.51	0.69	0.73

5 移動平均（MA）法

時系列分析においては，観測される変数 X_t についての自己回帰のみでなく，ノイズの移動平均が分析に利用される。移動平均過程という。最も単純な移動平均（moving average : MA）過程は，

$$X_t = \mu + u_t \tag{12.25}$$

$$u_t = \varepsilon_t + \theta \varepsilon_{t-1}$$

で，1次のMA過程と呼ばれMA(1)と記される。ただし ε_t は (12.13) 式における ε_t と同様，ホワイト・ノイズの条件を満たす確率変数である。ノイズをまとめて u_t と表記する。

ノイズは観測できない。MA過程では，観測できないノイズに関して1次の式を想定しているため，モデルの直感的な理解が難しい。しかし，このような表現から，u_t に関する性質を導くことができる。たとえば，1期前の u_{t-1} は $(\varepsilon_{t-1} + \theta\ \varepsilon_{t-2})$ であるから，u_t と u_{t-1} は共通な項 ε_{t-1} を含む。だから1次のMA過程では，隣のノイズ間の共分散が0にはならない。また2つのノイズの時間差が2以上あれば，共通な ε がなくなるので共分散は0となる。(12.25) 式から理解できるように，u_t の相関は，X_t の相関と変わらない。したがって，MA(1)では，観測できる変数 X_t と X_{t-1} は相関をもつが，ラグが2以上あれば相関がなくなる。これがMA(1)の特色である。

MA(k) は

$$u_t = \varepsilon_t + \theta_1 \varepsilon_{t-1} + \cdots + \theta_k \varepsilon_{t-k} \tag{12.26}$$

となる．この場合は，k 時点離れている u_{t-k} まで，共分散が 0 にならない．$k+1$ 時点以上離れれば，共分散が 0 になる．このように，u_t の有限時のラグが相関するのが，MA 過程の特色である．変数 X_t についても同じで，MA(k) により，k 次の時間差まで相関がある時系列変数を表現することができる．

このように考えると，AR 過程は無限次の MA 過程に変換できたから，観測できる変数 X_t は，無限次のラグまで相関をもつことになる．

AR 過程が最小 2 乗法で推定できるのと比べると，MA 過程の最尤推定は反復計算を必要とする非線形関数の最適化を含み，困難である．しかし，最近は分析ソフトが発達し，低次の MA 過程は，次数を指定するだけで推定できるようになった．

MA 過程では，経済変数の変動が，観測できない確率変数 ε_t の変動で説明されるため，経済分析において好まれて利用されることはない．言葉は十分ではないが，ε_t はいわばゴミのようなもので，経済変数の変動をゴミの和によって説明しようとするのは，経済的な意味合いに欠けると考えられるからである．このため，MA 過程が経済分析で単独で利用されることはほとんどない．

MA 過程の AR 表現

自己回帰式の説明，本章 3 節 (12.11) 式において，AR 過程が定常性の条件を満たせば時系列変数をノイズ ε_t だけの 1 次式として表現できることを示した．これと同様に，ノイズの 1 次式である MA 過程を，時系列変数 X_t だけの 1 次式として表現することができる．これを，MA 過程の反転 (逆転) という．時系列変数の 1 次式とは AR 過程であるから，MA 過程の反転とは，MA 過程の AR 表現を意味する．また，反転可能性条件と呼ばれる AR 過程の定常性に類した条件が満たされるならば，MA 過程の AR 表現は一意になる．例として MA(1) を AR 化してみよう．MA(1) は

$$X_t = \mu + \varepsilon_t + \theta \varepsilon_{t-1} \tag{12.27}$$

であるから，ノイズは

$$\varepsilon_t = X_t - \mu - \theta \varepsilon_{t-1}$$

となる。このノイズを $t-1$ に当てはめると，

$$\varepsilon_{t-1} = X_{t-1} - \mu - \theta\varepsilon_{t-2}$$

だから，これをもとの式に代入すると，

$$X_t = \mu + \varepsilon_t + \theta(X_{t-1} - \mu - \theta\varepsilon_{t-2})$$
$$= (1-\theta)\mu + \theta X_{t-1} + \varepsilon_t - \theta^2\varepsilon_{t-2}$$

となる。代入を繰り返すと

$$X_t = (1-\theta+\theta^2-\cdots)\mu + \theta X_{t-1} - \theta^2 X_{t-2} + \theta^3 X_{t-3} + \cdots + \varepsilon_t$$
$$= c' + \theta X_{t-1} - \theta^2 X_{t-2} + \theta^3 X_{t-3} + \cdots + \varepsilon_t$$

となる。ここで，$c' = \mu/(1+\theta)$ と定義する。この近似式では $|\theta|<1$ と仮定するから，$\theta^m\varepsilon_{t-m}$ は 0，級数 $(1-\theta+\theta^2-\cdots)$ は $1/(1+\theta)$ で近似できる。時系列変数のラグは無限に続くので，MA 過程は AR(∞) に書き換えられている。

　AR の定常性の条件は AR 過程をノイズの 1 次式，つまり MA 過程で表現できるための条件であった。MA 過程は定義によりノイズの 1 次式であるから，常に定常である。条件 $|\theta|<1$ は，定常性のための条件ではなく，MA 過程を AR 過程で表現するために役立っている。

推定例　成長率に関する 4 次の移動平均式 MA(4) の推定結果を示そう。推定期間は 1956〜2004 年で，15 回の反復計算の結果

$$r = 0.05 + \varepsilon + 0.89\varepsilon_{-1} + 0.38\varepsilon_{-2} + 0.69\varepsilon_{-3} + 0.23\varepsilon_{-4} \quad (12.28)$$
$$\quad\quad (5.1) \quad\quad (6.0) \quad\quad (2.2) \quad\quad (3.9) \quad\quad (1.6)$$

となる。各ラグつきノイズ項の係数とともに，係数の t 値が（　）の中に与えられる。観測個数 49，決定係数は 0.686，RSS は 0.0222，対数尤度は 119.10，AIC は -4.65 となる。t 値は各係数が 0 という帰無仮説を検定するために使われるが，帰無仮説のもとでの t 統計量の分布は，標準正規分布とする。ラグつきノイズ項は，4 次の項を除いて有意になる。後で述べる MA に関する**多項式の根**は，$0.23 + 0.76i, 0.23 - 0.76i, -0.37, -0.98$ となり，最大根が -1 に

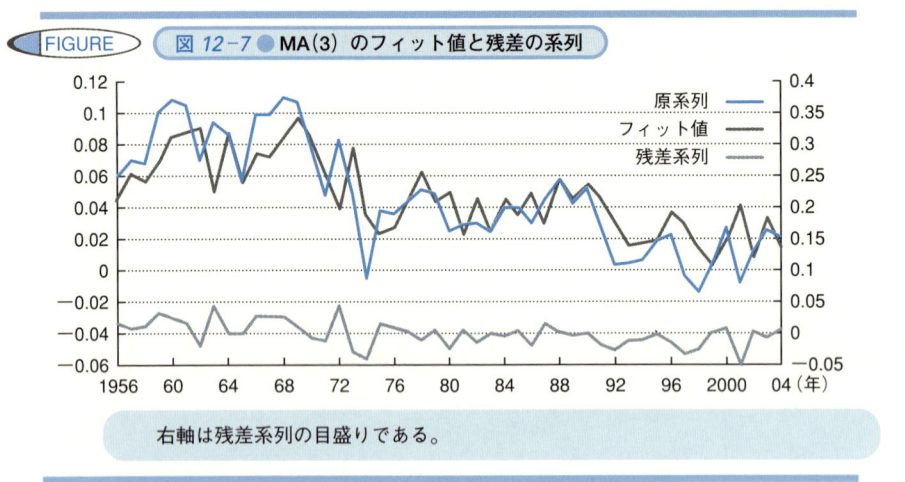

図 12-7 ● MA(3) のフィット値と残差の系列

右軸は残差系列の目盛りである。

近い。最高次の項が有意でないので，次数を下げて推定を繰り返す。後出の (12.36) 式を参照せよ。

3次の自己回帰式 MA(3) は，推定期間は同じで，12回の反復計算の結果

$$r = 0.05 + \varepsilon + 0.89\varepsilon_{-1} + 0.44\varepsilon_{-2} + 0.53\varepsilon_{-3} \quad (12.29)$$
$$(5.5)(7.2)\phantom{\varepsilon_{-1} + }(2.7)\phantom{\varepsilon_{-2} + }(4.2)$$

となる。決定係数は少し減少して 0.671，RSS は少し増加して 0.0232，対数尤度は少し減少して 117.99，AIC は −4.65 で同じになる。係数推定値には大きな変化は見られないといってよいだろう。MA 多項式の根は，$0.05 - 0.73i$，$0.05 + 0.73i$，-0.98 で，やはり最大根が -1 に近い。

2次の自己回帰式 MA(2) は，推定期間は同じで，9回の反復計算の結果

$$r = 0.05 + \varepsilon + 0.91\varepsilon_{-1} + 0.28\varepsilon_{-2} \quad (12.30)$$
$$(6.1)(6.4)\phantom{\varepsilon_{-1} + }(2.0)$$

となる。決定係数は減少して 0.564，RSS は増加して 0.0308，対数尤度は少し減少して 111.05，AIC は増加して −4.410 となる。r_{-2} の係数推定値が変化している。MA 多項式の根は，$-0.46 - 0.28i$，$-0.46 + 0.28i$ となった。

1次の自己回帰式 MA(1) は，推定期間は同じで，9回の反復計算の結果

$$r = 0.05 + \varepsilon + 0.97\varepsilon_{-1} \quad (12.31)$$
$$(6.9)(37.3)$$

FIGURE 図 12-8 ● MA(3) 残差系列の AC 関数と 2 シグマ

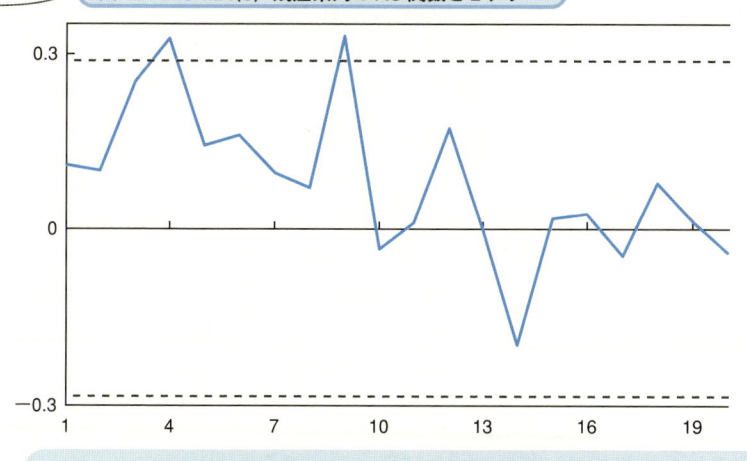

AC(4) が大きい値を取るため，ふろしき検定をパスしない。

となる。決定係数は減少して 0.546，RSS は増加して 0.0321，対数尤度は少し減少して 110.08，AIC はほぼ同じで −4.411 となる。係数推定値はあまり変化がない。MA 多項式の根は −0.97 で，ほぼ −1 である。

MA 式の推定においては，技術的に観測個数を一定にできるため，AR 式の場合のようにラグ数を減らしても対数尤度が増加するような逆現象は起きない。最大対数尤度をもたらす式が最も望ましいとすれば，MA(4) が選ばれる。項数が増えることに対するペナルティを入れた最小 AIC 規準によれば，MA(3) か MA(4) が選ばれる。MA 式の推定ではラグ次数はできるだけ少ないほうが推定も容易であるので，ここでは MA(3) を望ましい次数としておく。

移動平均過程の診断 推定結果を用いた診断は，自己回帰の場合と変わらない。(1) 残差のプロット，(2) 残差の標本 AC 関数，(3) ふろしき検定を先の推定例について調べてみよう。ただし，残差の計算は困難であるので，本書では PC ソフトの利用が可能であることを前提として説明を行う。フィット値を見てもとくに MA 過程の特色は見当たらないが，残差は，1963，1972，2001 年が 2 シグマを超え，1974 年は

5 移動平均 (MA) 法 403

2シグマに近い値になる。したがって，AR(4)と比べると，精度は落ちる。決定係数はAR(4)が0.715，MA(3)は0.667だから，精度の低下が確認できる。AICについても同様である。残差系列のAC関数は図12-8のようになる。AC(4)とAC(9)が2シグマを超えている。

ふろしき検定の結果は8次まで次表に示される。AC値も8次まで示すが，4次が2シグマを超える値であり，ふろしき検定統計量は4次で有意になる。一度有意になればそのまま有意であり続けるのがふろしき検定統計量の性質だが，P値が5%を超えることはない。ふろしき検定統計量はすべての次数で有意になる。したがって，残差系列がホワイト・ノイズであるという帰無仮説は棄却されてしまう。

MA(3)は不適切なモデルである。より高次のMAを推定することは可能だが，容易でない。MAモデルはもともと経済現象の理解には適切であると考えられていないので，推定結果の検討は3次でやめよう。

次数	1	2	3	4	5	6	7	8
AC	0.11	0.10	0.25	0.33	0.14	0.16	0.10	0.07
Q^*	0.63	1.17	4.60	10.5	11.6	13.1	13.7	14.0
P	*	*	*	0.001	0.003	0.004	0.008	0.016

SECTION 6 自己回帰移動平均（ARMA）法

AR過程において誤差項がMAであれば，このモデルを**自己回帰移動平均**（auto-regressive moving average：ARMA）という。経済分析においては系列の変動を説明する主要な部分は自己回帰であり，移動平均は付属部分である。最も簡単な例として，1次のARおよび1次のMA部分をもつARMA過程は

$$X_t + \phi X_{t-1} = \mu + \varepsilon_t + \theta \varepsilon_{t-1} \tag{12.32}$$

となる。次数を明示するためこの時系列はARMA(1,1)と記される。この時系列では，今期の変数値は，過去の値の1次式，ならびに今期以前の誤差項の1次式として表現されている。したがって，AR過程およびMA過程をそ

の特殊なケースとして含んでいる。ただし応用では，AR のラグ次数が MA の次数より長くなるのが自然である。

AR 過程が MA 化でき，かつ MA 過程が AR 化できるように，ARMA 過程を MA 過程や AR 過程に変換することも容易である。

(1) MA 化するには，(12.32) 式中の X_{t-1} を

$$X_{t-1} = -\phi X_{t-2} + \mu + \varepsilon_{t-1} + \theta \varepsilon_{t-2}$$

の右辺に置き換える。新たに出てきた X_{t-2} もさらに同様に置き換え，この手続きを反復する。この MA 過程はエラーショック表現と呼ばれる。

(2) AR 化するには，(12.32) 式中の ε_{t-1} を，

$$\varepsilon_{t-1} = X_{t-1} + \phi X_{t-2} - \mu - \theta \varepsilon_{t-2}$$

の右辺に置き換える。新たに出てきた ε_{t-2} もさらに置き換え，この手続きを反復する。

こうして求められた時系列過程は無限の項を含むから，$MA(\infty)$ とか $AR(\infty)$ のようにその次数を明記して示すことが適切であろう。ARMA 過程のモデルを選ぶとは，時系列変数の変動を，$MA(\infty)$ とか $AR(\infty)$ で示されるような複雑なモデルではなく，可能な限り項数の少ない簡潔なモデルで表現することである。

一般の ARMA 過程は，

$$X_t + \phi_1 X_{t-1} + \cdots + \phi_p X_{t-p} = \mu + \varepsilon_t + \theta_1 \varepsilon_{t-1} + \cdots + \theta_q \varepsilon_{t-q} \qquad (12.33)$$

となるが，次数を明示して $\mathrm{ARMA}(p, q)$ と表記する。ARMA を過去のノイズの 1 次式で表現するためには，AR 部分の係数を用いた多項式

$$1 + \phi_1 x^1 + \phi_2 x^2 + \cdots + \phi_p x^p = 0 \qquad (12.34)$$

の根の絶対値が 1 より大でないといけない。これを定常性の条件という。多項式は，

$$x^p + \phi_1 x^{p-1} + \cdots + \phi_p = 0 \qquad (12.35)$$

となっていることもあるが，この場合は根の絶対値が 1 より小であることが定

常性の条件となる。

ARMA の自己回帰への書き直しが可能であるためには，MA 部分の係数を用いた多項式

$$1 + \theta_1 x^1 + \theta_2 x^2 + \cdots + \theta_q x^q = 0 \tag{12.36}$$

の根の絶対値が 1 より大でないといけない。これを反転可能性条件という。この条件も，多項式が

$$x^q + \theta_1 x^{q-1} + \cdots + \theta_q = 0 \tag{12.37}$$

となっていれば，根の絶対値は 1 より小という条件に代わる。

推定例と診断 ARMA モデルの推定結果を示そう。自己回帰式の最尤推定では AR(4) を最終的に選んだので，比較のため AR(4) を再述すると

$$\begin{array}{c} r = 0.03 + 0.71 r_{-1} - 0.12 r_{-2} + 0.42 r_{-3} - 0.16 r_{-4} \\ (1.5) \quad (4.8) \quad (-0.72) \quad (2.4) \quad (-1.0) \end{array} \tag{12.38}$$

決定係数は 0.721, RSS は 0.0182, 対数尤度は 111.94, AIC は -4.75 であった。ARMA(4, 2) は，推定期間が 1960～2004 年で観測個数 45, 15 回の反復計算の結果，MA 部分の全体を u_t と記して

$$\begin{array}{c} r = 0.02 + 0.84 r_{-1} + 0.18 r_{-2} + 0.12 r_{-3} - 0.20 r_{-4} + u \\ (1.4) \quad (3.1) \quad (0.45) \quad (0.44) \quad (-1.3) \end{array} \tag{12.39}$$

となり，MA 部分は，

$$\begin{array}{c} u = \varepsilon - 0.33 \varepsilon_{-1} - 0.67 \varepsilon_{-2} \\ (-1.3) \quad (-2.6) \end{array} \tag{12.40}$$

となる。決定係数は 0.780, RSS は 0.0143, 対数尤度は 117.24, AIC は -4.90 となる。決定係数は改善し，RSS は減少する。観測個数が同じなので，定理 10.1 にもとづき，AR(4) との尤度比検定統計量を計算すると

$$Q = -2(111.94 - 117.24) = 10.6$$

となり，自由度が 2 のカイ 2 乗分布において，P 値は 1% 以下になる。係数

推定値は r_{-2} と r_{-3} の係数が大きく変化する。MA 部分は，2次の係数が有意になる。多項式の根の値を検討しよう。AR 部分については，(12.35) 式の形式で $(0.90, 0.65, -0.36 - 0.47i, -0.36 + 0.47i)$ となり問題はないが，MA 部分については，(12.37) 式の形式で $(1.0, -0.67)$ となる。

ARMA(4,1) は，推定期間が 1960～2004 年で観測個数 45，18 回の反復計算の結果，MA 部分の全体を u_t と記して

$$r = 0.02 + 1.4r_{-1} - 0.57r_{-2} + 0.37r_{-3} - 0.19r_{-4} + u \quad (12.41)$$
$$(1.1) \ (8.1) \quad (-2.2) \quad (1.4) \quad (-1.3)$$

となり，MA 部分は，

$$u = \varepsilon - 1.00\varepsilon_{-1} \quad (12.42)$$
$$(-15.9)$$

となる。決定係数は 0.766，RSS は 0.0153，対数尤度は 115.90，AIC は -4.64 となる。ARMA(4,2) より決定係数は多少悪化し，RSS は増加する。係数推定値は r_{-2} の係数が大きく変化する。自己回帰部分はともかく，MA 部分の根が 1 になる。AR(4) と比べると，尤度比検定統計量は

$$Q = -2(111.94 - 115.90) = 7.8$$

となり，自由度が 1 のカイ 2 乗分布において，P 値は 2.5% 以下になる。

推定結果は示さないが，ARMA(4,3) も MA 部分は根が 1 となる。結局，この時系列に関しては，MA 過程の根の 1 つが 1 であると考えてよい。

すでに述べたように，MA 部分がモデルに入ると推定が飛躍的に難しくなる。以上の推定は計量分析用の計算ソフトである EViews，S+FinMetrics，TSP を用いて計算した。結果は同一にはならなかったが，ここでは信頼できると考えられる数値を示した。以上の MA および ARMA の推定における最大の問題は，MA に関する多項式に根 1 が含まれる点である。

このように推定された ARMA(4,1) 式についても，残差系列を求め，残差の診断を行う。残差系列の求め方は MA と同様に計量分析のための PC ソフトに任せよう。残差の AC 関数とそのふろしき検定統計量の P 値は図 12-9 のようになった。AC はブルーの線で示されているが，2 シグマを超える値はない。ふろしき検定の P 値はグレーの線で示されており，また 17 次で 7% を

FIGURE　図 12-9 ● 残差の AC 関数とふろしき検定統計量の P 値

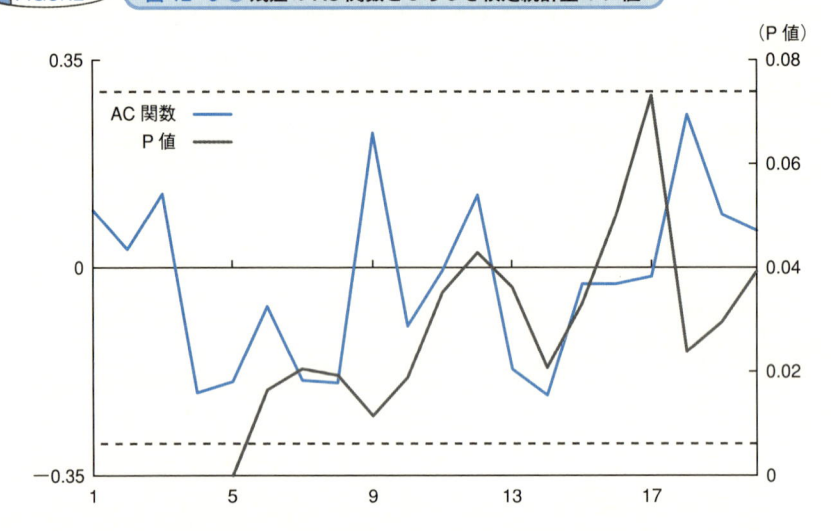

ふろしき検定の P 値は右軸を目盛りとする。5% 検定を行うと，ほとんどの次数で帰無仮説が棄却される。

超えるものの，17 次以外では 5% 以下となってしまう。したがって，ARMA $(4,1)$ は診断検定をパスしない。

次数の選択　時系列モデルの古典的な分析では，

(1) 標本 PAC および標本 AC の形状からそれぞれ AR 過程と MA 過程の次数を仮に定める。

(2) 仮に定めた式を推定する。

(3) 推定した式の残差を求め，残差に関して診断検定を行う。

(4) 次数を変えて，(2) と (3) を繰り返す。

これは，Box-Jenkins（ボックス=ジェンキンス）法と呼ばれる。(1) では，次の理論的な性質が背後にある。

(a) 真の時系列が p 次の自己回帰であれば，p 次を超える真の PAC（母偏自己相関関数）は 0 になる（PAC は，AR(p) 式の最高次項の係数である）。

(b) 真の時系列が q 次の移動平均であれば，q 次を超える真の AC（母自己

408　第 12 章　時系列分析の基礎

相関関数) は 0 になる。

　この性質をもとにして，ある系列に関して，その標本 PAC が p 次まで有意であり，他方，有意な標本 AC がなければ，原系列は p 次の AR 過程であると判断する。PAC は自己回帰過程の次数を決める際に重要な情報を与える。同様に，ある系列に関して，その標本 AC が q 次まで有意であり，有意な標本 PAC がなければ，原系列は q 次の MA 過程であると判断する。したがって，AC は移動平均過程の次数を決める際に重要な情報を与える。

　経済変数に関するデータ分析でも，標本 AC および PAC 関数を次数を選ぶ際の基準に用いるが，先の (a) と (b) のように明確には次数を選べない。本書では，以下の手順に従って次数を選択することを推奨する。

(c) 標本 AC ならびに PAC の情報を用いて比較的次数の高い AR 過程を選び，その式を推定する。

(d) 推定された AR 過程の高次項の t 値を調べ，有意でない項を除去し，簡潔な時系列過程の推定を繰り返す。

(e) 望ましいと考えられる式について，残差に関する診断を行う。

(f) 選ばれた AR 過程に MA 項を追加して，ARMA 過程を推定し，望ましい式についての診断検定を行う。

　時系列分析がパソコンを使って容易にできるようになった現状では，ARMA 式の推定結果にもとづいて時系列過程の選択を進めていくことが，実際的である。

和分過程と ARIMA 過程

　最後に非定常時系列過程について説明を加えよう。本章でここまでに紹介した分析手法は定常時系列に関するものであり，定常性の条件を満たさない時系列については利用することはできない。

　定常性の条件は自己共分散や自己相関係数が時間差だけに依存すると述べることもできるが，逆に非定常時系列では平均，分散，あるいは共分散が観測時点に依存して変化する。平均が変化する，分散が均一でない，あるいは係数が変化するなど非定常時系列は種々あるが，原時系列の差分を取れば定常になる時系列を和分過程という。このような系列については，階差系列に関して ARMA 分析を行う。

　1 次の和分過程の最も簡単な系列は，ε_t をホワイト・ノイズの列として

> **COLUMN** *12−2* 金融商品価格の分析：ARCH モデル

　最近，時系列分析の中で，データが非常に豊富な金融商品の分析に高い関心がもたれるようになった。歴史的には，投資家は金融商品の収益率の変化を分析してきたが，収益率の変動には，時系列分析で扱われるような数学的な構造が存在しないと，広く理解されるようになった。もし存在すれば，時系列構造を用いて，比較的正確な株価予測が可能となり，優れた分析家が利益を得ることになる。こういった現象は従来見られなかったわけで，これは経済理論で前提とされる効率的な市場仮説を支持する結果にもなっている。効率的な市場仮説では，基本的な情報はすべての投資家が共有しており，情報の偏りから生じる利益は生じない。

　収益率を分析しても利益を得ないとなると，平均が分析対象にならないなら分散を分析するという統計学の方向性により，次には収益率の分散が分析対象となる。

　効率的市場仮説と整合的な数学的な構造は，対数価格に関するランダム・ウォークで，p_t を t 期の金融商品の価格として，

$$\log(p_t) = c + \log(p_{t-1}) + \varepsilon_t$$

と書かれる。これは，今期の対数価格は，前期の対数価格に誤差項が付加されただけであるという式で，今期の対数価格の予測には，過去の知識は役に立たないという意味をもつ。時間に関して連続な分析では，収益率は $\log(p_t/p_{t-1}) = r_t$ と書けるから，前式は，$r_t = c + \varepsilon_t$, という回帰式になる。定数項 c は平均収益率で，通常 0，誤差項の平均も 0 である。しかし，分散は，多くの分析

$$X_t = X_0 + \sum_{i=1}^{t} \varepsilon_i \tag{12.43}$$

と定義される。X_0 は次点 0 での初期値である。このような和分系列は定常性の性質を満たさないため，ARMA 過程の分析ができない。時系列が和分過程であるか否かを調べる必要があるが，そのための検定として，単位根検定が広く使われるようになった。

　系列が和分過程である場合は，1 次差分または階差を求めれば定常になる。実際 X_t の階差を求めると，

の結果，通常の回帰分析のように一定と仮定することは現実に合わないことがわかってきた。そして，過去の情報（past history）を条件とし，条件つき分散が変化する，つまり

$$V(\varepsilon_t | past\ history) = \sigma_t^2$$

と表現することが適切であるとされるようになった。この式を条件つき不均一分散と呼ぶ。分散は過去の情報によって定まり，かつ変化するというのが条件つき分散である。一定でない分散を，不均一分散という。

条件つき分散は過去の情報の関数だから，過去の情報はσ_t^2に集約される。そうすると，σ_t^2をいかに数学的に表現すればよいか，という問題が生じる。条件つき不均一分散の最も簡単なモデルは，ノーベル賞を取ったエングル（R. F. Engle）が提唱した ARCH（auto-regressive conditional hetero scedasticity：アーチ）である。これは，収益率の式と，条件つき分散の式

$$\sigma_t^2 = a + b(y_{t-1} - c)^2$$

から構成される。条件つき分散は，平均を超える収益率の2乗により定まると想定されている。現在では，この一般化である GARCH（ガーチ）

$$\sigma_t^2 = a + b(y_{t-1} - c)^2 + c\sigma_{t-1}^2$$

が金融商品価格の特性を分析する手法として広く用いられている。

$$\Delta X_t = X_t - X_{t-1} = \varepsilon_t \tag{12.44}$$

となることから明白なように，ΔX_tはホワイト・ノイズになる。ホワイト・ノイズは最も簡単な定常な時系列である。

ARMA などの性質をもつ定常な時系列変数をu_tとすれば，和分過程は

$$X_t = X_0 + \sum_{i=1}^{t} u_i \tag{12.45}$$

となる。そこで，階差を取ると，

6 自己回帰移動平均（ARMA）法　411

$$\Delta X_t = X_t - X_{t-1} = u_t \tag{12.46}$$

となり，定常な時系列 u_t になる．次のステップとして，ΔX_t に関して ARMA の次数を求める．次数の求め方は，すでに説明した．

一般的には差分を一度でなく複数回取ることも可能であるが，このように，X_t の階差を取れば ARMA 過程として分析できる時系列を，ARIMA(p,d,q) 過程（auto-regressive integrated moving average process：ARIMA）という．d は差分の回数であり，p と q は差分系列に関する ARMA の次数である．

対数 GDP の推定

離散型成長率の変換 (12.3) 式と，対数を使う連続型成長率の変換 (12.4) 式がもたらす値は，ほとんど変わらない．また，(12.4) 式は $\log(X_t)$ の階差である．こういった観点から，いままで行ってきた推定が，$\log(X_t)$ の階差に関する推定であったと理解することができよう．移動平均が単位根をもつという性質も考慮して，最後に成長率でなく，もとの対数系列に関する推定をしてみよう．$\log(\text{GDP}_t)$ がもとの変数になるから，$\log(\text{GDP}_t)$ に関する ARMA 推定を行う．

以下，手順は成長率と同じだが，系列のプロット（図 12-10）を調べ，次に，AC および PAC 関数を計算する．AC 関数が漸減していくのに比べ，PAC 関数は 1 次，つまり AC(1) しか有意でない．したがって，理論モデルと合わせると，仮に選ばれるモデルは AR になろう．そこで，低次の AR モデルを推定する．省略して，$\log(\text{GDP}_t)$ を x_t と表記しよう．

2 次の自己回帰式 AR(2) は，推定期間が 1957～2004 年で

$$x = 13.5 + 1.44 x_{-1} - 0.468 x_{-2} \tag{12.47}$$
$$\quad (66) \quad (12) \quad (-4.0)$$

観測個数 48，決定係数は 0.9992，RSS は 0.0157，対数尤度は 124.49，AIC は -5.062 となる．決定係数が異常に 1 に近いが，これが GDP あるいは対数 GDP の原系列に関する自己回帰式の特徴である．AR に関する多項式の根は 0.95 と 0.49 である．

1 次の自己回帰式 AR(1) は，推定期間が 1956～2004 年で

$$x = 13.6 + 0.96 x_{-1} \tag{12.48}$$
$$\quad (84.6) \quad (212)$$

観測個数 49，決定係数は 0.9999，RSS は 0.02240，対数尤度は 117.19，AIC

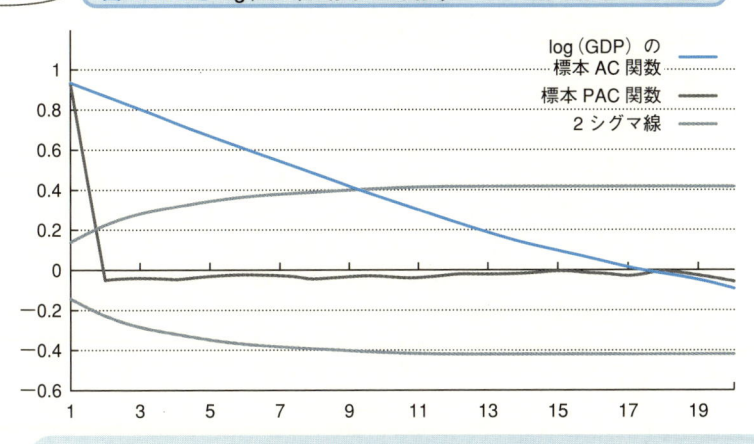

FIGURE 図12-10 ● log(GDP)の標本AC関数，2シグマ線と標本PAC関数

（グラフ：log(GDP)の標本AC関数，標本PAC関数，2シグマ線）

対数系列の標本AC関数は有意であり漸減する。標本PAC関数は有意な値がまったくなく，典型的な自己回帰の性質を示している。

は -4.702 となる。決定係数は減少せず微増するが，それは観測個数が増加したことに一因がある。ARに関する多項式の根は 0.96 となり 1 に近い。

AR(1) の推定に関しては，残差の AC 関数ならびにふろしき検定統計量の値を見ると問題がある。AR(2) の残差に関するふろしき検定は，以下の表のようになる。したがって，残差に系列相関がないという帰無仮説を強くは棄却できない。

次数	1	2	3	4	5	6	7	8
AC	−0.03	−0.22	0.20	−0.08	−0.17	0.05	−0.12	−0.18
Q^*	0.03	2.47	4.69	5.06	6.69	6.82	7.62	9.64
P	*	*	0.03	0.08	0.08	0.15	0.18	0.14

BOOK GUIDE ● 文献案内

時系列分析に関する教科書は数多くある。本章より少しレベルが高く，また，時系列分析全般を学ぶには，

①森棟公夫［1999］『計量経済学』東洋経済新報社，の第Ⅱ部「時系列分

析」

が適当であろう．自己回帰，移動平均から始まり，多変量の自己回帰（VAR）までの解説が含まれる．

より専門的な著書は

②山本拓［1988］『経済の時系列分析』創文社

がよい．諸問題に関する詳しい説明を学ぶことができる．

また，近年は証券金融データの計量分析に関心が集まっているが，この分野に関する応用分析を学ぶには，

③森棟公夫・中窪文男・富安弘毅・中園美香［2008］『S+FinMetrics を使って学ぶ ファイナンス計量分析入門』東洋経済新報社

が，最新の手法までの解説をしている．付属の S+FinMetrics で応用例の計算を行い，結果の解釈を本文で読むという方式を取る．

EXERCISE ●練習問題

12-1 (12.2) 式から (12.1) 式を導きなさい．ΔX_t の分散を求めなさい．ΔX_1 はどう定義すればよいか．

12-2 GDP 系列に関して，(12.3) 式と (12.4) 式の差を評価しなさい．(12.4) 式を常用対数で評価すると，結果はどうなるか．

12-3 2次の自己回帰式 $X_t = \phi_1 X_{t-1} + \phi_2 X_{t-2} + \varepsilon_t$ は，自己回帰式が定常であるためには，係数が，$\phi_2 < 1 - \phi_1, \phi_2 < 1 + \phi_1, -1 < \phi_2$，という不等式を満たさないといけないことが知られている．この不等式は，定常三角と呼ばれる三角形を構成する．Excel を用い，次の自己回帰式を乱数を用いて作成しなさい．

(1) $X_t = 0.4 X_{t-1} + 0.5 X_{t-2} + \varepsilon_t$
(2) $X_t = -0.4 X_{t-1} + 0.5 X_{t-2} + \varepsilon_t$
(3) $X_t = 0.4 \phi_1 X_{t-1} - 0.7 X_{t-2} + \varepsilon_t$
(4) $X_t = -0.4 X_{t-1} - 0.7 X_{t-2} + \varepsilon_t$

注──x_1 と x_2 を独立な一様確率変数とすると，

$$\sqrt{-2\ln(x_1)}\cos(2\pi x_2)$$

は標準正規確率変数になる．Box-Muller 変換と呼ばれるが，この性質を使い正規乱数をつくろう．A1 に，

「=sqrt(-2*ln(rand()))*cos(2*pi()*rand())」

と入力する．Excel では，rand( ) は (0, 1) 区間の一様確率変数を発生する関数である．変換式を入力したら，A1 セルの右下コーナーにマウス

カーソルを当てると，＋マーク（フィルハンドル）が出るので，それを下に 102 セル引っ張ると，102 個の標準正規乱数が求まる。B1 と B2 に 0 を入力する。次に，ケース(1)では B3 に，

$$\lceil\text{=0.4*B2+0.5*B1+A3}\rfloor$$

と入力する。この操作により X_1 を得る。B3 セルの右下コーナーにマウスポイントを当て，＋マークを下に 100 セル引っ張ると，100 個の時系列値が求まる。折れ線グラフで時系列値を作図すると，変化の具合がよく理解できる（第 7 章では分析ツールを用い正規乱数を作成したが，分析ツールで発生させた乱数値は固定される）。

12-4　12-3 で作成した系列を使って，Excel を用いて，AR(1)式，AR(2)式，AR(3)式を最小 2 乗法で推定しなさい。推定される係数値ともとの式の係数値を比較しなさい。また，推定結果を検討して，正しい自己回帰式を探索してみなさい。

[注]　真の次数はわかっているが，推定結果から望ましい次数を求める手順を確認する。Excel の，「データ」→「データ分析」→「回帰分析」を用いる。このツールは回帰分析用であるので，被説明変数 Y と説明変数 X を異なる列にしておかないといけない。さらに説明変数の列は，X_{t-1} と X_{t-2} の列を並べておくこと。したがって，データは，X_t 列，X_{t-1} 列，X_{t-2} 列，X_{t-3} 列が縦に並ぶ。

12-5　12-4 と同じく，X_t 列，X_{t-1} 列，X_{t-2} 列，X_{t-3} 列から X_{t-8} 列までデータとして縦に並べ，8 次までの自己相関係数を計算しなさい。

[注]　異なる 2 列間の相関係数を求めればよい。Excel では，関数の `correl` で計算できる。あるいは，分析ツールの相関を用いる。

補論：データ

　GDP 系列は，内閣府の経済社会総合研究所のホームページから取った（表 12-1）。しかし現在掲載されているデータは，系列の接続法なども変わっているため値が異なっている。他に暦年のシートがあるが，これは 1 月から 12 月までの集計値であり，四半期のシートは，3 月ごとの集計である。

表 12-1 実質 GDP

(年度，10 億円単位)

年	値	年	値	年	値	年	値	年	値	年	値	年	値
1955	50,136.7	1956	53,354.5	1957	57,378.7	1958	61,593.9	1959	68,514.4	1960	76,873.3	1961	85,889.2
1962	92,366.5	1963	101,971.7	1964	111,647.0	1965	118,558.1	1966	131,652.2	1967	146,187.0	1968	164,258.0
1969	184,004.6	1970	199,177.5	1971	209,221.7	1972	228,216.8	1973	239,837.8	1974	238,704.4	1975	248,207.9
1976	257,550.0	1977	269,210.7	1978	283,787.1	1979	298,398.7	1980	306,155.6	1981	315,308.8	1982	325,072.9
1983	333,297.3	1984	346,960.2	1985	361,280.2	1986	372,617.3	1987	390,341.0	1988	413,661.5	1989	432,056.5
1990	456,030.7	1991	469,479.0	1992	471,260.3	1993	473,510.6	1994	476,577.4	1995	485,740.4	1996	496,973.9
1997	495,299.8	1998	488,739.4	1999	490,807.7	2000	504,514.5	2001	500,678.1	2002	506,598.2	2003	519,906.3
2004	531,173.6												

第13章 多変量解析の基礎

さまざまな商品を販売するショッピングモールの風景。大量データが簡単に手に入るようになった現代、新製品開発やマーケティング戦略から小売店での陳列など、ビジネスの現場でも統計学は盛んに活用されている。
（時事通信フォト提供）

CHAPTER 13

- KEYWORD
- FIGURE
- TABLE
- COLUMN
- EXAMPLE
- BOOK GUIDE
- EXERCISE

INTRODUCTION

　本章では、多くの変数の間に潜む関係を分析する多変量解析の基礎を学ぶ。多変量解析とは、文字どおり多くの変数間の関係を分析する統計手法であり、変数の数の縮小、多くの変量に潜む構造（因子）の発見、変数の総合化（指標化）、データの分類と判別、を目的とする。
　まず、データの発生機構を2つのグループに分類する判別分析を、重回帰モデルの枠組みから説明し、企業の財務指標から、優良企業と不良企業を判別する企業倒産モデルを説明する。次に、因子分析の考え方とモデルを解説し、海外ブランド品の消費者イメージ調査の多数の評価項目データから、少数の潜在因子を抽出して、消費者のブランド評価に内在する評価軸を求める。さらに、各ブランドに対応する因子スコアを求め、消費者の知覚空間における各ブランドの位置を特定化するプロダクト・マップ（知覚マップ）を作成し、クラスター分析によりブランドを分類してサブ・マーケットの構造を探る。

KEYWORD

個体　質的データ　判別分析　判別ルール　誤判別確率　因子分析　共通因子　因子負荷量　因子スコア　独自因子　共通性　寄与率　探索的因子分析（EFA）　検証的因子分析（CFA）　主因子法　最尤法　スペクトル分解　固有値　固有ベクトル　因子軸の回転　プロダクト・マップ（知覚マップ）　クラスター分析　デンドログラム　階層的クラスタリング

SECTION 1　多変量解析とは

多変量データ

多変量データは，p 個の確率変数 $X_1, X_2, \cdots, X_p$ に関する n 組の観測値として，表 13-1 のように与えられる。i 行目 $(x_{1i}, x_{2i}, \cdots, x_{pi})$ は，個人や事物など分析対象のうち，個体 i に関する p 変量の観測値を意味する。本章では，個体 i のデータと呼ぶ。

多変量解析とは，多くの変数間の関係を分析する統計手法であり，変数の数を縮小したり，多くの変量に潜む構造を発見したりして，変数の総合化，あるいは指標化を図る。大きく分けて，データの分類と判別を目的とする。

解析手法の分類

多変量解析の手法は，確率変数 $X_1, X_2, \cdots, X_p$ の間に目的変数がある場合と，目的変数がない場合の 2 カテゴリーに分類できる。

(1) 目的変数がある場合：重回帰分析，判別分析。
(2) 目的変数がない場合：因子分析，主成分分析，クラスター分析，多次元尺度法。

以下では，(1) として重回帰モデルと判別分析，(2) として因子分析とクラスター分析を取り上げ，その考え方，モデル，さらに適用例を見ていく。

| TABLE | 表 13-1 ● 多変量データ |

個体	X_1	X_2	$\cdots$	X_k	$\cdots$	X_p
1	x_{11}	x_{21}	$\cdots$	x_{k1}	$\cdots$	x_{p1}
2	x_{12}	x_{22}	$\cdots$	x_{k2}	$\cdots$	x_{p2}
3	x_{13}	x_{23}	$\cdots$	x_{k3}	$\cdots$	x_{p3}
$\vdots$	$\vdots$	$\vdots$	$\cdots$	$\vdots$	$\cdots$	$\vdots$
i	x_{1i}	x_{2i}	$\cdots$	x_{ki}	$\cdots$	x_{pi}
$\vdots$	$\vdots$	$\vdots$	$\cdots$	$\vdots$	$\cdots$	$\vdots$
n	x_{1n}	x_{2n}	$\cdots$	x_{kn}	$\cdots$	x_{pn}

i 行目（$x_{1i}, x_{2i}, \cdots, x_{pi}$）は個体 i に関する p 変量の観測値。

SECTION 2　重回帰モデルと判別分析

p 個の変量のうち，$X_1, \cdots, X_{p-1}$ が原因で，X_p が結果を表す目的変数であるとしよう．原因となる変数により，目的変数を説明する回帰式

$$X_{pi} = \alpha + \beta_1 X_{1i} + \cdots + \beta_{p-1} X_{p-1\,i} + \epsilon_i, \quad i = 1, \cdots, n \tag{13.1}$$

を設定する．目的変数 X_p が連続型確率変数である場合が，第 11 章で学んだ重回帰モデルである．重回帰分析の場合には，目的変数は，被説明変数あるいは従属変数と呼ばれた．

判別分析　　目的変数 X_p が離散型確率変数であり，その取りうる値が個体の属するグループ番号のように，カテゴリーを意味する質的データであるとする．たとえば，グループが 2 個だと，次のような例が上げられる．

$$X_{pi} = \begin{cases} 1 : \text{個体 } i \text{ がグループ 1 に属する場合} \\ 2 : \text{個体 } i \text{ がグループ 2 に属する場合} \end{cases}$$

このような多変量データを用い，各個体が，いずれのグループに属しているかを決めるルールを決定する．ルールができれば，所属が不明な個体 "$n+1$" があっても，いずれのグループへ属するかを決定することができる．

説明変数が質的データである場合は，第 11 章の線形回帰でダミー変数と呼ばれた．

判別分析 (discriminant analysis) の具体的手続きは，最初に，(13.1) 式を回帰式として，表 13-1 の多変量データを用いて，

$$\widehat{X}_{pi} = \widehat{\alpha} + \widehat{\beta}_1 X_{1i} + \cdots + \widehat{\beta}_{p-1} X_{p-1,i}, \quad i = 1, \cdots, n \quad (13.2)$$

と，最小 2 乗法により推定して判別関数とする．そして，各個体の所属を決める判別ルールは，定数 c を用いて

$$\widehat{X}_{pi} \begin{cases} > c \text{ のとき : 個体 } i \text{ はグループ 1 に属する} \\ \leq c \text{ のとき : 個体 } i \text{ はグループ 2 に属する} \end{cases}$$

とするが，ここで c は，誤判別確率が最小になる値に決める．実際，c の値が何であろうと，判別には 2 種類の誤り

(1) グループ 1 であるのにグループ 2 と判別
(2) グループ 2 であるのにグループ 1 と判別

が生じるから，誤判別確率は c を所与として

$$誤判別確率 (c) = \frac{(1) \text{ の誤判別回数} + (2) \text{ の誤判別回数}}{n}$$

と定義される．n 個の個体に関して誤判別回数をカウントし，その全体に占める比率が，誤判別確率である．

この例では，X_p は 1 か 2 だから，c は 1.0 から 2.0 の間の値，たとえば 0.1 刻みで $1.0, 1.1, 1.2, \cdots, 2.0$ とし，各値に関する誤判別確率を評価する．そして，誤判別確率が最小になる c^* を探し，最適な判別ルールとして採用する．

所属不明の個体 "$n+1$" が所属するグループを判別するには，そのデータ $(x_{1,n+1}, x_{2,n+1}, \cdots, x_{p-1,n+1})$ を判別関数 (13.2) 式に代入し，$X_{p,n+1}$ を

$$\widehat{X}_{p,n+1} = \widehat{\alpha} + \widehat{\beta}_1 x_{1,n+1} + \cdots + \widehat{\beta}_{p-1} x_{p-1,n+1}$$

と予測し，判別ルールに従って，所属を予測する．

企業倒産予測モデル：アルトマンの Z スコア　判別分析を利用して，企業の財務諸表から倒産確率を計算して，企業の業績診断をする方法であるアルトマンの Z スコアを説明しよう．

そこでは判別関数において，5つの説明変数，すなわち X_1：運転資本の増加÷総資産，X_2：内部留保÷総資産，X_3：税引前営業利益÷総資産，X_4：発行済株式数÷有利子負債，X_5：売上高÷総資産と判別点，$c^* = 2.675$ を与えている。

企業 A 社の倒産の可能性を検討したいときには，A 社の財務諸表から X_{1A}, $\cdots$, X_{5A} を割り出して，Z スコア

$$Z_A = 1.3X_{1A} + 1.4X_{2A} + 3.3X_{3A} + 0.6X_{4A} + 1.0X_{5A}$$

を求める。Z_A を 2.675 と比較して，判別点を超えれば倒産あり，超えなければ倒産なしと判定する。

3 因子分析

因子分析（factor analysis）は，変数間の相関関係を分析して，できるだけ少数の要因で各変数を表現し，変数間の構造を捉えようとする手法である。要因を因子と呼ぶ。

因子モデルの考え方 表 13-2 の左半分は，学生 17 人の数学，物理，化学の得点が記載されている。右半分は，得点を，平均 0，分散 1 になるように標準化した得点 Y_1, Y_2, Y_3 である。

表 13-3 は，Y_1, Y_2, Y_3 の間の標本相関係数行列だが，試験科目はいずれも理系科目であり，相関はいずれもかなり高い。

因子分析では，3 科目間に，直接には観測できない**共通因子**（common factor）f が存在して，個体（学生）k の各試験の標準化得点が，共通因子によって，

$$\begin{cases} Y_{1k} = a_1 f_k \\ Y_{2k} = a_2 f_k \\ Y_{3k} = a_3 f_k \end{cases}$$

と表されるとする。ここでは，3 科目すべてが理系科目であることから，f_k は，個体 k の，理系能力を示す因子であると想定できよう。

TABLE 表 13-2 ● 学生の試験の得点

個体 (学生番号)	数学	物理	化学	Y_1	Y_2	Y_3
1	85	90	70	0.965	1.132	0.400
2	10	25	45	−1.471	−1.184	−0.472
3	55	90	80	−0.010	1.132	0.749
4	75	60	85	0.640	0.063	0.924
5	90	95	85	1.127	1.310	0.924
6	15	20	25	−1.308	−1.363	−1.170
7	55	60	45	−0.010	0.063	−0.472
8	55	65	75	−0.010	0.241	0.575
9	60	45	70	0.153	−0.472	0.400
10	85	50	55	0.965	−0.293	−0.123
11	90	85	90	1.127	0.954	1.098
12	95	90	90	1.289	1.132	1.098
13	15	20	10	−1.308	−1.363	−1.694
14	40	50	20	−0.497	−0.293	−1.345
15	15	10	50	−1.308	−1.719	−0.298
16	80	85	90	0.802	0.954	1.098
17	20	50	10	−1.146	−0.293	−1.694
平均	55.3	58.2	58.5	0	0	0
標準偏差	30.8	28.1	28.7	1	1	1

学生17人の数学，物理，化学の試験の得点とこれらの標準化得点。

TABLE 表 13-3 ● 標本相関係数行列

	Y_1	Y_2	Y_3
Y_1	1.0	0.849	0.808
Y_2	0.849	1.0	0.733
Y_3	0.808	0.733	1.0

共通因子にかかる係数 a_1, a_2, a_3 は**因子負荷量**（factor loading）と呼ばれ，これらは全個体に対して一定である。

a_i の値は，各科目と共通因子の関連度合いを示している。因子負荷量の大きい科目ほど，共通因子の影響を強く受ける科目である。この例では，a_i の大きさによって，各科目の，相対的な理系らしさがわかる。

f_k は**因子スコア**（factor score）と呼ばれ，個体ごとに異なる値を取る。f_k

の大きさは，各個体の，理系に対する素養の強さを表している。同じ個体については，理系の能力は1つで，科目にかかわらず一定である。

> **例題 13.1 ● 理系科目に関する因子スコア値**　EXAMPLE
> いま因子負荷量を $a_1 = 0.8$ と仮定して，個体 1, 2, 3 の f 値を求め，その解釈を与えなさい。

（解答） 個体 1, 2, 3 の数学 Y_1 の点は 0.965, -1.471, -0.010 だから，各個体の因子スコア値は

$$f_1 = \frac{Y_{11}}{a_1} = \frac{0.965}{0.8} = 1.206$$
$$f_2 = \frac{Y_{12}}{a_1} = \frac{-1.471}{0.8} = -1.839$$
$$f_3 = \frac{Y_{13}}{a_1} = \frac{-0.010}{0.8} = -0.013$$

となる。プラスで大きな値を取る個体 1 は，3 人の中で最も理系能力が高く，反対に，マイナスで大きな値をもつ個体 2 は，最も理系能力が低い。0 に近いスコアをもつ個体 3 は，中間となる。

因子分析の目標は，表 13-2 の多変量データや表 13-3 の相関係数行列をもとに，因子負荷量 a_1, a_2, a_3 を推定し，変数 Y_1, Y_2, Y_3 間の関係を明らかにすることである。同時に，各個体の因子スコア値を推定することによって，個体の特性を探ろうとする。

1 因子モデルの定式化　前項では，変数間の背後に 1 個の共通因子を仮定した 1 因子モデルを用い，因子分析の考え方を紹介した。実際は，各変数は，共通因子だけでは完全に説明できず，それぞれ固有な変動を含んでいる。1 因子モデルは，各変数に固有な変動を考慮して

$$\begin{cases} Y_1 = a_1 f + v_1 \\ Y_2 = a_2 f + v_2 \\ Y_3 = a_3 f + v_3 \end{cases} \tag{13.3}$$

3 因子分析

と定式化する。$v_i, (i=1,2,3)$ は，第 i 変数に固有な変動を表し，**独自因子** (specific factor) と呼ばれる。独自因子は，Y_i の要因のうち，共通因子では説明できない部分を表す。共通因子 f と，独自因子 $v_i, (i=1,2,3)$ はすべて確率変数であり，さらに，次の仮定が置かれる。

(1) f は平均 0, 分散 1 : $E(f) = 0$, $V(f) = 1$

(2) $v_i, (i=1,2,3)$ は独立で，それぞれ平均 0, 分散 σ_i^2 : $E(v_i) = 0$, $V(u_i) = \sigma_i^2$

(3) f と $v_i, (i=1,2,3)$ は独立 : $E(fv_i) = 0$

一般の因子モデルは，n の個体に関する p 個の変数に対して

$$Y_{ik} = a_i f_k + v_{ik}, \quad i = 1, \cdots, p, \quad k = 1, \cdots, n$$

と記述される。因子モデルは，Y_{ik} を，変数に固有な部分 a_i と，個体に固有な部分 f_k の積，$a_i f_k$ に分解しようとする分析である。分解しきれない部分が独自因子 v_{ik} であり，これが小さいほど，因子モデルの性能が高い。

次に，Y_i の観測値にもとづいて，因子負荷量，独自因子，および因子スコアを推定する手続きを見よう。まず，因子モデル (13.3) 式および仮定 (1), (2), (3) のもとで，Y_i の分散と共分散を求めてみる。変数は標準化されているので，Y_i の分散は，

$$\begin{aligned}
V(Y_1) &= E(a_1 f + v_1)^2 \\
&= a_1^2 E(f^2) + 2a_1 E(fv_1) + V(v_1) \\
&= a_1^2 + \sigma_1^2 = 1 \\
V(Y_2) &= a_2^2 + \sigma_2^2 = 1 \\
V(Y_3) &= a_3^2 + \sigma_3^2 = 1
\end{aligned}$$

となり，共分散は，

$$\begin{aligned}
Cov(Y_1, Y_2) &= E(a_1 f + v_1)(a_2 f + v_2) \\
&= a_1 a_2 E(f^2) + a_1 E(fv_2) + a_2 E(fv_1) + E(v_1 v_2) \\
&= a_1 a_2
\end{aligned}$$

$$Cov(Y_2, Y_3) = a_2 a_3$$

$$Cov(Y_3, Y_1) = a_3 a_1$$

表 13-4 ● 1因子モデルの分散共分散行列

	Y_1	Y_2	Y_3
Y_1	$a_1^2+\sigma_1^2$	$a_1 a_2$	$a_1 a_3$
Y_2	$a_2 a_1$	$a_2^2+\sigma_2^2$	$a_2 a_3$
Y_3	$a_3 a_1$	$a_3 a_2$	$a_3^2+\sigma_3^2$

と評価できる。その結果，Y_1, Y_2, Y_3 の分散共分散行列は表 13-4 のようになる。

a_i^2 は，Y_i の分散のうち共通因子によって説明される部分を表し，**共通性**（communality）と呼ばれる。

■ **因子負荷量の推定** 1因子モデルの未知母数（パラメータ）の因子負荷量 a_1, a_2, a_3，および独自因子の分散 $\sigma_1^2, \sigma_2^2, \sigma_3^2$ を推定しよう。変数 Y_1, Y_2, Y_3 は，平均0および分散1に標準化されているので，表 13-4 の分散共分散行列は，相関係数行列に等しい。表 13-4 を，標本相関係数行列（表 13-3）に対応させると，

$$a_1^2 + \sigma_1^2 = 1.0$$
$$a_2^2 + \sigma_2^2 = 1.0$$
$$a_3^2 + \sigma_3^2 = 1.0$$
$$a_1 a_2 = 0.849$$
$$a_1 a_3 = 0.808$$
$$a_2 a_3 = 0.733$$

となり，6個の関係が，母数の間に成立する。これらの関係を，未知母数は6個で，方程式が6本の連立方程式とみなせば，解が1組だけに求まる。結果は，

$$\hat{a}_1 = 0.967, \quad \hat{a}_2 = 0.878, \quad \hat{a}_3 = 0.835,$$
$$\hat{\sigma}_1^2 = 0.065, \quad \hat{\sigma}_2^2 = 0.229, \quad \hat{\sigma}_3^2 = 0.303$$

となる。因子負荷量は Y_1, Y_2, Y_3 の順に大きく，したがって理系らしさは，数学，物理，化学の順になる。

共通性の推定値は，

$$\widehat{a}_1^2 = 0.935, \quad \widehat{a}_2^2 = 0.771, \quad \widehat{a}_3^2 = 0.697$$

であるから，Y_1(数学) の変動のうち，共通因子 f (理系能力) で説明できる割合は 93.5%，Y_2(物理) と Y_3(化学) については，それぞれ 77.1%，69.7% になる．

因子モデル全体の説明力を表す指標として，寄与率がある．寄与率は，変量の全分散のうち，共通性で説明できる割合と定義されるが，上の例では，

$$寄与率 = \frac{a_1^2 + a_2^2 + a_3^2}{V(Y_1) + V(Y_2) + V(Y_3)}$$

となる．寄与率は，回帰モデルにおける決定係数に対応する．表 13-2 のデータでは，寄与率は，

$$\frac{0.935 + 0.771 + 0.697}{3} = 0.801$$

と推定され，すべての変量の変動のうち，80.1% が 1 つの共通因子で説明される．

■ **因子スコアの推定**　個体 k の因子スコア f_k は個体の特性であり，個体ごとに求められる．因子負荷量の推定値 $\widehat{a}_i$ を用いると，共通因子では説明できない独自因子部分の 2 乗和は

$$\sum_{i=1}^{p} \widehat{v}_{ik}^2 = \sum_{i=1}^{p} (Y_{ik} - \widehat{a}_i f_k)^2 \tag{13.4}$$

となる．この 2 乗和を最小にする f_k が，因子スコアである．

f_k は，Y_{ik} を従属変数，$\widehat{a}_i$ を説明変数とする回帰式の係数になるから，最小 2 乗法によって推定できる．第 4 章および第 11 章で学んだ回帰式と比較すると，これは切片を含まない回帰式になっている．だから，第 11 章の練習問題 11-1 で見たように，Excel では，「データ分析」→「回帰分析」のオプションにおいて，「定数に 0 を使用」にチェックを入れて推定する．

表 13-2 のデータから，この方法を用いて計算した因子スコアを，大きさの順に並べたのが次の表 13-5 である．

この表から，プラスの因子スコアをもつ上位の学生，番号 12, 5, 11, · · · は，この順に理系能力の高い学生であることがわかる．逆に，マイナスで大きい値をとる下から 13, 6, 15, · · · は，この順に，理系能力とは逆の能力（文系能力か）が高い学生といえよう．

表 13-5 ● 理系能力の因子スコア

個体（学生）	因子スコア
12	1.314
5	1.253
11	1.184
16	1.053
1	0.941
3	0.670
4	0.601
8	0.284
10	0.238
9	0.028
7	−0.145
14	−0.774
17	−1.157
2	−1.189
15	−1.258
6	−1.431
13	−1.613

表 13-6 ● 相関係数行列

	Y_1	Y_2	Y_3	Y_4	Y_5
Y_1	1.0	0.849	0.808	−0.363	−0.228
Y_2	0.849	1.0	0.733	−0.491	−0.250
Y_3	0.808	0.733	1.0	−0.487	−0.275
Y_4	−0.363	0.1	0.733	1.0	0.774
Y_5	−0.228	−0.250	−0.275	0.774	1.0

国語（Y_4）と英語（Y_5）を加えた5科目の得点の相関係数行列。

2因子モデル　　表13-6は，先の成績データに，第4，第5番目の科目として国語 Y_4，英語 Y_5 の成績を加えた相関係数行列である。新たに付け加えられた国語 Y_4 と，英語 Y_5 の相関は，0.774で大きい。一方，これらと数学 Y_1，物理 Y_2，化学 Y_3 との相関は，すべてマイナスである。このことから，国語と英語の間には，理系能力 f_1 とは異なる動きをする別の因子 f_2 を導入する。f_2 を文系能力としよう。

3　因子分析　　427

この節では，2つの共通因子をもつ「2因子モデル」

$$\begin{cases} Y_1 = a_{11}f_1 + a_{12}f_2 + v_1 \\ Y_2 = a_{21}f_1 + a_{22}f_2 + v_2 \\ Y_3 = a_{31}f_1 + a_{32}f_2 + v_3 \\ Y_4 = a_{41}f_1 + a_{42}f_2 + v_4 \\ Y_5 = a_{51}f_1 + a_{52}f_2 + v_5 \end{cases} \quad (13.5)$$

を使う．共通因子 $f_i, (i=1,2)$ および独自因子 $v_i, (i=1,\cdots,5)$ に関しては，次の仮定が置かれる．

(1) f_i は独立，かつ平均 0，分散 1 をもつ確率変数である：$E(f_1f_2) = 0$, $E(f_i) = 0$, $V(f_i) = 1$

(2) v_i も，それぞれ独立で，平均 0，分散 σ_i^2 をもつ：$E(v_i) = 0$, $V(v_i) = \sigma_i^2$, $E(v_iv_j) = 0$, $i \neq j$

(3) f_i と v_j は独立：$E(f_iv_j) = 0$

このような条件のもとで，前節と同様の計算を行えば，相関係数行列 R は，因子負荷量と独自因子の分散で表現できる．R の (i,j) 要素を r_{ij} としたとき，これらは

$$\begin{aligned} 1.0 &= a_{i1}^2 + a_{i2}^2 + \sigma_i^2, \quad i = 1, \cdots, 5 \\ r_{jk} &= a_{j1}a_{k1} + a_{j2}a_{k2}, \quad j \neq k, \quad j,k = 1, \cdots, 5 \end{aligned} \quad (13.6)$$

となる．

1 因子モデルと同様に，R の 5 つの対角要素は，標準化された各変量の分散 1 である．$h_i^2 = a_{i1}^2 + a_{i2}^2$ は，分散のうち，2 つの因子によって説明できる部分であり，共通性を意味する．

第 i 変数の全分散は分散の合計で 5 だが，このうち，2 つの因子で説明される割合を表す寄与率は，$\left(\sum_{i=1}^{5} h_i^2\right)/5$ と定義される．

(13.5) 式の 2 因子モデルに含まれる母数の数は，因子負荷量 10 個，および独自因子の分散 5 個の合計 15 個である．それに対し，(13.6) 式で与えられる制約の数は 15 あり，この場合も 15 元連立方程式を解くことで，母数の推定値が 1 組だけ決まる．

問題によっては 2 因子の寄与率が小さく，因子モデルの説明力を上げる必要性から，因子を追加して，3 因子モデルが必要になる．また，理論上，変数

の背後に追加の因子が想定でき，3因子モデルが望ましいこともある。

前者のように，事前に変数間に何ら因子を想定できず，データ構造を探索する目的で因子モデルを利用する立場は，探索的因子分析 (exploratory factor analysis : EFA) といわれる。それに対し，事前に，理論的に因子の数と意味が定められ，データと理論の整合性を検証する目的で因子分析を行う場合は，検証的因子分析 (confirmatory factor analysis : CFA) と呼ばれる。

5教科の成績データの場合，数学，物理，化学は理系科目，国語，英語は文系科目と呼ばれるように，事前に理系能力因子と文系能力因子があらかじめ想定できるので，CFA の分析例になる。

これまでは，標本相関係数と母数の関係を，表 13-4 や (13.6) 式のように，因子モデルをもとに定め，これらの関係を満たすように母数を推定する方法を説明した。この推定法は第9章4節 (301頁) で説明したモーメント法である。3因子モデルの場合では，因子負荷量の母数は5個増えて合計20個となる。一方で，制約の数は依然として15だから，モーメント法で母数を決めることはできない。

(13.5) 式および (13.6) 式の関係を行列で表せば，

$$R = AA' + \Psi \tag{13.7}$$

$$\begin{pmatrix} 1 & r_{12} & \cdots & r_{15} \\ r_{21} & 1 & \cdots & r_{25} \\ \vdots & \vdots & \cdots & \vdots \\ r_{51} & r_{52} & \cdots & 1 \end{pmatrix} = \begin{pmatrix} a_{11} & a_{21} \\ a_{12} & a_{22} \\ \cdot & \cdot \\ a_{15} & a_{25} \end{pmatrix} \begin{pmatrix} a_{11} & a_{12} & \cdots & a_{15} \\ a_{21} & a_{22} & \cdots & a_{25} \end{pmatrix}$$
$$+ \begin{pmatrix} \sigma_1^2 & 0 & \cdots & 0 \\ 0 & \sigma_2^2 & \cdots & 0 \\ \vdots & \vdots & \cdots & \vdots \\ 0 & 0 & \cdots & \sigma_5^2 \end{pmatrix} \tag{13.8}$$

となる。

因子分析の母数推定は，標本相関係数行列 R が与えられたときに，(13.7) 式あるいは (13.8) 式で定められた因子負荷量 A，および独自因子 Ψ を求める

問題と定式化できる．モーメント法は，未知数である因子負荷量，および独自因子の分散の個数と，条件となる変量間の相関係数の個数が一致する場合以外は利用できない．

　一般的には，行列 R の固有値や固有ベクトルの性質を利用して，A および Ψ を求める方法が考案されている．代表的なものが，主因子法および最尤法であり，次に，主因子法による因子負荷量の推定法を概観する．

　上記の相関係数行列 R は，5×5 の対称行列である．本章の補論で説明される対称行列のスペクトル分解により，R は，その固有値 λ_i，および対応する 5×1 の固有ベクトル $x_i, (i = 1, \cdots, 5)$ を用いて

$$R = \lambda_1 x_1 x_1' + \lambda_2 x_2 x_2' + \cdots + \lambda_5 x_5 x_5' \tag{13.9}$$

と分解できる．ここでは，5個の固有値については，$\lambda_1 > \lambda_2 > \cdots > \lambda_5 > 0$ の関係があるとしておく．主因子法は，相関係数行列と因子負荷行列 A の関係を規定する (13.7) 式において，2因子モデルの場合，最大の第2固有値部分までを用い，

$$AA' = \lambda_1 x_1 x_1' + \lambda_2 x_2 x_2' = (\sqrt{\lambda_1} x_1, \sqrt{\lambda_2} x_2) \begin{pmatrix} \sqrt{\lambda_1} x_1' \\ \sqrt{\lambda_2} x_2' \end{pmatrix} \tag{13.10}$$

と置く．つまり，5×2 の行列 A を

$$A = (\sqrt{\lambda_1} x_1, \sqrt{\lambda_2} x_2) \tag{13.11}$$

と定義することで，因子負荷量を推定する．このとき，除外された $\lambda_3 x_3 x_3' + \lambda_4 x_4 x_4' + \lambda_5 x_5 x_5'$ の対角成分が，独自因子 Ψ の分散の推定値となる．

　この推定法の性質，および他の推定法などは，文献案内を参照するとよい．

因子分析の適用例

　実際に因子分析を行う場合，行列の固有値や固有ベクトルの計算が必要となり，Excel による計算は難しい．他方，SPSS など汎用の統計ソフトウェアでは，因子分析は標準のツールとして利用できる．実際の分析には，これらの汎用ソフトウェアを利用しよう．これらのソフトウェアの利用にあたっては，あらかじめ想定される因子の数，推定法，因子の回転の有無や手法などを，分析者が選択して分析を行う．

　本節では，具体的な調査データを用いて因子分析の適用例を見ていこう．

TABLE 表 13-7 ● 海外ファッション・ブランドのイメージ調査データ

ブランド名	人気度	認知度	所有率	高級感	誇らしさ	品質の信頼性	センスのよさ	親しみやすさ	広告が魅力的
シャネル	159	377	209	318	136	150	123	36	86
エルメス	145	327	136	245	104	154	127	27	41
ティファニー	145	327	136	182	86	136	136	77	59
ルイ・ヴィトン	136	359	186	177	77	186	82	109	18
グッチ	123	350	154	163	73	141	114	68	32
ラルフローレン	114	295	200	54	27	114	91	154	36
カルティエ	109	291	109	232	95	150	95	14	23
フェラガモ	109	286	68	159	64	109	77	32	18
プラダ	104	245	45	104	50	77	82	59	18
C・クライン	100	263	123	32	23	64	118	132	54
ベネトン	86	327	241	18	5	54	59	227	95

（出所）『日経流通新聞』1996年8月31日付，上田太一郎［1998］『データマイニング事例集』共立出版。

■ **市場構造分析のためのプロダクト・マップ（知覚マップ）**　表 13-7 は，首都圏在住の 15 歳以上の女性を対象とした，海外のファッション・ブランドに関する調査データである。そこでは，シャネルからベネトンまでの 11 の海外ブランドについて，イメージに関する 9 項目のアンケート結果が記載されている。たとえば，質問項目 1 では，「当該ブランドは人気があると思うか」の質問に対し，○または×を回答し，回答者 454 人中の○の数を示している（複数回答）。質問項目 2 以降も，同様である。

前節の試験の成績との関係では，各ブランドが学生，質問項目が科目に対応し，各質問項目の数字は，454 点を満点とする試験の得点に対応している。

この多変量データは，消費者が，各ブランドを 9 項目にわたりさまざまな角度から評価したものであり，消費者は海外ブランドをどのような視点で主に評価をしているかを知る手がかりを与える。

調査 9 項目は同じような質問項目が含まれており，項目間の調査データは，互いに相関係数が高い。したがって，因子分析により共通因子を抽出することで，消費者のブランドに対する理解や評価を，少数の評価軸で表すことが可能となる。

さらに，各ブランドに対応する因子スコア f_k を求め，その評価軸に対し

3 因子分析

図 13-1 ● 因子負荷量行列：SPSS 出力

	因子 1	因子 2
人気度	.812	.360
認知度	.466	.801
所有率	−.170	.955
高級感	.990	.102
誇らしさ	.994	.095
品質	.774	.242
センスの良さ	.556	.062
親しみ	−.866	.488
広告	−.133	.691

因子抽出法：最尤法

> 第1因子の因子負荷量の大きいものは人気度，高級感，誇らしさ，品質，センスの良さで，第2因子では認知度，所有率，親しみ，広告が大きい因子負荷量をもつ。

て，各ブランドがどのように配置されているかを，視覚的に捉えようとするのが，ここでの因子分析のねらいである。

汎用ソフトウェア SPSS を用いて，因子分析を適用した。得られた因子負荷量の推定結果が，図 13-1 で与えられている。

SPSS の実行に際しては，共通因子の数をあらかじめ決めなければならない。通常，次のような目安が使われている。

(1) 相関係数行列の，1より大きい固有値の数。
(2) 相関係数行列の固有値を大きさの順に並べたとき，減少の仕方が急激に変わるところまでを取る。
(3) 固有値の累積寄与率が，データ変動のかなりの部分を説明していると思われるところまでをとる。

これらはいずれも最適な因子数の決め方というわけではなく，あくまでも1つの目安である。それぞれの基準で選ばれた因子数のもとで試行錯誤を行い，因子の解釈が説明的であるかないかを判断基準として，因子数を総合的に決めることが望ましい。ソフトウェアには，これらの基準に関する選択オプションが与えられている。本データの推定に際しては，上記の基準(1)に従って，因

TABLE 表 13-8 ● 因子スコアの推定値

ブランド名	第1因子	第2因子
シャネル	1.810	1.057
エルメス	0.953	−0.202
ティファニー	0.433	0.199
ルイ・ヴィトン	0.298	0.874
グッチ	0.168	−0.015
ラルフローレン	0.996	0.560
カルティエ	0.697	−0.847
フェラガモ	0.101	−1.352
プラダ	0.567	−1.497
C・クライン	−1.207	−0.385
ベネトン	−1.489	1.607

子の数を2と決めている。

 因子軸の回転の操作を行うことによって，因子負荷量が変数間でより大きくばらつき，因子負荷量の大きさによって変量を分類しやすくなる場合がある。図13-1の結果では，回転を行っていない。

 ■ **因子負荷量**　出力結果の図13-1を見ると，第1因子の因子負荷量の大きい順に，誇らしさ (0.994)，高級感 (0.990)，人気度 (0.812)，品質の信頼性 (0.774)，センスの良さ (0.556)，となっている。他方，第2因子は，所有率 (0.955)，認知度 (0.801)，広告が魅力的 (0.691)，親しみやすさ (0.488)，の順になる。累積寄与率は81.9%と計算されており，2つの因子で，データの変動が約82%説明される。

 結果として，2つの因子によって，9項目の評価基準が，5項目と4項目にそれぞれ分類できる。第1因子でまとめられる5項目を統合する名前としては，「洗練されたイメージ」となろう。同様に，第2因子の4項目をまとめると，「普及と親しみやすさ」という名前が考えられる。したがって，消費者は主に，どのくらい洗練されたイメージなのか，またどのくらい普及し親しまれているかという視点で，海外ブランドを評価していると理解できる。

 ■ **因子スコア**　表13-8は，SPSSを用いて，(13.4) 式の回帰の方法で，因子スコアを推定した結果である。

 ■ **プロダクト・マップ**　横軸を第1因子，縦軸を第2因子とした2次元空

| FIGURE | 図 13-2 ● プロダクト・マップ：SPSS 出力

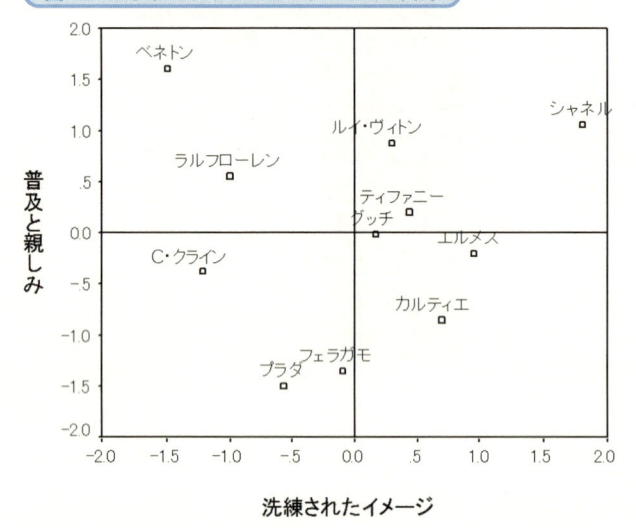

横軸に洗練されたイメージ（第1因子），縦軸に普及と親しみ（第2因子）とした2次元空間上の各ブランドの布置。

間上に，これらの2次元の点をプロットし，ブランド間の関係を布置したものが図13-2である。これはブランド間の，市場での位置関係を表すことから，**プロダクト・マップ**と呼ばれる。あるいは，この例のように，消費者が知覚したブランド・イメージにより作成された地図だから，**知覚マップ**といわれることもある。

マーケティングでは，製品やサービスを新たに開発して市場に展開する際に，消費者に対する市場調査を行い，現在の市場の競合状態を分析する。これを市場構造分析と呼ぶが，このために，因子分析を用いたプロダクト・マップが頻繁に利用される。

TABLE　表 13-9 ● 多変量データ個体間の距離行列

個体	1	2	3	…	n−1	n
1	0	—	—		—	—
2	d_{12}	0	—		—	—
3	d_{13}	d_{23}	0		—	—
4	d_{14}	d_{24}	d_{34}		0	—
⋮	⋮	⋮	⋮		—	—
n−1	$d_{1,\,n-1}$	$d_{2,\,n-1}$	…	$d_{n-2,\,n-1}$	0	—
n	d_{1n}	d_{2n}		$d_{n-2,\,n}$	$d_{n-1,\,n}$	0

SECTION 4　クラスター分析

クラスター分析 (cluster analysis) とは，個体間の類似度が与えられている場合，これらの個体を，複数の同質的なクラスター（集団，群）に分割していく方法である。図 13-2 の 11 個の座標点を，同質グループに分割しよう。直観的に（プラダ，フェラガモ），（C・クライン，ラルフローレン），（ルイ・ヴィトン，ティファニー，グッチ，エルメス，カルティエ）といったグループができるのではなかろうか。このような直観的なグループ分けを理論化したのが，クラスター分析である。

距離行列の構成　クラスターを構成する各個体間の類似度を表す数値として，距離が用いられる。たとえば，変数 X_j と変数 X_k の間の距離を，ユークリッド距離

$$d_{ij} = \sqrt{\sum_{k=1}^{p}(x_{ik}-x_{jk})^2} \qquad (13.12)$$

によって定義し，表 13-1 の多変量データを，表 13-9 の距離行列にまず変換する。

この距離行列から，個体間距離の小さいものほど同質であるとして，小さいもの同士を併合してクラスターとする。次に，複数のクラスター間の距離を定義して，クラスター間の距離を測り，クラスターの併合をさらに行う。

個体が A, B, C, D, E の 5 個の場合について，具体的な手続きを見てい

FIGURE　図 13-3　距離行列の構成

(a) データ

個体＼変数	X_1	X_2	X_3
A	x_{A1}	x_{A2}	x_{A3}
B	x_{B1}	x_{B2}	x_{B3}
C	x_{C1}	x_{C2}	x_{C3}
D	x_{D1}	x_{D2}	x_{D3}
E	x_{E1}	x_{E2}	x_{E3}

(b) 個体間の距離

	A	B	C	D	E
A	0	−	−	−	−
B	d_{AB}	0	−	−	−
C	d_{AC}	d_{BC}	0	−	−
D	d_{AD}	d_{BD}	d_{CD}	0	−
E	d_{AE}	d_{BE}	d_{CE}	d_{DE}	0

多変量データ行列から各対象間の距離行列への変換。

こう。図 13-3 では，これら 5 個の個体の，3 変数 (X_1, X_2, X_3) に関する多変量データ，および距離行列のイメージが描かれている。

5 個の個体間の距離行列が，図 13-4 左上のように与えられたとする。個体間の距離で最も小さい値は，C と D の距離の 1 であるので，まずこれらを併合して，1 つのクラスター CD とする。次に，CD と残りの A, B, E 間の距離を定義する必要がある。クラスター間の距離の定義には，最短距離法，最長距離法，群平均法，重心法，メジアン法，ウォード法などさまざまなものが提案されている。ここでは，最も簡便な最短距離法によって説明する。

たとえば，CD と A の距離は，C と A の距離の 7 と，D と A の距離の 8 の 2 通り存在する。最短距離法は，これらのうちで最も短い距離を，クラスター間の距離とする。CD と A の距離は 7 となる。

同様に，CD と B の距離は，(4, 5) の小さいほうの 4，CD と E の距離も，(6, 5) の小さいほうの 5 となる。A, B, E 間の距離は，最初の距離がそのまま引き継がれる。

クラスターの併合とデンドログラム

次に，図 13-4 上部右側にある，A, B, CD, E の 4 つのクラスター間の距離行列に対して，次の併合手続きを行う。まず，最も距離の小さいのは A と B の間の距離で 3 であり，これらを併合する。

AB と CD，また AB と E の距離は，同じく最短距離法に従って，それぞ

図 13-4 ● クラスター分析とデンドログラム

クラスター分析の方法（最短距離法）

	A	B	C	D	E
A	0				
B	3	0			
C	7	4	0		
D	8	5	1	0	
E	13	10	6	5	0

	A	B	CD	E
A	0			
B	3	0		
CD	7	4	0	
E	13	10	5	0

	AB	CD	E
AB	0		
CD	4	0	
E	10	5	0

	ABCD	E
ABCD	0	
E	5	0

距離行列からクラスターの併合をつくる。

れ 4, 10 と決定される。その結果，図 13-4 下部左側の 3 クラスターの距離行列が構成される。さらに，AB, CD, E の間で最も距離の小さい AB と CD を併合し，ABCD と E のクラスター距離行列ができる。

　このような，併合の経過と距離の水準を樹状図で表現したのが，図 13-5 に示されたデンドログラムである。この数値例では，ABCD と E の 2 クラスターになるまで，CD の併合から，ABCD の併合まで，3 段階でクラスターを構成した。しかし，どの段階で併合手続きをやめるかは，対象と，問題の設定によって異なる。この例では，さらに併合を進めて，ABCDE とすると，明らかに分析の意味がない。

　順次併合して，それぞれの段階において形成されたクラスターの解釈を考え，当面の問題に対して，意味あるクラスターが形成されたと判断できれば，併合手続きは終わる。この方法は，クラスターの形成過程が階層的な構造をもつことから，階層的クラスタリングと呼ばれる。

　これらの処理は，変数や個体が少ない場合は容易であるが，一般には，汎用

4 クラスター分析

FIGURE　図 13-5 ● デンドログラム（樹状図）の例

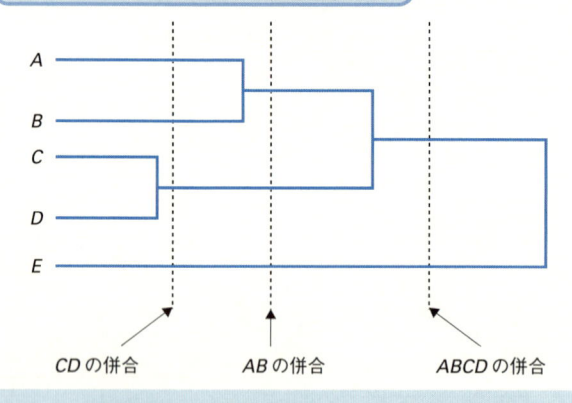

```
A ─┐
   ├───┐
B ─┘   │
       ├─────┐
C ─┐   │     │
   ├───┘     │
D ─┘         │
             │
E ───────────┘
```

↑CD の併合　↑AB の併合　↑ABCD の併合

クラスター併合の経過と距離の水準。

FIGURE　図 13-6 ● デンドログラム：SPSS 出力

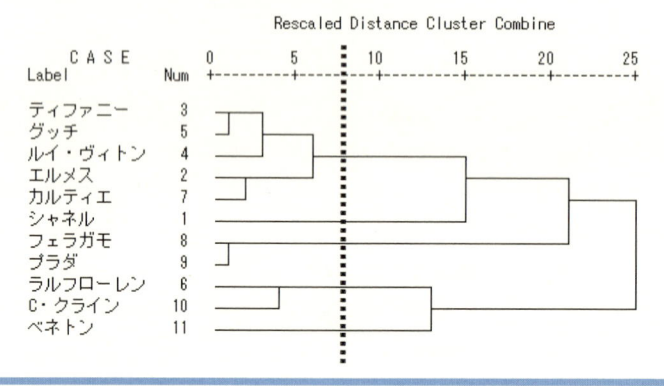

```
Dendrogram using Average Linkage (Between Groups)

                     Rescaled Distance Cluster Combine
    C A S E        0     5    10    15    20    25
    Label    Num   +-----+-----+-----+-----+-----+
    ティファニー    3
    グッチ         5
    ルイ・ヴィトン   4
    エルメス       2
    カルティエ     7
    シャネル       1
    フェラガモ     8
    プラダ        9
    ラルフローレン  6
    C・クライン   10
    ベネトン      11
```

サブ・マーケットと市場構造

ソフトウェアを利用する。

海外ブランドのプロダクト・マップ上にある 11 のブランドを，因子スコアを変量として，クラスター分析によって，いくつかのクラスターに分けよう。

438　第 13 章　多変量解析の基礎

図 13-7 ● サブ・マーケットの構造：知覚マップ 2

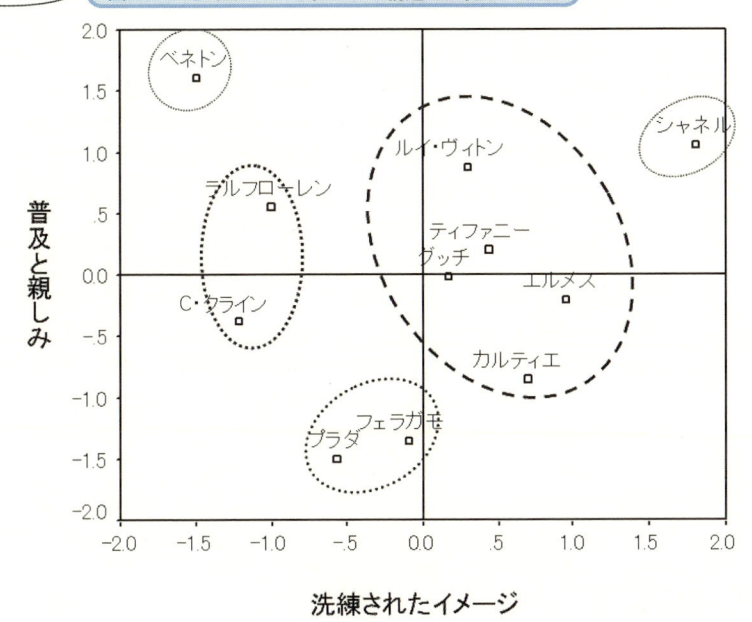

縦軸：普及と親しみ
横軸：洗練されたイメージ

（プロット上のブランド：ベネトン、ラルフローレン、C・クライン、ルイ・ヴィトン、ティファニー、グッチ、エルメス、カルティエ、シャネル、プラダ、フェラガモ）

　図 13-6 は，SPSS のクラスター分析を，表 13-8 のブランドに対する因子スコアのデータに応用して求まったデンドログラムである。これを見ると，
　(1) ティファニーとグッチ，およびフェラガモとプラダ，
　(2) エルメスとカルティエ，
　(3) （ティファニー，グッチ）とルイ・ヴィトン，
　(4) （ティファニー，グッチ，ルイ・ヴィトン）と（エルメス，カルティエ）
という順で，併合されていく様子がわかる。
　図 13-7 は，クラスター間の距離が 7 のところで，併合をやめた場合の結果を，プロダクト・マップ上に描いたものである。ここでは，5 つの円で囲まれたブランドが 1 つのクラスターを形成しており，その中では，ブランドは類似していると消費者は判断している。この意味において，クラスター内のブランドは，互いに競合関係が強い。クラスターは，海外ブランド市場全体の中で，小さな市場を構成していると理解できるから，サブ・マーケットと呼ばれ

4 クラスター分析　　439

> **COLUMN** *13-1* 新製品の採用時間と消費者セグメンテーション

　企業が，新製品を開発して市場で販売していく場合，「その製品がどのように消費者に普及していくのか」を考える問題は，企業経営では重要であり，新製品の普及過程と呼ばれる。アメリカにおける500を越える製品の普及過程の研究により，消費者が，新製品の採用を決定するまでの時間のヒストグラムは，以下の図のような正規分布で近似でき，さらに，採用決定までの時間により，消費者を次の5つのセグメントに分類できることが実証された。

(1)　イノベーター（革新的採用者）　　s を分布の標準偏差として，各消費者の採用決定時間の平均値 $\bar{x}$ を中心として，2シグマ，$\bar{x}-2s$ より早い時間で採用する人。全体の2.5パーセント以下を占める。彼らは，他の消費者が新製品の採用をしない状況で先行して購入し，社会全体からは「あたらし物好き」，または「変わり者」と評価される。他の人々への影響力は，必ずしも大きくない。

(2)　初期多数採用者　　次の $\bar{x}-2s$（2シグマ）から $\bar{x}-s$（1シグマ）の時間の間に採用する人たち。累積で約16%までに入るこれらの人たちは，イノベーターがあまりにも革新的すぎるのに比べ，やや慎重な態度をもつ。多くの情報を入手して冷静に行動し，他の人々に影響を与えるオピニオン・リーダー的役割を果たす。

(3)　前期多数採用者（16-50%）　　彼らは先行する少数の採用者から情報を集め，新製品の採用では慎重な態度を示す人たちと評価される。

る。

　ベネトンとシャネルは，どのクラスターにも属さずに，独自のポジションをもつ。シャネルは洗練されたイメージの軸において大きい値を取り，また普及と親しみの軸でも大きな値を取る。ベネトンは，普及と親しみの軸ではシャネルと同程度の評価を得ているが，洗練されたイメージは大きなマイナスになっている。

　（ルイ・ヴィトン，ティファニー，グッチ，エルメス，カルティエ）と（ラルフローレン，C・クライン）のクラスターは，洗練されたイメージの軸において，逆の評価を受けていることも読み取れる。

　このように，因子分析とクラスター分析を組み合わせることにより，市場の

(4) 後期多数採用者 (50-84%)　平均的に採用が遅れるが，$\bar{x}$から$\bar{x}+s$で採用する人たち。社会全体が採用し終わったあとでようやく採用する人たちで，「用心深い」，あるいは「流行に惑わされない」態度をもつ。

(5) 採用遅滞者 (84-100%)　$\bar{x}+2s$ 以降に採用する人たち。新しいものに対して，一般に拒否反応を示す。

このように，消費者を特性にもとづいて分類することは，消費者セグメンテーションと呼ばれる。マーケティング戦略は，セグメントごとに異なるため，消費者セグメンテーションは，実用上重要である。

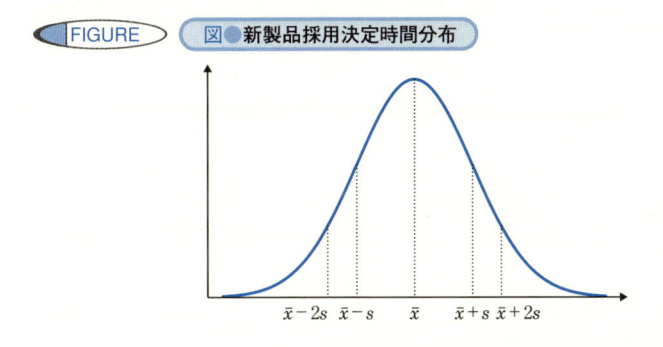

FIGURE　図● 新製品採用決定時間分布

競合状態を視覚的に捉えることができる。消費者の評価をもとに，各ブランドが市場で占める位置（ポジショニング）を決め，さらに，その位置づけの意味を解釈できるという利点もある。このような内容をもつ多変量解析の手法は，現在では，マーケティングにおいて必須の分析ツールになっている（別の分析事例として，男性用洗顔フォーム市場の調査データを分析した結果を本書 Web サイトに掲載してある。データも同サイトからダウンロードできるので，各自分析をして追体験されたい。SPSS が利用できない場合は，文献案内で紹介した照井伸彦・佐藤忠彦［2013］『現代マーケティング・リサーチ――市場を読み解くデータ分析』を参考にしながら R コマンダーを用いて Excel と同じ感覚で容易に実行できるので確認してほしい。ただし R コマンダーでは本章で説明した推定法の主因子法は選択できない）。

4　クラスター分析　441

BOOK GUIDE　●文献案内

　多変量解析は，Excel では実行できず，汎用の統計ソフトを利用して実行する。多変量解析のソフトを，教育用に組織的に装備している大学も少なくない。また，ネット上でフリーのソフトウェアを公開している場合もあり，個人でも，身近に分析してみることが可能になっている。

　他方，多変量解析の統計理論は，行列演算の性質を多用するので，文系の学生諸氏にとっては完全な理解は容易でないかもしれない。しかし，本章で解説した程度の内容を消化できれば，ソフトウェアを使って自動的に PC で分析し，分析対象に関する複雑な謎を解き明かす喜びが得られるのではないかと思われる。

　下記は，比較的やさしい入門書，理論的解説書，分析事例を紹介した文献などである。

①有馬哲・石村貞夫［1987］『多変量解析のはなし』東京図書。
②柳井晴夫［1994］『多変量データ解析法――理論と応用』朝倉書店。
③芝祐順［1979］『因子分析法（第 2 版）』東京大学出版会。
④石村貞夫・石村光資郎［2006］『SPSS でやさしく学ぶ多変量解析（第 3 版）』東京図書。
⑤石村貞夫［2005］『SPSS による多変量データ解析の手順（第 3 版）』東京図書。
⑥照井伸彦・佐藤忠彦［2013］『現代マーケティング・リサーチ――市場を読み解くデータ分析』有斐閣。
⑦Hair, J. F., B. Black, B. Babin, R. E. Anderson, and R. L. Tatham［2009］*Multivariate Data Analysis: With Readings*, 7th ed., Prentice Hall.

　①は，多変量解析の入門書。②および③は，因子分析その他の多変量解析の数理的展開を解説したもの。④および⑤は，ソフトウェア SPSS を利用した多変量解析の学習書。⑥は，フリーの統計ソフトウェア R の中で Excel と同じような形式で分析が行える R コマンダーを用いたさまざまな統計分析を紹介している。本章で説明した多変量解析の手法に加えてさまざまな分析例が取り上げられている。データおよびコードは同書 Web サイトからダウンロードできる。⑦は，多変量解析をさまざまな分野で応用した分析事例集で，とくに，⑦は本章で主として説明したマーケティングやビジネスでの適用事例が紹介されている。

EXERCISE　●練習問題

13-1　本章で用いた試験の成績データ（表 13-2）および海外ブランド品のイメージ調査データ（表 13-7）は，有斐閣書籍編集第 2 部ホームページ

(`http://yuhikaku-nibu.txt-nifty.com/blog/2015/06/post-be85.html`)から，Excel のブック形式（`chapter13-data.xlsx`）でダウンロードできる。多変量解析の統計ソフトウェアが利用できる場合，これらを分析して本章で展開された議論を各自確認しなさい。

別の分析事例として取り上げたのは，日経 MJ2014 年 9 月 1 日に掲載された男性用洗顔フォーム市場における 8 種類の製品に関する 13 項目の調査であり，そのうち 7 項目のデータを用いて，本章と同じ分析を行った結果が本書 Web サイトに掲載されている。はじめの 2 つの因子で約 90％ が説明されており，第 1 因子は洗浄力やブランド力などの商品属性，第 2 因子は商品コンセプトやパッケージデザインなどのマーケティング力と呼べる因子が抽出された。さらに因子分析に基づいて知覚マップが描かれ，製品間の距離を 2 通り設定した場合のサブマーケットの構成が図示されている。これらを各自確認されたい。

補論：行列の固有値と固有ベクトル

2×2 の行列

$$A = \begin{pmatrix} a_{11} & a_{12} \\ a_{21} & a_{22} \end{pmatrix} \tag{13.13}$$

に対して，

$$Ax = \lambda x \tag{13.14}$$

を満たす 2 次元ベクトル $x = (x_1, x_2)'$, $x \neq 0$, およびスカラー λ が存在するとき，λ を行列 A の固有値，x を λ に対する固有ベクトルと呼ぶ。つまり，(13.14) 式は，ベクトル x を通じた関係として，行列 A がスカラー λ と同じ役割を果たす関係といえる。

(13.14) 式は，単位行列 I を用いると

$$(A - \lambda I)x = 0 \tag{13.15}$$

となる。この式が $x = 0$ 以外の解をもつためには，行列式は

$$|A - \lambda I| = 0 \tag{13.16}$$

という条件を満たさなければならない。この式を書き換えると，

$$|A - \lambda I| = \begin{vmatrix} a_{11} - \lambda & a_{12} \\ a_{21} & a_{22} - \lambda \end{vmatrix}$$

$$= \lambda^2 - (a_{11} + a_{22})\lambda + (a_{11}a_{22} - a_{12}a_{21}) \tag{13.17}$$

となる。2つの固有値 λ_1, λ_2 は，2次方程式の解の公式により，

$$\lambda = \frac{(a_{11} + a_{22}) \pm \sqrt{(a_{11} + a_{22})^2 - 4(a_{11}a_{22} - a_{12}a_{21})}}{2} \tag{13.18}$$

と求まる。次に，それぞれの固有値に対して，

$$Ax_i = \lambda_i x_i, \quad i = 1, 2 \tag{13.19}$$

を満たす固有ベクトルを求める。

数値例　対称行列

$$A = \begin{pmatrix} 2 & 2 \\ 2 & -1 \end{pmatrix} \tag{13.20}$$

の固有値と固有ベクトルを求めてみよう。固有方程式

$$|A - \lambda I| = \begin{vmatrix} 2 - \lambda & 2 \\ 2 & -1 - \lambda \end{vmatrix} = \lambda^2 - \lambda - 6$$

$$= (\lambda - 3)(\lambda + 2) = 0 \tag{13.21}$$

から，$\lambda_1 = 3, \lambda_2 = -2$ と2つの固有値が求まる。次に，$\lambda_1 = 3$ に対応する固有ベクトル $x_1 = (x_{11}, x_{12})'$ は，(13.15) 式より

$$\begin{pmatrix} -1 & 2 \\ 2 & -4 \end{pmatrix} \begin{bmatrix} x_{11} \\ x_{12} \end{bmatrix} = \begin{bmatrix} 0 \\ 0 \end{bmatrix} \tag{13.22}$$

を満たす必要がある。したがって，

$$-x_{11} + 2x_{12} = 0 \tag{13.23}$$

から各要素の比が決定される。たとえば，$x_{12} = c$ と置くと，$x_{11} = 2c$ とな

る。固有ベクトル x_1 の長さを 1 に正規化すると，$x_1'x_1 = 1$ より，$c = 1/\sqrt{5}$ と決まり，正規化された固有ベクトルは

$$x_1 = \frac{1}{\sqrt{5}} \begin{bmatrix} 2 \\ 1 \end{bmatrix} \tag{13.24}$$

となる。$\lambda_2 = -2$ に対応する固有ベクトル $x_2 = (x_{21}, x_{22})'$ も同様に計算され，

$$x_2 = \frac{1}{\sqrt{5}} \begin{bmatrix} 1 \\ -2 \end{bmatrix} \tag{13.25}$$

と求まる。
　固有ベクトルの間には

$$x_1'x_2 = (1/\sqrt{5})^2(2 \times 1 + 1 \times (-2)) = 0 \tag{13.26}$$

の関係がある。一般に，対称行列の固有ベクトルは互いに<u>直交</u>する性質がある。

対称行列のスペクトル分解　　上記の行列 A で，$a_{12} = a_{21}$ とした対称行列の場合を説明する。そのとき，2つの固有値 $\lambda_1, \lambda_2, \lambda_1 > \lambda_2$ に付随する固有ベクトル x_1, x_2 を，行列にまとめて

$$X = (x_1, x_2) = \begin{pmatrix} x_{11} & x_{12} \\ x_{21} & x_{22} \end{pmatrix} \tag{13.27}$$

とすると

$$X'X = XX' = \begin{pmatrix} 1 & 0 \\ 0 & 1 \end{pmatrix} = I \tag{13.28}$$

となる。固有ベクトルで構成される行列は，直交行列になっている。
　(13.15) 式から

$$AX = A(x_1, x_2) = (\lambda_1 x_1, \lambda_2 x_2) \tag{13.29}$$

となる。この両辺に，右から $X' = (x_1, x_2)'$ を掛けると，

$$AXX' = (\lambda_1 x_1, \lambda_2 x_2)X' = \lambda_1 x_1 x_1' + \lambda_2 x_2 x_2' \tag{13.30}$$

の関係が得られる。ここで，$XX' = I$ であるので

$$A = \lambda_1 x_1 x_1' + \lambda_2 x_2 x_2' \tag{13.31}$$

と表現できる。これは，行列 A の**スペクトル分解**と呼ばれる。

一般に，$m \times m$ 行列 A が m 次元の任意のベクトル z に対して，2 次形式が正，つまり

$$z'Az > 0 \tag{13.32}$$

となる性質があるとき，行列 A は，**正値定符号行列**と呼ばれる（$z'Az$ はスカラー）。その場合，固有値はすべて正の値を取る。相関係数行列 R は，正値定符号行列である。

$m \times m$ の相関係数行列は，対称な正値定符号行列であり，そのスペクトル分解は，

$$R = \lambda_1 x_1 x_1' + \lambda_2 x_2 x_2' + \cdots + \lambda_m x_m x_m' \tag{13.33}$$

となる。ここで，固有値は，$\lambda_1 > \lambda_2 > \cdots > \lambda_m > 0$ の関係がある。

付　表

付表1　乱数表（0から9が均等な確率で出る）

	a	b	c	d	e	f	g	h	i	j
1	31588	90481	20012	02353	33944	39892	90789	43737	01034	53902
2	09127	68701	76145	75196	57821	81077	99955	64107	67518	32233
3	38629	07452	28767	96793	85842	82773	30925	49889	57418	30776
4	62778	06905	99559	42848	69410	05645	69510	58026	43432	75865
5	55415	57275	58901	78101	56116	52511	89245	97959	21880	84102
6	68445	38397	71892	30985	06781	82209	19130	95689	41288	60042
7	28244	90141	00736	08031	45932	27908	92527	55137	48178	16058
8	85276	71795	35905	48890	76764	96444	06574	79907	42799	53415
9	37168	16784	53694	11792	28569	22830	80301	75095	94450	29532
10	18984	14338	36750	57400	26294	88301	56802	55449	70331	45184
11	72619	71930	36274	70195	81144	88368	22360	89505	95886	23967
12	10488	32617	09928	78183	80193	37305	88369	65264	99059	85884
13	21101	77831	03382	86887	64627	42196	58154	69397	99894	59251
14	49652	02084	88877	64324	94929	16619	71003	01023	87441	98291
15	79624	70163	15703	26435	11390	46690	61671	42166	46691	60481
16	32384	93174	40222	04824	48490	52496	31328	23528	54415	41278
17	76180	70896	86008	86312	12619	74326	80034	94512	09519	09012
18	28391	36077	99351	40042	21380	74331	90778	78197	32599	78062
19	77750	41012	27149	25874	24129	52684	22915	93585	92398	62892
20	71400	11815	39570	61816	04009	27795	53085	52340	20514	63676
21	27819	47621	45373	39150	56524	68248	68151	73413	93186	81829
22	02216	77451	18130	40332	80624	47612	57808	16494	77567	71668
23	20395	38040	74780	46716	29221	15617	11626	50093	91916	37157
24	30811	85543	70514	59770	12411	08010	54984	64672	45372	47739
25	80005	63540	46712	56837	97301	32716	38222	21004	65950	49108

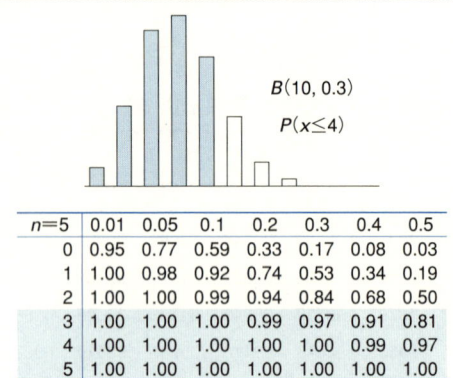

付表2　二項確率分布①（n=5, 10, 15）

B(10, 0.3)
P(x≤4)

n=5	0.01	0.05	0.1	0.2	0.3	0.4	0.5
0	0.95	0.77	0.59	0.33	0.17	0.08	0.03
1	1.00	0.98	0.92	0.74	0.53	0.34	0.19
2	1.00	1.00	0.99	0.94	0.84	0.68	0.50
3	1.00	1.00	1.00	0.99	0.97	0.91	0.81
4	1.00	1.00	1.00	1.00	1.00	0.99	0.97
5	1.00	1.00	1.00	1.00	1.00	1.00	1.00

1行目は母確率，1列目は事象が起きる回数。

n=10	0.01	0.05	0.1	0.2	0.3	0.4	0.5
0	0.90	0.60	0.35	0.11	0.03	0.01	0.00
1	1.00	0.91	0.74	0.38	0.15	0.05	0.01
2	1.00	0.99	0.93	0.68	0.38	0.17	0.05
3	1.00	1.00	0.99	0.88	0.65	0.38	0.17
4	1.00	1.00	1.00	0.97	0.85	0.63	0.38
5	1.00	1.00	1.00	0.99	0.95	0.83	0.62
6	1.00	1.00	1.00	1.00	0.99	0.95	0.83
7	1.00	1.00	1.00	1.00	1.00	0.99	0.95
8	1.00	1.00	1.00	1.00	1.00	1.00	0.99
9	1.00	1.00	1.00	1.00	1.00	1.00	1.00
10	1.00	1.00	1.00	1.00	1.00	1.00	1.00

1行目は母確率，1列目は事象が起きる回数。

n=15	0.01	0.05	0.1	0.2	0.3	0.4	0.5
0	0.86	0.46	0.21	0.04	0.00	0.00	0.00
1	0.99	0.83	0.55	0.17	0.04	0.01	0.00
2	1.00	0.96	0.82	0.40	0.13	0.03	0.00
3	1.00	0.99	0.94	0.65	0.30	0.09	0.02
4	1.00	1.00	0.99	0.84	0.52	0.22	0.06
5	1.00	1.00	1.00	0.94	0.72	0.40	0.15
6	1.00	1.00	1.00	0.98	0.87	0.61	0.30
7	1.00	1.00	1.00	1.00	0.95	0.79	0.50
8	1.00	1.00	1.00	1.00	0.98	0.90	0.70
9	1.00	1.00	1.00	1.00	1.00	0.97	0.85
10	1.00	1.00	1.00	1.00	1.00	0.99	0.94
11	1.00	1.00	1.00	1.00	1.00	1.00	0.98
12	1.00	1.00	1.00	1.00	1.00	1.00	1.00
15	1.00	1.00	1.00	1.00	1.00	1.00	1.00

1行目は母確率，1列目は事象が起きる回数。

二項確率分布② (*n*=20, 25)

n=20	0.01	0.05	0.1	0.2	0.3	0.4	0.5
0	0.82	0.36	0.12	0.01	0.00	0.00	0.00
1	0.98	0.74	0.39	0.07	0.01	0.00	0.00
2	1.00	0.92	0.68	0.21	0.04	0.00	0.00
3	1.00	0.98	0.87	0.41	0.11	0.02	0.00
4	1.00	1.00	0.96	0.63	0.24	0.05	0.01
5	1.00	1.00	0.99	0.80	0.42	0.13	0.02
6	1.00	1.00	1.00	0.91	0.61	0.25	0.06
7	1.00	1.00	1.00	0.97	0.77	0.42	0.13
8	1.00	1.00	1.00	0.99	0.89	0.60	0.25
9	1.00	1.00	1.00	1.00	0.95	0.76	0.41
10	1.00	1.00	1.00	1.00	0.98	0.87	0.59
11	1.00	1.00	1.00	1.00	0.99	0.94	0.75
12	1.00	1.00	1.00	1.00	1.00	0.98	0.87
13	1.00	1.00	1.00	1.00	1.00	0.99	0.94
14	1.00	1.00	1.00	1.00	1.00	1.00	0.98
15	1.00	1.00	1.00	1.00	1.00	1.00	0.99
16	1.00	1.00	1.00	1.00	1.00	1.00	1.00
20	1.00	1.00	1.00	1.00	1.00	1.00	1.00

1行目は母確率,1列目は事象が起きる回数。

n=25	0.01	0.05	0.1	0.2	0.3	0.4	0.5
0	0.78	0.28	0.07	0.00	0.00	0.00	0.00
1	0.97	0.64	0.27	0.03	0.00	0.00	0.00
2	1.00	0.87	0.54	0.10	0.01	0.00	0.00
3	1.00	0.97	0.76	0.23	0.03	0.00	0.00
4	1.00	0.99	0.90	0.42	0.09	0.01	0.00
5	1.00	1.00	0.97	0.62	0.19	0.03	0.00
6	1.00	1.00	0.99	0.78	0.34	0.07	0.01
7	1.00	1.00	1.00	0.89	0.51	0.15	0.02
8	1.00	1.00	1.00	0.95	0.68	0.27	0.05
9	1.00	1.00	1.00	0.98	0.81	0.42	0.11
10	1.00	1.00	1.00	0.99	0.90	0.59	0.21
11	1.00	1.00	1.00	1.00	0.96	0.73	0.35
12	1.00	1.00	1.00	1.00	0.98	0.85	0.50
13	1.00	1.00	1.00	1.00	0.99	0.92	0.65
14	1.00	1.00	1.00	1.00	1.00	0.97	0.79
15	1.00	1.00	1.00	1.00	1.00	0.99	0.89
16	1.00	1.00	1.00	1.00	1.00	1.00	0.95
17	1.00	1.00	1.00	1.00	1.00	1.00	0.98
18	1.00	1.00	1.00	1.00	1.00	1.00	0.99
19	1.00	1.00	1.00	1.00	1.00	1.00	1.00
25	1.00	1.00	1.00	1.00	1.00	1.00	1.00

1行目は母確率,1列目は事象が起きる回数。

付表3 ポアソン分布

λ	0.1	0.2	0.3	0.4	0.5	0.6	0.7	0.8	0.9
0	0.90	0.82	0.74	0.67	0.61	0.55	0.50	0.45	0.41
1	1.00	0.98	0.96	0.94	0.91	0.88	0.84	0.81	0.77
2	1.00	1.00	1.00	1.00	1.00	1.00	0.99	0.99	0.99
3	1.00	1.00	1.00	1.00	1.00	1.00	1.00	1.00	1.00
4	1.00	1.00	1.00	1.00	1.00	1.00	1.00	1.00	1.00

λ	1.0	1.5	2.0	2.5	3.0	3.5	4.0	4.5	5.0
0	0.37	0.22	0.14	0.08	0.05	0.03	0.02	0.01	0.01
1	0.74	0.56	0.41	0.29	0.20	0.14	0.09	0.06	0.04
2	0.92	0.81	0.68	0.54	0.42	0.32	0.24	0.17	0.12
3	0.98	0.93	0.86	0.76	0.65	0.54	0.43	0.34	0.27
4	1.00	0.98	0.95	0.89	0.82	0.73	0.63	0.53	0.44
5	1.00	1.00	0.98	0.96	0.92	0.86	0.79	0.70	0.62
6	1.00	1.00	1.00	0.99	0.97	0.93	0.89	0.83	0.76
7	1.00	1.00	1.00	1.00	0.99	0.97	0.95	0.91	0.87
8	1.00	1.00	1.00	1.00	1.00	0.99	0.98	0.96	0.93
9	1.00	1.00	1.00	1.00	1.00	1.00	0.99	0.98	0.97
10	1.00	1.00	1.00	1.00	1.00	1.00	1.00	0.99	0.99
11	1.00	1.00	1.00	1.00	1.00	1.00	1.00	1.00	0.99
12	1.00	1.00	1.00	1.00	1.00	1.00	1.00	1.00	1.00

λ	6.0	7.0	8.0	9.0	10.0	11.0	12.0	13.0	15.0
0	0.00	0.00	0.00	0.00	0.00	0.00	0.00	0.00	0.00
1	0.02	0.01	0.00	0.00	0.00	0.00	0.00	0.00	0.00
2	0.06	0.03	0.01	0.01	0.00	0.00	0.00	0.00	0.00
3	0.15	0.08	0.04	0.02	0.01	0.00	0.00	0.00	0.00
4	0.29	0.17	0.10	0.05	0.03	0.02	0.01	0.00	0.00
5	0.45	0.30	0.19	0.12	0.07	0.04	0.02	0.01	0.00
6	0.61	0.45	0.31	0.21	0.13	0.08	0.05	0.03	0.01
7	0.74	0.60	0.45	0.32	0.22	0.14	0.09	0.05	0.02
8	0.85	0.73	0.59	0.46	0.33	0.23	0.16	0.10	0.04
9	0.92	0.83	0.72	0.59	0.46	0.34	0.24	0.17	0.07
10	0.96	0.90	0.82	0.71	0.58	0.46	0.35	0.25	0.12
11	0.98	0.95	0.89	0.80	0.70	0.58	0.46	0.35	0.18
12	0.99	0.97	0.94	0.88	0.79	0.69	0.58	0.46	0.27
13	1.00	0.99	0.97	0.93	0.86	0.78	0.68	0.57	0.36
14	1.00	0.99	0.98	0.96	0.92	0.85	0.77	0.68	0.47
15	1.00	1.00	0.99	0.98	0.95	0.91	0.84	0.76	0.57
16	1.00	1.00	1.00	0.99	0.97	0.94	0.90	0.84	0.66
17	1.00	1.00	1.00	0.99	0.99	0.97	0.94	0.89	0.75
18	1.00	1.00	1.00	1.00	0.99	0.98	0.96	0.93	0.82
19	1.00	1.00	1.00	1.00	0.99	0.98	0.96	0.88
20	1.00	1.00	1.00	1.00	1.00	0.99	0.97	0.92
21	1.00	1.00	1.00	1.00	1.00	0.99	0.99	0.95
22	1.00	1.00	1.00	1.00	1.00	1.00	0.99	0.97
23	1.00	1.00	1.00	1.00	1.00	1.00	1.00	0.98
24	1.00	1.00	1.00	1.00	1.00	1.00	1.00	0.99
25	1.00	1.00	1.00	1.00	1.00	1.00	1.00	0.99

ポアソン母数は，1行目に与えられる。1列目は事象が起きた回数で，1列目以下の回数が起きる確率。

付表 4　標準正規分布

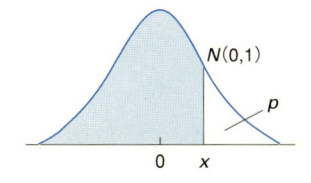

(a) 標準正規分布

	0.00	0.01	0.02	0.03	0.04	0.05	0.06	0.07	0.08	0.09
0.0	0.5000	0.5040	0.5080	0.5120	0.5160	0.5199	0.5239	0.5279	0.5319	0.5359
0.1	0.5398	0.5438	0.5478	0.5517	0.5557	0.5596	0.5636	0.5675	0.5714	0.5753
0.2	0.5793	0.5832	0.5871	0.5910	0.5948	0.5987	0.6026	0.6064	0.6103	0.6141
0.3	0.6179	0.6217	0.6255	0.6293	0.6331	0.6368	0.6406	0.6443	0.6480	0.6517
0.4	0.6554	0.6591	0.6628	0.6664	0.6700	0.6736	0.6772	0.6808	0.6844	0.6879
0.5	0.6915	0.6950	0.6985	0.7019	0.7054	0.7088	0.7123	0.7157	0.7190	0.7224
0.6	0.7257	0.7291	0.7324	0.7357	0.7389	0.7422	0.7454	0.7486	0.7517	0.7549
0.7	0.7580	0.7612	0.7642	0.7673	0.7704	0.7734	0.7764	0.7794	0.7823	0.7852
0.8	0.7881	0.7910	0.7939	0.7967	0.7995	0.8023	0.8051	0.8078	0.8106	0.8133
0.9	0.8159	0.8186	0.8212	0.8238	0.8264	0.8289	0.8315	0.8340	0.8365	0.8389
1.0	0.8413	0.8438	0.8461	0.8485	0.8508	0.8531	0.8554	0.8577	0.8599	0.8621
1.1	0.8643	0.8665	0.8686	0.8708	0.8729	0.8749	0.8770	0.8790	0.8810	0.8830
1.2	0.8849	0.8869	0.8888	0.8907	0.8925	0.8944	0.8962	0.8980	0.8997	0.9015
1.3	0.9032	0.9049	0.9066	0.9082	0.9099	0.9115	0.9131	0.9147	0.9162	0.9177
1.4	0.9192	0.9207	0.9222	0.9236	0.9251	0.9265	0.9279	0.9292	0.9306	0.9319
1.5	0.9332	0.9345	0.9357	0.9370	0.9382	0.9394	0.9406	0.9418	0.9429	0.9441
1.6	0.9452	0.9463	0.9474	0.9484	0.9495	0.9505	0.9515	0.9525	0.9535	0.9545
1.7	0.9554	0.9564	0.9573	0.9582	0.9591	0.9599	0.9608	0.9616	0.9625	0.9633
1.8	0.9641	0.9649	0.9656	0.9664	0.9671	0.9678	0.9686	0.9693	0.9699	0.9706
1.9	0.9713	0.9719	0.9726	0.9732	0.9738	0.9744	0.9750	0.9756	0.9761	0.9767
2.0	0.9773	0.9778	0.9783	0.9788	0.9793	0.9798	0.9803	0.9808	0.9812	0.9817
2.1	0.9821	0.9826	0.9830	0.9834	0.9838	0.9842	0.9846	0.9850	0.9854	0.9857
2.2	0.9861	0.9864	0.9868	0.9871	0.9875	0.9878	0.9881	0.9884	0.9887	0.9890
2.3	0.9893	0.9896	0.9898	0.9901	0.9904	0.9906	0.9909	0.9911	0.9913	0.9916
2.4	0.9918	0.9920	0.9922	0.9925	0.9927	0.9929	0.9931	0.9932	0.9934	0.9936
2.5	0.9938	0.9940	0.9941	0.9943	0.9945	0.9946	0.9948	0.9949	0.9951	0.9952
2.6	0.9953	0.9955	0.9956	0.9957	0.9959	0.9960	0.9961	0.9962	0.9963	0.9964
2.7	0.9965	0.9966	0.9967	0.9968	0.9969	0.9970	0.9971	0.9972	0.9973	0.9974
2.8	0.9974	0.9975	0.9976	0.9977	0.9977	0.9978	0.9979	0.9979	0.9980	0.9981
2.9	0.9981	0.9982	0.9982	0.9983	0.9984	0.9984	0.9985	0.9985	0.9986	0.9986
3.0	0.9987	0.9987	0.9987	0.9988	0.9988	0.9989	0.9989	0.9989	0.9990	0.9990

負の無限大から座標値までの確率を与える。1列目は小数1位，1行目は小数2位を与える。

(b) 標準正規分布（右裾確率）

右裾確率 p	0.10	0.05	0.025	0.01	0.005	0.001	0.0005	0.00005
座標値 x	1.282	1.645	1.960	2.326	2.576	3.090	3.291	3.891

付表5 カイ2乗（χ^2）分布

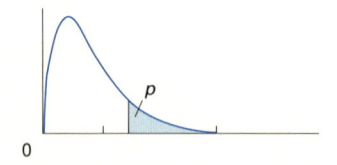

df\p	0.990	0.975	0.950	0.500	0.250	0.100	0.050	0.025	0.010
1	0.00	0.00	0.00	0.45	1.32	2.71	3.84	5.02	6.63
2	0.02	0.05	0.10	1.39	2.77	4.61	5.99	7.38	9.21
3	0.11	0.22	0.35	2.37	4.11	6.25	7.81	9.35	11.34
4	0.30	0.48	0.71	3.36	5.39	7.78	9.49	11.14	13.28
5	0.55	0.83	1.15	4.35	6.63	9.24	11.07	12.83	15.09
6	0.87	1.24	1.64	5.35	7.84	10.64	12.59	14.45	16.81
7	1.24	1.69	2.17	6.35	9.04	12.02	14.07	16.01	18.48
8	1.65	2.18	2.73	7.34	10.22	13.36	15.51	17.53	20.09
9	2.09	2.7	3.33	8.34	11.39	14.68	16.92	19.02	21.67
10	2.56	3.25	3.94	9.34	12.55	15.99	18.31	20.48	23.21
11	3.05	3.82	4.57	10.34	13.70	17.28	19.68	21.92	24.73
12	3.57	4.40	5.23	11.34	14.85	18.55	21.03	23.34	26.22
13	4.11	5.01	5.89	12.34	15.98	19.81	22.36	24.74	27.69
14	4.66	5.63	6.57	13.34	17.12	21.06	23.68	26.12	29.14
15	5.23	6.26	7.26	14.34	18.25	22.31	25.00	27.49	30.58
16	5.81	6.91	7.96	15.34	19.37	23.54	26.30	28.85	32.00
17	6.41	7.56	8.67	16.34	20.49	24.77	27.59	30.19	33.41
18	7.01	8.23	9.39	17.34	21.60	25.99	28.87	31.53	34.81
19	7.63	8.91	10.12	18.34	22.72	27.20	30.14	32.85	36.19
20	8.26	9.59	10.85	19.34	23.83	28.41	31.41	34.17	37.57
22	9.54	10.98	12.34	21.34	26.04	30.81	33.92	36.78	40.29
24	10.86	12.40	13.85	23.34	28.24	33.20	36.42	39.36	42.98
26	12.2	13.84	15.38	25.34	30.43	35.56	38.89	41.92	45.64
28	13.56	15.31	16.93	27.34	32.62	37.92	41.34	44.46	48.28
30	14.95	16.79	18.49	29.34	34.80	40.26	43.77	46.98	50.89
32	16.36	18.29	20.07	31.34	36.97	42.58	46.19	49.48	53.49
34	17.79	19.81	21.66	33.34	39.14	44.90	48.60	51.97	56.06
36	19.23	21.34	23.27	35.34	41.30	47.21	51.00	54.44	58.62
38	20.69	22.88	24.88	37.34	43.46	49.51	53.38	56.90	61.16
40	22.16	24.43	26.51	39.34	45.62	51.81	55.76	59.34	63.69
45	25.90	28.37	30.61	44.34	50.98	57.51	61.66	65.41	69.96
50	29.71	32.36	34.76	49.33	56.33	63.17	67.50	71.42	76.15
100	70.06	74.22	77.93	99.33	109.14	118.50	124.34	129.56	135.81

自由度は1列目に与えられている。1行目は分布の右裾確率である。

付表6　t 分布

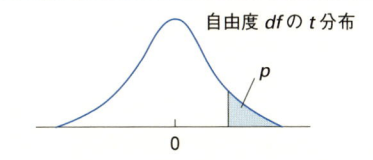

自由度 df の t 分布

df\p	0.250	0.100	0.050	0.025	0.010	0.005
1	1.00	3.08	6.31	12.71	31.82	63.66
2	0.82	1.89	2.92	4.30	6.96	9.92
3	0.76	1.64	2.35	3.18	4.54	5.84
4	0.74	1.53	2.13	2.78	3.75	4.60
5	0.73	1.48	2.02	2.57	3.36	4.03
6	0.72	1.44	1.94	2.45	3.14	3.71
7	0.71	1.41	1.89	2.36	3.00	3.50
8	0.71	1.40	1.86	2.31	2.90	3.36
9	0.70	1.38	1.83	2.26	2.82	3.25
10	0.70	1.37	1.81	2.23	2.76	3.17
11	0.70	1.36	1.80	2.20	2.72	3.11
12	0.70	1.36	1.78	2.18	2.68	3.05
13	0.69	1.35	1.77	2.16	2.65	3.01
14	0.69	1.35	1.76	2.14	2.62	2.98
15	0.69	1.34	1.75	2.13	2.60	2.95
16	0.69	1.34	1.75	2.12	2.58	2.92
17	0.69	1.33	1.74	2.11	2.57	2.90
18	0.69	1.33	1.73	2.10	2.55	2.88
19	0.69	1.33	1.73	2.09	2.54	2.86
20	0.69	1.33	1.72	2.09	2.53	2.85
21	0.69	1.32	1.72	2.08	2.52	2.83
22	0.69	1.32	1.72	2.07	2.51	2.82
23	0.69	1.32	1.71	2.07	2.50	2.81
24	0.68	1.32	1.71	2.06	2.49	2.80
25	0.68	1.32	1.71	2.06	2.49	2.79
26	0.68	1.31	1.71	2.06	2.48	2.78
27	0.68	1.31	1.70	2.05	2.47	2.77
28	0.68	1.31	1.70	2.05	2.47	2.76
29	0.68	1.31	1.70	2.05	2.46	2.76
30	0.68	1.31	1.70	2.04	2.46	2.75
35	0.68	1.31	1.69	2.03	2.44	2.72
40	0.68	1.30	1.68	2.02	2.42	2.70
45	0.68	1.30	1.68	2.01	2.41	2.69
50	0.68	1.30	1.68	2.01	2.40	2.68
60	0.68	1.30	1.67	2.00	2.39	2.66
70	0.68	1.29	1.67	1.99	2.38	2.65
80	0.68	1.29	1.66	1.99	2.37	2.64
90	0.68	1.29	1.66	1.99	2.37	2.63
100	0.68	1.29	1.66	1.98	2.36	2.63
$N(0, 1)$	0.67	1.28	1.65	1.96	2.33	2.58

1行目は右裾の確率，1列目は自由度。自由度が無限大になると，標準正規分布に一致する。

付表7　F分布

自由度（分子，分母）のF分布

分母＼分子	1	2	3	4	5	6	8
4	7.71	6.94	6.59	6.39	6.26	6.16	6.04
	21.20	18.00	16.69	15.98	15.52	15.21	14.80
5	6.61	5.79	5.41	5.19	5.05	4.95	4.82
	16.26	13.27	12.06	11.39	10.97	10.67	10.29
6	5.99	5.14	4.76	4.53	4.39	4.28	4.15
	13.75	10.92	9.78	9.15	8.75	8.47	8.10
7	5.59	4.74	4.35	4.12	3.97	3.87	3.73
	12.25	9.55	8.45	7.85	7.46	7.19	6.84
8	5.32	4.46	4.07	3.84	3.69	3.58	3.44
	11.26	8.65	7.59	7.01	6.63	6.37	6.03
9	5.12	4.26	3.86	3.63	3.48	3.37	3.23
	10.56	8.02	6.99	6.42	6.06	5.80	5.47
10	4.96	4.10	3.71	3.48	3.33	3.22	3.07
	10.04	7.56	6.55	5.99	5.64	5.39	5.06
12	4.75	3.89	3.49	3.26	3.11	3.00	2.85
	9.33	6.93	5.95	5.41	5.06	4.82	4.50
14	4.60	3.74	3.34	3.11	2.96	2.85	2.70
	8.86	6.51	5.56	5.04	4.69	4.46	4.14
16	4.49	3.63	3.24	3.01	2.85	2.74	2.59
	8.53	6.23	5.29	4.77	4.44	4.20	3.89
18	4.41	3.55	3.16	2.93	2.77	2.66	2.51
	8.29	6.01	5.09	4.58	4.25	4.01	3.71
20	4.35	3.49	3.10	2.87	2.71	2.60	2.45
	8.10	5.85	4.94	4.43	4.10	3.87	3.56
25	4.24	3.39	2.99	2.76	2.60	2.49	2.34
	7.77	5.57	4.68	4.18	3.85	3.63	3.32
30	4.17	3.32	2.92	2.69	2.53	2.42	2.27
	7.56	5.39	4.51	4.02	3.70	3.47	3.17
50	4.03	3.18	2.79	2.56	2.40	2.29	2.13
	7.17	5.06	4.20	3.72	3.41	3.19	2.89
100	3.94	3.09	2.70	2.46	2.31	2.19	2.03
	6.90	4.82	3.98	3.51	3.21	2.99	2.69

1行目は分子の自由度，1列目は分母の自由度を与える。上段は中間の自由度については，補間法により境界値を求める。

10	12	14	16	20	30	40	50
5.96	5.91	5.87	5.84	5.80	5.75	5.72	5.70
14.55	14.37	14.25	14.15	14.02	13.84	13.75	13.69
4.74	4.68	4.64	4.60	4.56	4.50	4.46	4.44
10.05	9.89	9.77	9.68	9.55	9.38	9.29	9.24
4.06	4.00	3.96	3.92	3.87	3.81	3.77	3.75
7.87	7.72	7.60	7.52	7.40	7.23	7.14	7.09
3.64	3.57	3.53	3.49	3.44	3.38	3.34	3.32
6.62	6.47	6.36	6.28	6.16	5.99	5.91	5.86
3.35	3.28	3.24	3.20	3.15	3.08	3.04	3.02
5.81	5.67	5.56	5.48	5.36	5.20	5.12	5.07
3.14	3.07	3.03	2.99	2.94	2.86	2.83	2.80
5.26	5.11	5.01	4.92	4.81	4.65	4.57	4.52
2.98	2.91	2.86	2.83	2.77	2.70	2.66	2.64
4.85	4.71	4.60	4.52	4.41	4.25	4.17	4.12
2.75	2.69	2.64	2.60	2.54	2.47	2.43	2.40
4.30	4.16	4.05	3.97	3.86	3.70	3.62	3.57
2.60	2.53	2.48	2.44	2.39	2.31	2.27	2.24
3.94	3.80	3.70	3.62	3.51	3.35	3.27	3.22
2.49	2.42	2.37	2.33	2.28	2.19	2.15	2.12
3.69	3.55	3.45	3.37	3.26	3.10	3.02	2.97
2.41	2.34	2.29	2.25	2.19	2.11	2.06	2.04
3.51	3.37	3.27	3.19	3.08	2.92	2.84	2.78
2.35	2.28	2.22	2.18	2.12	2.04	1.99	1.97
3.37	3.23	3.13	3.05	2.94	2.78	2.69	2.64
2.24	2.16	2.11	2.07	2.01	1.92	1.87	1.84
3.13	2.99	2.89	2.81	2.70	2.54	2.45	2.40
2.16	2.09	2.04	1.99	1.93	1.84	1.79	1.76
2.98	2.84	2.74	2.66	2.55	2.39	2.30	2.25
2.03	1.95	1.89	1.85	1.78	1.69	1.63	1.60
2.70	2.56	2.46	2.38	2.27	2.10	2.01	1.95
1.93	1.85	1.79	1.75	1.68	1.57	1.52	1.48
2.50	2.37	2.27	2.19	2.07	1.89	1.80	1.74

右裾 5%，下段は 1% 点を与える。

練習問題の解答

◆第1章 記述統計 I

1-1 (1) 平均 $\fallingdotseq 4.09$。観測値を小さい値から順に並び替えると，17番目が4，18番目が4なので，メジアン $= 4$。また，各得点の頻度は1点（2回），2点（6回），3点（7回），4点（8回），5点（2回），6点（5回），7点（2回），9点（2回）なので，モードは4点。

(2) 分散 $\fallingdotseq 4.08$ なので，その平方根である標準偏差 $\fallingdotseq 2.02$。最小値は1，最大値は9なので，範囲は $9 - 1 = 8$。また，10頁のチェビシェフの不等式で $k = 2$ とすると観測値の75%以上が含まれる範囲は $[-0.01, 8.19]$（この範囲は標本標準偏差を用いて求められている。チェビシェフの不等式は全標本標準偏差 σ を用いても成り立ち，その場合，範囲は $[0.05, 8.13]$ となる）。

(3) 歪度 $\fallingdotseq 0.71$，尖度 $\fallingdotseq 2.97$。したがって，観測値の尖り具合は標準的な「3」にほぼ等しいが，観測値の分布は右に歪んでいる。

1-2 2006年の第1四半期の売上額を x とすると，$(0.5 \times 500 + 700 + 850 + 600 + 0.5 \times x)/4 = 675$ を満たさなければならないので，$x = 600$。

1-3 平均金利 $= (1.08 \times 1.1 \times 1.12 \times 1.15)^{1/4} - 1 \fallingdotseq 0.11$。

1-4 度数分布表とヒストグラムは以下のようになる。

以上，未満	階級値	度数	累積度数	相対度数	累積相対度数
0-20	10	34	34	0.72	0.72
20-40	30	5	39	0.11	0.83
40-60	50	4	43	0.09	0.91
60-80	70	3	46	0.06	0.98
80-100	90	0	46	0.00	0.98
100-120	110	1	47	0.02	1.00
		47		1.00	

以上，未満	階級値	階級値×度数	階級値^2×度数
0-20	10	340	3400
20-40	30	150	4500
40-60	50	200	10000
60-80	70	210	14700
80-100	90	0	0
100-120	110	110	12100
		1010	44700

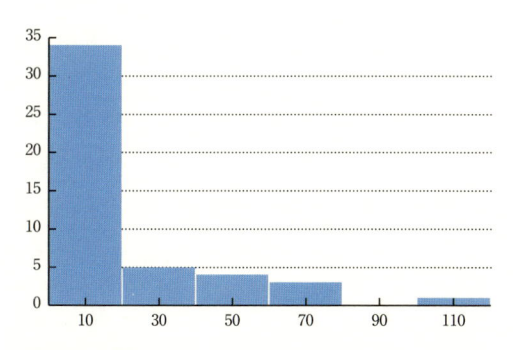

これより，平均の近似値は $1010 \div 47 \fallingdotseq 21.5$，分散の近似値 = $\{44700 - 47 \times (1010 \div 47)^2\}/47 \fallingdotseq 489.3$。

1-5 度数分布表とローレンツ曲線は以下のとおり。

階級	2000年 累積相対度数	2000年 累積相対所得	2013年 累積相対度数	2013年 累積相対所得
I	0.2	0.10	0.2	0.10
II	0.4	0.24	0.4	0.24
III	0.6	0.42	0.6	0.42
IV	0.8	0.66	0.8	0.65
V	1.0	1.00	1.0	1.00

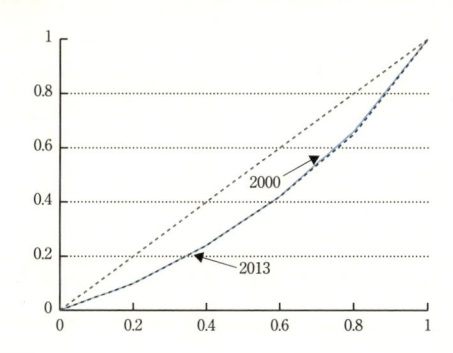

また，ジニ係数は，

$$2000\,\text{年}: 2 \times 0.716 - 0.2 - 1 \fallingdotseq 0.23$$

$$2013\,\text{年}: 2 \times 0.718 - 0.2 - 1 \fallingdotseq 0.24$$

◆第2章　記述統計 II

2-1 表より，$\sum p_{0i}q_{0i} = 1740$, $\sum p_{0i}q_{ti} = 1670$, $\sum p_{ti}q_{0i} = 2100$, $\sum p_{ti}q_{ti} =$

練習問題の解答　457

2020 なので、

$$\text{ラスパイレス価格指数} = 2100/1740 \times 100 \fallingdotseq 120.7$$
$$\text{パーシェ価格指数} = 2020/1670 \times 100 \fallingdotseq 121.0$$
$$\text{ラスパイレス数量指数} = 1670/1740 \times 100 \fallingdotseq 96.0$$
$$\text{パーシェ数量指数} = 2020/2100 \times 100 \fallingdotseq 96.2$$

2-2 表より、$\sum(y_t - \bar{y})^2 \fallingdotseq 7672.15$, $\sum(y_t - \bar{y})(y_{t-1} - \bar{y}) \fallingdotseq 6567.04$, $\sum(y_t - \bar{y})(y_{t-2} - \bar{y}) \fallingdotseq 4921.81$, $\sum(y_t - \bar{y})(y_{t-3} - \bar{y}) \fallingdotseq 3025.68$ なので、$\rho_1 \fallingdotseq 0.86$, $\rho_2 \fallingdotseq 0.64$, $\rho_3 \fallingdotseq 0.39$ となる。

2-3 勝率、打率、防御率をそれぞれ順位で表すと次表のようになる。スピアマンの順位相関係数の計算式にこのデータを当てはめると、勝率と打率の順位相関係数 $\fallingdotseq 0.71$, 勝率と防御率の順位相関係数 $\fallingdotseq 0.94$。

	勝率	打率	防御率
日本ハム	1	2	1
西武	2	1	3
ソフトバンク	3	3	2
ロッテ	4	6	4
オリックス	5	5	5
楽天	6	4	6

2-4 各分割表は以下のようになる。

2×3 分割表

	和	洋	無	計
20	2	4	4	10
30	4	4	2	10
計	6	8	6	20

行和に対する相対頻度

	和	洋	無	計
20	0.20	0.40	0.40	1.00
30	0.40	0.40	0.20	1.00
計	0.30	0.40	0.30	1.00

列和に対する相対頻度

	和	洋	無	計
20	0.33	0.50	0.67	0.50
30	0.67	0.50	0.33	0.50
計	1.00	1.00	1.00	1.00

総和に対する相対頻度

	和	洋	無	計
20	0.10	0.20	0.20	0.50
30	0.20	0.20	0.10	0.50
計	0.30	0.40	0.30	1.00

2-5

$$\sum_{i=1}^{n}(x_i - y_i)^2 = \sum_{i=1}^{n} x_i^2 + \sum_{i=1}^{n} y_i^2 - 2\sum_{i=1}^{n} x_i y_i$$

より、

$$\sum_{i=1}^{n} x_i y_i = \frac{1}{2}\left\{\sum_{i=1}^{n} x_i^2 + \sum_{i=1}^{n} y_i^2 - \sum_{i=1}^{n}(x_i - y_i)^2\right\}$$

となる。また，問題のヒントより

$$\bar{x} = \frac{1}{n}\sum_{i=1}^{n} x_i = \frac{1}{2}(n+1) = \bar{y}, \quad \sum_{i=1}^{n} x_i^2 = \sum_{i=1}^{n} y_i^2$$

がわかる。そこで，(2.18) 式の分子は

$$\begin{aligned}
\sum_{i=1}^{n}(x_i - \bar{x})(y_i - \bar{y}) &= \sum_{i=1}^{n} x_i y_i - n\bar{x}\bar{y} \\
&= \frac{1}{2}\left\{\sum_{i=1}^{n} x_i^2 + \sum_{i=1}^{n} y_i^2 - \sum_{i=1}^{n}(x_i - y_i)^2\right\} - n\bar{x}\bar{y} \\
&= \sum_{i=1}^{n} x_i^2 - n\bar{x}^2 - \frac{1}{2}\sum_{i=1}^{n}(x_i - y_i)^2
\end{aligned}$$

と変形できる。一方，(2.18) 式の分母は

$$\sum_{i=1}^{n}(x_i - \bar{x})^2 = \sum_{i=1}^{n} x_i^2 - n\bar{x}^2 = \sum_{i=1}^{n} y_i^2 - n\bar{y}^2 = \sum_{i=1}^{n}(y_i - \bar{y})^2$$

であることより，

$$\sqrt{\sum_{i=1}^{n}(x_i - \bar{x})^2 \sum_{i=1}^{n}(y_i - \bar{y})^2} = \sum_{i=1}^{n}(x_i - \bar{x})^2 = \sum_{i=1}^{n} x_i^2 - n\bar{x}^2$$

となる。したがって，(2.18) 式は

$$r_{xy} = 1 - \frac{1}{2}\frac{\sum_{i=1}^{n}(x_i - y_i)^2}{\sum_{i=1}^{n} x_i^2 - n\bar{x}^2}$$

と変形できる。ここに

$$\begin{aligned}
\sum_{i=1}^{n} x_i^2 - n\bar{x}^2 &= \frac{1}{6}n(n+1)(2n+1) - n\left(\frac{n+1}{2}\right)^2 \\
&= \frac{1}{12}n(n+1)\{2(2n+1) - 3(n+1)\} \\
&= \frac{1}{12}n(n+1)(n-1) = \frac{1}{12}n(n^2 - 1)
\end{aligned}$$

を代入すると，スピアマンの順位相関係数の計算公式 (2.26) は

$$r_{xy} = 1 - \frac{6\sum_{i=1}^{n}(x_i - y_i)^2}{n(n^2 - 1)}$$

と求まる。

◆第4章 相関と回帰

4-1

$$\sum_{i=1}^{n}(x_i - \bar{x}) = \sum_{i=1}^{n} x_i - \sum_{i=1}^{n} \bar{x}$$
$$= \sum_{i=1}^{n} x_i - n\bar{x} = \sum_{i=1}^{n} x_i - \sum_{i=1}^{n} x_i = 0.$$

4-2

$$\sum_{i=1}^{n}(x_i - \bar{x})(y_i - \bar{y}) = \sum_{i=1}^{n} x_i y_i - \bar{x}\sum_{i=1}^{n} y_i - \bar{y}\sum_{i=1}^{n} x_i + \sum_{i=1}^{n} \bar{x}\bar{y}$$
$$= \sum_{i=1}^{n} x_i y_i - n\bar{x}\bar{y} - n\bar{x}\bar{y} + n\bar{x}\bar{y}$$
$$= \sum_{i=1}^{n} x_i y_i - n\bar{x}\bar{y}.$$

4-3 (1) 表のデータから

$$\widehat{y_i} = 207523 + 10062 x_i, \quad R^2 = 0.660$$

と計算される。この回帰の結果から，平均最高気温が1℃ 上昇すると，10062 kℓ のビールの出荷量が増えることがいえる。回帰の適合度により，ビールの出荷量の変動のうち，65.6％ が気温によって説明されたことを意味する。

(2) データの散布図と，最小2乗法によって引かれた回帰直線が描かれている。

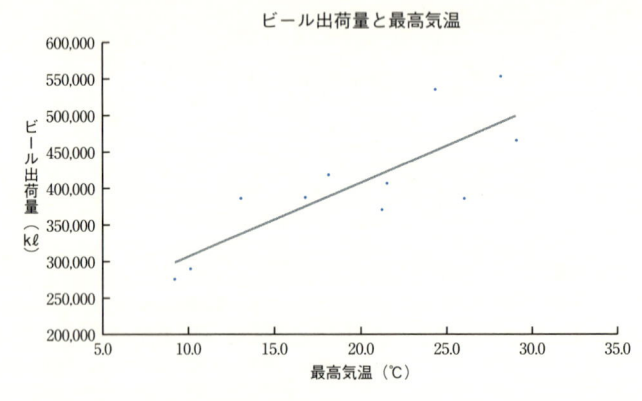

ビール出荷量と最高気温

(3) 次期 $(n+1)$ の最高気温が 30℃ となったときの，ビールの売上の予測値は，(4.34) 式に従えば，最小2乗推定値と $x_{n+1} = 30$ により

$$\widehat{y}_{n+1} = 207523 + 10062 \times 30 = 509383$$

と計算される。

4-4 (1) 推定結果は

$$\widehat{y}_i = 5.784 + 0.914 x_i, \quad R^2 = 0.795$$

となる。この回帰の結果から，広告費を10万円追加すると，9万1400円の売上の増加が期待できる。決定係数から，売上の変動のうち，79.5%が広告費によって説明されていることが言える。また広告費を0にしたときは，5.78百万円の売上となることも言える。

(2) データの散布図と，最小2乗法によって引かれた回帰直線は以下のとおり。

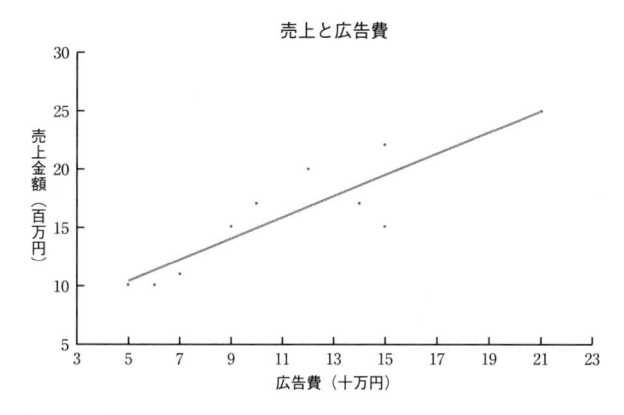

売上と広告費

(3) 次期に広告費を220万円使った場合，売上の予測値は，最小2乗推定値と $x_{n+1} = 22$ により

$$\widehat{y}_{n+1} = 5.784 + 0.914 \times 22 \fallingdotseq 25.89$$

と計算される。単位は百万円である。

◆第5章 確　率

5-1 カードは52枚，A は13枚，B は12枚，ハートの絵札は3枚だから，

$$P(A \cup B) = P(A) + P(B) - P(A \cap B)$$
$$P(A \cup B) = \frac{1}{4} + \frac{3}{13} - \frac{3}{52} = \frac{22}{52}$$

5-2　すべての組合せを考える。$(1,1,1)$, $(1,1,2)$, $(1,2,1)$, $(2,1,1)$ の 4 組と，すべての目の組合せは，$6 \times 6 \times 6$。答えは，$1/54$。

5-3　$(10,10,0)$, $(10,0,10)$, $(0,10,10)$ が各々 8 回ずつで，それを 3 倍すると，24 通り。$(10,5,5)$, $(5,10,5)$, $(5,5,10)$ が各々 8 回ずつで，それを 3 倍すると 24 通り。したがって，20 点になるのは 48 通り。全体は $6 \times 6 \times 6$ であり，確率は，$2/9$。

5-4　1 から 20 のカードを A，1 から 30 を B とすれば，$B > A$ の場合は $\{A$ から 20, B から 30$\}$ の 1 組，$\{A$ から 19, B から 29 か 30$\}$ の 2 組，$\cdots$，$\{A$ から 1, B から 11 から 30$\}$ の 20 組，となるから，全部で $10 \times 21 = 210$ 組。同様に $B < A$ を考えると 55 組。2 枚のカードの組合せは $20 \times 30 = 600$ 組。よって $265/600$ となり，答えは，$53/120$。

5-5　最大数で整理する。$(1,1,4)$ のように，4 が入るのが 3 組。$(1,2,3)$ のように，3 が入るのが 6 組。$(2,2,2)$ が 1 組。したがって，$1/10$。
　　　$(1,2,6)$ のように，6 が入るのが 6 組。$(2,2,5)$ が 3 組，$(1,3,5)$ が 6 組だから，5 が入るのが 9 組。$(1,4,4)$ が 3 組，$(2,3,4)$ が 6 組，だから，4 が入るのが 9 組。最後は，$(3,3,3)$。だから，$1/25$。

5-6　(1) $3 \times 3 \times 3 = 27$。(2) 1 人がグー，他がチョキ，これが 3 ケースあるので，$1/3$。

5-7　1 人がグー，他がパー，これが 3 ケース。$1/3$。

5-8　$P(A^c|B^c) = P(A^c \cap B^c)/P(B^c)$ である。ここで
$$P(B^c) = 1 - P(B) = 0.82$$
$$P(A^c \cap B^c) = P(A^c) - P(A^c \cap B) = 0.65 - 0.1625 = 0.4875$$
だから，$0.4875/0.82 = 0.5945$。

5-9　(1) $P(A|B^c)$ を求める。
$$P(B^c) = 1 - 0.0345 = 0.9655$$
$$P(A \cap B^c) = P(A) - P(A \cap B) = 0.95 - 0.0095 = 0.9405$$
したがって，
$$P(A|B^c) = \frac{0.9405}{0.9655} = \frac{1881}{1931}, \quad P(A^c|B^c) = \frac{50}{1931}$$

(2) 前問で求まった確率を使う。
$$P(A|B^c) = \frac{P(B^c|A)P(A)}{P(B^c|A)P(A) + P(B^c|A^c)P(A^c)}$$
だが，$P(A)$ と $P(A^c)$ は，前問の確率を使う。

$$P(A|B^c) = \frac{0.99 \times 1881}{0.99 \times 1881 + 0.50 \times 50} = 0.98675$$

◆第6章　分布と期待値 ─────────────────────

6-1　長方形の面積が1にならないといけないから，$2c = 1$, $c = 1/2$。長方形の形からして，平均は0。分散は

$$\frac{1}{2}\int_{-1}^{1} x^2 dx = \frac{1}{3}$$

長方形の面積を考えると，-0.5 と 0.5 が 25% 点と 75% 点になる。

6-2
$$E(X) = \frac{1}{6}(1 + 2 + 3 + 4 + 5 + 6) = 3.5$$
$$E(X^2) = \frac{1}{6}(1^2 + 2^2 + 3^2 + 4^2 + 5^2 + 6^2) = \frac{91}{6}$$
$$V(X) = \frac{91}{6} - (\frac{7}{2})^2 = \frac{35}{12}$$

6-3　(1)
$$F(1) = 0, \quad F(\infty) = 1, \quad f(x) = \frac{2}{x^3} > 0$$

だから，分布関数の条件を満たす。

(2)　$f(x)$ が密度関数。

(3)
$$F(3) - F(2) = \frac{1}{4} - \frac{1}{9} = \frac{5}{36}$$

(4)
$$0.25 = 1 - \frac{1}{x^2}$$

を解くと，$\sqrt{4/3}$。メジアンは，$\sqrt{2}$。第3分位点は，2。

(5)
$$\int_1^\infty x\frac{2}{x^3}dx = 2\int_1^\infty \frac{1}{x^2}dx = 2.$$

6-4　X の周辺分布は，

X	0	1	2
	6/15	8/15	1/15

となるから，

$$E(X) = \frac{8}{15} + \frac{2}{15} = \frac{2}{3}$$
$$V(X) = \frac{8}{15} + \frac{4}{15} - \frac{4}{9} = \frac{16}{45}$$

Y についても同じ．

$$E(XY) = 1 \times 1 \times \frac{4}{15} = \frac{4}{15}$$

だから，

$$Cov(X, Y) = \frac{4}{15} - \frac{4}{9} = -\frac{8}{45}$$

相関係数は，$V(X) = V(Y)$ なので，

$$\rho(X, Y) = -\frac{1}{2}$$

周辺確率を掛け合わせると，同時確率が求まらないので，独立ではない．

6-5　確率関数の導出

X	Y	P	$Z=X+Y$	$W=X-Y$
1	1	1/4	2	0
1	-1	1/4	0	2
-1	1	1/4	0	-2
-1	-1	1/4	-2	0

となる．同時確率関数を表の形にまとめると，

	-2	0	2	W
-2	0	1/4	0	1/4
0	1/4	0	1/4	1/2
2	0	1/4	0	1/4
Z	1/4	1/2	1/4	1

となる．この例では，同時確率は周辺確率の積になっておらず，Z と W は独立ではない．W の平均と分散は，

$$E(W) = (-2)\frac{1}{4} + (2)\frac{1}{4} = 0$$
$$V(W) = (4)\frac{1}{4} + (4)\frac{1}{4} = 2$$
$$E(ZW) = 0$$

平均が0であるので，共分散も0となる．しかし，同時確率は周辺確率の積ではないため，独立にはならない．

6-6 価格を p とすると，収益率は2倍になるときは $(2p-p)/p$ などと計算できる．したがって，収益率を A と書くと，期待値は

$$E(A) = \frac{2p-p}{p} \times \frac{1}{3} + \frac{0.5p-p}{p} \times \frac{2}{3}$$
$$= 1 \times \frac{1}{3} - \frac{1}{2} \times \frac{2}{3}$$
$$= 0$$

期待収益率は0．分散は

$$V(A) = 1 \times \frac{1}{3} + \frac{1}{4} \times \frac{2}{3} = \frac{1}{2}$$

リスクは分散の平方根である．

6-7 収益率を B と書くと，平均と分散は

$$E(B) = 3 \times \frac{1}{3} - \frac{3}{4} \times \frac{2}{3} = \frac{1}{2}$$
$$V(B) = 9 \times \frac{1}{3} + \frac{9}{16} \times \frac{2}{3} - \frac{1}{4} = \frac{25}{8}.$$

そして平方根がリスクとなる．
ポートフォリオの収益率 C は

$$C = \frac{1}{2}(A+B)$$
$$E(C) = \frac{1}{2}E(B) = \frac{1}{4}$$
$$V(C) = \frac{1}{4}\{V(A) + V(B) + 2Cov(A,B)\}$$
$$= \frac{1}{4}\left\{\frac{1}{2} + \frac{25}{8} - 2\frac{1}{4}\sqrt{\frac{1}{2} \times \frac{25}{8}}\right\} = \frac{3}{4}$$

ポートフォリオの収益率は小さくなるが，分散も減少する．

6-8 分散を計算すると，

$$V(X - tY) = V(X) - 2tCov(X,Y) + t^2V(Y) > 0$$

この不等式は t の値にかかわらず成立する．この式を t の 2 次式と考えれば，上向きの 2 次関数が常に正だから，根は複素根で，判別式より，

$$D = Cov(X,Y)^2 - V(X)V(Y) < 0$$

となる．したがって，

$$\frac{Cov(X,Y)^2}{V(X)V(Y)} < 1$$

6-9 相関係数の絶対値が 1 なら，$D = 0$ だから，2 次式は実根を 1 つもつ．図形的には，2 次曲線は，x 軸に接している．接点が根で，2 次式の解の公式より，

$$t = \frac{Cov(X,Y)}{V(Y)}$$

この t においては，$V(X - tY) = 0$．だから，

$$X - E(X) - t(Y - E(Y)) = 0$$

2 つの確率変数の間に，線形関係がある．

◆第 7 章　基本的な分布

7-1 $(4-1)/\sqrt{3} = \sqrt{3}$ なので，標準正規確率変数を Z とすれば，

$$P(1 < X < 4) = P(0 < Z < \sqrt{3}) = 0.9582 - 0.5000 = 0.4582$$

$$0.95 = P(Z < 1.96) = P(\frac{x-1}{\sqrt{3}} < 1.96) = P(x < 1 + 1.96 \times \sqrt{3})$$

だから，$1 + 1.96 \times \sqrt{3} = 4.3948$．

7-2

$$\left(\frac{1}{4}\right)^4, \quad 4\left(\frac{1}{4}\right)^3 \frac{3}{4}, \quad 6\left(\frac{1}{4}\right)^2\left(\frac{3}{4}\right)^2, \quad 4\left(\frac{1}{4}\right)\left(\frac{3}{4}\right)^3, \quad \left(\frac{3}{4}\right)^4$$

7-4 (1) λ が 12 のポアソン分布表より，0.35．

(2) λ が 6 の分布表より，0.45．

7-5 (1) 2 つの分布は非常によく似ている．2 以下の確率は，小数 2 桁まで同じ．

	0	1	2	3	4	5	6
二項	0.12	0.39	0.68	0.87	0.96	0.99	1.00
ポアソン	0.14	0.41	0.68	0.86	0.95	0.98	1.00

(2) $n=20$, $p=0.3$ の場合では，2以下は 0.04。λ が 6 のポアソンは，0.06。差が大きくなる。

7-6 標準正規確率変数を Z とすれば，1 シグマは

$$P(-1 < Z < 1) = P\left(-1 < \frac{X-3}{\sqrt{3}} < 1\right)$$
$$= P(3-\sqrt{3} < X < 3+\sqrt{3})$$

この区間の確率は，巻末付表 4 (a) より，$2 \times (0.8413 - 0.5) = 0.6826$。2 シグマは，

$$P(3-2\sqrt{3} < X < 3+2\sqrt{3})。$$

この区間の確率は，同じく，$2 \times (0.9773 - 0.5) = 0.9546$。75% 点は，標準正規では，0.675 くらい。したがって，25% 点は -0.675。X については，$3-0.675 \times \sqrt{3} = 1.8309$, $3+0.675 \times \sqrt{3} = 4.1691$。

Excel で求めると，$0.841344741 - 0.158655259 = 0.682689483$, $0.977249938 - 0.022750062 = 0.954499877$, 1.831748422, 4.168251578, となる。

7-7 2000 で実験を繰り返したが，多少，近似がよくなる程度で，大幅な改善はもたらされない。作図の手順がわかればよい。

◆第8章 標本分布

8-1 母平均，母分散を求める。(7.12) 式より，母平均 $\mu = (2+5)/2 = 3.5$，母分散 $\sigma^2 = (5-2)^2/12 = 0.75$。よって，観測個数 20 の標本平均の期待値は 3.5, 分散は $0.75/20 = 0.0375$。

8-2 母集団は成功確率 $p = 0.51238$ のベルヌーイ分布とみなせる。$\bar{X} = $ (標本中の男性の数)$/100$ とすると，$P(\bar{X} \geq 51/100) = 1 - P(\bar{X} \leq 50/100)$ を計算すればよい。(8.12) 式から，$P(\bar{X} = k/100)$ は，Excel を用いると「=BINOMDIST(k,100,0.51238,FALSE)」で得られる。よって，$1 - P(\bar{X} \leq 50/100)$ は「=1-BINOMDIST(50,100,0.51238,TRUE)」で計算でき，0.56 となる。

8-3 U を $\chi^2(10-1)$ とすると，

$$P(2 \leq S^2 \leq 6) = P\left(\frac{2 \times (10-1)}{4} \leq U \leq \frac{6 \times (10-1)}{4}\right)$$
$$= P(4.5 \leq U \leq 13.5)$$

Excel は，「`=CHIDIST(4.5,9)-CHIDIST(13.5,9)`」を計算すると，0.73。

8-4 巻末付表 6，自由度 20 の行を見ると，左から「0.69 1.33 1.72 2.09 2.53 2.85」となっている。$P(|X| > v) = 0.05$ だから，$P(X > v) = 0.05/2 = 0.025$ となり，$p = 0.025$ の列を参照することになる。したがって，2.09 となる。Excel の場合，「`=TINV(0.05,20)`」で計算できる。

次に $P(X > w) = 0.05$ の場合，巻末付表 6 の自由度 20 の行と $p = 0.05$ の列の交点を読めば，1.72。Excel では，「`=TINV(0.05*2,20)`」。

8-5 巻末付表 7 において，n_1（列を参照する）は 20，n_2（行を参照する）は 30 であるので，その交点の上段（$p = 0.05$ に対応）は，1.93 である。Excel では「`=FINV(0.05,20,30)`」。

$P(F < g) = P(1/F > 1/g)$，$1/F$ は $F(30, 20)$ に従う。n_1（列）は 30，n_2（行）は 20，交点の上段（$p = 0.05$ に対応）を読む。2.04 の逆数は，0.49 となる。Excel では「`=FINV(1-0.05,20,30)`」。

8-6 補論 A「ポアソン母集団」において，作成したファイルを開き，名前を付けて保存する（名前の例：`Poisson_CLT.xls`）。

母集団が，母数 λ のポアソン分布に従う場合の母平均も λ，母分散も λ，したがって母標準偏差は $\sqrt{\lambda}$。B3 に母平均 λ，B4 に母標準偏差 $\sqrt{\lambda}$ の値を入力する。(8.14) 式より，発生回数は，母数 $n\lambda$（`B1**B3` に対応）のポアソン分布に従うので，C6 に「`=POISSON(A6,$B$1*$B$3,TRUE)`」を入力し，C6 からオートフィルで観測個分コピーする。母数 $n\lambda$（`B1*B3`）に関しては，参照セルを変更したくないので，絶対参照を使っている。図のようになる。連続性補正をすると，近似は非常によくなる。

母集団がポアソン分布のとき中心極限定理（$\lambda=0.1$, $n=100$）

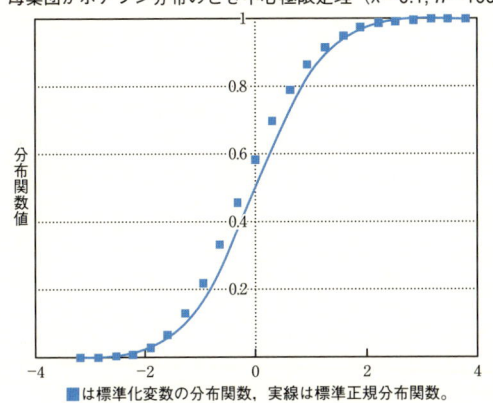

分布関数値

■は標準化変数の分布関数，実線は標準正規分布関数。

8-7 Z_i の分布は $N(0,1)$，互いに独立とすると，$V = Z_1^2 + Z_2^2 + \cdots + Z_k^2$。また，$Y_i$ の分布は $N(0,1)$，互いに独立とすると，$W = Y_1^2 + Y_2^2 + \cdots + Y_m^2$。だから，$V + W = Z_1^2 + Z_2^2 + \cdots + Z_k^2 + Y_1^2 + Y_2^2 + \cdots + Y_m^2$。$Z_i$ と Y_j が独立であれば，$V + W$ は，互いに独立な $k + m$ 個の標準正規確率変数の 2 乗和となり，$\chi^2(k+m)$。もし Z_i と Y_j が独立でなければ，

$$Cov(V, W) = Cov(Z_i^2, Y_j^2) \neq 0$$

となり，共分散が 0 にならず，V と W は独立に分布しない。しかし，実際には，V と W は独立なので矛盾。よって，Z_i と Y_i は独立。

8-8 $\chi^2(2)$ 確率変数を 50 個足すと，$\chi^2(100)$ 確率変数になる。したがって，

$$P\left(Q = \frac{\chi^2(100)}{50} < x\right)$$

を求めればよい。x は，0 から，0.1 刻みで 4 までとしよう。中心極限定理の精度を調べるには，標準化が必要である。$\chi^2(100)$ の期待値は 100 だから，Q の期待値は 2，分散は，$\chi^2(100)$ の分散が $2 \times 100 = 200$ であることを利用し，

$$V(Q) = \frac{200}{50^2} = \frac{200}{2500}$$

だから，

$$P\left(\frac{Q-2}{\sqrt{2/25}} < \frac{x-2}{\sqrt{2/25}}\right)$$

となり、左辺を標準正規確率変数 Z で置き換える。0 から 4 までの x 座標に関して Q ならびに Z の確率を求めると図のようになった。離散の場合より、近似の精度は高いようだ。

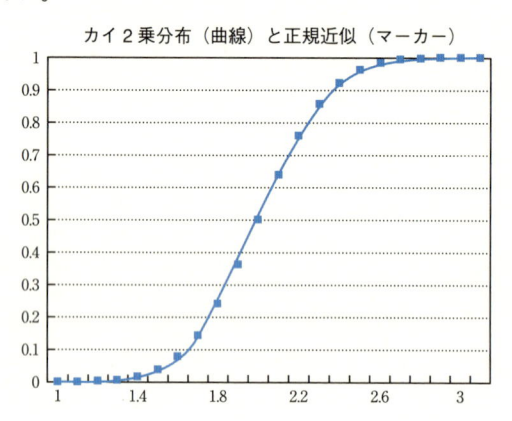

カイ 2 乗分布（曲線）と正規近似（マーカー）

◆第 9 章 推 定

9-1 平均 = 1.060、分散 = 2.093。

9-2 分散既知の場合、$z_{0.025} = 1.96$ を使うことで

$$\left[\bar{X} - z_{0.025}\sqrt{\frac{1}{12}},\ \bar{X} + z_{0.025}\sqrt{\frac{1}{12}}\right] = [0.4945,\ 1.626]$$

となる。分散未知の場合、分散の推定値に $S^2 = 2.093$ を使い、自由度 11 の t 分布の右裾確率 2.5% 点 2.2 を使うことで 95% 信頼区間が

$$\left[\bar{X} - 2.2\sqrt{\frac{S^2}{12}},\ \bar{X} + 2.2\sqrt{\frac{S^2}{12}}\right] = [0.1416,\ 1.979]$$

と求められる。

9-3 自由度 11 のカイ 2 乗分布の左裾確率 2.5% 点、および右裾確率 2.5% 点は、それぞれ 3.82 と 21.92 であるから、95% 信頼区間は

$$\left[\frac{(12-1)2.093}{21.92},\ \frac{(12-1)2.093}{3.82}\right] = [1.050,\ 6.027]$$

となる。

9-4 解答は本文中にあるので省略。

9-5 $T_3(\mathbf{X}_n)$ の期待値を計算すると

$$E[T_3(\mathbf{X}_n)] = \frac{1}{n-1}\sum_{i=2}^{n} E(X_i) = \mu$$

となることより不偏性は確かめられる。一方，効率性は $T_3(\mathbf{X}_n)$ の分散を計算すると

$$V[T_3(\mathbf{X}_n)] = \frac{1}{(n-1)^2}\sum_{i=2}^{n} V(X_i) = \frac{\sigma^2}{n-1}$$

となるので，$T_1(\mathbf{X}_n)$ の分散より大きい。よって $T_1(\mathbf{X}_n)$ のほうが効率的である。$T_2(\mathbf{X}_n)$ の分散は

$$V[T_2(\mathbf{X}_n)] = \frac{n+3}{(n+1)^2}\sigma^2$$

であるので，分散の差を計算すると

$$\begin{aligned}V[T_2(\mathbf{X}_n)] - V[T_3(\mathbf{X}_n)] &= \frac{n+3}{(n+1)^2}\sigma^2 - \frac{\sigma^2}{n-1} \\ &= \frac{(n+3)(n-1)-(n+1)^2}{(n+1)^2(n-1)}\sigma^2 \\ &= \frac{-4}{(n+1)^2(n-1)}\sigma^2 < 0\end{aligned}$$

となる。よって $V[T_2(\mathbf{X}_n)] < V[T_3(\mathbf{X}_n)]$ であるので $T_2(\mathbf{X}_n)$ のほうが $T_3(\mathbf{X}_n)$ よりも効率的である。したがって，効率的な順に並べると，$T_1(\mathbf{X}_n), T_2(\mathbf{X}_n), T_3(\mathbf{X}_n)$ である。

9-6

$$\begin{aligned}\text{MSE}(\hat{\theta}) = E\left[(\hat{\theta}-\theta)^2\right] &= E\left[(\hat{\theta}-E(\hat{\theta})+E(\hat{\theta})-\theta)^2\right] \\ &= E\left[(\hat{\theta}-E(\hat{\theta}))^2\right] + \left[E(\hat{\theta})-\theta\right]^2 \\ &\quad + 2E\left[(\hat{\theta}-E(\hat{\theta}))\right](E(\hat{\theta})-\theta) \qquad (*) \\ &= V(\hat{\theta}) + \left[E(\hat{\theta})-\theta\right]^2\end{aligned}$$

なお，最後の等式は $(*)$ 式が 0 になることよりわかる。よって，平均 2 乗誤差の分解の公式が示された。

9-7 視聴率 p の推定値とその分散の推定値は $\widehat{p} = 400/5000 = 0.08$ および

$$\widehat{V}(\widehat{p}) = \frac{\widehat{p}(1-\widehat{p})}{n} = \frac{0.08(1-0.08)}{5000}$$

として求まる。そこで，信頼係数 95% のときは標準正規分布の右裾確率 2.5% 点の $z_{0.025} = 1.96$ を使うことで

$$\left[\widehat{p} - z_{0.025}\sqrt{\frac{\widehat{p}(1-\widehat{p})}{n}},\ \widehat{p} + z_{0.025}\sqrt{\frac{\widehat{p}(1-\widehat{p})}{n}}\right] = [0.07248, 0.08752]$$

と信頼区間が求まる。信頼係数 99% のときは標準正規分布の右裾確率 0.5% 点の $z_{0.005} = 2.576$ を使うことで

$$\left[\widehat{p} - z_{0.005}\sqrt{\frac{\widehat{p}(1-\widehat{p})}{n}},\ \widehat{p} + z_{0.005}\sqrt{\frac{\widehat{p}(1-\widehat{p})}{n}}\right] = [0.07011, 0.08988]$$

と信頼区間が計算される。

9-8 平均周りのモーメントが $\widehat{m}_2 = 1.453$, $\widehat{m}_3 = -0.6232$, $\widehat{m}_4 = 6.823$ と計算できる。したがって，歪度は $\widehat{m}_3/\widehat{m}_2^{3/2} = -0.3559$，尖度は $\widehat{m}_4/\widehat{m}_2^2 = 3.232$ となる。なお，Excel の組み込み関数である SKEW( ), KURT( ) は自由度調整済みの歪度と尖度を計算するので，この計算結果とは異なることに注意してほしい。

9-9 対数尤度が

$$l(\lambda; x_1, x_2, \ldots, x_n) = n \log(\lambda) - (\lambda) \sum_{i=1}^{n} x_i$$

と書けるので，これを λ で微分して 0 とおいて解くと，$\widehat{\lambda} = n/\sum_{i=1}^{n} x_i$ と最尤推定量が得られる。

9-10 事後分布の分子は

$$p(z|\theta)\pi(\theta) = \frac{{}_n C_z}{B(\alpha, \beta)} \theta^{z+\alpha-1}(1-\theta)^{n-z+\beta-1}$$

となり，一方分母は

$$\int_0^1 p(z|\theta)\pi(\theta)d\theta = \frac{{}_n C_z}{B(\alpha, \beta)} \int_0^1 \theta^{z+\alpha-1}(1-\theta)^{n-z+\beta-1}d\theta$$

$$= \frac{{}_n C_z}{B(\alpha, \beta)} B(z+\alpha, n-z+\beta)$$

となる。よって事後分布は

$$\pi(\theta|z) = \frac{1}{B(z+\alpha, n-z+\beta)} \theta^{z+\alpha-1}(1-\theta)^{n-z+\beta-1}$$

となるので，ベータ分布になる．

◆第10章　仮説検定

10-1 例題 9.1 より $\bar{X} = 2.08$, $S^2 = 4.375$ であるので検定統計量 T は

$$T = \frac{2.08 - 2}{\sqrt{4.375/10}} = 0.121$$

となる．自由度 9 の t 分布の右裾確率 2.5% 点と 0.5% 点は，付表 6 よりそれぞれ 2.26 と 3.25 なので，検定統計量 T は，有意水準 5% と 1% で棄却域には入らない．したがって，ともに $\mu = 2$ の帰無仮説を棄却できない．

10-2 $S^2 = 4.375$ なので帰無仮説 $\sigma_0^2 = 4$ のもとで検定統計量は

$$\frac{(n-1)S^2}{\sigma_0^2} = \frac{(10-1)4.375}{4} = 9.84375$$

と計算される．自由度 9 のカイ 2 乗分布の右裾確率 5% 点と 1% 点は，付表 5 よりそれぞれ 16.92 と 21.67 であるので，ともに検定統計量は臨界値よりも小さく，棄却域には入らない．したがって，どちらの有意水準でも $\sigma^2 = 4$ の帰無仮説を棄却することはできない．

10-3 (1) 平均が等しいとする帰無仮説を両側検定で検定する．なお 2 つの標本の分散は異なり未知の場合で考えよう．すると標本 1 の平均は $\bar{X} = 0.8938$，分散は $\widehat{V}(X) = 1.320$ であり，標本 2 の平均は $\bar{Y} = 0.3742$，分散は $\widehat{V}(X) = 0.2189$ である．検定統計量 Z は

$$Z = \frac{0.8938 - 0.3742}{\sqrt{1.32/10 + 0.2189/10}} = 1.325$$

となる．両側検定での有意水準 5% の臨界値は 1.96 であるので，検定統計量 Z は臨界値よりも小さい．したがって，平均が等しいという帰無仮説は棄却できない．

(2) 2 つの分散が等しいとする帰無仮説を検定する．検定統計量 F は 2 つの分散の比であるから，

練習問題の解答　　473

$$F = \frac{1.320}{0.2189} = 6.031$$

となる．自由度 $(9,9)$ の F 分布の 5% 点は 3.2 程度であるので，検定統計量 F は臨界値より大きくなり，棄却域に入る．したがって，2 つの分散が等しいとする帰無仮説は棄却される．

10-4 6 の目が出る確率 $p=1/6$ を帰無仮説とした両側検定を考える．$\hat{p} = 70/400 = 0.175$ で検定統計量 Z は

$$Z = \frac{70/400 - 1/6}{\sqrt{(1/6)(1-1/6)/400}} = 0.4472$$

よって，標準正規分布で両側検定を考えると有意水準 5% で付表 4(b) より 1.96，有意水準 1% で 2.576 が臨界値となるので，ともに帰無仮説を棄却できない．同様に 40 回のときも $\hat{p} = 7/40 = 0.175$ で検定統計量 Z は $Z = (7/40 - 1/6)/\sqrt{(1/6)(1-1/6)/40} = 0.1414$ なので，このときも帰無仮説を棄却できない．

10-5 不良品率 $p = 0.05$ を帰無仮説とし，対立仮説を $p > 0.05$ の片側検定を考える．検定統計量 Z は

$$Z = \frac{9/120 - 0.05}{\sqrt{0.05(1-0.05)/120}} = 1.257$$

であり，標準正規分布の右裾確率 5% 点は 1.645 なので検定統計量は臨界値より小さく，帰無仮説は棄却されない．

10-6 京都と千葉での比率が同じであるのを帰無仮説とした両側検定を行う．全体の母比率は $\hat{p} = (22+13)/(200+150) = 0.10$ と推定できるので，検定統計量 Z は

$$Z = \frac{22/200 - 13/150}{\sqrt{\hat{p}(1-\hat{p})(1/200 + 1/150)}} = 0.72$$

となる．したがって，両側検定を考えると有意水準 1% のときの右裾確率 0.5% の点は 2.576 なので臨界値より小さいので帰無仮説は棄却できない．なお，有意水準 5% のときの臨界値は 1.96 なので，そのときでも帰無仮説は棄却できない．つまり，京都と千葉の大学生で統計学の好きな学生の比率は同じであるとの帰無仮説は棄却できないとなる．

10-7 (1) 3 月 8 日以前の平均と分散は 0.06457 と 1.673 であり，3 月 9 日以降の平均と分散は 0.2521 と 0.9273 である．よって分散が未知で異なる場合の平均の差

の検定を行うと検定統計量 Z は

$$Z = \frac{0.06457 - 0.2521}{\sqrt{1.673/73 + 0.9273/27}} = -0.7837$$

となる。有意水準 5% ならば臨界値は 1.96 であるから，この場合は帰無仮説は棄却できない。すなわち，平均リターンが変化したとはいえない。

(2) 分散の比を検定統計量 F とすると

$$F = \frac{1.673}{0.9273} = 1.804$$

である。一方，自由度 $(72, 26)$ の F 分布の右裾確率 2.5% 点は 2.002 であるから，棄却することはできない。

10-8 $\lambda = 0.1$ を帰無仮説とし，$\lambda > 0.1$ を対立仮説とする片側検定を行う。3 時間は 180 分であるので，$n = 180$ であり，また標本平均は $\bar{X} = 22/180$ となる。したがって，検定統計量 Z は

$$Z = \frac{22/180 - 0.1}{\sqrt{0.1/180}} = 0.9428$$

である。これは右裾確率 5% 点の 1.645 よりも小さい。したがって，帰無仮説 $\lambda = 0.1$ は棄却できず，車の台数が増えたとは判断できない。

10-9 検定統計量 $Q = 0.03663$ なので帰無仮説は棄却できない。つまり，喫煙・非喫煙が男女によって変わるかは判断できない。

10-10 検定統計量 $Q = 3.531$ である。このときは自由度 4 のカイ 2 乗分布を用いるので，右裾確率 5% 点が 9.49，右裾確率 1% 点が 13.28 である。ともに検定統計量は棄却域に入らないので，帰無仮説は棄却できない。

10-11 対立仮説 $\mu = \mu_1 > 0$ の検出力関数は標準正規分布の右裾確率 1% 点が 2.326 であることより，

$$\begin{aligned}
\gamma(\mu_1) &= P\left(\frac{5\bar{X}}{2} > 2.326 \mid \mu = \mu_1\right) \\
&= P\left(\frac{5(\bar{X} - \mu_1)}{2} > 2.326 - \frac{5}{2}\mu_1 \mid \mu = \mu_1\right) \\
&= 1 - \Phi\left(2.326 - \frac{5}{2}\mu_1\right)
\end{aligned}$$

となる。

10-12　帰無仮説：$\sigma^2 = 4$ を検定する検定統計量は $(n-1)S^2/4$ であり，カイ2乗分布の右裾確率 5% 点は，$\chi^2_{0.05}(24) = 36.42$ だから，棄却域は $(n-1)S^2/4 > 36.42$ である．そこで検出力関数は，

$$\gamma(\sigma_1^2) = P\left(24\frac{S^2}{4} > 36.42 | \sigma^2 = \sigma_1^2\right)$$
$$= P\left(24\frac{S^2}{\sigma_1^2} > 36.42\left(\frac{4}{\sigma_1^2}\right) | \sigma^2 = \sigma_1^2\right)$$
$$= 1 - P\left(24\frac{S^2}{\sigma_1^2} \leq \frac{145.68}{\sigma_1^2} | \sigma^2 = \sigma_1^2\right)$$
$$= 1 - F_\chi^{(24)}\left(\frac{145.68}{\sigma_1^2}\right)$$

となる．

◆第11章　回帰分析の統計理論◆

11-1　(2) 重回帰モデル I，および II，いずれにおいても，切片の推定値の t 値が小さく，有意ではない．したがって，切片を入れない回帰モデルを，あらためて推定してみる．計算方法は省略するが，Excel では切片（Excel では定数項と呼ぶ）を入れないで，重回帰を実行するオプションがついている．その結果を見ると次のようになる．

(i) 切片なし重回帰 I′：売上と（従業員数 + 店舗面積）

$$\widehat{y_i} = 78.415 x_{1i} + 2784.719 x_{2i}$$
$$(9.30, 0.000) \quad (3.08, 0.006)$$

$$\bar{R}^2 = 0.916$$

(ii) 切片なし重回帰 II′：売上と（従業員数 + 店舗面積 + 店舗数）

$$\widehat{y_i} = 82.711 x_{1i} + 1454.839 x_{2i} + 670.605 x_{3i}$$
$$(7.956, 0.000) \quad (0.71, 0.487) \quad (0.73, 0.477)$$

$$\bar{R}^2 = 0.912$$

(3) この場合も，重回帰 II′ では x_2 と x_3 多重共線性が観察され，切片ありのモデルと同様に，重回帰 I′ が選択される．重回帰 I′ でのベータ係数は，$\beta_1^* = 0.767$, $\beta_2^* = 0.142$ と計算され，従業員数 (x_1) が 5 倍以上効果が大きい．

11-2　Excel を利用して計算した結果は，

$$\hat{Y} = 8.52 + 2.28x_1 - 0.41x_2$$
$$(2.70, 0.031)\ (2.80, 0.026)\ (-0.33, 0.749)$$
$$\bar{R}^2 = 0.723, \quad F = 12.8(0.004)$$

と計算された。α と β の推定値の下にある括弧内の数値は t 値と P 値を表し，F 値の（ ）内は，P 値 $(= P(F > 12.8))$ を示している。この結果から，t 値でみると，家族人数は 5% で有意でない。F 値は 1% 有意であるから，2 説明変数の係数は同時には 0 とはならない。自由度修正済決定係数が 72.3% で，30% 弱は，2 変数では説明できない。

◆第 12 章　時系列分析の基礎

12-1
$$X_t = X_t - X_{t-1} + X_{t-1}$$
$$= \Delta X_t + X_{t-1}$$
$$= \Delta X_t + \Delta X_{t-1} + X_{t-2}$$
$$= \Delta X_t + \Delta X_{t-1} + \cdots + \Delta X_2 + X_1$$
$$= \Delta X_t + \Delta X_{t-1} + \cdots + \Delta X_2 + \Delta X_1 + X_0$$

となる。ただし，$\Delta X_1 = X_1 - X_0 = \alpha + \varepsilon_1 - \varepsilon_0$。$X_0$ は観測期間以前の値であるので初期値という。簡単化のため，この初期値は確率変数ではないとする（したがって，$\varepsilon_0 = 0$）。この関係式の右辺に，(12.2) 式を代入していくと，

$$X_t = X_0 + t\alpha + \varepsilon_t$$

となる。定数項 μ は X_0 に等しい。

12-2　Excel では，自然対数は ln であることに注意。最初の 9 年は，

	1956	1957	1958	1959	1960
GDP	51016	54864	58894	65912	73504
(12.3)式	0.064	0.075	0.073	0.112	0.122
(12.4)式	0.062	0.073	0.071	0.106	0.115

	1961	1962	1963	1964
GDP	82125	88318	97503	106754
(12.3)式	0.117	0.075	0.104	0.095
(12.4)式	0.111	0.073	0.099	0.091

のようになる。自然対数/常用対数 $= \ln(10) = 2.302585093$ なので，常用対数で

評価しても変化率は得られない。

12-3 ケース(1)の場合の系列は図のようになる。Box-Muller 変換を用いると，F9 キーを押すごとに，図が変化する。1 と 2 は，実根をもつケース，3 と 4 は複素根をもつケースであるが，すべて定常な系列である。

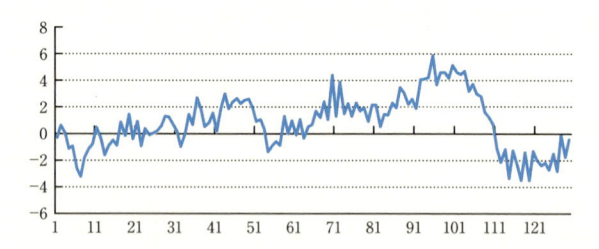

12-4 Excel で作成した場合は，一番上が $t = 1$，一番下が $t = 100$ となっていることに注意。ラグ系列をつくるためには，1 個ずつ下にずらす。ケース(4)に関する AR(1)，AR(2)，AR(3) 回帰の推定結果は以下のようになった。

$$X_t = \underset{(3.0)}{0.36} \underset{(-0.3)}{-0.026 X_{t-1}}$$

$$X_t = \underset{(1.8)}{0.19} \underset{(-0.28)}{- 0.021 X_{t-1}} + \underset{(6.8)}{0.512 X_{t-1}}$$

$$X_t = \underset{(1.6)}{0.17} \underset{(-0.89)}{- 0.076 X_{t-1}} + \underset{(6.8)}{0.514 X_{t-1}} + \underset{(1.35)}{0.115 X_{t-2}}$$

( ) 内は，t 値である。2 次の項は有意になるが，1 次の項が有意にならない。3 次の項も有意にならないので，AR(2) といえるかもしれない。100 個ほどの観測個数では，真の発生メカニズムは簡単にはみつけられない。

12-5 ケース(4)については，

$$-0.055, 0.537, 0.041, 0.641, -0.088, 0.552, 0.003, 0.396$$

となった。これは複素根のケース。

◆第 13 章　多変量解析の基礎

13-1 たとえば，SPSS が利用できる場合，表 13-7 のデータで因子分析を実行するには，起動後，次のステップに従う。

(1) データの読み込み

ツールバーから「ファイル (F)」→「開く (O)」→「データ (A)」→「ファイルの種類 (T)」→「Excel (*.xls)」を選択し，「ファイル名 (N)」で

chapter13-data.xls とし,「ワークシートの選択」で「表 13-7」のシートを選択する。読込み完了後,SPSS の「変数ビュー」と「データビュー」の 2 つのワークシートが作成される。

(2) 因子分析の実行

(i) データビューのワークシートにおいて,ツールバーから「分析 (A)」→「データの分解 (D)」→「因子分析 (F)」を選択する。

(ii) 因子分析のウィンドウが開き,「人気度」から「広告」までの 9 つの変数を登録ボタン「⇒」で変数ウィンドウへ登録する。

(iii) 同ウィンドウ下部にある各種ボタンで分析の設定を行う。その際,「因子抽出 (E)」ボタンにより,本章で解説した主因子法や最尤法などいくつかの分析手法や因子数の決定基準の選択ができる。また「得点 (S)」ボタンにより,因子スコアの計算,「回転 (R)」ボタンにより,因子の回転など各種の設定ができる。これらの設定後,[OK] ボタンにより因子分析を実行する。結果は,「出力 1-SPSS ビューア」として別ウィンドウに表示される。

また,本章で解説したクラスター分析を行うには,データビューのワークシートにおいて,ツールバーから「分析 (A)」→「分類 (Y)」→「階層クラスタ (H)」を選択して,同様の手続きを経て結果が得られる。

索引

◆ Excel 関数

AVERAGE　79, 80, 286
BINOMDIST　203, 255, 256, 278, 281
CHIDIST　266, 268
CHIINV　266
CHISQ.DIST　266, 268
CORREL　94
F.INV　274
FDIST　273
FINV　274
GEOMEAN　80, 81
KURT　80
MAX　80
MEDIAN　80
MIN　80
MODE　80
NORMDIST　221, 276, 279, 281
NORMINV　221
NORMSDIST　261, 266
NORMSINV　221
POISSON　210, 266, 278
QUARTILE　80
RANDBETWEEN　248
RANK.AVG　93, 94
SKEW　80
STDEV　79, 80
STDEVP　80
SUMPRODUCT　89
TDIST　270
T.INV　271
TINV　270
TRIMMEAN　80
VAR　80, 286
VARP　79, 80, 286

◆ アルファベット

AC　→自己相関係数
AIC　→赤池情報量規準
AR　→自己回帰式
ARCH　411
ARIMA 過程（auto-regressive integrated moving average process）　412
ARMA　→自己回帰移動平均
BLUE　→最良線形不偏推定量
Box-Jenkins（ボックス=ジェンキンス）法　408
Box-Pierce（ボックス=ピアース）検定　398
CFA　→検証的因子分析
CI　→コンポジット・インデックス
CPI　→消費者物価指数
DI　→ディフュージョン・インデックス
EFA　→探索的因子分析
ESS　→回帰値の平均まわりの変動
F 統計量　273
F 分布　272
GARCH　411
GDP（gross domestic product）　43
　実質——　44
　名目——　44
GDP デフレータ　44
GMM　→一般化モーメント法
i.i.d.　→独立同一分布
IIP　→鉱工業生産指数
Ljung-Box（リュン=ボックス）検定　398
MA 過程　→移動平均過程
MSE　→平均 2 乗誤差
PAC　→標本偏自己相関係数
　——計算法　394
PPI　→国内企業物価指数
PPP　→購買力平価
P 値（P-value）　319, 356
RSS　→残差平方和
TOPIX　→東証株価指数
TSS　→全変動
t 統計量（t statisitic）　268
　——の分布　270
t 分布　269

◆ あ 行

赤池情報量規準（Akaike information criterion : AIC）　344, 345, 391
アルトマンの Z スコア　420
異常値（outliner）　15, 396
一物一価の法則　58
一致指数　53

480

一致推定量（consistent estimator） 296, 334
一致性（consistency） 296, 353
一般化モーメント法（generalized method of moments：GMM） 302
移動平均（moving average） 16
移動平均（moving average：MA）過程 399
イノベーション（innovation） 388
因子軸の回転 433
因子スコア（factor score） 422
因子負荷量（factor loading） 422
因子分析（factor analysis） 421
ウェイト（weight） 16
ウォード法 436
エパネニコフ（Epanechnikov）・カーネル 229
エラーショック表現 390, 405
円順列 142
オイラーの公式 242
オイラーの等式 242
オートフィル 81
オプション 288
オープンエンド階級 24, 89
重 み →ウェイト

◆ か 行

回 帰 110
回帰係数 110, 362
　　──の信頼区間 354
回帰値 111, 349
　　──の平均まわりの変動（explained sum of squares：ESS） 118
回帰直線 348
回帰モデルの標準的仮定 349
階級（class） 24, 82
階差演算子 382
階差系列 381
階乗（factorial） 142
階層的クラスタリング 437
カイ2乗分布 264
ガウス＝マルコフの定理（Gauss-Markov theorem） 353, 377
確 率 136
確率関数 163, 164
確率収束 259, 260, 296
確率変数 162

確率密度関数（probability density function） 174
加重平均（weighted average） 16, 178
仮説検定（hypothesis testing） 314
片側検定（one-sided test） 315
カーネル法 229
加法定理 139
刈り込み平均（trimmed mean） 15
完全平等線 31
完全不平等線 32
観測誤差 21
観測個数（sample size） 246
幾何平均（geometric mean） 20
棄却（reject） 314
棄却域（rejection region） 315
基準化（standardization） →標準化
基礎的消費 122
期待収益率 188
期待値（expectation） 180
基本事象 →根元事象
帰無仮説（null hypothesis） 314
境界値 316
共通因子（common factor） 421, 423
共通性（communality） 425
共分散（covariance） 60, 187
極値分布 367
寄与率 426
均等分配線 →完全平等線
空事象 137
空集合 137
区間推定（interval estimation） 284
組合せ（combination） 143
クラスター分析（cluster analysis） 435
クラメル＝ラオの不等式（Cramer-Rao's inequality） 299
群平均法 436
景気動向指数 53
係数ダミー 364
継続モデル（duration model） 215
決定係数（coefficient of determination） 119
限界消費性向 122
原系列 380
検出力（power） 338
検出力関数（power function） 338
検出力曲線（power curve） 339
検証的因子分析（confirmatory factor

analysis：CFA) 429
検定統計量 (test statisitic) 315
検定のサイズ →有意水準
コア指数 46
鉱工業在庫指数 49
鉱工業出荷指数 49
鉱工業生産指数 (indices of industrial production：IIP) 46
更新 (updating) 155, 308
構造式アプローチ 387, 388
構造変化 (structural change) 396
購買力平価 (purchasing power parity：PPP) 57
購買力平価説 58
効率性 (efficiency) 297
効率的市場仮説 410
効率的な推定量 297
互換性関数 75, 99, 101
国勢調査 21
国内企業物価指数 (producer price index：PPI) 42
国内総生産 →GDP
誤差項 348
誤差項の正規性 350
コーシー＝シュワルツの不等式 (Cauchy-Schwarz's inequality) 189
コーシー分布 230
誤判別確率 420
固有値 374, 430, 443
固有ベクトル 430, 443
コンポジット・インデックス (CI) 54
根元事象 136

◆ さ 行

最小 AIC 規準 392
最小化の1次条件 372
最小化の2次条件 373
最小2乗推定値 (least squares estimate) 112
最小2乗推定量 (least squares estimator) 349
最小2乗法 (least squares method) 112
最小分散線形不偏推定量 →最良線形不偏推定量 353
再生性 201
　　正規分布の── 376
採択 (accept) 314

最短距離法 436
最長距離法 436
最頻値 →モード
最尤推定値 303
最尤推定法 (maximum likelihood estimation) 302, 303, 304
最尤推定量 304
最尤法 430
最良線形不偏推定量 (best linear unbiased estimator：BLUE) 353
サブ・マーケット 439
残差 110, 349
残差平方和 (residual sum of squares：RSS) 111, 357
残差変動 118
算術平均 →平均
散布図 (scatter plot) 59, 92, 106
時系列分析 380
試行 (experiment) 136
自己回帰移動平均 (auto-regressive moving average：ARMA) 404
自己回帰過程の移動平均化 390
自己回帰係数 388
自己回帰式 (auto-regression：AR) 387
事後確率 (posterior probability) 155
自己相関 (auto-correlation) 368
自己相関係数 (auto-correlation coefficient：AC) 64, 383
事後分布 (posterior distribution) 308
事後平均 308
事象 (event) 137
市場構造分析 434
指数分布関数 214
事前確率 (prior probability) 155
自然共役分布 (natural conjugate distribution) 309
自然対数 242
事前分布 (prior distribution) 307
視聴率調査 250
実験 →試行
質的データ 419
ジニ係数 (Gini coefficient) 35, 95, 97
四半期移動平均 17
四分位点 (quartile) 184
四分位範囲 (inter quartile range) 12, 184
シミュレーション (simulation) 224
主因子法 430

重回帰モデル　357, 419
収穫逓減　123
収穫逓増　123
重　心　178
重心法　436
従　属　149
従属変数　110
自由度 (degrees of freedom)　264
自由度修正済決定係数　358
12 期移動平均　17
周辺確率 (marginal probability)　168
周辺確率関数 (marginal probability function)　169, 171, 185
周辺密度関数 (marginal density function)　232
順列 (permutation)　141
条件つき確率 (conditional probability)　146, 167
条件つき確率関数　193
条件つき確率分布　193
条件つき不均一分散　411
条件つき分散 (conditional variance)　194, 233
条件つき平均 (conditional mean)　194, 233
条件つき密度関数 (conditional density function)　232
小数の法則 (law of small numbers)　211
消費者セグメンテーション　441
消費者物価指数 (consumer price index : CPI)　40, 46
乗法定理　147
初期値　389
ショック (shock)　388
所得分配線　31
新製品の普及過程　440
診断検定 (diagnostic test)　396
信頼区間　287
信頼係数　287
推定量 (estimator)　286
数式バー　77
スタージェスの公式 (Starjes' formula)　25
スターリングの公式 (Stirling's formula)　208, 209
スピアマンの順位相関係数 (Spearman's rank correlation coefficient)　65, 93
スペクタル分解　430, 446

正規分布　14
正規方程式　112, 357
正規母集団　253
正値定符号　374
正値定符号行列　446
成長率　382
政府統計　21
積事象　138
積率 (moment)　239
積率母関数 (moment generating function)　234
絶対参照　85
説明変数　110
漸近分布　343
線形推定量　352, 375
先行指数　53
潜在変数　367
全事象　137
尖度 (kurtosis)　14, 241
全標本　2
全標本標準偏差　9
全標本分散　8
全変動 (total sum of squares : TSS)　118
相関係数 (correlation coefficient)　61, 106, 189
相対参照　85
相対度数 (relative frequency)　24
相対頻度　335
ソート　90

◆ た 行

第一種の過誤 (type I error)　316, 337
第 3 次産業活動指数　56
対数系列　381
対数正規分布　227
対数正規密度関数　230
大数の法則 (law of large numbers)　258, 259, 296,
対数尤度　304
対数尤度関数　303, 304
対数尤度比　343
対前年増加率　382
第二種の過誤 (type II error)　337
大標本検定　344
対立仮説 (alternative hypothesis)　314
多重共線性 (multi-colinearity)　360
　完全な——　361

索　引　483

多変量解析の手法　418
多変量データ　418
ダミー変数　363, 420
単位根検定　410
単回帰　110
探索的因子分析（exploratory factor analysis : EFA）　429
単純対立仮説（simple alternative hypothesis）　315
弾力性（elasticity）　123
チェビシェフの不等式（Chebyshev's inequality）　10, 258, 259
知覚マップ　434
遅行指数　53
中位数　→メジアン
中央値　→メジアン
抽　出　247
中心極限定理（central limit theorem）　260, 292
重複順列　142
定常性　389
定常性の条件　385, 405
定数項ダミー　363
定弾力性　125
ディフュージョン・インデックス（DI）　53
適合度（goodness of fit）　118
データマイニング　125
点推定（point estimation）　284
デンドログラム　437
等確率　140, 141
統計学　21
統計的推測　2
統計的に有意（statistically significant）　317
統計量（statistic）　247
同時確率（joint probability）　168
同時確率関数（joint probability function）　168, 170, 186
東証株価指数（TOPIX）　55
特異値　→異常値
独自因子（specific factor）　424
独　立　140
独立性（independent events）　167
　　——の検定　335
　　——の条件　149, 170
独立同一分布（independent and identically distributed : i. i. d.）　248

度数（frequency）　24
度数分布表（frequency distribution table）　24, 82
トレンド　380

◆ な 行

2因子モデル　428
二項展開（binomial expansion）　159, 200
二項分布（binomial distribution）　198
日経平均株価指数　55
2変数正規分布　231
ネイピア数　241
ネイマン＝ピアソンの基本補題　342
ノイズ（noise）　388

◆ は 行

バイアス　299, 393
排反事象　138
パーシェ価格指数　51
パーシェ数量指数　51
パスカルの三角形　159
パーセント点（percentile）　183
パラメータ（parameter）　197, 216
パレート係数（Pareto coefficient）　213
パレート分布（Pareto distribution）　212
範囲（range）　12
反　転　400
反転可能性条件　400, 406
判別関数　420
判別式　375
判別分析（discriminant analysis）　420
判別ルール　420
ヒストグラム（histogram）　27, 82
被説明変数　110
標準化（normalization）　18, 183, 222
標準正規分布（standard normal distribution）　217, 218
標準正規乱数　224
標準的線形回帰モデル　352
標準偏差（standard deviation）　9, 180
標本（sample）　2, 246
標本AC関数　384
標本AC係数　383
標本確率　335
標本共分散（sample covariance）　60
標本空間（sample space）　136
　　連続な——　145, 146

標本自己共分散　384
標本自己相関係数（sample autocorrelation coefficient）　64, 392
標本相関係数（sample correlation coefficient）　61, 63, 106, 189, 334
標本抽出　248
標本標準偏差　9
標本分散（sample variance）　8, 263
　──の確率分布　267
　──の期待値　263
標本分布（Sampling distribution）　247
標本平均（sample mean）　3, 250
　──の期待値　251
　──の分散　252
標本偏共分散　117
標本偏自己相関（partial auto-correlation：PAC）係数　392
標本偏相関係数　117
標本偏分散　117
頻度論（frequentist）　307, 308
フィッシャー情報量（Fisher information）　299
フィット　→適合度
フィルター　396
フィルハンドル　81
付加価値　43
不均一分散（heteroscedasticity）　368, 411
複合参照　86
複合対立仮説（composite alternative hypothesis）　315
不偏性（unbiasedness）　294, 352, 376
部分集合（subset）　139
不偏推定量（unbiased estimator）　294
ブラック＝ショールズの公式（Black-Scholes formula）　288
ふろしき検定　397, 398
ふろしき統計量　397, 398
プロダクト・マップ　434, 439
プロビット・モデル　367
分位点（quantile）　183
分割表（contingency table）　67
分散（variance）　8, 179
分散共分散行列　425
分散の分解　119
分散比　273, 331
分布関数（distribution function）　165, 172
　──の性質　177

平均（mean）　3, 178
平均2乗誤差（mean squared error：MSE）　299
ベイズの公式　153, 155, 308
ベイズ法（Bayesian method）　307
ベータ係数　362
ベータ分布　309
ベルヌーイ確率変数　250
ベルヌーイ試行（Bernoulli experiments）　198
ベルヌーイ母集団　250, 255
偏回帰係数　357, 362
変曲点　217
変数選択問題　358
偏相関係数（partial correlation coefficient）　116
ポアソン確率関数（Poisson probability function）　208
ポアソン確率変数　205
ポアソン分布　205, 208
ポアソン母集団　257
ポアソン母数　206
貿易価格指数　49
貿易金額指数　49
貿易指数　49
貿易数量指数　49
補間法（interpolation）　220
母自己共分散　385
母自己相関関数　408
母自己相関係数　385
補集合（complement）　138
母集団（population）　2, 246
母　数　→パラメータ
ポートフォリオ　188
母比率　325, 331
母分散　248, 320
母平均　248, 320
母偏自己相関関数　408
ボラティリティ（volatility）　188
ホワイト・ノイズ　384, 388, 396

◆ま　行

密度関数（density function）　174
民間統計　21
無記憶性　216
無限次移動平均　390
無作為標本（random sample）　247

索　引　485

メジアン（median）　5, 184
メジアン法　436
モデル選択問題　→変数選択問題
モード（mode）　6
モーメント　→積率
モーメント法（method of moments）　429, 301

◆ や 行

ヤコビアン　230
有意（significant）　314, 337, 356
有意水準（significance level）　316, 337
　観測された——　→P値　319, 356
有為抽出　248
尤度（likelihood）　303
尤度関数（likelihood function）　303, 304
尤度比（likelihood ratio）　343
尤度比検定（likelihood ratio test）　342, 343
尤度比検定統計量　343, 344
ユークリッド距離　435
余事象　138
ヨーロピアン・コールオプション　288

◆ ら 行

ラグ系列　384
ラグつき変数　388
ラスパイレス価格指数　50

ラスパイレス数量指数　50
乱数（random number）の発生　224
乱数表　224
ランダム・サンプル　→無作為標本
ランダムシード（random seed）　225
離散確率変数（discrete random variable）　162
離散型成長率　382
両側検定（two-sided test）　315
臨界値（critical value）　316
累積確率分布関数（cumulative probability distribution function）　165, 172
累積相対度数（cumulative relative frequency）　24
累積相対度数分布　27, 29
累積度数（cumulative frequency）　24
レンジ　→範囲
連続確率変数（continuous random variable）　172
連続型成長率　382
連続性補正　262, 281
ロジット・モデル　367
ローレンツ曲線（Lorenz curve）　30, 95

◆ わ 行

歪度（skewness）　13, 241
和事象　138
和分過程　409

統計学〔改訂版〕　New Liberal Arts Selection
Statistics: Data Science for Social Studies, 2nd ed.

2008年12月15日　初　版第1刷発行
2015年 9 月25日　改訂版第1刷発行
2025年 5 月10日　改訂版第8刷発行

著　者　　森　棟　公　夫
　　　　　照　井　伸　彦
　　　　　中　川　　満
　　　　　西　井　晴　英
　　　　　黒　住　英　司

発行者　　江　草　貞　治
発行所　　株式会社　有斐閣

郵便番号 101-0051 東京都千代田区神田神保町 2-17
https://www.yuhikaku.co.jp/
印刷・製本　大日本法令印刷株式会社

© 2015, Kimio Morimune, Nobuhiko Terui, Mitsuru Nakagawa, Haruhisa Nishino, Eiji Kurozumi. Printed in Japan
落丁・乱丁本はお取替えいたします。

★定価はカバーに表示してあります。

ISBN978-4-641-05380-9

|JCOPY| 本書の無断複写（コピー）は、著作権法上での例外を除き、禁じられています。複写される場合は、そのつど事前に（一社）出版者著作権管理機構（電話03-5244-5088, FAX03-5244-5089, e-mail:info@jcopy.or.jp）の許諾を得てください。